中国社会科学院大学系列教材
统计学系列

线性代数

郑艳霞　著

Linear Algebra

社会科学文献出版社
SOCIAL SCIENCES ACADEMIC PRESS (CHINA)

本教材（编号：JCJS2022020）由中国社会科学院大学教材建设项目专项经费支持

前言

2017年中国社会科学院大学成立，学校提出本硕博一体化的人才培养模式。这一培养模式对经济类及相关专业学生的数学基础提出了更高的要求。本教材根据高等学校财经类专业核心课程教材《线性代数》的要求，结合人才培养的实际需求，以及笔者多年来讲授本课程的实际体会编写而成。

本教材以数学专业的高等代数为参考，在现有非数学专业的线性代数教材的基础上，增加一定的难度，让学生在掌握相关的线性代数概念的基础上，深刻体会线性代数乃至高等代数的本质，体会代数学刻画规律的方式。

本教材是为经济类及相关专业学生学习线性代数编写的，希望尽可能多地介绍经济类及相关专业所需的线性代数知识，并对内容、结构安排做了认真的研究。本教材内容包括行列式、矩阵、线性方程组、线性空间、矩阵的特征值与特征向量、二次型等。

本教材在概念引入、内容讲解上，力求平稳，循序渐进，深入浅出，文字表达直截了当，具有很好的可读性。在例题讲解上，本教材力求题型多样、表达形式新颖。本教材例题安排恰当，在重要概念后面有对应的典型范例，定理和结论后面也有对应的应用例题，以帮助读者深入理解概念，并较好地掌握定理的本质；例题的选配难度适当，有的例题有很好的综合性、有一定的深度。本教材习题配备较为丰富，层次和类别较全面，既有理解概念和定理的基础题，也有熟练掌握知识的中等难度题，还有综合运用题及体会本质的题，使教师授课和学生学习使用更加方便。例题和习题的延伸为读者进一步的学习和深造打下了坚实的基础。

中国社会科学院大学邓艳娟副教授和袁霓副教授通读了初稿，并提出了宝贵的修改意见；社会科学文献出版社的孟宁宁为出版工作付出了极大的努力；中国社会科学院大学为教材的编写和出版提供了经费支持。对此，笔者表示衷心感谢。

由于水平有限，本教材中不妥之处及谬误在所难免，恳请读者和使用本教材的教师批评指正。

郑艳霞

2024年6月

目 录

第1章 行 列 式……1
1.1 n阶行列式……1
1.2 行列式的性质……12
1.3 行列式按行（列）展开……21
1.4 克莱姆（Cramer）法则……35
习 题 一……41

第2章 矩 阵……51
2.1 矩阵的概念……51
2.2 矩阵的运算……53
2.3 几种特殊的矩阵……64
2.4 可 逆 矩 阵……68
2.5 矩阵的分块……77
2.6 矩阵的初等变换与初等矩阵……83
2.7 矩 阵 的 秩……98
习 题 二……102

第3章 线性方程组……112
3.1 消 元 法……112
3.2 向量与向量组的线性组合……126
3.3 向量组的线性相关性……134
3.4 向量组的秩……141
3.5 矩 阵 的 秩……145

3.6　线性方程组解的一般理论 ……149
习　题　三 ……160

第4章　线性空间 ……171
4.1　线性空间的定义和简单性质 ……171
4.2　$\mathbf{R}^n$的基与向量关于基的坐标 ……174
4.3　$\mathbf{R}^n$中向量的内积 ……182
4.4　正交矩阵 ……186
习　题　四 ……192

第5章　矩阵的特征值与特征向量 ……196
5.1　特征值与特征向量的概念及求法 ……196
5.2　矩阵可对角化的条件 ……205
5.3　实对称矩阵的对角化 ……217
习　题　五 ……223

第6章　二　次　型 ……229
6.1　二次型及其矩阵 ……229
6.2　化二次型为标准形 ……233
6.3　化二次型为规范形 ……246
6.4　正定二次型和正定矩阵 ……254
习　题　六 ……262

习题答案 ……266

第1章　行　列　式

行列式的概念来源于解线性方程组问题.行列式是一个基本工具，讨论很多问题都会用到它.本章介绍n阶行列式的定义、性质、计算方法及解n元线性方程组的克莱姆法则等.

1.1　n 阶行列式

1.1.1　二阶、三阶行列式

解方程是代数学中的一个基本问题，特别是中学所学的代数中，解方程占有重要的地位.比如：一辆汽车在公路上匀速行驶，这辆车行驶的时间为t，速度为v，路程为S，那么这辆车行驶的路程和时间之间的关系就可以由关系式

$$S=vt$$

表示出来.如果已知这辆汽车的行驶速度为v=80公里/小时，则上述关系式表达的就是一元一次方程.在中学我们已经学过一元、二元、三元以及四元一次方程组，本章至第3章主要讨论一般的多元一次方程组，即线性方程组.本章引入行列式来解线性方程组.后面将在更一般的情况下讨论线性方程组的求解问题.

对于一个二元线性方程组

$$\begin{cases} a_{11}x_1 + a_{12}x_2 = b_1, \\ a_{21}x_1 + a_{22}x_2 = b_2, \end{cases} \tag{1.1}$$

当$a_{11}a_{22} - a_{12}a_{21} \neq 0$时，方程组（1.1）有唯一解，由消元法可得

$$x_1 = \frac{b_1a_{22} - a_{12}b_2}{a_{11}a_{22} - a_{12}a_{21}}, x_2 = \frac{a_{11}b_2 - b_1a_{21}}{a_{11}a_{22} - a_{12}a_{21}}. \tag{1.2}$$

称$a_{11}a_{22}-a_{12}a_{21}$为**二阶行列式**，用符号表示为$\begin{vmatrix} a_{11} & a_{12} \\ a_{21} & a_{22} \end{vmatrix}$，即

$$\begin{vmatrix} a_{11} & a_{12} \\ a_{21} & a_{22} \end{vmatrix} = a_{11}a_{22}-a_{12}a_{21},$$

其中$a_{ij}(i=1，2；\ j=1，2)$称为元素，i代表行标，表示元素a_{ij}位于第i行，j代表列标，表示元素a_{ij}位于第j列.

二阶行列式的计算可以根据图1-1来记忆.

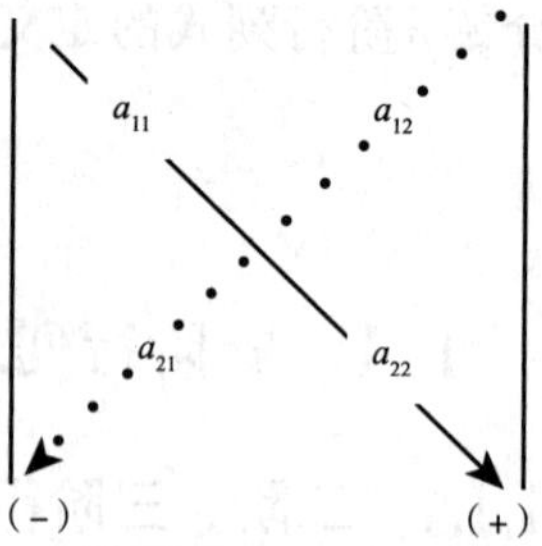

图1-1

根据二阶行列式的定义，将（1.2）式中的分子分别记为

$$D_1=\begin{vmatrix} b_1 & a_{12} \\ b_2 & a_{22} \end{vmatrix}, D_2=\begin{vmatrix} a_{11} & b_1 \\ a_{21} & b_2 \end{vmatrix}.$$

此时，对于方程组（1.1），当$D=\begin{vmatrix} a_{11} & a_{12} \\ a_{21} & a_{22} \end{vmatrix}\neq 0$时，其解可以表示为

$$x_1=\frac{D_1}{D}, x_2=\frac{D_2}{D}.$$

例1　求解二元线性方程组$\begin{cases} 3x_1-2x_2=12, \\ 2x_1+\ x_2=1. \end{cases}$

解： 方程组的未知数系数构成的行列式$D=\begin{vmatrix} 3 & -2 \\ 2 & 1 \end{vmatrix}=3-(-4)=7\neq 0$，且

$$D_1=\begin{vmatrix} 12 & -2 \\ 1 & 1 \end{vmatrix}=12-(-2)=14, D_2=\begin{vmatrix} 3 & 12 \\ 2 & 1 \end{vmatrix}=3-24=-21,$$

因此方程组的解为

$$x_1=\frac{D_1}{D}=\frac{14}{7}=2, x_2=\frac{D_2}{D}=\frac{-21}{7}=-3.$$

对于三元线性方程组有相仿的结论.设三元线性方程组

$$\begin{cases} a_{11}x_1 + a_{12}x_2 + a_{13}x_3 = b_1, \\ a_{21}x_1 + a_{22}x_2 + a_{23}x_3 = b_2, \\ a_{31}x_1 + a_{32}x_2 + a_{33}x_3 = b_3, \end{cases} \tag{1.3}$$

称代数式 $a_{11}a_{22}a_{33} + a_{12}a_{23}a_{31} + a_{13}a_{21}a_{32} - a_{13}a_{22}a_{31} - a_{12}a_{21}a_{33} - a_{11}a_{23}a_{32}$ 为三阶行列式，用符号表示为$\begin{vmatrix} a_{11} & a_{12} & a_{13} \\ a_{21} & a_{22} & a_{23} \\ a_{31} & a_{32} & a_{33} \end{vmatrix}$，即

$$\begin{vmatrix} a_{11} & a_{12} & a_{13} \\ a_{21} & a_{22} & a_{23} \\ a_{31} & a_{32} & a_{33} \end{vmatrix} = a_{11}a_{22}a_{33} + a_{12}a_{23}a_{31} + a_{13}a_{21}a_{32} - a_{13}a_{22}a_{31} - a_{12}a_{21}a_{33} - a_{11}a_{23}a_{32},$$

其中$a_{ij}(i = 1, 2, 3;\ j = 1, 2, 3)$称为元素，$i$代表行标，表示元素$a_{ij}$位于第$i$行，$j$代表列标，表示元素$a_{ij}$位于第$j$列．三阶行列式表示的代数和可以根据图1-2来记忆．图中沿实线相连的三个数的乘积取正号；沿虚线相连的三个数的乘积取负号．

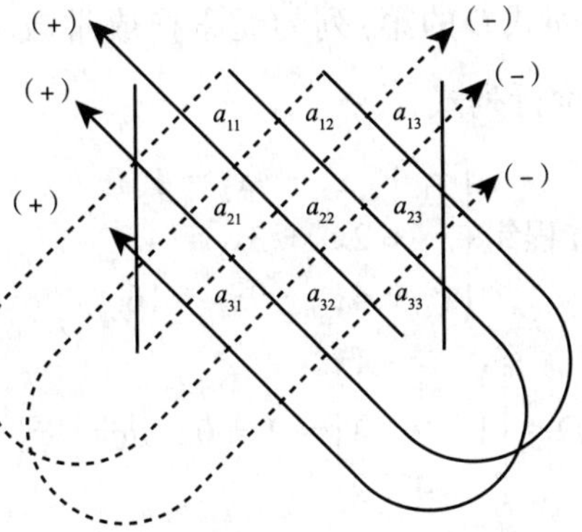

图1-2

例2 计算行列式$D = \begin{vmatrix} 2 & 0 & 1 \\ 1 & -4 & -1 \\ -1 & 8 & 3 \end{vmatrix}$.

解：
$$D = 2 \times (-4) \times 3 + 0 \times (-1) \times (-1) + 1 \times 1 \times 8 - 1 \times (-4) \times (-1) - 0 \times 1 \times 3 - 2 \times (-1) \times 8 = -4.$$

例3 求k为何值时，$D = \begin{vmatrix} k & 3 & 4 \\ -1 & k & 0 \\ 0 & k & 1 \end{vmatrix} > 0$.

解: $$D = k \times k \times 1 + 4 \times (-1) \times k + 3 \times 0 \times 0 - 4 \times k \times 0 - k \times k \times 0 - 3 \times (-1) \times 1 = k^2 - 4k + 3.$$

于是有 $k^2 - 4k + 3 > 0$，解出 $k > 3$ 或者 $k < 1$. 故当 $k > 3$ 或者 $k < 1$ 时，$D > 0$.

当三阶行列式 $D = \begin{vmatrix} a_{11} & a_{12} & a_{13} \\ a_{21} & a_{22} & a_{23} \\ a_{31} & a_{32} & a_{33} \end{vmatrix} \neq 0$ 时，方程组（1.3）有唯一解. 记

$$D_1 = \begin{vmatrix} b_1 & a_{12} & a_{13} \\ b_2 & a_{22} & a_{23} \\ b_3 & a_{32} & a_{33} \end{vmatrix}, D_2 = \begin{vmatrix} a_{11} & b_1 & a_{13} \\ a_{21} & b_2 & a_{23} \\ a_{31} & b_3 & a_{33} \end{vmatrix}, D_3 = \begin{vmatrix} a_{11} & a_{12} & b_1 \\ a_{21} & a_{22} & b_2 \\ a_{31} & a_{32} & b_3 \end{vmatrix},$$

则方程组（1.3）的解为

$$x_1 = \frac{D_1}{D}, x_2 = \frac{D_2}{D}, x_3 = \frac{D_3}{D}. \tag{1.4}$$

容易看出，（1.4）中各式的分母就是方程组（1.3）中各未知数的系数按原来的顺序构成的三阶行列式，称 D 为方程组（1.3）的系数行列式，而分子 D_j (j=1,2,3)就是把行列式 D 的第 j 列的元素换成常数项 b_1, b_2, b_3，同时其余列的元素不变构成的三阶行列式.

例4 求解线性方程组 $\begin{cases} x_1 + x_2 + x_3 = 1, \\ x_1 + 2x_2 + 3x_3 = 4, \\ x_1 + 4x_2 + 9x_3 = 16. \end{cases}$

解: 系数行列式 $D = \begin{vmatrix} 1 & 1 & 1 \\ 1 & 2 & 3 \\ 1 & 4 & 9 \end{vmatrix} = 2 \neq 0$，进一步，计算

$$D_1 = \begin{vmatrix} 1 & 1 & 1 \\ 4 & 2 & 3 \\ 16 & 4 & 9 \end{vmatrix} = 2, D_2 = \begin{vmatrix} 1 & 1 & 1 \\ 1 & 4 & 3 \\ 1 & 16 & 9 \end{vmatrix} = -6, D_3 = \begin{vmatrix} 1 & 1 & 1 \\ 1 & 2 & 4 \\ 1 & 4 & 16 \end{vmatrix} = 6,$$

因此方程组的解为 $x_1 = \dfrac{D_1}{D} = \dfrac{2}{2} = 1$，$x_2 = \dfrac{D_2}{D} = \dfrac{-6}{2} = -3$，$x_3 = \dfrac{D_3}{D} = \dfrac{6}{2} = 3$.

在这一章将把这个结果推广到 n 元线性方程组的情形. 为此，首先给出 n 阶行列式的定义，并介绍它的性质，这是本章的主要内容. 本章最后将证明，在一定的条件下，线性方程组（1.5）有类似于（1.4）的求解公式.

$$\begin{cases} a_{11}x_1 + a_{12}x_2 + \cdots + a_{1n}x_n = b_1, \\ a_{21}x_1 + a_{22}x_2 + \cdots + a_{2n}x_n = b_2, \\ \cdots\cdots\cdots\cdots \\ a_{n1}x_1 + a_{n2}x_2 + \cdots + a_{nn}x_n = b_n. \end{cases} \tag{1.5}$$

1.1.2 排列与逆序

作为n阶行列式的准备，先来讨论排列的性质.

定义1.1 由自然数$1,2,\cdots,n$组成的一个有序数组$i_1i_2\cdots i_n$称为一个n阶排列.

例如：2431是一个4阶排列，45312是一个5阶排列.我们知道，n阶排列的总数是$n\cdot(n-1)\cdot(n-2)\cdot\cdots\cdot2\cdot1=n!$ 个.$n!$ 随着n的增大迅速增大，例如：5! =120,10! =3628800.

显然，$12\cdots n$也是一个n阶排列，这个排列是按照数码递增的顺序排起来的，称为**自然排列**，其他的排列都或多或少地破坏了自然顺序.

定义1.2 在一个n阶排列$i_1i_2\cdots i_n$中，如果较大的数i_s排在了较小的数i_t的前面，即$i_s>i_t(s<t)$，称这对数i_si_t构成一个逆序.一个排列中逆序的总数称为逆序数，记为$\tau(i_1i_2\cdots i_n)$.

定义1.3 逆序数为偶数的排列称为偶排列，逆序数为奇数的排列称为奇排列.

例5 在一个4阶排列3214中，构成逆序的有3和2,3和1,2和1.因此$\tau(3214)=3$.这是奇排列.

例6 在n阶排列$12\cdots n$中，各个数是按照由小到大的自然顺序排列的.这个排列中任何一个数对都不构成逆序，因此$\tau(12\cdots n)=0$.这是偶排列.

例7 求n阶排列$13\cdots(2n-1)24\cdots(2n-2)2n$的逆序数.

解： 因为$13\cdots(2n-1)$都是自然顺序，$24\cdots(2n-2)2n$也是自然顺序排列；

$3,5,\cdots,(2n-1)$这$n-1$个数均与2构成逆序，共$n-1$个逆序；

$5,7,\cdots,(2n-1)$这$n-2$个数均与4构成逆序，共$n-2$个逆序；

……

$2n-1$与$2n-2$构成1个逆序；

$2n-1$ 与 $2n$ 构成 0 个逆序.

所以 $\tau(13\cdots(2n-1)24\cdots(2n))=(n-1)+(n-2)+\cdots+2+1=\dfrac{n(n-1)}{2}$.

这个排列的奇偶性与 n 的取值有关.

应该指出：同样可以考虑由任意 n 个不同的自然数所组成的排列，一般也称为 n 阶排列，对这样一般的 n 阶排列，同样可以定义上述这些概念.

定义 1.4 在一个排列中，某两个数的位置互换，而其余的数不动，就得到另一个排列. 这样的一个变换称为一个**对换**.

例如：经过 2,3 对换，排列 2413 就变成了 3412，排列 1324 就变成了 1234. 显然，如果对同一个排列连续施行两次相同的对换，那么这个排列就还原了，由此可知，一个对换把全部 n 阶排列两两配对，使每两个配成对的 n 阶排列在这个对换下互变.

关于排列的奇偶性，有下面的结论.

定理 1.1 对换改变排列的奇偶性.

也就是说，经过一次对换，奇排列变成偶排列，偶排列变成奇排列.

证明： 先看特殊情形，对换的两个数在排列中是相邻的情形. 设某个 n 阶排列为

$$\cdots ij\cdots, \tag{1.6}$$

经过 i,j 对换变成

$$\cdots ji\cdots, \tag{1.7}$$

这里"…"表示那些不动的数. 显然在（1.6）中如果 i,j 与其他数构成逆序，在（1.7）中仍然构成逆序；在（1.6）中如果 i,j 与其他数不构成逆序，在（1.7）中也不构成逆序，不同的只是 i,j 的次序. 如果在（1.6）中 i,j 组成逆序，那么经过对换得到的（1.7），逆序数就减少 1；如果在（1.6）中 i,j 不组成逆序，那么经过对换逆序数就增加 1，无论增加 1 还是减少 1，排列逆序数的奇偶性都发生了变化. 即（1.6）与（1.7）两个排列的奇偶性相反.

再看一般情形，设 n 阶排列为

$$\cdots ik_1\cdots k_s j\cdots, \tag{1.8}$$

经过 i,j 对换变成

$$\cdots jk_1\cdots k_s i\cdots, \tag{1.9}$$

这样一个对换可以通过一系列的相邻两数的对换来实现.

从（1.8）出发，先把ik_1进行对换，再把ik_2进行对换，…，最后把ik_s进行对换.也就是说，把i一位一位地向右移，经过s次两两相邻的对换，排列（1.8）就变成

$$\cdots k_1 \cdots k_s ij \cdots. \tag{1.10}$$

由（1.10）出发，再把j一步一步地向左移，经过s+1次两两相邻的对换，排列（1.10）就变成（1.9）.因此i, j的对换可以通过$2s$+1次的相邻对换来实现，$2s$+1是奇数，相邻对换改变排列的奇偶性，奇数次相邻的对换改变了原排列的奇偶性.

根据定理1.1，可以证明下面的重要结论.

推论 全部$n(n \geqslant 2)$阶排列中，奇排列与偶排列个数相等，各占$\dfrac{n!}{2}$个.

证明：假设在全部n阶排列中共有s个奇排列，t个偶排列.将s个奇排列的前两个数字对换，得到s个不同的偶排列，因此$s \leqslant t$.同理可证$t \leqslant s$，于是t=s，即奇、偶排列的总数相等，各有$\dfrac{n!}{2}$个.

有时我们需要把一个n阶排列经过若干次对换变成12…n.这是否总能实现呢？先看一个5阶排列的例子：

$$34512 \xrightarrow{\text{对换}5,2} 34215 \xrightarrow{\text{对换}4,1} 31245 \xrightarrow{\text{对换}3,2} 21345 \xrightarrow{\text{对换}1,2} 12345.$$

上述变换的第一步是做一个对换，把5换到最后的位置；第二步是做一个对换，把4换到倒数第二个位置；第三步是做一个对换，把3换到倒数第三个位置；第四步是做一个对换，把2换到倒数第四个位置.显然，这个方法对于任何一个n阶排列都适用.

进一步，可以看到把34512变成12345共做了4次对换，而$\tau(34512)=6$.这表明在这个例子中，所做对换的次数与原来排列有相同的奇偶性.这个结论对于n阶排列也适用.

定理1.2 任意一个n阶排列与排列12…n都可以经过一系列对换互变，并且所做对换的次数与这个排列有相同的奇偶性.

证明：1阶排列只有一个，结论显然成立.

假设结论对n–1阶排列已经成立，现在证明对于n阶排列，结论也成立.

设$j_1 j_2 \cdots j_n$是一个n阶排列.

(1) 如果$j_n = n$，那么由归纳假设，$n-1$阶排列$j_1 j_2 \cdots j_{n-1}$可以经过一系列对换变成$12\cdots(n-1)$，并且排列$j_1 j_2 \cdots j_{n-1}$变成$12\cdots(n-1)$所做对换的次数与排列$j_1 j_2 \cdots j_{n-1}$有相同的奇偶性.于是上述这一系列对换也可以把$j_1 j_2 \cdots j_{n-1} n$变成$12\cdots n$，并且$j_1 j_2 \cdots j_{n-1} n$变成$12\cdots n$所做的对换次数与排列$j_1 j_2 \cdots j_{n-1} n$有相同的奇偶性.

(2) 如果$j_n \neq n$，先对排列$j_1 j_2 \cdots j_n$做j_n，n对换就变成了$j'_1 j'_2 \cdots j'_{n-1} n$，这就归结为(1)的情形，$j'_1 j'_2 \cdots j'_{n-1}$换成$12\cdots(n-1)$的对换次数与排列$j'_1 j'_2 \cdots j'_{n-1}$有相同的奇偶性，故$j'_1 j'_2 \cdots j'_{n-1} n$换成$12\cdots n$的对换次数与排列$j'_1 j'_2 \cdots j'_{n-1} n$有相同的奇偶性.$j_1 j_2 \cdots j_n$换成$12\cdots n$的对换次数比$j'_1 j'_2 \cdots j'_{n-1} n$换成$12\cdots n$的对换次数多1，$j_1 j_2 \cdots j_n$与$j'_1 j'_2 \cdots j'_{n-1} n$的奇偶性相反，因此$j_1 j_2 \cdots j_n$换成$12\cdots n$的对换次数与排列$j_1 j_2 \cdots j_n$有相同的奇偶性，即结论成立.

相仿地，$12\cdots n$也可以用一系列对换变成$j_1 j_2 \cdots j_n$，因为$12\cdots n$是偶排列，根据定理1.1，若$j_1 j_2 \cdots j_n$是奇排列，由于$12\cdots n$是偶排列，则必经过奇数次两两对换可得；若$j_1 j_2 \cdots j_n$是偶排列，则必经过偶数次两两对换可得，所做对换的次数与排列$j_1 j_2 \cdots j_n$有相同的奇偶性.

1.1.3 n阶行列式

观察二阶行列式和三阶行列式

$$\begin{vmatrix} a_{11} & a_{12} \\ a_{21} & a_{22} \end{vmatrix} = a_{11}a_{22} - a_{12}a_{21},$$

$$\begin{vmatrix} a_{11} & a_{12} & a_{13} \\ a_{21} & a_{22} & a_{23} \\ a_{31} & a_{32} & a_{33} \end{vmatrix} = a_{11}a_{22}a_{33} + a_{12}a_{23}a_{31} + a_{13}a_{21}a_{32} - a_{13}a_{22}a_{31} - a_{12}a_{21}a_{33} - a_{11}a_{23}a_{32}.$$

1.二阶行列式表示所有不同行、不同列的两个元素乘积的代数和.两个元素乘积可以表示为

$$a_{1j_1}a_{2j_2},$$

$j_1 j_2$为一个2阶排列，当$j_1 j_2$取遍2阶排列（12和21）时，就得到了二阶行列式的所有项（不包括符号），共有2！=2项.

三阶行列式表示所有不同行、不同列的3个元素乘积的代数和.3个元素

乘积可以表示为

$$a_{1j_1}a_{2j_2}a_{3j_3},$$

$j_1j_2j_3$为一个3阶排列，当$j_1j_2j_3$取遍3阶排列时，就得到了3阶行列式的所有项（不包括符号），共有3！=6项.

2.每一项的符号是：当这一项中元素的行标按照自然顺序排列后，如果对应列标构成的排列是偶排列，则取正号；若对应列标构成的排列是奇排列，则取负号，即$\tau(j_1j_2j_3)$为偶数时取正号，为奇数时取负号.在三阶行列式中，当$\tau(j_1j_2j_3)$为偶数时取正号，为奇数时取负号.

根据对二阶和三阶行列式的分析，给出n阶行列式的定义.

定义 1.5 n阶行列式

$$\begin{vmatrix} a_{11} & a_{12} & \cdots & a_{1n} \\ a_{21} & a_{22} & \cdots & a_{2n} \\ \vdots & \vdots & & \vdots \\ a_{n1} & a_{n2} & \cdots & a_{nn} \end{vmatrix} \tag{1.11}$$

等于所有取自不同行不同列的n个元素的乘积

$$a_{1j_1}a_{2j_2}\cdots a_{nj_n} \tag{1.12}$$

的代数和，这里$j_1j_2\cdots j_n$是1，2，…，n的一个排列，每一项（1.12）都按照下列规则带有符号：当$j_1j_2\cdots j_n$是偶排列时，（1.12）带有正号，当$j_1j_2\cdots j_n$是奇排列时，（1.12）带有负号.也就是n阶排列所代表的代数和的一般项可以写成

$$(-1)^{\tau(j_1j_2\cdots j_n)}a_{1j_1}a_{2j_2}\cdots a_{nj_n}.$$

由此，n阶行列式可以写成

$$\begin{vmatrix} a_{11} & a_{12} & \cdots & a_{1n} \\ a_{21} & a_{22} & \cdots & a_{2n} \\ \vdots & \vdots & & \vdots \\ a_{n1} & a_{n2} & \cdots & a_{nn} \end{vmatrix} = \sum_{j_1j_2\cdots j_n}(-1)^{\tau(j_1j_2\cdots j_n)}a_{1j_1}a_{2j_2}\cdots a_{nj_n}, \tag{1.13}$$

这里 $\sum\limits_{j_1j_2\cdots j_n}$ 表示对所有的n阶排列求和.

由n阶行列式的定义可以看出，n阶行列式由n！项组成.例如：四阶行列式有4！=24项.一阶行列式$|a_{11}|=a_{11}$.n阶行列式（1.11）有时也简记为$D=|a_{ij}|_{n\times n}$，在不混淆的情况下也记为$|a_{ij}|$.

例8 用定义计算行列式$D=\begin{vmatrix}0&0&0&1\\0&0&2&0\\0&3&0&0\\4&0&0&0\end{vmatrix}$.

解：这是一个4阶行列式，展开式有4！=24项.由于该行列式很多元素为零，所以24项中不为零的项数大大减少.因为四阶行列式的每一项都是由不同行不同列的四个元素组成，为了使乘积项不为零，必须四个元素都不为零.此时不为零的项只剩下$a_{14}a_{23}a_{32}a_{41}=1\times2\times3\times4$，这一项的符号为$(-1)^{\tau(4321)}$.因此

$$D=\begin{vmatrix}0&0&0&1\\0&0&2&0\\0&3&0&0\\4&0&0&0\end{vmatrix}=(-1)^{\tau(4321)}a_{14}a_{23}a_{32}a_{41}=1\times2\times3\times4=24.$$

例9 计算n阶行列式

$$D=\begin{vmatrix}a_{11}&a_{12}&\cdots&a_{1n}\\0&a_{22}&\cdots&a_{2n}\\\vdots&\vdots&&\vdots\\0&0&\cdots&a_{nn}\end{vmatrix},\tag{1.14}$$

其中$a_{ii}\neq0,i=1,2,\cdots,n$.

解：首先观察该行列式的项有哪些不为零，然后再确定它的符号.项的一般形式为$a_{1j_1}a_{2j_2}\cdots a_{nj_n}$.在行列式中第$n$行的元素除去$a_{nn}$以外都是零，因此，只要考虑$j_n=n$的那些项；在第$n$–1行中，除去$a_{(n-1)(n-1)}$, $a_{(n-1)n}$以外，其余的项都为零，因此j_{n-1}只有n–1, n两种可能，由于$j_n=n$，所以j_{n-1}就不能等于n，因此j_{n-1}=n–1；这样逐步递推，不难看出，在展开式中，除去$a_{11}a_{22}\cdots a_{nn}$这一项外，其余的都是零.而这一项当行按自然顺序排列时，列$j_1j_2\cdots j_{n-1}j_n$的排列刚好是$12\cdots n$，这是一个偶排列，因此该项符号为正.于是

$$D=\begin{vmatrix}a_{11}&a_{12}&\cdots&a_{1n}\\0&a_{22}&\cdots&a_{2n}\\\vdots&\vdots&&\vdots\\0&0&\cdots&a_{nn}\end{vmatrix}=a_{11}a_{22}\cdots a_{nn}.$$

行列式中从左上角到右下角的对角线称为主对角线.主对角线上的元素$a_{ii}(i=1,2,\cdots,n)$称为主对角元素.（1.14）的行列式主对角线下方的元素都是零，称为**上三角行列式**.

对称地，如果一个n阶行列式主对角线上方的元素都是零，称为**下三角行列式**.如（1.15）.

$$D=\begin{vmatrix} a_{11} & 0 & \cdots & 0 \\ a_{21} & a_{22} & \cdots & 0 \\ \vdots & \vdots & & \vdots \\ a_{n1} & a_{n2} & \cdots & a_{nn} \end{vmatrix}. \tag{1.15}$$

特别地，如果一个行列式除了主对角线上的元素以外，其他元素全为零，这个行列式称为**对角行列式**.显然，

$$D=\begin{vmatrix} a_{11} & 0 & \cdots & 0 \\ 0 & a_{22} & \cdots & 0 \\ \vdots & \vdots & & \vdots \\ 0 & 0 & \cdots & a_{nn} \end{vmatrix}=a_{11}a_{22}\cdots a_{nn}.$$

在行列式的定义中，通过n个元素按行标排列，计算列标的逆序数来决定每一项的正负号.事实上，数的乘法是可交换的.因此这n个元素的次序是可以任意写的，一般地，有

定理1.3 **n阶行列式**

$$D=\begin{vmatrix} a_{11} & a_{12} & \cdots & a_{1n} \\ a_{21} & a_{22} & \cdots & a_{2n} \\ \vdots & \vdots & & \vdots \\ a_{n1} & a_{n2} & \cdots & a_{nn} \end{vmatrix}=\sum_{\substack{i_1i_2\cdots i_n \\ j_1j_2\cdots j_n}}(-1)^{\tau(i_1i_2\cdots i_n)+\tau(j_1j_2\cdots j_n)}a_{i_1j_1}a_{i_2j_2}\cdots a_{i_nj_n}, \tag{1.16}$$

其中$i_1i_2\cdots i_n$和$j_1j_2\cdots j_n$均为n阶排列，$\sum\limits_{\substack{i_1i_2\cdots i_n \\ j_1j_2\cdots j_n}}$ 表示对所有的n阶排列求和.

证明：由于$i_1i_2\cdots i_n$和$j_1j_2\cdots j_n$均为n阶排列，因此

$$a_{i_1j_1}a_{i_2j_2}\cdots a_{i_nj_n} \tag{1.17}$$

中的n个元素是取自D的不同行、不同列，它的符号为

$$(-1)^{\tau(i_1i_2\cdots i_n)+\tau(j_1j_2\cdots j_n)}, \tag{1.18}$$

为了根据行列式的定义决定$a_{i_1j_1}a_{i_2j_2}\cdots a_{i_nj_n}$的符号，就要把这$n$个元素重新排列，使它们的行标成自然顺序，也就是排成

$$a_{1j_1'}a_{2j_2'}\cdots a_{nj_n'}, \tag{1.19}$$

它的符号为

$$(-1)^{\tau(j_1'j_2'\cdots j_n')}. \tag{1.20}$$

现在证明（1.18）和（1.20）是一致的.我们知道由（1.17）变到（1.19）

可以通过一系列元素的对换来实现.每一次对换，元素的行指标与列指标所成的排列$i_1i_2\cdots i_n$，$j_1j_2\cdots j_n$都同时做一次对换，也就是$\tau(i_1i_2\cdots i_n)$和$\tau(j_1j_2\cdots j_n)$同时改变奇偶性，因此它们的和$\tau(i_1i_2\cdots i_n)+\tau(j_1j_2\cdots j_n)$的奇偶性不变.也就是说，对（1.17）做一次元素的对换不改变（1.18）的值，因此在一系列对换之后有

$$(-1)^{\tau(i_1i_2\cdots i_n)+\tau(j_1j_2\cdots j_n)}=(-1)^{\tau(12\cdots n)+\tau(j_1'j_2'\cdots j_n')}=(-1)^{\tau(j_1'j_2'\cdots j_n')}.$$

这就证明了（1.18）和（1.20）是一致的.

推论　n阶行列式

$$\begin{vmatrix} a_{11} & a_{12} & \cdots & a_{1n} \\ a_{21} & a_{22} & \cdots & a_{2n} \\ \vdots & \vdots & & \vdots \\ a_{n1} & a_{n2} & \cdots & a_{nn} \end{vmatrix}=\sum_{i_1i_2\cdots i_n}(-1)^{\tau(i_1i_2\cdots i_n)}a_{i_11}a_{i_22}\cdots a_{i_nn},$$

其中$i_1i_2\cdots i_n$为n阶排列.

例10　若$a_{35}a_{2i}a_{42}a_{5k}a_{14}$，$a_{i2}a_{31}a_{43}a_{k4}a_{15}$均为五阶行列式的项，试确定$i$与$k$，使前一项带正号，后一项带负号.

解：$a_{35}a_{2i}a_{42}a_{5k}a_{14}$为五阶行列式的项，按照行列式的定义：行列式的项取自不同行不同列的元素，因此i与k的取值为1和3，由定理1.3可知：该项的符号为：$(-1)^{\tau(32451)+\tau(5i2k4)}$；

当$i=3,k=1$时，$(-1)^{\tau(32451)+\tau(53214)}=(-1)^{5+7}=1$，$a_{35}a_{2i}a_{42}a_{5k}a_{14}$的符号为正号.

$a_{i2}a_{31}a_{43}a_{k4}a_{15}$为五阶行列式的项，因此$i34k1$为一个5阶排列，$i$和$k$的取值为2和5.

当$i=2,k=5$时，$(-1)^{\tau(23451)+\tau(21345)}=(-1)^{4+1}=-1$，$a_{i2}a_{31}a_{43}a_{k4}a_{15}$的符号为负号.

1.2　行列式的性质

从行列式的定义可知，n阶行列式是n！项的代数和，当n增大时，n！急速增大，比如5！=120，10！=3628800，如果直接用行列式的定义计算n阶行列式，计算量是相当大的.因此有必要研究行列式的性质，以简化行列式的计算.这些性质在理论上也有重要的意义.

性质1.1　将行列式的行、列互换，行列式的值不变，即设

$$D=\begin{vmatrix} a_{11} & a_{12} & \cdots & a_{1n} \\ a_{21} & a_{22} & \cdots & a_{2n} \\ \vdots & \vdots & & \vdots \\ a_{n1} & a_{n2} & \cdots & a_{nn} \end{vmatrix},$$

$$D^{\mathrm{T}}=\begin{vmatrix} a_{11} & a_{21} & \cdots & a_{n1} \\ a_{12} & a_{22} & \cdots & a_{n2} \\ \vdots & \vdots & & \vdots \\ a_{1n} & a_{2n} & \cdots & a_{nn} \end{vmatrix},$$

则有 $D^{\mathrm{T}}=D$. 行列式 D^{T} 称为 D 的**转置行列式**.

证明：设行列式 D^{T} 中位于第 i 行、第 j 列的元素为 b_{ij}，显然有 $b_{ij}=a_{ji}(i,j=1,2,\cdots,n)$. 根据 n 阶行列式的定义有

$$D^{\mathrm{T}}=\sum_{j_1j_2\cdots j_n}(-1)^{\tau(j_1j_2\cdots j_n)}b_{1j_1}b_{2j_2}\cdots b_{nj_n}=\sum_{j_1j_2\cdots j_n}(-1)^{\tau(j_1j_2\cdots j_n)}a_{j_11}a_{j_22}\cdots a_{j_nn}.$$

由定理1.3的推论可知 $D^{\mathrm{T}}=D$.

性质1.1说明行列式的行和列的地位是相同的. 也就是说，对于“行”成立的性质，对于“列”也一定成立.

对于一个行列式 D，显然有：$(D^{\mathrm{T}})^{\mathrm{T}}=D$.

例1 计算下三角行列式 $D=\begin{vmatrix} a_{11} & 0 & \cdots & 0 \\ a_{21} & a_{22} & \cdots & 0 \\ \vdots & \vdots & & \vdots \\ a_{n1} & a_{n2} & \cdots & a_{nn} \end{vmatrix}$，其中 $a_{ii}\neq 0, i=1,2,\cdots,n.$

解：根据性质1.1可知 $D=D^{\mathrm{T}}=\begin{vmatrix} a_{11} & a_{21} & \cdots & a_{n1} \\ 0 & a_{22} & \cdots & a_{n2} \\ \vdots & \vdots & & \vdots \\ 0 & 0 & \cdots & a_{nn} \end{vmatrix}=a_{11}a_{22}\cdots a_{nn}.$

性质1.2 互换行列式的两行（列），行列式的值变号.

证明：设

$$D=\begin{vmatrix} a_{11} & a_{12} & \cdots & a_{1n} \\ \vdots & \vdots & & \vdots \\ a_{s1} & a_{s2} & \cdots & a_{sn} \\ \vdots & \vdots & & \vdots \\ a_{t1} & a_{t2} & \cdots & a_{tn} \\ \vdots & \vdots & & \vdots \\ a_{n1} & a_{n2} & \cdots & a_{nn} \end{vmatrix}\begin{matrix} \\ \\ (\text{第}s\text{行}) \\ \\ (\text{第}t\text{行}) \\ \\ \\ \end{matrix},$$

交换行列式 D 的第 s 行和第 t 行（$1\leqslant s<t\leqslant n$），得到行列式

$$D_1=\begin{vmatrix} a_{11} & a_{12} & \cdots & a_{1n} \\ \vdots & \vdots & & \vdots \\ a_{t1} & a_{t2} & \cdots & a_{tn} \\ \vdots & \vdots & & \vdots \\ a_{s1} & a_{s2} & \cdots & a_{sn} \\ \vdots & \vdots & & \vdots \\ a_{n1} & a_{n2} & \cdots & a_{nn} \end{vmatrix}\begin{matrix} \\ \\ (\text{第}s\text{行}) \\ \\ (\text{第}t\text{行}) \\ \\ \\ \end{matrix},$$

显然，乘积$a_{1j_1}\cdots a_{sj_s}\cdots a_{tj_t}\cdots a_{nj_n}$在行列式$D$和$D_1$中都是取自不同行不同列的$n$个数的乘积.在行列式$D$和$D_1$中，这一项的符号分别为

$$(-1)^{\tau(1\cdots s\cdots t\cdots n)+\tau(j_1\cdots j_s\cdots j_t\cdots j_n)}\text{和}(-1)^{\tau(1\cdots t\cdots s\cdots n)+\tau(j_1\cdots j_s\cdots j_t\cdots j_n)}.$$

而排列$1\cdots s\cdots t\cdots n$和排列$1\cdots t\cdots s\cdots n$的奇偶性相反，因此$D_1$中每一项都是$D$中对应项的相反数，所以有$D=-D_1$.

推论 如果行列式有两行（列）的对应元素相同，则此行列式的值为零.

证明：交换行列式有相同元素的两行（列），有$D=-D$，由此有$D=0$.

性质1.3 用数k乘以行列式的某一行（列），等于以数k乘以此行列式.

设$D=\left|a_{ij}\right|_{n\times n}$，即

$$D_1=\begin{vmatrix} a_{11} & a_{12} & \cdots & a_{1n} \\ \vdots & \vdots & & \vdots \\ ka_{s1} & ka_{s2} & \cdots & ka_{sn} \\ \vdots & \vdots & & \vdots \\ a_{n1} & a_{n2} & \cdots & a_{nn} \end{vmatrix}=k\begin{vmatrix} a_{11} & a_{12} & \cdots & a_{1n} \\ \vdots & \vdots & & \vdots \\ a_{s1} & a_{s2} & \cdots & a_{sn} \\ \vdots & \vdots & & \vdots \\ a_{n1} & a_{n2} & \cdots & a_{nn} \end{vmatrix}=kD.$$

证明：根据行列式的定义有

$$D_1=\sum_{j_1\cdots j_s\cdots j_n}(-1)^{\tau(j_1\cdots j_s\cdots j_n)}a_{1j_1}\cdots(ka_{sj_s})\cdots a_{nj_n}=k\sum_{j_1\cdots j_s\cdots j_n}(-1)^{\tau(j_1\cdots j_s\cdots j_n)}a_{1j_1}\cdots a_{sj_s}\cdots a_{nj_n}=kD.$$

推论1 如果行列式的某一行（列）所有元素有公因子，则公因子可以提到行列式外面.

推论2 如果行列式有一行（列）的元素全为零，则该行列式的值为零.

推论3 如果行列式有两行（列）的对应元素成比例，则该行列式的值为零.

性质1.4 如果行列式的某一行的所有元素都是两个元素的和，则此行列式等于两个行列式的和.这两个行列式的这一行（列）的元素分别为对应的两

个数之一，其余各行（列）的元素与原行列式相同，即

$$\begin{vmatrix} a_{11} & a_{12} & \cdots & a_{1n} \\ \vdots & \vdots & & \vdots \\ b_{i1}+c_{i1} & b_{i2}+c_{i2} & \cdots & b_{in}+c_{in} \\ \vdots & \vdots & & \vdots \\ a_{n1} & a_{n2} & \cdots & a_{nn} \end{vmatrix} = \begin{vmatrix} a_{11} & a_{12} & \cdots & a_{1n} \\ \vdots & \vdots & & \vdots \\ b_{i1} & b_{i2} & \cdots & b_{in} \\ \vdots & \vdots & & \vdots \\ a_{n1} & a_{n2} & \cdots & a_{nn} \end{vmatrix} + \begin{vmatrix} a_{11} & a_{12} & \cdots & a_{1n} \\ \vdots & \vdots & & \vdots \\ c_{i1} & c_{i2} & \cdots & c_{in} \\ \vdots & \vdots & & \vdots \\ a_{n1} & a_{n2} & \cdots & a_{nn} \end{vmatrix}.$$

证明:

$$\begin{vmatrix} a_{11} & a_{12} & \cdots & a_{1n} \\ \vdots & \vdots & & \vdots \\ b_{i1}+c_{i1} & b_{i2}+c_{i2} & \cdots & b_{in}+c_{in} \\ \vdots & \vdots & & \vdots \\ a_{n1} & a_{n2} & \cdots & a_{nn} \end{vmatrix} = \sum_{j_1\cdots j_i\cdots j_n} (-1)^{\tau(j_1\cdots j_i\cdots j_n)} a_{1j_1}\cdots(b_{ij_i}+c_{ij_i})\cdots a_{nj_n}$$

$$= \sum_{j_1\cdots j_i\cdots j_n} (-1)^{\tau(j_1\cdots j_i\cdots j_n)} a_{1j_1}\cdots b_{ij_i}\cdots a_{nj_n} + \sum_{j_1\cdots j_i\cdots j_n} (-1)^{\tau(j_1\cdots j_i\cdots j_n)} a_{1j_1}\cdots c_{ij_i}\cdots a_{nj_n}$$

$$= \begin{vmatrix} a_{11} & a_{12} & \cdots & a_{1n} \\ \vdots & \vdots & & \vdots \\ b_{i1} & b_{i2} & \cdots & b_{in} \\ \vdots & \vdots & & \vdots \\ a_{n1} & a_{n2} & \cdots & a_{nn} \end{vmatrix} + \begin{vmatrix} a_{11} & a_{12} & \cdots & a_{1n} \\ \vdots & \vdots & & \vdots \\ c_{i1} & c_{i2} & \cdots & c_{in} \\ \vdots & \vdots & & \vdots \\ a_{n1} & a_{n2} & \cdots & a_{nn} \end{vmatrix}.$$

推论 若行列式某一行的所有元素都是 m 个元素的和（m 为大于 2 的整数），则此行列式等于 m 个行列式的和. 第 m 个行列式的这一行（列）的元素为对应的第 m 个数，其余各行（列）的元素与原行列式相同.

性质1.5 将行列式某一行（列）的每一个元素都乘以数 k 加到另一行（列）对应位置的元素上，行列式的值不变.

证明：设

$$D = \begin{vmatrix} a_{11} & a_{12} & \cdots & a_{1n} \\ \vdots & \vdots & & \vdots \\ a_{s1} & a_{s2} & \cdots & a_{sn} \\ \vdots & \vdots & & \vdots \\ a_{t1} & a_{t2} & \cdots & a_{tn} \\ \vdots & \vdots & & \vdots \\ a_{n1} & a_{n2} & \cdots & a_{nn} \end{vmatrix} \begin{matrix} \\ \\ (\text{第}s\text{行}) \\ \\ (\text{第}t\text{行}) \\ \\ \\ \end{matrix},$$

以数 k 乘以第 t 行的所有元素加到第 s 行的对应元素上，得

$$D_1=\begin{vmatrix} a_{11} & a_{12} & \cdots & a_{1n} \\ \vdots & \vdots & & \vdots \\ a_{s1}+ka_{t1} & a_{s2}+ka_{t2} & \cdots & a_{sn}+ka_{tn} \\ \vdots & \vdots & & \vdots \\ a_{t1} & a_{t2} & \cdots & a_{tn} \\ \vdots & \vdots & & \vdots \\ a_{n1} & a_{n2} & \cdots & a_{nn} \end{vmatrix}.$$

由性质1.3，性质1.4及其推论得

$$D_1=\begin{vmatrix} a_{11} & a_{12} & \cdots & a_{1n} \\ \vdots & \vdots & & \vdots \\ a_{s1} & a_{s2} & \cdots & a_{sn} \\ \vdots & \vdots & & \vdots \\ a_{t1} & a_{t2} & \cdots & a_{tn} \\ \vdots & \vdots & & \vdots \\ a_{n1} & a_{n2} & \cdots & a_{nn} \end{vmatrix}+\begin{vmatrix} a_{11} & a_{12} & \cdots & a_{1n} \\ \vdots & \vdots & & \vdots \\ ka_{t1} & ka_{t2} & \cdots & ka_{tn} \\ \vdots & \vdots & & \vdots \\ a_{t1} & a_{t2} & \cdots & a_{tn} \\ \vdots & \vdots & & \vdots \\ a_{n1} & a_{n2} & \cdots & a_{nn} \end{vmatrix}=\begin{vmatrix} a_{11} & a_{12} & \cdots & a_{1n} \\ \vdots & \vdots & & \vdots \\ a_{s1} & a_{s2} & \cdots & a_{sn} \\ \vdots & \vdots & & \vdots \\ a_{t1} & a_{t2} & \cdots & a_{tn} \\ \vdots & \vdots & & \vdots \\ a_{n1} & a_{n2} & \cdots & a_{nn} \end{vmatrix}+0=D.$$

为方便，用记号$r_i \leftrightarrow r_j$表示交换行列式的第i行与第j行，kr_i表示用数k乘以行列式的第i行，r_j+kr_i表示将第i行的k倍加到第j行上.相应地，用记号$c_i \leftrightarrow c_j$表示交换行列式的第i列与第j列，kc_i表示用数k乘以行列式的第i列，c_j+kc_i表示将第i列的k倍加到第j列上.

计算行列式时，经常利用行列式的性质将其转化成三角行列式来计算.一般地，任何行列式都可以通过性质1.2和性质1.5仅通过行（列）的变换化为一个与其相等的上（下）三角行列式.

例2 计算行列式$D=\begin{vmatrix} 3 & 1 & -1 & 2 \\ -5 & 1 & 3 & -4 \\ 2 & 0 & 1 & -1 \\ 1 & -5 & 3 & -3 \end{vmatrix}$.

解： 如果按照行列式的定义，需要计算24项代数和，比较麻烦.通常的做法是将行列式运用性质转化成上（下）三角行列式.

$$D\xlongequal{c_1\leftrightarrow c_2}-\begin{vmatrix} 1 & 3 & -1 & 2 \\ 1 & -5 & 3 & -4 \\ 0 & 2 & 1 & -1 \\ -5 & 1 & 3 & -3 \end{vmatrix}\xlongequal[r_4+5r_1]{r_2-r_1}-\begin{vmatrix} 1 & 3 & -1 & 2 \\ 0 & -8 & 4 & -6 \\ 0 & 2 & 1 & -1 \\ 0 & 16 & -2 & 7 \end{vmatrix}\xlongequal{r_2\leftrightarrow r_3}\begin{vmatrix} 1 & 3 & -1 & 2 \\ 0 & 2 & 1 & -1 \\ 0 & -8 & 4 & -6 \\ 0 & 16 & -2 & 7 \end{vmatrix}$$

$$\xlongequal[r_4-8r_2]{r_3+4r_2}\begin{vmatrix} 1 & 3 & -1 & 2 \\ 0 & 2 & 1 & -1 \\ 0 & 0 & 8 & -10 \\ 0 & 0 & -10 & 15 \end{vmatrix}\xlongequal{r_4+\frac{5}{4}r_3}\begin{vmatrix} 1 & 3 & -1 & 2 \\ 0 & 2 & 1 & -1 \\ 0 & 0 & 8 & -10 \\ 0 & 0 & 0 & \frac{5}{2} \end{vmatrix}=40.$$

例3 计算行列式$D_n=\begin{vmatrix} b & a & a & \cdots & a \\ a & b & a & \cdots & a \\ a & a & b & \cdots & a \\ \vdots & \vdots & \vdots & & \vdots \\ a & a & a & \cdots & b \end{vmatrix}$.

解：注意到行列式的各列元素之和均为$(n-1)a+b$，因此把行列式的第2行到第n行都乘以1加到第一行上，然后提出公因子$(n-1)a+b$，再把新行列式的第一行的$-a$倍加到第2行至第n行：

$$D_n=\begin{vmatrix} b & a & a & \cdots & a \\ a & b & a & \cdots & a \\ a & a & b & \cdots & a \\ \vdots & \vdots & \vdots & & \vdots \\ a & a & a & \cdots & b \end{vmatrix} \xlongequal[\substack{\vdots \\ r_1+r_n}]{\substack{r_1+r_2 \\ r_1+r_3}} \begin{vmatrix} (n-1)a+b & (n-1)a+b & (n-1)a+b & \cdots & (n-1)a+b \\ a & b & a & \cdots & a \\ a & a & b & \cdots & a \\ \vdots & \vdots & \vdots & & \vdots \\ a & a & a & \cdots & b \end{vmatrix}$$

$$=[(n-1)a+b]\begin{vmatrix} 1 & 1 & 1 & \cdots & 1 \\ a & b & a & \cdots & a \\ a & a & b & \cdots & a \\ \vdots & \vdots & \vdots & & \vdots \\ a & a & a & \cdots & b \end{vmatrix} \xlongequal[\substack{\vdots \\ r_n-ar_1}]{\substack{r_2-ar_1 \\ r_3-ar_1}} [(n-1)a+b]\begin{vmatrix} 1 & 1 & 1 & \cdots & 1 \\ 0 & b-a & 0 & \cdots & 0 \\ 0 & 0 & b-a & \cdots & 0 \\ \vdots & \vdots & \vdots & & \vdots \\ 0 & 0 & 0 & \cdots & b-a \end{vmatrix}$$

$$=[(n-1)a+b](b-a)^{n-1}.$$

例4 证明奇数阶反对称行列式的值为零，即当n为奇数时，

$$D=\begin{vmatrix} 0 & a_{12} & \cdots & a_{1n} \\ -a_{12} & 0 & \cdots & a_{2n} \\ \vdots & \vdots & & \vdots \\ -a_{1n} & -a_{2n} & \cdots & 0 \end{vmatrix}=0,$$

其中$a_{ij}=-a_{ji}, i,j=1,2,\cdots,n.$

证明：利用行列式的性质1.1及性质1.3的推论1可知

$$D=D^{\mathrm{T}}=\begin{vmatrix} 0 & -a_{12} & \cdots & -a_{1n} \\ a_{12} & 0 & \cdots & -a_{2n} \\ \vdots & \vdots & & \vdots \\ a_{1n} & a_{2n} & \cdots & 0 \end{vmatrix}=(-1)^n\begin{vmatrix} 0 & a_{12} & \cdots & a_{1n} \\ -a_{12} & 0 & \cdots & a_{2n} \\ \vdots & \vdots & & \vdots \\ -a_{1n} & -a_{2n} & \cdots & 0 \end{vmatrix}=(-1)^n D.$$

当n为奇数时，有$D=-D$，因此$D=0$.

例5 计算行列式$D_n=\begin{vmatrix} a_1+b_1 & a_1+b_2 & \cdots & a_1+b_n \\ a_2+b_1 & a_2+b_2 & \cdots & a_2+b_n \\ \vdots & \vdots & & \vdots \\ a_n+b_1 & a_n+b_2 & \cdots & a_n+b_n \end{vmatrix}$.

解：当n=1时，$D_1 = a_1 + b_1$.

当n=2时，$D_2 = \begin{vmatrix} a_1 + b_1 & a_1 + b_2 \\ a_2 + b_1 & a_2 + b_2 \end{vmatrix} = a_1 b_2 + a_2 b_1 - a_1 b_1 - a_2 b_2$.

当$n \geqslant 3$时，把第1行乘以-1分别加到第2行到第n行，再由性质1.3的推论3可以计算出：

$$D_n \xlongequal[\substack{\vdots \\ r_n - r_1}]{r_2 - r_1} \begin{vmatrix} a_1 + b_1 & a_1 + b_2 & \cdots & a_1 + b_n \\ a_2 - a_1 & a_2 - a_1 & \cdots & a_2 - a_1 \\ \vdots & \vdots & & \vdots \\ a_n - a_1 & a_n - a_1 & \cdots & a_n - a_1 \end{vmatrix} = 0.$$

例6　计算行列式$D = \begin{vmatrix} 1 & a_1 & 0 & \cdots & 0 & 0 \\ -1 & 1 - a_1 & a_2 & \cdots & 0 & 0 \\ 0 & -1 & 1 - a_2 & \cdots & 0 & 0 \\ \vdots & \vdots & \vdots & & \vdots & \vdots \\ 0 & 0 & 0 & \cdots & 1 - a_{n-1} & a_n \\ 0 & 0 & 0 & \cdots & -1 & 1 - a_n \end{vmatrix}$.

解：
$$D \xlongequal{r_2 + r_1} \begin{vmatrix} 1 & a_1 & 0 & \cdots & 0 & 0 \\ 0 & 1 & a_2 & \cdots & 0 & 0 \\ 0 & -1 & 1 - a_2 & \cdots & 0 & 0 \\ \vdots & \vdots & \vdots & & \vdots & \vdots \\ 0 & 0 & 0 & \cdots & 1 - a_{n-1} & a_n \\ 0 & 0 & 0 & \cdots & -1 & 1 - a_n \end{vmatrix}$$

$$\xlongequal{r_3 + r_2} \begin{vmatrix} 1 & a_1 & 0 & \cdots & 0 & 0 \\ 0 & 1 & a_2 & \cdots & 0 & 0 \\ 0 & 0 & 1 & \cdots & 0 & 0 \\ \vdots & \vdots & \vdots & & \vdots & \vdots \\ 0 & 0 & 0 & \cdots & 1 - a_{n-1} & a_n \\ 0 & 0 & 0 & \cdots & -1 & 1 - a_n \end{vmatrix}$$

$$= \cdots = \begin{vmatrix} 1 & a_1 & 0 & \cdots & 0 & 0 \\ 0 & 1 & a_2 & \cdots & 0 & 0 \\ 0 & 0 & 1 & \cdots & 0 & 0 \\ \vdots & \vdots & \vdots & & \vdots & \vdots \\ 0 & 0 & 0 & \cdots & 1 & a_n \\ 0 & 0 & 0 & \cdots & 0 & 1 \end{vmatrix} = 1.$$

例7 计算行列式$D=\begin{vmatrix}1&1&1&\cdots&1\\1&2&0&\cdots&0\\1&0&3&\cdots&0\\\vdots&\vdots&\vdots&&\vdots\\1&0&0&\cdots&n\end{vmatrix}$.

解：这是一个箭形行列式，从第2列开始到第n列，将第i列乘以$-\frac{1}{i}$加到第1列，得：

$$D=\begin{vmatrix}1-\sum\limits_{i=2}^{n}\frac{1}{i}&1&1&\cdots&1\\0&2&0&\cdots&0\\0&0&3&\cdots&0\\\vdots&\vdots&\vdots&&\vdots\\0&0&0&\cdots&n\end{vmatrix}=n!(1-\sum_{i=2}^{n}\frac{1}{i}).$$

例8 计算行列式$D=\begin{vmatrix}1+a_1&1&1&\cdots&1\\1&1+a_2&1&\cdots&1\\1&1&1+a_3&\cdots&1\\\vdots&\vdots&\vdots&&\vdots\\1&1&1&\cdots&1+a_n\end{vmatrix}$，其中$a_i\neq 0,i=1,2,\cdots,n$.

解：方法1：观察行列式发现除了对角线元素外，行列式所含元素相同，可以先将第1行乘以-1，分别加到第2行到第n行，再运用性质1.4把行列式分成两个行列式，

$$D=\begin{vmatrix}1+a_1&1&1&\cdots&1\\0-a_1&a_2&0&\cdots&0\\0-a_1&0&a_3&\cdots&0\\\vdots&\vdots&\vdots&&\vdots\\0-a_1&0&0&\cdots&a_n\end{vmatrix}=\begin{vmatrix}1&1&1&\cdots&1\\0&a_2&0&\cdots&0\\0&0&a_3&\cdots&0\\\vdots&\vdots&\vdots&&\vdots\\0&0&0&\cdots&a_n\end{vmatrix}+$$

$$\begin{vmatrix}a_1&1&1&\cdots&1\\-a_1&a_2&0&\cdots&0\\-a_1&0&a_3&\cdots&0\\\vdots&\vdots&\vdots&&\vdots\\-a_1&0&0&\cdots&a_n\end{vmatrix}=1\times a_2a_3\cdots a_n+$$

$$a_1\begin{vmatrix}1+\sum_{i=2}^{n}\frac{1}{a_i} & 1 & 1 & \cdots & 1\\ 0 & a_2 & 0 & \cdots & 0\\ 0 & 0 & a_3 & \cdots & 0\\ \vdots & \vdots & \vdots & & \vdots\\ 0 & 0 & 0 & \cdots & a_n\end{vmatrix}$$

$$= a_2a_3\cdots a_n + a_1a_2a_3\cdots a_n(1+\sum_{i=2}^{n}\frac{1}{a_i}) = a_1a_2a_3\cdots a_n(1+\sum_{i=1}^{n}\frac{1}{a_i}).$$

方法2：首先将第1行乘以–1，分别加到第2行到第n行，此时已经是一个箭形行列式，将第i列乘以$\frac{a_1}{a_i}\ (i=2,3,\cdots,n)$加到第1列，此时是一个上三角行列式.

$$D=\begin{vmatrix}1+a_1 & 1 & 1 & \cdots & 1\\ 1 & 1+a_2 & 1 & \cdots & 1\\ 1 & 1 & 1+a_3 & \cdots & 1\\ \vdots & \vdots & \vdots & & \vdots\\ 1 & 1 & 1 & \cdots & 1+a_n\end{vmatrix}=\begin{vmatrix}1+a_1 & 1 & 1 & \cdots & 1\\ -a_1 & a_2 & 0 & \cdots & 0\\ -a_1 & 0 & a_3 & \cdots & 0\\ \vdots & \vdots & \vdots & & \vdots\\ -a_1 & 0 & 0 & \cdots & a_n\end{vmatrix}$$

$$=\begin{vmatrix}1+a_1+\sum_{i=2}^{n}\frac{a_1}{a_i} & 1 & 1 & \cdots & 1\\ 0 & a_2 & 0 & \cdots & 0\\ 0 & 0 & a_3 & \cdots & 0\\ \vdots & \vdots & \vdots & & \vdots\\ 0 & 0 & 0 & \cdots & a_n\end{vmatrix}$$

$$=(1+a_1+\sum_{i=2}^{n}\frac{a_1}{a_i})\prod_{i=2}^{n}a_i = a_1a_2a_3\cdots a_n(1+\sum_{i=1}^{n}\frac{1}{a_i}).$$

例9 设行列式$D=\begin{vmatrix}a_{11} & \cdots & a_{1k} & 0 & \cdots & 0\\ \vdots & & \vdots & \vdots & & \vdots\\ a_{k1} & \cdots & a_{kk} & 0 & \cdots & 0\\ c_{11} & \cdots & c_{1k} & b_{11} & \cdots & b_{1n}\\ \vdots & & \vdots & \vdots & & \vdots\\ c_{n1} & \cdots & c_{nk} & b_{n1} & \cdots & b_{nn}\end{vmatrix}$，$D_1=\begin{vmatrix}a_{11} & \cdots & a_{1k}\\ \vdots & & \vdots\\ a_{k1} & \cdots & a_{kk}\end{vmatrix}$，$D_2=\begin{vmatrix}b_{11} & \cdots & b_{1n}\\ \vdots & & \vdots\\ b_{n1} & \cdots & b_{nn}\end{vmatrix}$，证明$D=D_1D_2$.

证明： 对D_1做行变换r，把D_1化为下三角行列式.

如果$a_{kk}\neq 0$，将行列式D_1的第k行的$-\frac{a_{ik}}{a_{kk}}(i=1,2,\cdots,k-1)$加到$D_1$的第$i$

行，得到［如果$a_{kk}=0$且存在$i\in(1,\cdots,k-1)$，满足$a_{ik}\neq 0$，则先将行列式的第k行与第i行交换，再进行上述操作；如果$a_{ik}=0$对$i=1,2,\cdots,k$均成立，则最后一列已经满足条件.］

$$D_1=\begin{vmatrix} a_{11} & \cdots & a_{1k} \\ \vdots & & \vdots \\ a_{k1} & \cdots & a_{kk} \end{vmatrix}=\begin{vmatrix} a'_{11} & a'_{12} & \cdots & a'_{1,k-1} & 0 \\ a'_{21} & a'_{22} & \cdots & a'_{2,k-1} & 0 \\ \vdots & \vdots & & \vdots & \vdots \\ a'_{k-1,1} & a'_{k-1,2} & \cdots & a'_{k-1,k-1} & 0 \\ a_{k1} & a_{k2} & \cdots & a_{k,k-1} & a_{kk} \end{vmatrix},$$

再将变换后的行列式的第k-1行至第1行做上述操作，得

$$D_1=\begin{vmatrix} p_{11} & & 0 \\ \vdots & \ddots & \\ p_{k1} & \cdots & p_{kk} \end{vmatrix}=p_{11}p_{22}\cdots p_{kk}.$$

对D_2类似D_1的操作方法做列变换c，把D_2化为下三角行列式，

$$D_2=\begin{vmatrix} q_{11} & & 0 \\ \vdots & \ddots & \\ q_{n1} & \cdots & q_{nn} \end{vmatrix}=q_{11}q_{22}\cdots q_{nn}.$$

对D的前k行作行变换r，操作过程中行列式D的后n行元素不变，对D的后n列作列变换c，行列式D的前k列元素不变，得：

$$D=\begin{vmatrix} a_{11} & \cdots & a_{1k} & 0 & \cdots & 0 \\ \vdots & & \vdots & \vdots & & \vdots \\ a_{k1} & \cdots & a_{kk} & 0 & \cdots & 0 \\ c_{11} & \cdots & c_{1k} & b_{11} & \cdots & b_{1n} \\ \vdots & & \vdots & \vdots & & \vdots \\ c_{n1} & \cdots & c_{nk} & b_{n1} & \cdots & b_{nn} \end{vmatrix}=\begin{vmatrix} p_{11} & & & & & \\ \vdots & \ddots & & & & \\ p_{k1} & \cdots & p_{kk} & & & \\ c_{11} & \cdots & c_{1k} & q_{11} & & \\ \vdots & & \vdots & \vdots & \ddots & \\ c_{n1} & \cdots & c_{nk} & q_{n1} & \cdots & q_{nn} \end{vmatrix},$$

因此$D=p_{11}p_{22}\cdots p_{kk}q_{11}q_{22}\cdots q_{nn}=D_1D_2$.

1.3 行列式按行（列）展开

1.3.1 行列式按一行（列）展开及相关概念

简化行列式计算的另一种主要办法是降阶，即把较高阶行列式的计算转化为较低阶行列式的计算，降阶所用的基本方法是把行列式按一行（列）展开.

为此，首先引入余子式和代数余子式的概念.

定义 1.6 在n阶行列式

$$\begin{vmatrix} a_{11} & a_{12} & \cdots & a_{1n} \\ a_{21} & a_{22} & \cdots & a_{2n} \\ \vdots & \vdots & & \vdots \\ a_{n1} & a_{n2} & \cdots & a_{nn} \end{vmatrix}$$

中，划去元素a_{ij}所在的第i行和第j列，余下的$(n-1)^2$个元素按照原来的顺序构成的一个n–1阶行列式：

$$\begin{vmatrix} a_{11} & \cdots & a_{1,j-1} & a_{1,j+1} & \cdots & a_{1n} \\ \vdots & & \vdots & \vdots & & \vdots \\ a_{i-1,1} & \cdots & a_{i-1,j-1} & a_{i-1,j+1} & \cdots & a_{i-1,n} \\ a_{i+1,1} & \cdots & a_{i+1,j-1} & a_{i+1,j+1} & \cdots & a_{i+1,n} \\ \vdots & & \vdots & \vdots & & \vdots \\ a_{n1} & \cdots & a_{n,j-1} & a_{n,j+1} & \cdots & a_{nn} \end{vmatrix}$$

称为元素a_{ij}的**余子式**，记作M_{ij}. 记$A_{ij}=(-1)^{i+j}M_{ij}$，称A_{ij}为元素a_{ij}的**代数余子式**.

例 1 已知四阶行列式$D=\begin{vmatrix} 3 & 1 & -1 & 2 \\ -5 & 1 & 3 & -4 \\ 2 & 0 & 1 & -1 \\ 1 & -5 & 3 & -3 \end{vmatrix}$，写出元素$a_{34}$的余子式和代数余子式.

解：根据余子式和代数余子式的定义，有

$$M_{34}=\begin{vmatrix} 3 & 1 & -1 \\ -5 & 1 & 3 \\ 1 & -5 & 3 \end{vmatrix},A_{34}=(-1)^{3+4}\begin{vmatrix} 3 & 1 & -1 \\ -5 & 1 & 3 \\ 1 & -5 & 3 \end{vmatrix}.$$

接下来研究n阶行列式与n–1阶行列式之间的关系，首先看三阶行列式与二阶行列式的关系：

$$\begin{vmatrix} a_{11} & a_{12} & a_{13} \\ a_{21} & a_{22} & a_{23} \\ a_{31} & a_{32} & a_{33} \end{vmatrix}=a_{11}a_{22}a_{33}-a_{11}a_{23}a_{32}+a_{12}a_{23}a_{31}-a_{12}a_{21}a_{33}+a_{13}a_{21}a_{32}-a_{13}a_{22}a_{31}$$

$$=a_{11}(a_{22}a_{33}-a_{23}a_{32})-a_{12}(a_{21}a_{33}-a_{23}a_{31})+a_{13}(a_{21}a_{32}-a_{22}a_{31})$$

$$=a_{11}\begin{vmatrix} a_{22} & a_{23} \\ a_{32} & a_{33} \end{vmatrix}-a_{12}\begin{vmatrix} a_{21} & a_{23} \\ a_{31} & a_{33} \end{vmatrix}+a_{13}\begin{vmatrix} a_{21} & a_{22} \\ a_{31} & a_{32} \end{vmatrix}=a_{11}A_{11}+a_{12}A_{12}+a_{13}A_{13}.$$

由上述分析可知，三阶行列式可以表示成第一行每个元素与其对应的代数余子式（二阶行列式）乘积之和.

事实上，上述结论对于n阶行列式的任意一行都成立.

定理1.4 n阶行列式$D=\left|a_{ij}\right|_{n\times n}$等于它的任意一行（列）的各元素与其对应代数余子式乘积的和，即

$$D=a_{i1}A_{i1}+a_{i2}A_{i2}+\cdots+a_{in}A_{in}(i=1,2,\cdots,n),\tag{1.21}$$

或$D=a_{1j}A_{1j}+a_{2j}A_{2j}+\cdots+a_{nj}A_{nj}(j=1,2,\cdots,n)$. (1.22)

证明：这里只对行来证明此定理.分三种情况讨论.

（1）假定行列式D的第一行除$a_{11}\neq 0$外，其余元素均为零，即

$$D=\begin{vmatrix} a_{11} & 0 & \cdots & 0 \\ a_{21} & a_{22} & \cdots & a_{2n} \\ \vdots & \vdots & & \vdots \\ a_{n1} & a_{n2} & \cdots & a_{nn} \end{vmatrix}.$$

因为D的每一项都含有第一行中的元素，但第一行仅有$a_{11}\neq 0$，因此D仅含有如下形式的项：

$$\begin{aligned} D&=\sum_{1j_2\cdots j_n}(-1)^{\tau(1j_2\cdots j_n)}a_{11}a_{2j_2}\cdots a_{nj_n}=a_{11}\sum_{j_2\cdots j_n}(-1)^{\tau(j_2\cdots j_n)}a_{2j_2}\cdots a_{nj_n}\\ &=a_{11}M_{11}=a_{11}(-1)^{1+1}M_{11}=a_{11}A_{11}. \end{aligned}$$

（2）假定行列式D的第i行除$a_{ij}\neq 0$外，其余元素均为零，即

$$D=\begin{vmatrix} a_{11} & \cdots & a_{1,j-1} & a_{1,j} & a_{1,j+1} & \cdots & a_{1n} \\ \vdots & & \vdots & \vdots & \vdots & & \vdots \\ a_{i-1,1} & \cdots & a_{i-1,j-1} & a_{i-1,j} & a_{i-1,j+1} & \cdots & a_{i-1,n} \\ 0 & \cdots & 0 & a_{ij} & 0 & \cdots & 0 \\ a_{i+1,1} & \cdots & a_{i+1,j-1} & a_{i+1,j} & a_{i+1,j+1} & \cdots & a_{i+1,n} \\ \vdots & & \vdots & \vdots & \vdots & & \vdots \\ a_{n1} & \cdots & a_{n,j-1} & a_{nj} & a_{n,j+1} & \cdots & a_{nn} \end{vmatrix}.$$

将D的第i行依次与第$i-1,i-2,\cdots,2,1$各行交换，再将新行列式的第j列依次与第$j-1,j-2,\cdots,2,1$各列交换，共经过$i+j-2$次交换D的行和列，得

$$D=(-1)^{i+j-2}\begin{vmatrix} a_{ij} & 0 & \cdots & 0 & 0 & \cdots & 0 \\ a_{1j} & a_{11} & \cdots & a_{1,j-1} & a_{1,j+1} & \cdots & a_{1n} \\ \vdots & \vdots & & \vdots & \vdots & & \vdots \\ a_{i-1,j} & a_{i-1,1} & \cdots & a_{i-1,j-1} & a_{i-1,j+1} & \cdots & a_{i-1,n} \\ a_{i+1,j} & a_{i+1,1} & \cdots & a_{i+1,j-1} & a_{i+1,j+1} & \cdots & a_{i+1,n} \\ \vdots & \vdots & & \vdots & \vdots & & \vdots \\ a_{nj} & a_{n1} & \cdots & a_{n,j-1} & a_{n,j+1} & \cdots & a_{nn} \end{vmatrix}.$$

由（1）可知$D=(-1)^{i+j-2}a_{ij}M_{ij}=a_{ij}(-1)^{i+j}M_{ij}=a_{ij}A_{ij}$.

(3) 考虑一般情形：对于行列式

$$D=\begin{vmatrix} a_{11} & a_{12} & \cdots & a_{1n} \\ \vdots & \vdots & & \vdots \\ a_{i1} & a_{i2} & \cdots & a_{in} \\ \vdots & \vdots & & \vdots \\ a_{n1} & a_{n2} & \cdots & a_{nn} \end{vmatrix}=\begin{vmatrix} a_{11} & a_{12} & \cdots & a_{1n} \\ \vdots & \vdots & & \vdots \\ a_{i1}+0+\cdots+0 & 0+a_{i2}+\cdots+0 & \cdots & 0+\cdots+0+a_{in} \\ \vdots & \vdots & & \vdots \\ a_{n1} & a_{n2} & \cdots & a_{nn} \end{vmatrix}$$

$$=\begin{vmatrix} a_{11} & a_{12} & \cdots & a_{1n} \\ \vdots & \vdots & & \vdots \\ a_{i1} & 0 & \cdots & 0 \\ \vdots & \vdots & & \vdots \\ a_{n1} & a_{n2} & \cdots & a_{nn} \end{vmatrix}+\begin{vmatrix} a_{11} & a_{12} & \cdots & a_{1n} \\ \vdots & \vdots & & \vdots \\ 0 & a_{i2} & \cdots & 0 \\ \vdots & \vdots & & \vdots \\ a_{n1} & a_{n2} & \cdots & a_{nn} \end{vmatrix}+\cdots+\begin{vmatrix} a_{11} & a_{12} & \cdots & a_{1n} \\ \vdots & \vdots & & \vdots \\ 0 & 0 & \cdots & a_{in} \\ \vdots & \vdots & & \vdots \\ a_{n1} & a_{n2} & \cdots & a_{nn} \end{vmatrix}$$

$$=a_{i1}A_{i1}+a_{i2}A_{i2}+\cdots+a_{in}A_{in}.$$

显然这一结果对于任意的$i=1,2,\cdots,n$均成立.

类似地，可以证明（1.22）也成立.

（1.21）称为行列式D按第i行的展开式，（1.22）称为行列式D按第j列的展开式.

由定理1.4可知，计算一个n阶行列式可以转化成计算n个n–1阶行列式的代数和.

例2 计算四阶行列式$D=\begin{vmatrix} 3 & 1 & -1 & 2 \\ -5 & 1 & 3 & -4 \\ 2 & 0 & 1 & -1 \\ 1 & -5 & 3 & -3 \end{vmatrix}$.

解：利用定理1.4，按照第3行展开，可知

$$D=2\times A_{31}+0\times A_{32}+1\times A_{33}+(-1)\times A_{34},$$

直接利用定理1.4需要计算3个三阶行列式，在实际求解行列式时，可以先利用行列式的性质对D进行化简：

$$D=\begin{vmatrix} 3 & 1 & -1 & 2 \\ -5 & 1 & 3 & -4 \\ 2 & 0 & 1 & -1 \\ 1 & -5 & 3 & -3 \end{vmatrix}\xlongequal[c_4+c_3]{c_1-2c_3}\begin{vmatrix} 5 & 1 & -1 & 1 \\ -11 & 1 & 3 & -1 \\ 0 & 0 & 1 & 0 \\ -5 & -5 & 3 & 0 \end{vmatrix}$$

$$=1\times A_{33}=(-1)^{3+3}\begin{vmatrix} 5 & 1 & 1 \\ -11 & 1 & -1 \\ -5 & -5 & 0 \end{vmatrix}.$$

此时，再将第3行展开计算行列式，只需要计算一个3阶行列式，简化了计算.得到的行列式还可以再利用行列式的性质进一步化简：

$$D=\begin{vmatrix}5&1&1\\-11&1&-1\\-5&-5&0\end{vmatrix}\xlongequal{r_2+r_1}\begin{vmatrix}5&1&1\\-6&2&0\\-5&-5&0\end{vmatrix}=1\times(-1)^{1+3}\begin{vmatrix}-6&2\\-5&-5\end{vmatrix}$$

$$=2\times(-5)\begin{vmatrix}-3&1\\1&1\end{vmatrix}=40.$$

由例2可知，计算行列式时，经常将行列式的性质和按一行（列）展开的公式配合使用，利用行列式的性质将某一行（列）化出尽可能多的零元素，再利用定理1.4将行列式按行（列）展开.

例3 计算行列式 $D_n=\begin{vmatrix}a&b&0&\cdots&0&0\\0&a&b&\cdots&0&0\\0&0&a&\cdots&0&0\\\vdots&\vdots&\vdots&&\vdots&\vdots\\0&0&0&\cdots&a&b\\b&0&0&\cdots&0&a\end{vmatrix}$.

解： 根据定理1.4，将行列式按第一列展开，由于第一列只有两个可能的非零元素，因此得

$$D_n=a(-1)^{1+1}\begin{vmatrix}a&b&0&\cdots&0&0\\0&a&b&\cdots&0&0\\0&0&a&\cdots&0&0\\\vdots&\vdots&\vdots&&\vdots&\vdots\\0&0&0&\cdots&a&b\\0&0&0&\cdots&0&a\end{vmatrix}_{(n-1)\times(n-1)}+$$

$$b(-1)^{n+1}\begin{vmatrix}b&0&0&\cdots&0&0\\a&b&0&\cdots&0&0\\0&a&b&\cdots&0&0\\\vdots&\vdots&\vdots&&\vdots&\vdots\\0&0&0&\cdots&b&0\\0&0&0&\cdots&a&b\end{vmatrix}_{(n-1)\times(n-1)}=a^n+(-1)^{n+1}b^n.$$

例4 计算行列式 $D_n=\begin{vmatrix}1&2&3&4&\cdots&n-1&n\\1&1&2&3&\cdots&n-2&n-1\\1&x&1&2&\cdots&n-3&n-2\\1&x&x&1&\cdots&n-4&n-3\\\vdots&\vdots&\vdots&\vdots&&\vdots&\vdots\\1&x&x&x&\cdots&1&2\\1&x&x&x&\cdots&x&1\end{vmatrix}$.

解： 将第2行的−1倍加到第1行；第3行的−1倍加到第2行；……，第n

行的 -1 倍加到第 $n-1$ 行，得

$$D\xlongequal[\substack{\vdots\\ r_{n-1}-r_n}]{\substack{r_1-r_2\\ r_2-r_3}}\begin{vmatrix}0&1&1&1&\cdots&1&1\\0&1-x&1&1&\cdots&1&1\\0&0&1-x&1&\cdots&1&1\\0&0&0&1-x&\cdots&1&1\\\vdots&\vdots&\vdots&\vdots&&\vdots&\vdots\\0&0&0&0&\cdots&1-x&1\\1&x&x&x&\cdots&x&1\end{vmatrix}$$

$$=(-1)^{n+1}\begin{vmatrix}1&1&1&\cdots&1&1\\1-x&1&1&\cdots&1&1\\0&1-x&1&\cdots&1&1\\0&0&1-x&\cdots&1&1\\\vdots&\vdots&\vdots&&\vdots&\vdots\\0&0&0&\cdots&1-x&1\end{vmatrix}_{(n-1)\times(n-1)}$$

$$\xlongequal[\substack{\vdots\\ r_{n-2}-r_{n-1}}]{\substack{r_1-r_2\\ r_2-r_3}}(-1)^{n+1}\begin{vmatrix}x&0&0&\cdots&0&0\\1-x&x&0&\cdots&0&0\\0&1-x&x&\cdots&0&0\\\vdots&\vdots&\vdots&&\vdots&\vdots\\0&0&0&\cdots&1-x&1\end{vmatrix}$$

$$=(-1)^{n+1}x^{n-2}.$$

例5 计算行列式 $D_n=\begin{vmatrix}x&-1&0&\cdots&0&0\\0&x&-1&\cdots&0&0\\0&0&x&\cdots&0&0\\\vdots&\vdots&\vdots&&\vdots&\vdots\\0&0&0&\cdots&x&-1\\a_n&a_{n-1}&a_{n-2}&\cdots&a_2&x+a_1\end{vmatrix}$ $(n>2)$.

解：把行列式按第一列展开：

$$D_n=x(-1)^{1+1}\begin{vmatrix}x&-1&0&\cdots&0&0\\0&x&-1&\cdots&0&0\\0&0&x&\cdots&0&0\\\vdots&\vdots&\vdots&&\vdots&\vdots\\0&0&0&\cdots&x&-1\\a_{n-1}&a_{n-2}&a_{n-3}&\cdots&a_2&x+a_1\end{vmatrix}+a_n(-1)^{n+1}\begin{vmatrix}-1&0&\cdots&0&0\\x&-1&\cdots&0&0\\\vdots&\vdots&&\vdots&\vdots\\0&0&\cdots&-1&0\\0&0&\cdots&x&-1\end{vmatrix}$$

$$=xD_{n-1}+a_n(-1)^{n+1}(-1)^{n-1}=xD_{n-1}+a_n=x(xD_{n-2}+a_{n-1})+a_n$$

$$=x^2D_{n-2}+a_{n-1}x+a_n$$

$$=\cdots=x^{n-2}\begin{vmatrix}x&-1\\a_2&x+a_1\end{vmatrix}+a_3x^{n-3}+\cdots+a_{n-2}x^2+a_{n-1}x+a_n$$

$$=x^n+a_1x^{n-1}+a_2x^{n-2}+\cdots+a_{n-2}x^2+a_{n-1}x+a_n.$$

例6 计算行列式$D_n=\begin{vmatrix} x & a & a & \cdots & a \\ b & x & a & \cdots & a \\ b & b & x & \cdots & a \\ \vdots & \vdots & \vdots & & \vdots \\ b & b & b & \cdots & x \end{vmatrix}$.

解: 若$a=b$，由本章第2节例3的计算方法易知$D_n=[x+(n-1)a](x-a)^{n-1}$；

若$a\neq b$，有

$$D_n=\begin{vmatrix} (x-a)+a & 0+a & 0+a & \cdots & 0+a \\ b & x & a & \cdots & a \\ b & b & x & \cdots & a \\ \vdots & \vdots & \vdots & & \vdots \\ b & b & b & \cdots & x \end{vmatrix}=\begin{vmatrix} x-a & 0 & 0 & \cdots & 0 \\ b & x & a & \cdots & a \\ b & b & x & \cdots & a \\ \vdots & \vdots & \vdots & & \vdots \\ b & b & b & \cdots & x \end{vmatrix}+$$

$$a\begin{vmatrix} 1 & 1 & 1 & \cdots & 1 \\ b & x & a & \cdots & a \\ b & b & x & \cdots & a \\ \vdots & \vdots & \vdots & & \vdots \\ b & b & b & \cdots & x \end{vmatrix}$$

$$=(x-a)D_{n-1}+a\begin{vmatrix} 1 & 1 & \cdots & 1 \\ 0 & x-b & \cdots & a-b \\ \vdots & \vdots & & \vdots \\ 0 & 0 & \cdots & x-b \end{vmatrix}=(x-a)D_{n-1}+a(x-b)^{n-1}.$$

由a，b的对称性，知$D_n=(x-b)D_{n-1}+b(x-a)^{n-1}$.解

$$\begin{cases} D_n=(x-a)D_{n-1}+a(x-b)^{n-1}, \\ D_n=(x-b)D_{n-1}+b(x-a)^{n-1}, \end{cases}$$

求出$D_n=\dfrac{a(x-b)^n-b(x-a)^n}{a-b}\ (a\neq b)$.

本题在计算行列式时，找到了n阶行列式和n–1阶行列式之间的等式关系，按照这个关系就可以推知n–1阶行列式和n–2阶行列式之间的关系，按照递推方法最终计算得到结果.这种计算行列式的方法称为递推法.递推法在解行列式时也是一种常用的方法.严格来讲，通过递推公式得到的行列式的计算结果还应该用数学归纳法证明结果的正确性.由于例5和例6的递推公式较为简单，此处略去数学归纳法进行证明的过程.

例7 证明范德蒙（Vandermonde）行列式

$$D_n=\begin{vmatrix}1&1&\cdots&1\\x_1&x_2&\cdots&x_n\\x_1^2&x_2^2&\cdots&x_n^2\\\vdots&\vdots&&\vdots\\x_1^{n-1}&x_2^{n-1}&\cdots&x_n^{n-1}\end{vmatrix}=\prod_{1\leqslant j<i\leqslant n}(x_i-x_j),\tag{1.23}$$

其中$n\geqslant 2$,

$$\begin{aligned}\prod_{1\leqslant j<i\leqslant n}(x_i-x_j)=&(x_2-x_1)(x_3-x_1)\cdots(x_{n-1}-x_1)(x_n-x_1)\cdot\\&(x_3-x_2)\cdots(x_{n-1}-x_2)(x_n-x_2)\\&\cdot\cdots\cdot\\&(x_{n-1}-x_{n-2})(x_n-x_{n-2})\cdot\\&(x_n-x_{n-1}).\end{aligned}$$

证明：对范德蒙行列式的阶数n用数学归纳法.

当n=2时，$D_2=\begin{vmatrix}1&1\\x_1&x_2\end{vmatrix}=x_2-x_1=\prod\limits_{1\leqslant j<i\leqslant 2}(x_i-x_j)$，因此当$n$=2时，范德蒙行列式的结论成立.

假设对$n-1$阶范德蒙行列式的结论成立，下面证明n阶范德蒙行列式的结论成立.

$$D_n=\begin{vmatrix}1&1&\cdots&1\\x_1&x_2&\cdots&x_n\\x_1^2&x_2^2&\cdots&x_n^2\\\vdots&\vdots&&\vdots\\x_1^{n-1}&x_2^{n-1}&\cdots&x_n^{n-1}\end{vmatrix}$$

$$\xlongequal[\substack{\vdots\\r_2-x_1r_1}]{\substack{r_n-x_1r_{n-1}\\r_{n-1}-x_1r_{n-2}}}\begin{vmatrix}1&1&1&\cdots&1\\0&x_2-x_1&x_3-x_1&\cdots&x_n-x_1\\0&x_2(x_2-x_1)&x_3(x_3-x_1)&\cdots&x_n(x_n-x_1)\\\vdots&\vdots&\vdots&&\vdots\\0&x_2^{n-2}(x_2-x_1)&x_3^{n-2}(x_3-x_1)&\cdots&x_n^{n-2}(x_n-x_1)\end{vmatrix}$$

$$=1\times(-1)^{1+1}\begin{vmatrix}x_2-x_1&x_3-x_1&\cdots&x_n-x_1\\x_2(x_2-x_1)&x_3(x_3-x_1)&\cdots&x_n(x_n-x_1)\\\vdots&\vdots&&\vdots\\x_2^{n-2}(x_2-x_1)&x_3^{n-2}(x_3-x_1)&\cdots&x_n^{n-2}(x_n-x_1)\end{vmatrix}$$

$$= (x_2 - x_1)(x_3 - x_1)\cdots(x_n - x_1)\begin{vmatrix} 1 & 1 & \cdots & 1 \\ x_2 & x_3 & \cdots & x_n \\ \vdots & \vdots & & \vdots \\ x_2^{n-2} & x_3^{n-2} & \cdots & x_n^{n-2} \end{vmatrix},$$

此时，后面的行列式是n–1阶范德蒙行列式，根据归纳假设，它等于所有的差$(x_i - x_j)(2 \leqslant j < i \leqslant n)$的乘积.因此

$$D_n = (x_2 - x_1)(x_3 - x_1)\cdots(x_n - x_1)\prod_{2 \leqslant j < i \leqslant n}(x_i - x_j) = \prod_{1 \leqslant j < i \leqslant n}(x_i - x_j).$$

范德蒙行列式在许多实际问题中都有出现，可以用公式（1.23）直接写出它的值.从（1.23）可以看出，当$x_1, x_2, \cdots, x_n$两两不同且均不取零时，范德蒙行列式的值不为零.

例8 计算行列式$D = \begin{vmatrix} a & b & c & d \\ a^2 & b^2 & c^2 & d^2 \\ a^3 & b^3 & c^3 & d^3 \\ b+c+d & a+c+d & a+b+d & a+b+c \end{vmatrix}$.

解：首先将行列式的第4行与第3行对换，再把新行列式的第3行与第2行对换，最后把新行列式的第2行与第1行对换，得

$$D = (-1)^{1+1+1}\begin{vmatrix} b+c+d & a+c+d & a+b+d & a+b+c \\ a & b & c & d \\ a^2 & b^2 & c^2 & d^2 \\ a^3 & b^3 & c^3 & d^3 \end{vmatrix}$$

$$\overset{r_1 + r_2}{=\!=\!=} -\begin{vmatrix} a+b+c+d & a+b+c+d & a+b+c+d & a+b+c+d \\ a & b & c & d \\ a^2 & b^2 & c^2 & d^2 \\ a^3 & b^3 & c^3 & d^3 \end{vmatrix}$$

$$= -(a+b+c+d)\begin{vmatrix} 1 & 1 & 1 & 1 \\ a & b & c & d \\ a^2 & b^2 & c^2 & d^2 \\ a^3 & b^3 & c^3 & d^3 \end{vmatrix},$$

此时，右边的行列式是一个四阶范德蒙行列式，则

$$D = -(a+b+c+d)(b-a)(c-a)(d-a)(c-b)(d-b)(d-c).$$

例9 计算行列式$D = \begin{vmatrix} a_1^n & a_1^{n-1}b_1 & a_1^{n-2}b_1^2 & \cdots & a_1 b_1^{n-1} & b_1^n \\ a_2^n & a_2^{n-1}b_2 & a_2^{n-2}b_2^2 & \cdots & a_2 b_2^{n-1} & b_2^n \\ \vdots & \vdots & \vdots & & \vdots & \vdots \\ a_{n+1}^n & a_{n+1}^{n-1}b_{n+1} & a_{n+1}^{n-2}b_{n+1}^2 & \cdots & a_{n+1}b_{n+1}^{n-1} & b_{n+1}^n \end{vmatrix}$,

其中$a_1 a_2 \cdots a_{n+1} \neq 0$.

解：将第i行提取公因式a_i^n，便是范德蒙行列式的转置行列式：

$$D_{n+1}=a_1^na_2^n\cdots a_{n+1}^n\begin{vmatrix}1 & \dfrac{b_1}{a_1} & \cdots & \left(\dfrac{b_1}{a_1}\right)^{n-1} & \left(\dfrac{b_1}{a_1}\right)^{n}\\ 1 & \dfrac{b_2}{a_2} & \cdots & \left(\dfrac{b_2}{a_2}\right)^{n-1} & \left(\dfrac{b_2}{a_2}\right)^{n}\\ \vdots & \vdots & & \vdots & \vdots\\ 1 & \dfrac{b_{n+1}}{a_{n+1}} & \cdots & \left(\dfrac{b_{n+1}}{a_{n+1}}\right)^{n-1} & \left(\dfrac{b_{n+1}}{a_{n+1}}\right)^{n}\end{vmatrix}$$

$$=a_1^na_2^n\cdots a_{n+1}^n\prod_{1\leqslant j<i\leqslant n+1}\left(\frac{b_i}{a_i}-\frac{b_j}{a_j}\right)=\prod_{1\leqslant j<i\leqslant n+1}(a_jb_i-a_ib_j).$$

下面思考把三阶行列式$D=\begin{vmatrix}a_{11} & a_{12} & a_{13}\\ a_{21} & a_{22} & a_{23}\\ a_{31} & a_{32} & a_{33}\end{vmatrix}$的第2行元素与第1行元素的代数余子式相乘，然后相加，结果会如何呢？

$$\begin{aligned}a_{21}A_{11}+a_{22}A_{12}+a_{23}A_{13}&=a_{21}(-1)^{1+1}\begin{vmatrix}a_{22} & a_{23}\\ a_{32} & a_{33}\end{vmatrix}+a_{22}(-1)^{1+2}\begin{vmatrix}a_{21} & a_{23}\\ a_{31} & a_{33}\end{vmatrix}+\\ &\quad a_{23}(-1)^{1+3}\begin{vmatrix}a_{21} & a_{22}\\ a_{31} & a_{32}\end{vmatrix}\\ &=a_{21}a_{22}a_{33}-a_{21}a_{23}a_{32}-a_{22}a_{21}a_{33}+\\ &\quad a_{22}a_{23}a_{31}+a_{23}a_{21}a_{32}-a_{23}a_{22}a_{31}\\ &=\begin{vmatrix}a_{21} & a_{22} & a_{23}\\ a_{21} & a_{22} & a_{23}\\ a_{31} & a_{32} & a_{33}\end{vmatrix}=0.\end{aligned}$$

这表明三阶行列式第2行元素与第1行元素的代数余子式乘积之和等于0. 而这个代数式刚好是原来行列式中第3行元素和第2行元素不动，以原行列式中第2行元素做第1行元素构成的一个新行列式，新行列式有两行元素相同，此行列式显然为0. 对于n阶行列式，有类似的结论.

定理1.5 n**阶行列式**$D=\left|a_{ij}\right|_{n\times n}$**的某一行（列）的元素与另一行（列）的对应元素的代数余子式乘积的和等于零，即**

$$a_{k1}A_{i1}+a_{k2}A_{i2}+\cdots+a_{kn}A_{in}=0(k\neq i),\tag{1.24}$$

或

$$a_{1l}A_{1j}+a_{2l}A_{2j}+\cdots+a_{nl}A_{nj}=0(l\neq j).\tag{1.25}$$

证明：将行列式 $D=\begin{vmatrix} a_{11} & a_{12} & \cdots & a_{1n} \\ \vdots & \vdots & & \vdots \\ a_{i1} & a_{i2} & \cdots & a_{in} \\ \vdots & \vdots & & \vdots \\ a_{k1} & a_{k2} & \cdots & a_{kn} \\ \vdots & \vdots & & \vdots \\ a_{n1} & a_{n2} & \cdots & a_{nn} \end{vmatrix}\begin{matrix} \\ \\ 第i行 \\ \\ 第k行 \\ \\ \\ \end{matrix}$

的第i行的元素换成第k行的对应元素，得到一个新的行列式D_1：

$$D_1=\begin{vmatrix} a_{11} & a_{12} & \cdots & a_{1n} \\ \vdots & \vdots & & \vdots \\ a_{k1} & a_{k2} & \cdots & a_{kn} \\ \vdots & \vdots & & \vdots \\ a_{k1} & a_{k2} & \cdots & a_{kn} \\ \vdots & \vdots & & \vdots \\ a_{n1} & a_{n2} & \cdots & a_{nn} \end{vmatrix}\begin{matrix} \\ \\ 第i行 \\ \\ 第k行 \\ \\ \\ \end{matrix},$$

D_1有两行元素对应相同，因此D_1=0. 同时，将行列式D_1按第i行展开，得 $D_1 = a_{k1}A_{i1} + a_{k2}A_{i2} + \cdots + a_{kn}A_{in}$. 因此有$a_{k1}A_{i1} + a_{k2}A_{i2} + \cdots + a_{kn}A_{in} = 0$.

把（1.21），（1.22）与（1.24），（1.25）放到一起可以写成：

$$a_{k1}A_{i1} + a_{k2}A_{i2} + \cdots + a_{kn}A_{in} = \sum_{j=1}^{n} a_{kj}A_{ij} = \begin{cases} D, & k=i, \\ 0, & k \neq i. \end{cases}$$

$$a_{1l}A_{1j} + a_{2l}A_{2j} + \cdots + a_{nl}A_{nj} = \sum_{i=1}^{n} a_{il}A_{ij} = \begin{cases} D, l=j, \\ 0, l \neq j. \end{cases}$$

例 10 设行列式 $D=\begin{vmatrix} a & b & c & d \\ c & b & d & a \\ d & b & c & d \\ a & b & d & c \end{vmatrix}$ $(abcd \neq 0)$，证明 $A_{13}+A_{23}+A_{33}+A_{43}=0$.

证明：由定理1.5可知，$b \times A_{13} + b \times A_{23} + b \times A_{33} + b \times A_{43}$是行列式$D$的第2列元素与第3列对应元素代数余子式乘积的和，因此$b \times A_{13} + b \times A_{23} + b \times A_{33} + b \times A_{43} = 0$. 于是 $b(A_{13}+A_{23}+A_{33}+A_{43})=0$，又知 $b \neq 0$，因此 $A_{13}+A_{23}+A_{33}+A_{43}=0$.

例 11 设四阶行列式$D=\begin{vmatrix} 2 & 0 & 0 & 2 \\ 1 & 2 & 0 & 1 \\ 1 & 0 & 3 & 2 \\ 1 & 0 & 0 & 4 \end{vmatrix}$，求$A_{14}+A_{24}+A_{34}+A_{44}$.

解： $A_{14}+A_{24}+A_{34}+A_{44}=1\times A_{14}+1\times A_{24}+1\times A_{34}+1\times A_{44}$

$$=\begin{vmatrix}2&0&0&1\\1&2&0&1\\1&0&3&1\\1&0&0&1\end{vmatrix}\xlongequal{c_1-2c_4}\begin{vmatrix}0&0&0&1\\-1&2&0&1\\-1&0&3&1\\-1&0&0&1\end{vmatrix}$$

$$=1\times(-1)^{1+4}\begin{vmatrix}-1&2&0\\-1&0&3\\-1&0&0\end{vmatrix}=-2\times(-1)^{1+2}\begin{vmatrix}-1&3\\-1&0\end{vmatrix}=6.$$

*1.3.2 拉普拉斯（Laplace）定理

拉普拉斯定理可以看成是行列式按一行（列）展开公式的推广.

首先把余子式和代数余子式的概念加以推广.

定义 1.7 在n阶行列式D中任意选定k行k列（$k\leqslant n$），位于这些行和列的交点上的k^2个元素按原来的次序组成的k阶行列式M，称为行列式D的k阶子式.当$k<n$时，在D中划去这k行k列后余下的元素按照原来的次序组成的$n-k$阶行列式M'称为**k阶子式M的余子式**.如果D的k阶子式M在D中所在的行、列指标分别为$i_1,i_2,\cdots,i_k;j_1,j_2,\cdots,j_k$，则$M$的余子式$M'$前面加上符号$(-1)^{(i_1+i_2+\cdots+i_k)+(j_1+j_2+\cdots+j_k)}$后，称为$M$的**代数余子式**，记为$A$.即

$$A=(-1)^{(i_1+i_2+\cdots+i_k)+(j_1+j_2+\cdots+j_k)}M'.$$

从定义 1.7 可以看出，M也是M'的余子式，所以M与M'称为D的一对互余的子式.

例 12 在四阶行列式$D=\begin{vmatrix}2&1&-4&2\\1&0&0&1\\1&0&3&3\\5&2&0&2\end{vmatrix}$中，选定第2，3行，第1，4列得到一个二阶子式$M=\begin{vmatrix}1&1\\1&3\end{vmatrix}$，$M$的余子式为$M'=\begin{vmatrix}1&-4\\2&0\end{vmatrix}$，$M$的代数余子式为

$$A=(-1)^{2+3+1+4}\begin{vmatrix}1&-4\\2&0\end{vmatrix}=\begin{vmatrix}1&-4\\2&0\end{vmatrix}.$$

定理 1.6 **在行列式D中任意取定$k\,(1\leqslant k\leqslant n-1)$个行，由这$k$行元素所组成的所有$k$阶子式与它们的代数余子式的乘积之和等于行列式$D$，即**

$$D=M_1A_1+M_2A_2+\cdots+M_tA_t\left(t=\mathrm{C}_n^k=\frac{n!}{k!(n-k)!}\right),$$

其中A_i是子式M_i对应的代数余子式.

(证明略.)

显然定理1.4是定理1.6取一阶子式时的特殊情况.

例13 计算四阶行列式$D = \begin{vmatrix} 1 & 1 & -4 & 2 \\ 3 & 0 & 0 & -1 \\ -1 & 0 & 2 & 3 \\ 1 & 3 & 0 & 2 \end{vmatrix}$.

解：选定该行列式的第2行和第3行，可以组成$C_4^2 = 6$个子式：

$$M_1 = \begin{vmatrix} 3 & 0 \\ -1 & 0 \end{vmatrix} = 0, M_2 = \begin{vmatrix} 3 & 0 \\ -1 & 2 \end{vmatrix} = 6, M_3 = \begin{vmatrix} 3 & -1 \\ -1 & 3 \end{vmatrix} = 8, M_4 = \begin{vmatrix} 0 & 0 \\ 0 & 2 \end{vmatrix} = 0,$$

$$M_5 = \begin{vmatrix} 0 & -1 \\ 0 & 3 \end{vmatrix} = 0, M_6 = \begin{vmatrix} 0 & -1 \\ 2 & 3 \end{vmatrix} = 2.$$

可以看到有3个子式为零，只需计算剩下3个不为零的子式的余子式.

再计算这些子式的代数余子式：

$$A_2 = (-1)^{(2+3)+(1+3)}\begin{vmatrix} 1 & 2 \\ 3 & 2 \end{vmatrix} = 4, A_3 = (-1)^{(2+3)+(1+4)}\begin{vmatrix} 1 & -4 \\ 3 & 0 \end{vmatrix} = 12,$$

$$A_6 = (-1)^{(2+3)+(3+4)}\begin{vmatrix} 1 & 1 \\ 1 & 3 \end{vmatrix} = 2.$$

于是$D = M_2A_2 + M_3A_3 + M_6A_6 = 6 \times 4 + 8 \times 12 + 2 \times 2 = 124$.

从例13可以看出，利用拉普拉斯定理计算行列式一般是不方便的，这个定理仅在特殊情况下计算行列式的值，该定理主要在理论方面应用.

例14 利用拉普拉斯定理证明本章第2节的例9.

设行列式

$$D = \begin{vmatrix} a_{11} & \cdots & a_{1k} & 0 & \cdots & 0 \\ \vdots & & \vdots & \vdots & & \vdots \\ a_{k1} & \cdots & a_{kk} & 0 & \cdots & 0 \\ c_{11} & \cdots & c_{1k} & b_{11} & \cdots & b_{1n} \\ \vdots & & \vdots & \vdots & & \vdots \\ c_{n1} & \cdots & c_{nk} & b_{n1} & \cdots & b_{nn} \end{vmatrix}, D_1 = \begin{vmatrix} a_{11} & \cdots & a_{1k} \\ \vdots & & \vdots \\ a_{k1} & \cdots & a_{kk} \end{vmatrix}, D_2 = \begin{vmatrix} b_{11} & \cdots & b_{1n} \\ \vdots & & \vdots \\ b_{n1} & \cdots & b_{nn} \end{vmatrix},$$

证明$D = D_1D_2$.

证明：取行列式D的前k行，不为0的k阶子式只有D_1，它的子式为D_2，因此由拉普拉斯定理得$D = D_1(-1)^{(1+2+\cdots+k)+(1+2+\cdots+k)}D_2 = D_1D_2$.

利用拉普拉斯定理可以证明下面的结论：

定理1.7　两个n阶行列式$D_1=\begin{vmatrix} a_{11} & a_{12} & \cdots & a_{1n} \\ a_{21} & a_{22} & \cdots & a_{2n} \\ \vdots & \vdots & & \vdots \\ a_{n1} & a_{n2} & \cdots & a_{nn} \end{vmatrix}$**和**$D_2=\begin{vmatrix} b_{11} & b_{12} & \cdots & b_{1n} \\ b_{21} & b_{22} & \cdots & b_{2n} \\ \vdots & \vdots & & \vdots \\ b_{n1} & b_{n2} & \cdots & b_{nn} \end{vmatrix}$**的乘积等于$n$阶行列式**$C=\begin{vmatrix} c_{11} & c_{12} & \cdots & c_{1n} \\ c_{21} & c_{22} & \cdots & c_{2n} \\ \vdots & \vdots & & \vdots \\ c_{n1} & c_{n2} & \cdots & c_{nn} \end{vmatrix}$**，其中$c_{ij}$是$D_1$的第$i$行元素分别与$D_2$的第$j$列元素乘积之和，即**

$$c_{ij}=a_{i1}b_{1j}+a_{i2}b_{2j}+\cdots+a_{in}b_{nj}.$$

证明：做一个$2n$阶行列式

$$D=\begin{vmatrix} a_{11} & a_{12} & \cdots & a_{1n} & 0 & 0 & \cdots & 0 \\ a_{21} & a_{22} & \cdots & a_{2n} & 0 & 0 & \cdots & 0 \\ \vdots & \vdots & & \vdots & \vdots & \vdots & & \vdots \\ a_{n1} & a_{n2} & \cdots & a_{nn} & 0 & 0 & \cdots & 0 \\ -1 & 0 & \cdots & 0 & b_{11} & b_{12} & \cdots & b_{1n} \\ 0 & -1 & \cdots & 0 & b_{21} & b_{22} & \cdots & b_{2n} \\ \vdots & \vdots & & \vdots & \vdots & \vdots & & \vdots \\ 0 & 0 & \cdots & -1 & b_{n1} & b_{n2} & \cdots & b_{nn} \end{vmatrix},$$

根据拉普拉斯定理，将D按照前n行展开，则因为D中前n行除去左上角的那个n阶子式外，其余的n阶子式都为零.所以

$$D=\begin{vmatrix} a_{11} & a_{12} & \cdots & a_{1n} \\ a_{21} & a_{22} & \cdots & a_{2n} \\ \vdots & \vdots & & \vdots \\ a_{n1} & a_{n2} & \cdots & a_{nn} \end{vmatrix}\cdot(-1)^{(1+2+\cdots+n)+(1+2+\cdots+n)}\begin{vmatrix} b_{11} & b_{12} & \cdots & b_{1n} \\ b_{21} & b_{22} & \cdots & b_{2n} \\ \vdots & \vdots & & \vdots \\ b_{n1} & b_{n2} & \cdots & b_{nn} \end{vmatrix}=D_1D_2.$$

下面来证明$D=C$.对D做初等行变换，将第$n+1$行的a_{11}倍，第$n+2$行的a_{12}倍，……，第$2n$行的a_{1n}倍都加到第1行，得

$$D=\begin{vmatrix} 0 & 0 & \cdots & 0 & c_{11} & c_{12} & \cdots & c_{1n} \\ a_{21} & a_{22} & \cdots & a_{2n} & 0 & 0 & \cdots & 0 \\ \vdots & \vdots & & \vdots & \vdots & \vdots & & \vdots \\ a_{n1} & a_{n2} & \cdots & a_{nn} & 0 & 0 & \cdots & 0 \\ -1 & 0 & \cdots & 0 & b_{11} & b_{12} & \cdots & b_{1n} \\ 0 & -1 & \cdots & 0 & b_{21} & b_{22} & \cdots & b_{2n} \\ \vdots & \vdots & & \vdots & \vdots & \vdots & & \vdots \\ 0 & 0 & \cdots & -1 & b_{n1} & b_{n2} & \cdots & b_{nn} \end{vmatrix},$$

再依次将第$n+1$行的$a_{k1}(k=2,3,\cdots,n)$倍，第$n+2$行的a_{k2}倍，……，第$2n$行的a_{kn}倍都加到第k行，得

$$D=\begin{vmatrix} 0 & 0 & \cdots & 0 & c_{11} & c_{12} & \cdots & c_{1n} \\ 0 & 0 & \cdots & 0 & c_{21} & c_{22} & \cdots & c_{2n} \\ \vdots & \vdots & & \vdots & \vdots & \vdots & & \vdots \\ 0 & 0 & \cdots & 0 & c_{n1} & c_{n2} & \cdots & c_{nn} \\ -1 & 0 & \cdots & 0 & b_{11} & b_{12} & \cdots & b_{1n} \\ 0 & -1 & \cdots & 0 & b_{21} & b_{22} & \cdots & b_{2n} \\ \vdots & \vdots & & \vdots & \vdots & \vdots & & \vdots \\ 0 & 0 & \cdots & -1 & b_{n1} & b_{n2} & \cdots & b_{nn} \end{vmatrix}.$$

这个行列式的前n行也只可能有一个n阶子式不为零，因此由拉普拉斯定理，得

$$D=\begin{vmatrix} c_{11} & c_{12} & \cdots & c_{1n} \\ c_{21} & c_{22} & \cdots & c_{2n} \\ \vdots & \vdots & & \vdots \\ c_{n1} & c_{n2} & \cdots & c_{nn} \end{vmatrix}\cdot(-1)^{(1+2+\cdots+n)+(n+1+n+2+\cdots+2n)}\begin{vmatrix} -1 & 0 & \cdots & 0 \\ 0 & -1 & \cdots & 0 \\ \vdots & \vdots & & \vdots \\ 0 & 0 & \cdots & -1 \end{vmatrix}=C.$$

1.4 克莱姆（Cramer）法则

下面应用行列式来解决线性方程组的问题. 这里只考虑方程个数与未知数个数相等的情况. 这是一个重要的情形，至于更一般的情形，留到后面的章节进行讨论. 这里可以得到与求解二元和三元线性方程组相仿的公式.

定理1.8（克莱姆法则）含有n个方程，n个未知数的线性方程组

$$\begin{cases} a_{11}x_1+a_{12}x_2+\cdots+a_{1n}x_n=b_1, \\ a_{21}x_1+a_{22}x_2+\cdots+a_{2n}x_n=b_2, \\ \cdots\cdots\cdots\cdots \\ a_{n1}x_1+a_{n2}x_2+\cdots+a_{nn}x_n=b_n, \end{cases} \tag{1.26}$$

如果系数行列式

$$D=\begin{vmatrix} a_{11} & a_{12} & \cdots & a_{1n} \\ a_{21} & a_{22} & \cdots & a_{2n} \\ \vdots & \vdots & & \vdots \\ a_{n1} & a_{n2} & \cdots & a_{nn} \end{vmatrix}\neq 0,$$

则线性方程组（1.26）有唯一解，解可以表示为

$$x_1=\frac{D_1}{D},x_2=\frac{D_2}{D},\cdots,x_n=\frac{D_n}{D}, \tag{1.27}$$

其中$D_j\,(j=1,2,\cdots,n)$是把系数行列式D中第j列的元素a_{1j}，a_{2j},$\cdots$, a_{nj}对应地换成方程组的常数项$b_1,b_2,\cdots,b_n$后得到的行列式，即

$$D_j=\begin{vmatrix} a_{11} & \cdots & a_{1,j-1} & b_1 & a_{1,j+1} & \cdots & a_{1n} \\ a_{21} & \cdots & a_{2,j-1} & b_2 & a_{2,j+1} & \cdots & a_{2n} \\ \vdots & & \vdots & \vdots & \vdots & & \vdots \\ a_{n1} & \cdots & a_{n,j-1} & b_n & a_{n,j+1} & \cdots & a_{nn} \end{vmatrix}(j=1,2,\cdots,n).$$

定理1.8包含三个结论：（1）线性方程组（1.26）有解；（2）解是唯一的；（3）解可以由公式（1.27）给出.这三个结论是有联系的，分两步证明该定理：

（1）把$x_1=\dfrac{D_1}{D}$，$x_2=\dfrac{D_2}{D}$，⋯，$x_n=\dfrac{D_n}{D}$代入方程组（1.26），验证它确实是解；

（2）如果方程组有解，证明解可以写成（1.27）的形式.

证明：把$x_1=\dfrac{D_1}{D},x_2=\dfrac{D_2}{D},\cdots,x_n=\dfrac{D_n}{D}$代入（1.26）的第$i(i=1,2,\cdots,n)$个方程，左端为

$$a_{i1}\frac{D_1}{D}+a_{i2}\frac{D_2}{D}+\cdots+a_{in}\frac{D_n}{D}=\frac{1}{D}\left(a_{i1}D_1+a_{i2}D_2+\cdots+a_{in}D_n\right) \tag{1.28}$$

因为$D_j=b_1A_{1j}+b_2A_{2j}+\cdots+b_nA_{nj}(j=1,2,\cdots,n)$，因此（1.28）可以写成：

$$\begin{aligned}
&\frac{1}{D}\left[a_{i1}\left(b_1A_{11}+\cdots+b_{i-1}A_{i-1,1}+b_iA_{i1}+b_{i+1}A_{i+1,1}+\cdots+b_nA_{n1}\right)\right.\\
&+a_{i2}\left(b_1A_{12}+\cdots+b_{i-1}A_{i-1,2}+b_iA_{i2}+b_{i+1}A_{i+1,2}+\cdots+b_nA_{n2}\right)\\
&\left.+\cdots+a_{in}\left(b_1A_{1n}\cdots+b_{i-1}A_{i-1,n}+b_iA_{in}+b_{i+1}A_{i+1,n}+\cdots+b_nA_{nn}\right)\right]\\
=&\frac{1}{D}\left[b_1\left(a_{i1}A_{11}+a_{i2}A_{12}+\cdots+a_{in}A_{1n}\right)+\cdots\right.\\
&+b_{i-1}\left(a_{i1}A_{i-1,1}+a_{i2}A_{i-1,2}+\cdots+a_{in}A_{i-1,n}\right)\\
&+b_i\left(a_{i1}A_{i1}+a_{i2}A_{i2}+\cdots+a_{in}A_{in}\right)\\
&+b_{i+1}\left(a_{i1}A_{i+1,1}+a_{i2}A_{i+1,2}+\cdots+a_{in}A_{i+1,n}\right)\\
&\left.+\cdots+b_n\left(a_{i1}A_{n1}+a_{i2}A_{n2}+\cdots+a_{in}A_{nn}\right)\right]\\
=&\frac{1}{D}\left[b_1\cdot 0+\cdots+b_{i-1}\cdot 0+b_i\cdot D+b_{i+1}\cdot 0+\cdots+b_n\cdot 0\right]=b_i.
\end{aligned}$$

这说明$x_1=\dfrac{D_1}{D}$，$x_2=\dfrac{D_2}{D}$，⋯，$x_n=\dfrac{D_n}{D}$是方程组（1.26）的解.

设$x_1=c_1,x_2=c_2,\cdots,x_n=c_n$是方程组（1.26）的解，代入该方程组可以得到$n$个恒等式：

$$\begin{cases} a_{11}c_1+\cdots+a_{1,j-1}c_{j-1}+a_{1j}c_j+a_{1,j+1}c_{j+1}+\cdots+a_{1n}c_n=b_1, \\ a_{21}c_1+\cdots+a_{2,j-1}c_{j-1}+a_{2j}c_j+a_{2,j+1}c_{j+1}+\cdots+a_{2n}c_n=b_2, \\ \cdots\cdots\cdots\cdots \\ a_{n1}c_1+\cdots+a_{n,j-1}c_{j-1}+a_{nj}c_j+a_{n,j+1}c_{j+1}+\cdots+a_{nn}c_n=b_n. \end{cases} \tag{1.29}$$

用A_{1j}，A_{2j}，…，A_{nj}分别乘以（1.29）的第1个，第2个，…，第n个等式，得

$$\begin{cases} A_{1j}(a_{11}c_1+\cdots+a_{1,j-1}c_{j-1}+a_{1j}c_j+a_{1,j+1}c_{j+1}+\cdots+a_{1n}c_n)=A_{1j}b_1, \\ A_{2j}(a_{21}c_1+\cdots+a_{2,j-1}c_{j-1}+a_{2j}c_j+a_{2,j+1}c_{j+1}+\cdots+a_{2n}c_n)=A_{2j}b_2, \\ \cdots\cdots\cdots\cdots \\ A_{nj}(a_{n1}c_1+\cdots+a_{n,j-1}c_{j-1}+a_{nj}c_j+a_{n,j+1}c_{j+1}+\cdots+a_{nn}c_n)=A_{nj}b_n. \end{cases}$$

再把这些等式左右两边分别相加：

$$\begin{aligned} 左=&A_{1j}(a_{11}c_1+\cdots+a_{1,j-1}c_{j-1}+a_{1j}c_j+a_{1,j+1}c_{j+1}+\cdots+a_{1n}c_n) \\ &+A_{2j}(a_{21}c_1+\cdots+a_{2,j-1}c_{j-1}+a_{2j}c_j+a_{2,j+1}c_{j+1}+\cdots+a_{2n}c_n) \\ &+\cdots+A_{nj}(a_{n1}c_1+\cdots+a_{n,j-1}c_{j-1}+a_{nj}c_j+a_{n,j+1}c_{j+1}+\cdots+a_{nn}c_n) \\ =&c_1(a_{11}A_{1j}+a_{21}A_{2j}+\cdots+a_{n1}A_{nj})+\cdots+c_{j-1}(a_{1,j-1}A_{1j}+a_{2,j-1}A_{2j}+\cdots+a_{n,j-1}A_{nj}) \\ &+c_j(a_{1j}A_{1j}+a_{2j}A_{2j}+\cdots+a_{nj}A_{nj})+c_{j+1}(a_{1,j+1}A_{1j}+a_{2,j+1}A_{2j} \\ &+\cdots+a_{n,j+1}A_{nj})+\cdots+c_n(a_{1n}A_{1j}+a_{2n}A_{2j}+\cdots+a_{nn}A_{nj}) \\ =&c_1\cdot 0+\cdots+c_{j-1}\cdot 0+c_jD+c_{j+1}\cdot 0+\cdots+c_n\cdot 0 \\ =&c_jD, \end{aligned}$$

右$=b_1A_{1j}+b_2A_{2j}+\cdots+b_nA_{nj}=D_j$，即$c_jD=D_j$.

因此当$D\neq 0$时，有$c_j=\dfrac{D_j}{D}$，$j=1$，2，…，n.

也就是说，如果$x_1=c_1,x_2=c_2,\cdots,x_n=c_n$是方程组的一个解，它必为

$$x_1=\frac{D_1}{D},x_2=\frac{D_2}{D},\cdots,x_n=\frac{D_n}{D},$$

这说明解是唯一的.

例1 判断方程组$\begin{cases} a_1x_1+a_2x_2+\cdots+a_nx_n=b_1, \\ a_1^2x_1+a_2^2x_2+\cdots+a_n^2x_n=b_2, \\ \cdots\cdots\cdots\cdots \\ a_1^nx_1+a_2^nx_2+\cdots+a_n^nx_n=b_n \end{cases}$是否有唯一解，其中$a_1,a_2,\cdots,a_n$是两两不同的非零常数.

解： 该方程组是n个方程、n个未知数的线性方程组，考虑系数行列式：

$$D=\begin{vmatrix} a_1 & a_2 & \cdots & a_n \\ a_1^2 & a_2^2 & \cdots & a_n^2 \\ \vdots & \vdots & & \vdots \\ a_1^n & a_2^n & \cdots & a_n^n \end{vmatrix}=a_1a_2\cdots a_n\begin{vmatrix} 1 & 1 & \cdots & 1 \\ a_1 & a_2 & \cdots & a_n \\ \vdots & \vdots & & \vdots \\ a_1^{n-1} & a_2^{n-1} & \cdots & a_n^{n-1} \end{vmatrix}$$
$$=a_1a_2\cdots a_n\prod_{1\leqslant j<i\leqslant n}(a_i-a_j),$$

由于$a_1,a_2,\cdots,a_n$是两两不同的非零常数，因此$D\neq 0$，故方程组有唯一解.

例2　解线性方程组$\begin{cases} x_1-2x_2+3x_3-4x_4=4, \\ x_2-x_3+x_4=-3, \\ x_1+3x_2+x_4=1, \\ -7x_2+3x_3+x_4=-3. \end{cases}$

解：$D=\begin{vmatrix} 1 & -2 & 3 & -4 \\ 0 & 1 & -1 & 1 \\ 1 & 3 & 0 & 1 \\ 0 & -7 & 3 & 1 \end{vmatrix}=16\neq 0$，方程组有唯一解.利用克莱姆法则求解：

$$D_1=\begin{vmatrix} 4 & -2 & 3 & -4 \\ -3 & 1 & -1 & 1 \\ 1 & 3 & 0 & 1 \\ -3 & -7 & 3 & 1 \end{vmatrix}=-128,D_2=\begin{vmatrix} 1 & 4 & 3 & -4 \\ 0 & -3 & -1 & 1 \\ 1 & 1 & 0 & 1 \\ 0 & -3 & 3 & 1 \end{vmatrix}=48,$$

$$D_3=\begin{vmatrix} 1 & -2 & 4 & -4 \\ 0 & 1 & -3 & 1 \\ 1 & 3 & 1 & 1 \\ 0 & -7 & -3 & 1 \end{vmatrix}=96,D_4=\begin{vmatrix} 1 & -2 & 3 & 4 \\ 0 & 1 & -1 & -3 \\ 1 & 3 & 0 & 1 \\ 0 & -7 & 3 & -3 \end{vmatrix}=0.$$

因此求出：

$$x_1=\frac{D_1}{D}=\frac{-128}{16}=-8,x_2=\frac{D_2}{D}=\frac{48}{16}=3,$$
$$x_3=\frac{D_3}{D}=\frac{96}{16}=6,x_4=\frac{D_4}{D}=\frac{0}{16}=0.$$

需要注意的是：定理1.8讨论的只是方程和未知数的个数相同，同时系数行列式不为零的线性方程组，且只能应用于这种方程组，对于方程和未知数的个数不同，以及虽然方程和未知数的个数相同但是系数行列式为零的情况，将在后面的章节详细讨论.

若线性方程组中常数项全为零，称为**齐次线性方程组**.显然齐次线性方程组总有解，所有的未知数都取零就是一个解，称为**零解**.对于齐次线性方程组，我们关心的问题是：它除去零解以外还有没有非零解.对于方程个数和未知数个数相同的齐次线性方程组，应用克莱姆法则有：

定理1.9 如果齐次线性方程组

$$\begin{cases} a_{11}x_1 + a_{12}x_2 + \cdots + a_{1n}x_n = 0, \\ a_{21}x_1 + a_{22}x_2 + \cdots + a_{2n}x_n = 0, \\ \cdots\cdots\cdots\cdots \\ a_{n1}x_1 + a_{n2}x_2 + \cdots + a_{nn}x_n = 0 \end{cases} \tag{1.30}$$

的系数行列式 $D = \begin{vmatrix} a_{11} & a_{12} & \cdots & a_{1n} \\ a_{21} & a_{22} & \cdots & a_{2n} \\ \vdots & \vdots & & \vdots \\ a_{n1} & a_{n2} & \cdots & a_{nn} \end{vmatrix} \neq 0$，则线性方程组（1.30）只有零解.

也可以说：如果线性方程组（1.30）有非零解，则必有系数行列式 $D = 0$.

证明： 因为（1.30）的系数行列式 $D \neq 0$，由克莱姆法则可知（1.30）有唯一解.因为行列式 D_j 有一列元素为0，因此 $D_j = 0$，因此它的唯一解是

$$x_1 = 0, x_2 = 0, \cdots, x_n = 0.$$

克莱姆法则的意义主要在于给出了线性方程组解与系数的明显关系，这一点在许多问题的讨论中是非常重要的.但是用克莱姆法则进行计算时并不方便，对于含 n 个方程 n 个未知数的线性方程组，需要计算 $n+1$ 个 n 阶行列式，计算量是非常大的.

例3 λ 取何值时，齐次线性方程组 $\begin{cases} (1-\lambda)x_1 - 2x_2 + 4x_3 = 0, \\ 2x_1 + (3-\lambda)x_2 + x_3 = 0, \\ x_1 + x_2 + (1-\lambda)x_3 = 0 \end{cases}$

有非零解?

解： $D = \begin{vmatrix} 1-\lambda & -2 & 4 \\ 2 & 3-\lambda & 1 \\ 1 & 1 & 1-\lambda \end{vmatrix} \xlongequal{c_2 - c_1} \begin{vmatrix} 1-\lambda & -3+\lambda & 4 \\ 2 & 1-\lambda & 1 \\ 1 & 0 & 1-\lambda \end{vmatrix} = -\lambda(\lambda-2)(\lambda-3).$

因为齐次方程组有非零解，故 $D=0$，因此 $\lambda = 0$ 或 $\lambda = 2$ 或 $\lambda = 3$.

例4 已知齐次线性方程组

$$\begin{cases} (a_1 + b)x_1 + a_2x_2 + a_3x_3 + \cdots + a_nx_n = 0, \\ a_1x_1 + (a_2 + b)x_2 + a_3x_3 + \cdots + a_nx_n = 0, \\ \cdots\cdots\cdots\cdots \\ a_1x_1 + a_2x_2 + a_3x_3 + \cdots + (a_n + b)x_n = 0, \end{cases}$$

其中 $\sum_{i=1}^{n} a_i \neq 0$.问 $a_1, a_2, \cdots, a_n$ 和 b 满足何种关系时，方程组有非零解?

解：方程组的系数行列式

$$D=\begin{vmatrix} a_1+b & a_2 & a_3 & \cdots & a_n \\ a_1 & a_2+b & a_3 & \cdots & a_n \\ a_1 & a_2 & a_3+b & \cdots & a_n \\ \vdots & \vdots & \vdots & & \vdots \\ a_1 & a_2 & a_3 & \cdots & a_n+b \end{vmatrix}=\begin{vmatrix} \sum_{i=1}^{n}a_i+b & a_2 & a_3 & \cdots & a_n \\ \sum_{i=1}^{n}a_i+b & a_2+b & a_3 & \cdots & a_n \\ \sum_{i=1}^{n}a_i+b & a_2 & a_3+b & \cdots & a_n \\ \vdots & \vdots & \vdots & & \vdots \\ \sum_{i=1}^{n}a_i+b & a_2 & a_3 & \cdots & a_n+b \end{vmatrix}$$

$$=(\sum_{i=1}^{n}a_i+b)\begin{vmatrix} 1 & a_2 & a_3 & \cdots & a_n \\ 1 & a_2+b & a_3 & \cdots & a_n \\ 1 & a_2 & a_3+b & \cdots & a_n \\ \vdots & \vdots & \vdots & & \vdots \\ 1 & a_2 & a_3 & \cdots & a_n+b \end{vmatrix}=(\sum_{i=1}^{n}a_i+b)\begin{vmatrix} 1 & a_2 & a_3 & \cdots & a_n \\ 0 & b & 0 & \cdots & 0 \\ 0 & 0 & b & \cdots & 0 \\ \vdots & \vdots & \vdots & & \vdots \\ 0 & 0 & 0 & \cdots & b \end{vmatrix}$$

$$=(\sum_{i=1}^{n}a_i+b)b^{n-1}.$$

当$b=0$或$b=-\sum_{i=1}^{n}a_i$时，方程组有非零解.

利用行列式的性质和按一行（列）展开的定理，解决了含n个方程n个未知数的方程组有唯一解的判定和解的公式表示.行列式除了在解线性方程组有重要应用外，在几何、分析等各个数学分支以及实际问题中都有重要应用.

定义 1.8　一个含有数0，1的数集F，如果其中任意两个数关于数的四则运算封闭（除法的除数不为零），即它们的和、差、积、商仍是F中的数，那么数集F就称为一个**数域**.

根据定义1.8可知，全体整数组成的集合不是数域，因为两个整数的商（除数不为零）不一定是整数.

容易证明：全体有理数的集合$\mathbf{Q}$、全体实数的集合$\mathbf{R}$和全体复数的集合$\mathbf{C}$都是数域，分别称为**有理数域**、**实数域**和**复数域**.可以证明，有理数域是最小的数域.

还有一些数集也构成数域，如：$Q(\sqrt{2})=\{a+b\sqrt{2}\,|\,a，b\in\mathbf{Q}\}$.

以后，当我们在数域F上讨论问题时，在不做特殊说明的情况下，数域F

就是指实数域，在其他数域中讨论时会特别注明.

本章我们讨论得到的所有结果在数域F上均成立.

习　题　一

1.计算下列二阶和三阶行列式:

(1) $\begin{vmatrix} 5 & -3 \\ 1 & 4 \end{vmatrix}$;　　(2) $\begin{vmatrix} \cos x & \sin x \\ \sin x & \cos x \end{vmatrix}$;

(3) $\begin{vmatrix} \log_a b & 1 \\ 1 & \log_b a \end{vmatrix}$;　　(4) $\begin{vmatrix} x^2 & y^2 \\ x & y \end{vmatrix}$;

(5) $\begin{vmatrix} 1 & -2 & 2 \\ 2 & 1 & -1 \\ 3 & 1 & 0 \end{vmatrix}$;　　(6) $\begin{vmatrix} 2 & 7 & -3 \\ 10 & 3 & -1 \\ -5 & -4 & 1 \end{vmatrix}$;

(7) $\begin{vmatrix} 1 & 1 & 1 \\ 3 & 2 & 6 \\ 6 & 7 & -3 \end{vmatrix}$;　　(8) $\begin{vmatrix} -b & c & 2 \\ -a & a & 2c \\ 1 & 1 & b \end{vmatrix}$;

(9) $\begin{vmatrix} 2 & 1 & 2 \\ 4 & 1 & -1 \\ 21 & 19 & 11 \end{vmatrix}$;　　(10) $\begin{vmatrix} 1 & a & a \\ a & 2 & a \\ a & a & 3 \end{vmatrix}$.

2.解方程:

(1) $\begin{vmatrix} 3 & 1 & x \\ 1 & 0 & x \\ 4 & x & 0 \end{vmatrix} = 0$;　　(2) $\begin{vmatrix} -1 & 0 & k \\ k & k & 3 \\ 0 & 1 & 4 \end{vmatrix} = 0$;

(3) $\begin{vmatrix} 2 & 1 & 2 \\ 1 & x & 6 \\ 2 & 1 & x \end{vmatrix} = 0$;　　(4) $\begin{vmatrix} x & x & 2 \\ 0 & -1 & 1 \\ 1 & 2 & x \end{vmatrix} = 0$.

3.解下列线性方程组:

(1) $\begin{cases} 2x_1 - 3x_2 = 0, \\ x_1 + 3x_2 = 1; \end{cases}$　　(2) $\begin{cases} ax_1 + x_2 = a^2, \\ bx_1 + x_2 = b^2 \end{cases} (a \neq 0, a \neq b)$;

(3) $\begin{cases} 2x_1 - x_2 + 3x_3 = 5, \\ 4x_1 - x_2 + x_3 = 9, \\ 3x_1 + x_2 - 5x_3 = 5; \end{cases}$　　(4) $\begin{cases} x_1 + x_2 + x_3 = 3, \\ 2x_1 - x_2 - 2x_3 = -1, \\ x_1 - 2x_2 + x_3 = 0. \end{cases}$

4. 求下列排列的逆序数，并说明它们的奇偶性：

（1）2357461;

（2）13578642;

（3）$13\cdots(2n-3)(2n-1)(2n)(2n-2)(2n-4)\cdots2\ (n\geqslant2)$;

（4）$n(n-1)(n-2)\cdots321\ (n\geqslant2)$.

5. 下列各项均为五阶行列式$\left|a_{ij}\right|_{5\times5}$的项，确定$i$与$k$，使前两项带正号，后两项带负号：

(1) $a_{13}a_{2i}a_{32}a_{4k}a_{54}$; (2) $a_{13}a_{21}a_{3i}a_{4k}a_{52}$; (3) $a_{21}a_{i2}a_{53}a_{k4}a_{15}$; (4) $a_{i2}a_{31}a_{43}a_{k5}a_{14}$.

6. 写出四阶行列式$\left|a_{ij}\right|_{4\times4}$的项中含有$a_{23}$并且带有负号的项.

7. 在六阶行列式$\left|a_{ij}\right|_{6\times6}$中$a_{23}a_{31}a_{42}a_{56}a_{14}a_{65}$和$a_{32}a_{43}a_{14}a_{51}a_{66}a_{25}$带有什么符号?

8. 由行列式的定义计算多项式$f(x)=\begin{vmatrix}2x & x & 1 & 2\\ 1 & x & 1 & -1\\ 3 & 2 & x & 1\\ 1 & 1 & 1 & x\end{vmatrix}$中$x^4$和$x^3$的系数，并说明理由.

9. 由行列式的定义计算多项式$f(x)=\begin{vmatrix}x & x & 1 & 2x\\ 1 & x & 2 & -1\\ 2 & 1 & x & 1\\ 2 & -1 & 1 & x\end{vmatrix}$中$x^3$的系数.

10. 根据行列式的定义计算下列行列式：

（1）$\begin{vmatrix}0 & 0 & -5 & 0\\ 1 & 0 & 0 & 0\\ 0 & 3 & 0 & 0\\ 0 & 0 & 0 & 2\end{vmatrix}$；（2）$\begin{vmatrix}0 & 0 & 1 & 2\\ 1 & 0 & 1 & 0\\ 0 & 3 & 0 & 1\\ 0 & 0 & 5 & 3\end{vmatrix}$；（3）$\begin{vmatrix}a & 0 & 0 & b\\ 0 & c & d & 0\\ 0 & e & f & 0\\ g & 0 & 0 & h\end{vmatrix}$；

（4）$\begin{vmatrix}0 & a & b & 0\\ a & 0 & 0 & b\\ 0 & c & d & 0\\ c & 0 & 0 & d\end{vmatrix}$；（5）$\begin{vmatrix}1 & 1 & 1 & 0\\ 0 & 1 & 0 & 1\\ 0 & 0 & 1 & 0\\ 0 & 1 & 1 & 0\end{vmatrix}$；（6）$\begin{vmatrix}1 & -1 & 2 & 0 & 0\\ 0 & 4 & 0 & 0 & 0\\ 0 & 3 & 2 & 0 & 0\\ 5 & 7 & 3 & 2 & 1\\ 4 & 1 & 3 & 8 & 6\end{vmatrix}$；

(7) $\begin{vmatrix} a_{11} & a_{12} & 0 & 0 & 0 \\ a_{21} & a_{22} & 0 & 0 & 0 \\ a_{31} & a_{32} & 0 & 0 & 0 \\ a_{41} & a_{42} & a_{43} & a_{44} & a_{45} \\ a_{51} & a_{52} & a_{53} & a_{54} & a_{55} \end{vmatrix}$; (8) $\begin{vmatrix} 0 & 1 & 0 & \cdots & 0 \\ 0 & 0 & 2 & \cdots & 0 \\ \vdots & \vdots & \vdots & & \vdots \\ 0 & 0 & 0 & \cdots & n-1 \\ n & 0 & 0 & \cdots & 0 \end{vmatrix}$;

(9) $\begin{vmatrix} 0 & 0 & \cdots & 0 & 0 & 1 & 0 \\ 0 & 0 & \cdots & 0 & 2 & 0 & 0 \\ \vdots & \vdots & \vdots & \vdots & & \vdots & \vdots \\ n-1 & 0 & \cdots & 0 & \cdots & 0 & 0 \\ 0 & 0 & \cdots & 0 & \cdots & 0 & n \end{vmatrix}$;

(10) $\begin{vmatrix} 0 & 0 & \cdots & 0 & n & 0 \\ 0 & 0 & \cdots & n-1 & 0 & 0 \\ \vdots & \vdots & & \vdots & \vdots & \vdots \\ 2 & 0 & \cdots & 0 & 0 & 0 \\ 0 & 0 & \cdots & 0 & 0 & 1 \end{vmatrix}$.

11. 设n阶行列式有n^2-n个以上元素为零，证明该行列式为零.

12. 根据行列式的性质计算下列行列式:

(1) $\begin{vmatrix} 2351 & -2353 \\ 3286 & -3288 \end{vmatrix}$; (2) $\begin{vmatrix} a & b \\ a^2 & b^2 \end{vmatrix}$; (3) $\begin{vmatrix} a & b & a+b \\ b & a+b & a \\ a+b & a & b \end{vmatrix}$;

(4) $\begin{vmatrix} 3 & 1 & 1 & 1 \\ 1 & 3 & 1 & 1 \\ 1 & 1 & 3 & 1 \\ 1 & 1 & 1 & 3 \end{vmatrix}$; (5) $\begin{vmatrix} 2 & -5 & 1 & 2 \\ -3 & 7 & -1 & 4 \\ 5 & -9 & 2 & 7 \\ 4 & -6 & 1 & 2 \end{vmatrix}$; (6) $\begin{vmatrix} 1 & 1 & 1 & 1 \\ 1 & 2 & 2 & 5 \\ 2 & 1 & 2 & 7 \\ 4 & 3 & 2 & 2 \end{vmatrix}$;

(7) $\begin{vmatrix} 0 & 1 & 2 & -1 & 4 \\ -1 & 3 & 2 & 1 & 2 \\ 2 & 0 & 1 & 2 & 1 \\ 2 & 1 & 0 & 3 & -5 \\ 3 & 3 & 1 & 2 & 1 \end{vmatrix}$; (8) $\begin{vmatrix} 1 & \frac{1}{2} & 0 & 1 & -1 \\ 2 & 0 & -1 & 1 & 2 \\ 3 & 2 & 1 & \frac{1}{2} & 0 \\ 1 & -1 & 0 & 1 & 2 \\ 2 & 1 & 3 & 0 & \frac{1}{2} \end{vmatrix}$; (9) $\begin{vmatrix} a & 0 & -1 & 1 \\ 0 & a & 1 & -1 \\ -1 & 1 & a & 0 \\ 1 & -1 & 0 & a \end{vmatrix}$;

(10) $\begin{vmatrix} 1 & 2 & 3 & 4 \\ 2 & 3 & 4 & 1 \\ 3 & 4 & 1 & 2 \\ 4 & 3 & 2 & 1 \end{vmatrix}$; (11) $\begin{vmatrix} 1+x & 1 & 1 & 1 \\ 1 & 1-x & 1 & 1 \\ 1 & 1 & 1+y & 1 \\ 1 & 1 & 1 & 1-y \end{vmatrix}$;

(12) $\begin{vmatrix} a^2 & (a+1)^2 & (a+2)^2 & (a+3)^2 \\ b^2 & (b+1)^2 & (b+2)^2 & (b+3)^2 \\ c^2 & (c+1)^2 & (c+2)^2 & (c+3)^2 \\ d^2 & (d+1)^2 & (d+2)^2 & (d+3)^2 \end{vmatrix}$;

(13) $\begin{vmatrix} a & b & c & d \\ a & a+b & a+b+c & a+b+c+d \\ a & 2a+b & 3a+2b+c & 4a+3b+2c+d \\ a & 3a+b & 6a+3b+c & 10a+6b+3c+d \end{vmatrix}$.

13. 证明:

(1) $\begin{vmatrix} a_1-b_1 & b_1-c_1 & c_1-a_1 \\ a_2-b_2 & b_2-c_2 & c_2-a_2 \\ a_3-b_3 & b_3-c_3 & c_3-a_3 \end{vmatrix}=0$; (2) $\begin{vmatrix} a_1+b_1 & a_1+b_2 & a_1+b_3 \\ a_2+b_1 & a_2+b_2 & a_2+b_3 \\ a_3+b_1 & a_3+b_2 & a_3+b_3 \end{vmatrix}=0$;

(3) $\begin{vmatrix} a_1+b_1 & b_1+c_1 & c_1+a_1 \\ a_2+b_2 & b_2+c_2 & c_2+a_2 \\ a_3+b_3 & b_3+c_3 & c_3+a_3 \end{vmatrix}=2\begin{vmatrix} a_1 & b_1 & c_1 \\ a_2 & b_2 & c_2 \\ a_3 & b_3 & c_3 \end{vmatrix}$;

(4) $\begin{vmatrix} by+az & bz+ax & bx+ay \\ bx+ay & by+az & bz+ax \\ bz+ax & bx+ay & by+az \end{vmatrix}=(a^3+b^3)\begin{vmatrix} x & y & z \\ z & x & y \\ y & z & x \end{vmatrix}$.

14. 计算下列 n 阶列行列式:

(1) $\begin{vmatrix} x-a & a & a & \cdots & a \\ a & x-a & a & \cdots & a \\ a & a & x-a & \cdots & a \\ \vdots & \vdots & \vdots & & \vdots \\ a & a & a & \cdots & x-a \end{vmatrix}$; (2) $\begin{vmatrix} 0 & 1 & 1 & \cdots & 1 & 1 \\ 1 & 0 & 1 & \cdots & 1 & 1 \\ 1 & 1 & 0 & \cdots & 1 & 1 \\ \vdots & \vdots & \vdots & & \vdots & \vdots \\ 1 & 1 & 1 & \cdots & 0 & 1 \\ 1 & 1 & 1 & \cdots & 1 & 0 \end{vmatrix}$;

(3) $\begin{vmatrix} a_1 & 1 & 1 & \cdots & 1 & 1 \\ 1 & a_2 & 0 & \cdots & 0 & 0 \\ 1 & 0 & a_3 & \cdots & 0 & 0 \\ \vdots & \vdots & \vdots & & \vdots & \vdots \\ 1 & 0 & 0 & & a_{n-1} & 0 \\ 1 & 0 & 0 & \cdots & 0 & a_n \end{vmatrix}$, 其中 $a_i \neq 0, i=1,2,\cdots,n$;

(4) $\begin{vmatrix} x+a_1 & a_2 & a_3 & \cdots & a_n \\ a_1 & x+a_2 & a_3 & \cdots & a_n \\ \vdots & \vdots & \vdots & & \vdots \\ a_1 & a_2 & a_3 & \cdots & x+a_n \end{vmatrix}$;

(5) $\begin{vmatrix} x_1-a_1 & x_2 & x_3 & \cdots & x_n \\ x_1 & x_2-a_2 & x_3 & \cdots & x_n \\ x_1 & x_2 & x_3-a_3 & \cdots & x_n \\ \vdots & \vdots & \vdots & & \vdots \\ x_1 & x_2 & x_3 & \cdots & x_n-a_n \end{vmatrix}$,其中$a_i \neq 0, i=1,2,\cdots,n$;

(6) $\begin{vmatrix} 1 & 2a_1 & 2a_2 & \cdots & 2a_{n-2} & 2a_{n-1} \\ 1 & a_1+b_1 & a_2 & \cdots & a_{n-2} & a_{n-1} \\ 1 & a_1 & a_2+b_2 & \cdots & a_{n-2} & a_{n-1} \\ \vdots & \vdots & \vdots & & \vdots & \vdots \\ 1 & a_1 & a_2 & \cdots & a_{n-2}+b_{n-2} & a_{n-1} \\ 1 & a_1 & a_2 & \cdots & a_{n-2} & a_{n-1}+b_{n-1} \end{vmatrix}$,其中$b_1b_2\cdots b_{n-1}\neq 0$.

15. 解下列方程:

(1) $\begin{vmatrix} 4 & 8 & x^2-3 & 2 \\ 2 & 4 & 3 & 1 \\ -3 & 1 & 2 & x^2+1 \\ 3 & -1 & -2 & -2 \end{vmatrix}=0$;
(2) $\begin{vmatrix} x & a_1 & a_2 & \cdots & a_{n-1} & 1 \\ a_1 & x & a_2 & \cdots & a_{n-1} & 1 \\ a_1 & a_2 & x & \cdots & a_{n-1} & 1 \\ \vdots & \vdots & \vdots & & \vdots & \vdots \\ a_1 & a_2 & a_3 & \cdots & x & 1 \\ a_1 & a_2 & a_3 & \cdots & a_n & 1 \end{vmatrix}=0$;

(3) $\begin{vmatrix} 1 & 1 & 1 & \cdots & 1 & 1 \\ 1 & x-1 & 1 & \cdots & 1 & 1 \\ 1 & 1 & x-2 & \cdots & 1 & 1 \\ \vdots & \vdots & \vdots & & \vdots & \vdots \\ 1 & 1 & 1 & \cdots & x-(n-1) & 1 \\ 1 & 1 & 1 & \cdots & 1 & x-n \end{vmatrix}=0$.

16. 计算行列式中$\begin{vmatrix} 7 & 1 & -1 \\ 2 & 2 & 5 \\ 3 & 4 & 6 \end{vmatrix}$元素1和−1的余子式和代数余子式.

17. 计算下列行列式的全部代数余子式:

(1) $\begin{vmatrix} 1 & -1 & 2 \\ 3 & 2 & 1 \\ 0 & 1 & 4 \end{vmatrix}$;
(2) $\begin{vmatrix} 1 & 2 & 1 & 4 \\ 0 & -1 & 2 & 1 \\ 0 & 0 & 2 & 1 \\ 0 & 0 & 0 & 3 \end{vmatrix}$.

18. 计算行列式$D=\begin{vmatrix} 1 & 0 & 3 & -1 \\ 2 & 1 & 0 & 1 \\ 0 & 4 & 1 & 2 \\ 0 & 3 & 0 & 1 \end{vmatrix}$第1行元素的代数余子式$A_{1j}(j=1,2,3,4)$，并由此计算$D$的值.

19. 已知四阶行列式D第2列的元素分别为−1,2,2,1,它们的余子式依次为5,3,−7,4,计算行列式D的值.

20. 设行列式$D=\begin{vmatrix} 3 & -5 & 2 & 1 \\ 1 & 1 & 0 & -5 \\ -1 & 3 & 1 & 3 \\ 2 & -4 & -1 & -3 \end{vmatrix}$,$M_{i1}(i=1,\cdots,4)$是$D$的第$i$行第1列元素的余子式，$A_{1j}(j=1,\cdots,4)$是$D$的第1行第$j$列元素的余子式，求$A_{11}+A_{12}+A_{13}+A_{14}$及$M_{11}+M_{21}+M_{31}+M_{41}$.

21. 设$D=\begin{vmatrix} 3 & 0 & 4 & 0 \\ 2 & 2 & 2 & 2 \\ 0 & -7 & 0 & 0 \\ 5 & 3 & -2 & 2 \end{vmatrix}$,求第4行元素的代数余子式之和$A_{41}+A_{42}+A_{43}+A_{44}$.

22. 设行列式$D=\begin{vmatrix} a & c & a & c & a \\ b & a & a & d & b \\ c & b & a & b & b \\ d & a & a & a & c \\ e & e & a & a & a \end{vmatrix}$,证明：第1列元素的代数余子式之和为0，即$A_{11}+A_{21}+A_{31}+A_{41}+A_{51}=0$.

23. 计算n（$n\geqslant 2$）阶行列式：

(1) $\begin{vmatrix} a & 0 & \cdots & 0 & 1 \\ 0 & a & \cdots & 0 & 0 \\ \vdots & \vdots & & \vdots & \vdots \\ 0 & 0 & \cdots & a & 0 \\ 1 & 0 & \cdots & 0 & a \end{vmatrix}$;　　(2) $\begin{vmatrix} a & b & 0 & \cdots & 0 & 0 \\ 0 & a & b & \cdots & 0 & 0 \\ \vdots & \vdots & \vdots & & \vdots & \vdots \\ 0 & 0 & 0 & \cdots & a & b \\ b & 0 & 0 & \cdots & 0 & a \end{vmatrix}$;

(3) $\begin{vmatrix} 1 & 2 & 3 & \cdots & n-2 & n-1 & n \\ 1 & -1 & 0 & \cdots & 0 & 0 & 0 \\ 0 & 2 & -2 & \cdots & 0 & 0 & 0 \\ \vdots & \vdots & \vdots & & \vdots & \vdots & \vdots \\ 0 & 0 & 0 & \cdots & n-2 & -(n-2) & 0 \\ 0 & 0 & 0 & \cdots & 0 & n-1 & -(n-1) \end{vmatrix}$;

(4) $\begin{vmatrix} 1 & 3 & 5 & \cdots & 0 & 2n-3 & 2n-1 \\ 2 & -2 & 0 & \cdots & 0 & 0 & 0 \\ 0 & 3 & -3 & \cdots & 0 & 0 & 0 \\ \vdots & \vdots & \vdots & & \vdots & \vdots & \vdots \\ 0 & 0 & 0 & \cdots & n-1 & -(n-1) & 0 \\ 0 & 0 & 0 & \cdots & 0 & n & -n \end{vmatrix}$;

(5) $\begin{vmatrix} 1+x_1y_1 & 2+x_1y_2 & \cdots & n+x_1y_n \\ 1+x_2y_1 & 2+x_2y_2 & \cdots & n+x_2y_n \\ \vdots & \vdots & & \vdots \\ 1+x_ny_1 & 2+x_ny_2 & \cdots & n+x_ny_n \end{vmatrix}$;

(6) $\begin{vmatrix} -a_1 & 0 & 0 & \cdots & 0 & 1 \\ a_1 & -a_2 & 0 & \cdots & 0 & 1 \\ 0 & a_2 & -a_3 & \cdots & 0 & 1 \\ \vdots & \vdots & \vdots & & \vdots & \vdots \\ 0 & 0 & 0 & \cdots & -a_{n-1} & 1 \\ 0 & 0 & 0 & \cdots & a_{n-1} & 1 \end{vmatrix}$;

(7) $\begin{vmatrix} a_0 & -1 & 0 & 0 & \cdots & 0 & 0 \\ a_1 & x & -1 & 0 & \cdots & 0 & 0 \\ a_2 & 0 & x & -1 & \cdots & 0 & 0 \\ \vdots & \vdots & \vdots & \vdots & & \vdots & \vdots \\ a_{n-2} & 0 & 0 & 0 & \cdots & x & -1 \\ a_{n-1} & 0 & 0 & 0 & \cdots & 0 & x \end{vmatrix}$;

(8) $\begin{vmatrix} 0 & 1 & 2 & \cdots & n-2 & n-1 \\ 1 & 0 & 1 & \cdots & n-3 & n-2 \\ \vdots & \vdots & \vdots & & \vdots & \vdots \\ n-2 & n-3 & n-4 & \cdots & 0 & 1 \\ n-1 & n-2 & n-3 & \cdots & 1 & 0 \end{vmatrix}$;

(9) $\begin{vmatrix} 1 & 2 & 3 & \cdots & n-1 & n \\ 2 & 3 & 4 & \cdots & n & 1 \\ 3 & 4 & 5 & \cdots & 1 & 2 \\ \vdots & \vdots & \vdots & & \vdots & \vdots \\ n-1 & n & 1 & \cdots & n-3 & n-2 \\ n & 1 & 2 & \cdots & n-2 & n-1 \end{vmatrix}$.

24.计算下列行列式:

(1) $\begin{vmatrix} 1 & 1 & 1 & 1 \\ 1+\sin\phi_1 & 1+\sin\phi_2 & 1+\sin\phi_3 & 1+\sin\phi_4 \\ \sin\phi_1+\sin^2\phi_1 & \sin\phi_2+\sin^2\phi_2 & \sin\phi_3+\sin^2\phi_3 & \sin\phi_4+\sin^2\phi_4 \\ \sin^2\phi_1+\sin^3\phi_1 & \sin^2\phi_2+\sin^3\phi_2 & \sin^2\phi_3+\sin^3\phi_3 & \sin^2\phi_4+\sin^3\phi_4 \end{vmatrix}$;

(2) $\begin{vmatrix} 1 & 1 & \cdots & 1 \\ x_1+1 & x_2+1 & \cdots & x_n+1 \\ x_1^2+x_1 & x_2^2+x_2 & \cdots & x_n^2+x_n \\ \vdots & \vdots & & \vdots \\ x_1^{n-1}+x_1^{n-2} & x_2^{n-1}+x_2^{n-2} & \cdots & x_n^{n-1}+x_n^{n-2} \end{vmatrix}$;

(3) $\begin{vmatrix} a_1 & a_2 & \cdots & a_n \\ a_1^2 & a_2^2 & \cdots & a_n^2 \\ \vdots & \vdots & & \vdots \\ a_1^{n-1} & a_2^{n-1} & \cdots & a_n^{n-1} \\ a_2+\cdots+a_n & a_1+a_3\cdots+a_n & \cdots & a_1+\cdots+a_{n-1} \end{vmatrix}$;

(4) $\begin{vmatrix} x_1^{n-1} & x_2^{n-1} & x_3^{n-1} & \cdots & x_n^{n-1} \\ x_1^{n-2}y_1 & x_2^{n-2}y_2 & x_3^{n-2}y_3 & \cdots & x_n^{n-2}y_n \\ x_1^{n-3}y_1^2 & x_2^{n-3}y_2^2 & x_3^{n-3}y_3^2 & \cdots & x_n^{n-3}y_n^2 \\ \vdots & \vdots & \vdots & & \vdots \\ y_1^{n-1} & y_2^{n-1} & y_3^{n-1} & \cdots & y_n^{n-1} \end{vmatrix}$.

25. 利用递推法计算行列式:

(1) $D_n=\begin{vmatrix} a & -1 & 0 & \cdots & 0 & 0 \\ ax & a & -1 & \cdots & 0 & 0 \\ ax^2 & ax & a & \cdots & 0 & 0 \\ \vdots & \vdots & \vdots & & \vdots & \vdots \\ ax^{n-2} & ax^{n-3} & ax^{n-4} & \cdots & a & -1 \\ ax^{n-1} & ax^{n-2} & ax^{n-3} & \cdots & ax & a \end{vmatrix}$;

(2) $D_{2n}=\begin{vmatrix} a & 0 & \cdots & 0 & 0 & \cdots & 0 & b \\ 0 & a & \cdots & 0 & 0 & \cdots & b & 0 \\ \vdots & \vdots & & \vdots & \vdots & & \vdots & \vdots \\ 0 & 0 & \cdots & a & b & \cdots & 0 & 0 \\ 0 & 0 & \cdots & c & d & \cdots & 0 & 0 \\ \vdots & \vdots & & \vdots & \vdots & & \vdots & \vdots \\ 0 & c & \cdots & 0 & 0 & \cdots & d & 0 \\ c & 0 & \cdots & 0 & 0 & \cdots & 0 & d \end{vmatrix}$;

$\underbrace{\qquad\qquad\qquad}_{n个}\quad\underbrace{\qquad\qquad\qquad}_{n个}$

(3) $D_n=\begin{vmatrix} 2a & 1 & 0 & 0 & \cdots & 0 & 0 & 0 \\ a^2 & 2a & 1 & 0 & \cdots & 0 & 0 & 0 \\ 0 & a^2 & 2a & 1 & \cdots & 0 & 0 & 0 \\ \vdots & \vdots & \vdots & \vdots & & \vdots & \vdots & \vdots \\ 0 & 0 & 0 & 0 & \cdots & a^2 & 2a & 1 \\ 0 & 0 & 0 & 0 & \cdots & 0 & a^2 & 2a \end{vmatrix}$;

(4) $D_n=\begin{vmatrix} \alpha+\beta & \alpha\beta & 0 & \cdots & 0 & 0 \\ 1 & \alpha+\beta & \alpha\beta & \cdots & 0 & 0 \\ 0 & 1 & \alpha+\beta & \cdots & 0 & 0 \\ \vdots & \vdots & \vdots & & \vdots & \vdots \\ 0 & 0 & 0 & \cdots & 1 & \alpha+\beta \end{vmatrix}$.

26. 用数学归纳法证明:

(1) $\begin{vmatrix} 1+a_1^2 & a_1a_2 & \cdots & a_1a_n \\ a_2a_1 & 1+a_2^2 & \cdots & a_2a_n \\ \vdots & \vdots & & \vdots \\ a_na_1 & a_na_2 & \cdots & 1+a_n^2 \end{vmatrix} = 1 + a_1^2 + a_2^2 + \cdots + a_n^2$;

(2) $\begin{vmatrix} 2\cos x & 1 & 0 & \cdots & 0 & 0 \\ 1 & 2\cos x & 1 & \cdots & 0 & 0 \\ 0 & 1 & 2\cos x & \cdots & 0 & 0 \\ \vdots & \vdots & \vdots & & \vdots & \vdots \\ 0 & 0 & 0 & \cdots & 2\cos x & 1 \\ 0 & 0 & 0 & \cdots & 1 & 2\cos x \end{vmatrix} = \dfrac{\sin(n+1)x}{\sin x}$.

*27. 用拉普拉斯定理求行列式的值:

(1) $\begin{vmatrix} 1 & 0 & 2 & 0 \\ 0 & -1 & 3 & 1 \\ 2 & 0 & 1 & 1 \\ 0 & 2 & 1 & 3 \end{vmatrix}$;　　(2) $\begin{vmatrix} 5 & 1 & 2 & 1 \\ 0 & 3 & 0 & 1 \\ 3 & 0 & 1 & 1 \\ 0 & 1 & 0 & -1 \end{vmatrix}$.

28. 用克莱姆法则解线性方程组:

(1) $\begin{cases} x_1 - x_2 + x_3 - 2x_4 = 2, \\ 2x_1 - x_3 + 4x_4 = 4, \\ 3x_1 + 2x_2 + x_3 = -1, \\ -x_1 + 2x_2 - x_3 + 2x_4 = -4; \end{cases}$　　(2) $\begin{cases} 2x_1 + x_2 - 5x_3 + x_4 = 8, \\ x_1 - 3x_2 - 6x_4 = 9, \\ 2x_2 - x_3 + 2x_4 = -5, \\ x_1 + 4x_2 - 7x_3 + 6x_4 = 0; \end{cases}$

(3) $\begin{cases} -2x + y + z = -2, \\ x + y + 4z = 0, \\ 3x - 7y + 5z = 5; \end{cases}$　　(4) $\begin{cases} x_1 + x_2 + x_3 + x_4 = 5, \\ x_1 + 2x_2 - x_3 + 4x_4 = -2, \\ 2x_1 - 3x_2 - x_3 - 5x_4 = -2, \\ 3x_1 + x_2 + 2x_3 + 11x_4 = 0; \end{cases}$

(5) $\begin{cases} x_1 + a_1x_2 + a_1^2x_3 + \cdots + a_1^{n-1}x_n = 1, \\ x_1 + a_2x_2 + a_2^2x_3 + \cdots + a_2^{n-1}x_n = 1, \\ \cdots\cdots\cdots\cdots \\ x_1 + a_nx_2 + a_n^2x_3 + \cdots + a_n^{n-1}x_n = 1, \end{cases}$ 其中 $a_1, a_2, \cdots, a_n$ 是两两不同的非零常数.

29. 用克莱姆法则解线性方程组:

(1) $\begin{cases} ax + by + bz = 1, \\ bx + ay + bz = 1, \\ bx + by + az = 1, \end{cases}$ 其中 $a \neq b$ 且 $a \neq -2b$;

（2）$\begin{cases} ax_1 - bx_2 = -2ab, \\ -2cx_2 + 3ax_3 = ac, \\ cx_1 + bx_3 = 0, \end{cases}$ 其中 $abc \neq 0$.

30. 判断方程组是否仅有零解：

（1）$\begin{cases} x_1 + x_2 + 2x_3 + 3x_4 = 0, \\ x_1 + 2x_2 - x_3 + 4x_4 = 0, \\ 2x_1 - 3x_2 - x_3 - 5x_4 = 0, \\ 3x_1 + x_2 + 2x_3 + 11x_4 = 0; \end{cases}$　（2）$\begin{cases} 2x_1 + x_2 - x_3 = 0, \\ 8x_1 + 3x_2 - 2x_3 = 0, \\ -2x_1 + 5x_2 + 4x_3 = 0; \end{cases}$

（3）$\begin{cases} 4x_1 + x_2 + x_3 = 0, \\ x_1 + 4x_2 - x_3 = 0, \\ 2x_1 - x_2 + x_3 = 0. \end{cases}$

31. k 取何值时，线性方程组有唯一解.

（1）$\begin{cases} kx_1 + x_2 - x_3 = 0, \\ x_1 + kx_2 - x_3 = 0, \\ 2x_1 - x_2 + x_3 = 0; \end{cases}$　（2）$\begin{cases} x_1 + x_2 + 2x_3 + 3x_4 = 1, \\ x_1 + 3x_2 + 6x_3 + x_4 = 3, \\ 3x_1 - x_2 - kx_3 + 15x_4 = 3, \\ x_1 - 5x_2 - 10x_3 + 12x_4 = 1. \end{cases}$

32. 已知齐次线性方程组 $\begin{cases} (5-\lambda)x + 2y + 2z = 0, \\ 2x + (6-\lambda)y = 0, \\ 2x + (4-\lambda)z = 0 \end{cases}$ 有非零解，问 λ 应取何值?

第2章 矩　　阵

矩阵是数学中一个重要的概念，是线性代数的一个主要研究对象.在数学的许多分支和其他学科中都有大量应用.本章介绍矩阵的概念、矩阵的运算、矩阵的逆、初等矩阵以及矩阵的秩等基本理论.

2.1 矩阵的概念

在经济管理、科学实验等诸多领域，我们经常用列表的方式处理相关数据.

例1 某品牌的A，B，C三款不同电脑在甲、乙两个电商平台上的销售价格（单位：元）如表2-1所示.

表2-1 三款电脑在两个平台的售卖价格

平台 \ 价格 \ 款式	A	B	C
甲	5890	7990	8990
乙	6090	7800	8880

三款电脑在甲、乙平台上的售价可以排成一个矩形数表：

$$\begin{pmatrix} 5890 & 7990 & 8990 \\ 6090 & 7800 & 8880 \end{pmatrix},$$

这个矩形数表很清晰地表达了三款电脑在两个平台上的售价.

例2 某省5支足球队在第一赛季进行了单循环赛，用“+”代表对应行的球队战胜了对应列的球队，“-”含义相反，各球队之间比赛的结果如表2-2所示：

表2-2　5支球队的比赛结果

结果＼球队 球队	1	2	3	4	5
1	/	+	−	+	+
2	−	/	−	+	+
3	+	+	/	+	−
4	−	−	−	/	+
5	−	−	+	−	/

如果用“1”代表对应行的球队战胜了对应列的球队，其他用“0”来表示，则上述表2-2可以用一个矩形数表表示为：

$$\begin{pmatrix} 0 & 1 & 0 & 1 & 1 \\ 0 & 0 & 0 & 1 & 1 \\ 1 & 1 & 0 & 1 & 0 \\ 0 & 0 & 0 & 0 & 1 \\ 0 & 0 & 1 & 0 & 0 \end{pmatrix}.$$

例3　设线性方程组

$$\begin{cases} x_1 - x_2 + 2x_3 - 3x_4 + 3x_5 = 2, \\ 2x_1 - 2x_2 + 7x_3 - x_4 + 5x_5 = 5, \\ 3x_1 - 3x_2 + 3x_3 - 5x_4 = 5, \end{cases}$$

这个方程组的未知数系数和常数项按方程组中的顺序组成一个3行6列的矩形数表：

$$\begin{pmatrix} 1 & -1 & 2 & -3 & 3 & 2 \\ 2 & -2 & 7 & -1 & 5 & 5 \\ 3 & -3 & 3 & -5 & 0 & 5 \end{pmatrix}.$$

这个矩形数表决定了该方程组是否有解以及在有解的情况下，解是多少等问题.

这些矩形数表称为矩阵.下面给出矩阵的定义.

定义2.1　由$m \times n$个数$a_{ij}(i = 1,2,\cdots,m; j = 1,2,\cdots,n)$按一定次序排列成的一个$m$行$n$列的矩形数表，称为一个$m$行$n$列的**矩阵**，简称$m \times n$矩阵，记为

$$\begin{pmatrix} a_{11} & a_{12} & \cdots & a_{1n} \\ a_{21} & a_{22} & \cdots & a_{2n} \\ \vdots & \vdots & & \vdots \\ a_{m1} & a_{m2} & \cdots & a_{mn} \end{pmatrix},$$

其中a_{ij}称为矩阵第i行第j列的元素.

一般情况下，用大写字母$\boldsymbol{A}$，$\boldsymbol{B}$，$\boldsymbol{C}$，…或$\boldsymbol{A}_{m\times n}$，$\boldsymbol{B}_{m\times n}$，$\boldsymbol{C}_{m\times n}$，…表示矩阵，如$\boldsymbol{A}=\left(a_{ij}\right)_{m\times n}$，也可以简记为$\left(a_{ij}\right)_{m\times n}$.

所有元素都为0的矩阵，称为**零矩阵**，记作$\boldsymbol{O}$. 零矩阵有很多，例如：

$$\boldsymbol{O}_{1\times 1}=(0),\boldsymbol{O}_{2\times 2}=\begin{pmatrix} 0 & 0 \\ 0 & 0 \end{pmatrix},\boldsymbol{O}_{3\times 4}=\begin{pmatrix} 0 & 0 & 0 & 0 \\ 0 & 0 & 0 & 0 \\ 0 & 0 & 0 & 0 \end{pmatrix}.$$

注意：行和列不都相同的零矩阵是不同的零矩阵.

例4　写出一个3行4列的矩阵，使元素$a_{ij}=3i-2j$.

解：$\boldsymbol{A}=\begin{pmatrix} 1 & -1 & -3 & -5 \\ 4 & 2 & 0 & -2 \\ 7 & 5 & 3 & 1 \end{pmatrix}.$

有相同行数和相同的列数的矩阵称为**同型矩阵**.

定义2.2　设矩阵$\boldsymbol{A}$，$\boldsymbol{B}$为同型矩阵，如果两个矩阵对应位置上的元素均相等，则称矩阵$\boldsymbol{A}$与矩阵$\boldsymbol{B}$相等，记为$\boldsymbol{A}$=$\boldsymbol{B}$. 即如果$\boldsymbol{A}=\left(a_{ij}\right)_{m\times n}$，$\boldsymbol{B}=\left(b_{ij}\right)_{m\times n}$，且$a_{ij}=b_{ij}(i=1,2,\cdots,m;j=1,2,\cdots,n)$，则$\boldsymbol{A}$=$\boldsymbol{B}$.

由定义2.2可知，只有完全一样的矩阵才叫作相等.

例5　若$\boldsymbol{A}=\begin{pmatrix} x & -1 & -8 \\ 0 & y & 4 \end{pmatrix}$，$\boldsymbol{B}=\begin{pmatrix} 3 & -1 & z \\ 0 & 2 & 4 \end{pmatrix}$，且$\boldsymbol{A}$=$\boldsymbol{B}$，求$x,y,z$的值.

解：由于$\boldsymbol{A}$=$\boldsymbol{B}$，两个矩阵相等就是对应位置的元素相等，因此有$x=3,y=2,z=-8$.

2.2　矩阵的运算

2.2.1　矩阵的加法

定义2.3　设$\boldsymbol{A}=\left(a_{ij}\right)_{m\times n}$，$\boldsymbol{B}=\left(b_{ij}\right)_{m\times n}$为同型矩阵，定义

$$\boldsymbol{C}=\left(c_{ij}\right)_{m\times n}=\left(a_{ij}+b_{ij}\right)_{m\times n}$$

为$\boldsymbol{A}$和$\boldsymbol{B}$的和，记为$\boldsymbol{C}=\boldsymbol{A}+\boldsymbol{B}$.

由矩阵加法运算的定义可知两个矩阵的加法归结为它们元素的加法，也就是数的加法.

进一步，规定$\boldsymbol{A}=\left(a_{ij}\right)_{m\times n}$的负矩阵$-\boldsymbol{A}$为$\left(-a_{ij}\right)_{m\times n}$，即$-\boldsymbol{A}=\left(-a_{ij}\right)_{m\times n}$.

定义矩阵$\boldsymbol{A}=\left(a_{ij}\right)_{m\times n}$与$\boldsymbol{B}=\left(b_{ij}\right)_{m\times n}$的减法为

$$\boldsymbol{A}-\boldsymbol{B}=\boldsymbol{A}+(-\boldsymbol{B}).$$

例1 设$\boldsymbol{A}=\begin{pmatrix}1&-1\\-2&1\\0&5\end{pmatrix}$，$\boldsymbol{B}=\begin{pmatrix}1&2\\0&-3\\-1&4\end{pmatrix}$，求$\boldsymbol{A}+\boldsymbol{B},\boldsymbol{A}-\boldsymbol{B}$.

解： $\boldsymbol{A}+\boldsymbol{B}=\begin{pmatrix}1+1&-1+2\\-2+0&1+(-3)\\0+(-1)&5+4\end{pmatrix}=\begin{pmatrix}2&1\\-2&-2\\-1&9\end{pmatrix}$,

$$\boldsymbol{A}-\boldsymbol{B}=\begin{pmatrix}1&-1\\-2&1\\0&5\end{pmatrix}+\begin{pmatrix}-1&-2\\0&3\\1&-4\end{pmatrix}=\begin{pmatrix}0&-3\\-2&4\\1&1\end{pmatrix}.$$

由矩阵加法的定义，不难验证矩阵的加法有下列性质：

1. 交换律：$\boldsymbol{A}+\boldsymbol{B}=\boldsymbol{B}+\boldsymbol{A}$;
2. 结合律：$(\boldsymbol{A}+\boldsymbol{B})+\boldsymbol{C}=\boldsymbol{A}+(\boldsymbol{B}+\boldsymbol{C})$;
3. $\boldsymbol{A}+\boldsymbol{O}=\boldsymbol{O}+\boldsymbol{A}=\boldsymbol{O}$;
4. $\boldsymbol{A}-\boldsymbol{A}=\boldsymbol{A}+(-\boldsymbol{A})=\boldsymbol{O}$,

其中$\boldsymbol{A}$，$\boldsymbol{B}$，$\boldsymbol{C}$和$\boldsymbol{O}$是同型矩阵，由性质3和性质4可以看出，零矩阵$\boldsymbol{O}$在矩阵的加法运算中的性质和数0在数的加法运算中的性质相同.

2.2.2 数与矩阵的乘法

在本章第1节的例1中，在618促销活动策划时，厂家决定将A，B，C三款电脑均以九折的价格在甲、乙两个平台上销售，打折后的价格仍然可以用矩阵表示，这个矩阵就是矩阵$\begin{pmatrix}5890&7990&8990\\6090&7800&8880\end{pmatrix}$的每个元素乘以0.9，即

$$0.9\begin{pmatrix}5890&7990&8990\\6090&7800&8880\end{pmatrix}=\begin{pmatrix}0.9\times5890&0.9\times7990&0.9\times8990\\0.9\times6090&0.9\times7800&0.9\times8880\end{pmatrix}$$
$$=\begin{pmatrix}5301&7191&8091\\5481&7020&7992\end{pmatrix}.$$

这就是数与矩阵相乘的实例.

定义2.4 设$\boldsymbol{A}=\left(a_{ij}\right)_{m\times n}$是一个矩阵，$k$是一个数，定义

$$k\boldsymbol{A}=k\left(a_{ij}\right)_{m\times n}=\left(ka_{ij}\right)_{m\times n},$$

称为**数k与矩阵$\boldsymbol{A}$的乘积**，简称**数乘**.

由数与矩阵的乘法定义，不难验证矩阵的数乘运算有下列性质：

1. $k(\boldsymbol{A}+\boldsymbol{B})=k\boldsymbol{A}+k\boldsymbol{B}$;
2. $(k+l)\boldsymbol{A}=k\boldsymbol{A}+l\boldsymbol{A}$;
3. $(kl)\boldsymbol{A}=k(l\boldsymbol{A})$;
4. $1\cdot\boldsymbol{A}=\boldsymbol{A}$,

其中$\boldsymbol{A}$，$\boldsymbol{B}$是同型矩阵，k，l是数.

2.2.3 矩阵的乘法

首先看一个实际例子.

例2 某公司向三个电器商城I，II，III配送空调、冰箱和电视三种商品，矩阵$\boldsymbol{A}$表示发售产品的数量，矩阵$\boldsymbol{B}$表示产品的单位价格（单位：千元）及单位利润（单位：千元），矩阵$\boldsymbol{C}$表示各种电器的总收入及总利润.

$$\boldsymbol{A}=\begin{pmatrix}25&16&60\\6&7&15\\50&40&45\end{pmatrix}\begin{matrix}\text{I商城}\\\text{II商城}\\\text{III商城}\end{matrix},\quad \boldsymbol{B}=\begin{pmatrix}5.8&1.1\\3.5&0.9\\4.8&1.2\end{pmatrix}\begin{matrix}\text{空调}\\\text{冰箱}\\\text{电视}\end{matrix},$$

空调 冰箱 电视　　　　价格 利润

$$\begin{aligned}\boldsymbol{C}=\boldsymbol{AB}&=\begin{pmatrix}25&16&60\\6&7&15\\50&40&45\end{pmatrix}\begin{pmatrix}5.8&1.1\\3.5&0.9\\4.8&1.2\end{pmatrix}\\&=\begin{pmatrix}25\times5.8+16\times3.5+60\times4.8&25\times1.1+16\times0.9+60\times1.2\\6\times5.8+7\times3.5+15\times4.8&6\times1.1+7\times0.9+15\times1.2\\50\times5.8+40\times3.5+45\times4.8&50\times1.1+40\times0.9+45\times1.2\end{pmatrix}\\&=\begin{pmatrix}489&113.9\\131.3&30.9\\646&145\end{pmatrix}\begin{matrix}\text{I商城}\\\text{II商城}\\\text{III商城}\end{matrix}.\end{aligned}$$

总价格 总利润

即矩阵$\boldsymbol{C}$中第i行第j列的元素$c_{ij}(i=1,2,3;j=1,2)$等于矩阵$\boldsymbol{A}$的第i行元素与矩阵$\boldsymbol{B}$的第j列对应元素乘积之和.

例3 已知变量y_1,y_2与变量x_1,x_2,x_3之间的变换关系为

$$\begin{cases} y_1 = a_{11}x_1 + a_{12}x_2 + a_{13}x_3, \\ y_2 = a_{21}x_1 + a_{22}x_2 + a_{23}x_3. \end{cases}$$

变量x_1,x_2,x_3与变量t_1,t_2之间的变换关系为$\begin{cases} x_1 = b_{11}t_1 + b_{12}t_2, \\ x_2 = b_{21}t_1 + b_{22}t_2, \\ x_3 = b_{31}t_1 + b_{32}t_2. \end{cases}$求变量$y_1,y_2$与变量$t_1,t_2$之间的线性变换.

解：

$$\begin{cases} y_1=a_{11}x_1+a_{12}x_2+a_{13}x_3=a_{11}(b_{11}t_1+b_{12}t_2)+a_{12}(b_{21}t_1+b_{22}t_2)+a_{13}(b_{31}t_1+b_{32}t_2), \\ y_2=a_{21}x_1+a_{22}x_2+a_{23}x_3=a_{21}(b_{11}t_1+b_{12}t_2)+a_{22}(b_{21}t_1+b_{22}t_2)+a_{23}(b_{31}t_1+b_{32}t_2), \end{cases}$$

整理后得到变量y_1,y_2与变量t_1,t_2之间的线性变换：

$$\begin{cases} y_1 = (a_{11}b_{11} + a_{12}b_{21} + a_{13}b_{31})t_1 + (a_{11}b_{12} + a_{12}b_{22} + a_{13}b_{32})t_2, \\ y_2 = (a_{21}b_{11} + a_{22}b_{21} + a_{23}b_{31})t_1 + (a_{21}b_{12} + a_{22}b_{22} + a_{23}b_{32})t_2. \end{cases}$$

如果记

$$\boldsymbol{A} = \begin{pmatrix} a_{11} & a_{12} & a_{13} \\ a_{21} & a_{22} & a_{23} \end{pmatrix}, \boldsymbol{B} = \begin{pmatrix} b_{11} & b_{12} \\ b_{21} & b_{22} \\ b_{31} & b_{32} \end{pmatrix},$$

则变量y_1,y_2与变量t_1,t_2之间的线性变换的系数构成矩阵：

$$\boldsymbol{C} = \begin{pmatrix} a_{11}b_{11} + a_{12}b_{21} + a_{13}b_{31} & a_{11}b_{12} + a_{12}b_{22} + a_{13}b_{32} \\ a_{21}b_{11} + a_{22}b_{21} + a_{23}b_{31} & a_{21}b_{12} + a_{22}b_{22} + a_{23}b_{32} \end{pmatrix},$$

矩阵$\boldsymbol{C}$的元素$c_{ij}\ (i = 1,2;\ j = 1,2)$刚好是矩阵$\boldsymbol{A}$的第$i$行的元素与矩阵$\boldsymbol{B}$的第$j$列对应元素乘积之和.

一般地，有

定义2.5 设$\boldsymbol{A} = (a_{ij})_{m \times n}$，$\boldsymbol{B} = (b_{ij})_{n \times s}$是两个矩阵，定义

$$\boldsymbol{C} = (c_{ij})_{m \times s},$$

称为$\boldsymbol{A}$和$\boldsymbol{B}$的乘积，记为$\boldsymbol{C}=\boldsymbol{AB}$.其中

$$c_{ij} = a_{i1}b_{1j} + a_{i2}b_{2j} + \cdots + a_{in}b_{nj} = \sum_{k=1}^{n} a_{ik}b_{kj}\ (i = 1,2,\cdots,m;\ j = 1,2,\cdots,s).$$

由矩阵乘法的定义可知，$\boldsymbol{A}$和$\boldsymbol{B}$做乘法运算，只有当矩阵$\boldsymbol{A}$的列数和矩阵$\boldsymbol{B}$的行数相同时，才能进行乘法运算.并且$\boldsymbol{A}$和$\boldsymbol{B}$的乘积仍然是一个矩阵，该矩阵的行数是矩阵$\boldsymbol{A}$的行数，该矩阵的列数是矩阵$\boldsymbol{B}$的列数，这个乘法运算可

以直观地表示为

$$\text{第}i\text{行}\begin{pmatrix} a_{11} & a_{12} & \cdots & a_{1n} \\ \vdots & \vdots & & \vdots \\ a_{i1} & a_{i2} & \cdots & a_{in} \\ \vdots & \vdots & & \vdots \\ a_{m1} & a_{m2} & \cdots & a_{mn} \end{pmatrix}\begin{pmatrix} b_{11} & \cdots & b_{1j} & \cdots & b_{1s} \\ b_{21} & \cdots & b_{2j} & \cdots & b_{2s} \\ \vdots & & \vdots & & \vdots \\ b_{n1} & \cdots & b_{nj} & \cdots & b_{ns} \end{pmatrix}$$

第j列

$$=\begin{pmatrix} c_{11} & \cdots & c_{1j} & \cdots & c_{1s} \\ \vdots & & \vdots & & \vdots \\ c_{i1} & \cdots & c_{ij} & \cdots & c_{is} \\ \vdots & & \vdots & & \vdots \\ c_{m1} & \cdots & c_{mj} & \cdots & c_{ms} \end{pmatrix}.$$

例4　设矩阵$\boldsymbol{A}=(1,-2,4)$，$\boldsymbol{B}=\begin{pmatrix} 0 & -1 \\ 3 & 2 \\ 2 & 5 \end{pmatrix}$，求$\boldsymbol{AB}$.

解：$\boldsymbol{AB}=(1,-2,4)\begin{pmatrix} 0 & -1 \\ 3 & 2 \\ 2 & 5 \end{pmatrix}$

$$=(1\times 0-2\times 3+4\times 2 \quad 1\times(-1)-2\times 2+4\times 5)=(2,15).$$

此时$\boldsymbol{BA}$没有意义.一般地，如果矩阵$\boldsymbol{A}$的列数和矩阵$\boldsymbol{B}$的行数不同，则$\boldsymbol{A}$和$\boldsymbol{B}$无法进行乘法运算，也称$\boldsymbol{A}$，$\boldsymbol{B}$**不可乘**，或者说$\boldsymbol{BA}$没有意义.

例5　设矩阵$\boldsymbol{A}=\begin{pmatrix} 1 & 0 & -1 & 2 \\ -1 & 1 & 3 & 0 \end{pmatrix}$，$\boldsymbol{B}=\begin{pmatrix} 0 & 3 \\ 1 & 2 \\ 3 & 1 \\ -1 & 2 \end{pmatrix}$，求$\boldsymbol{AB}$和$\boldsymbol{BA}$.

解：$\boldsymbol{AB}=\begin{pmatrix} 1 & 0 & -1 & 2 \\ -1 & 1 & 3 & 0 \end{pmatrix}\begin{pmatrix} 0 & 3 \\ 1 & 2 \\ 3 & 1 \\ -1 & 2 \end{pmatrix}$

$$=\begin{pmatrix} 1\times 0+0\times 1-1\times 3+2\times(-1) & 1\times 3+0\times 2-1\times 1+2\times 2 \\ -1\times 0+1\times 1+3\times 3+0\times(-1) & -1\times 3+1\times 2+3\times 1+0\times 2 \end{pmatrix}$$

$$=\begin{pmatrix} -5 & 6 \\ 10 & 2 \end{pmatrix},$$

$$\boldsymbol{BA}=\begin{pmatrix}0&3\\1&2\\3&1\\-1&2\end{pmatrix}\begin{pmatrix}1&0&-1&2\\-1&1&3&0\end{pmatrix}$$

$$=\begin{pmatrix}0\times1+3\times(-1)&0\times0+3\times1&0\times(-1)+3\times3&0\times2+3\times0\\1\times1+2\times(-1)&1\times0+2\times1&1\times(-1)+2\times3&1\times2+2\times0\\3\times1+1\times(-1)&3\times0+1\times1&3\times(-1)+1\times3&3\times2+1\times0\\(-1)\times1+2\times(-1)&(-1)\times0+2\times1&(-1)\times(-1)+2\times3&(-1)\times2+2\times0\end{pmatrix}$$

$$=\begin{pmatrix}-3&3&9&0\\-1&2&5&2\\2&1&0&6\\-3&2&7&-2\end{pmatrix}.$$

由本例可以看出，**矩阵的乘法运算不满足交换律**，$\boldsymbol{AB}$是一个2×2矩阵，而$\boldsymbol{BA}$是一个4×4矩阵，$\boldsymbol{AB}\neq\boldsymbol{BA}$. 由于矩阵的乘法不满足交换律，因此矩阵相乘时必须注意顺序，$\boldsymbol{AB}$称为矩阵$\boldsymbol{A}$左乘矩阵$\boldsymbol{B}$，或称矩阵$\boldsymbol{B}$右乘矩阵$\boldsymbol{A}$.

例6　设矩阵$\boldsymbol{A}=\begin{pmatrix}2&1\\6&3\end{pmatrix}$, $\boldsymbol{B}=\begin{pmatrix}1&-3\\-2&6\end{pmatrix}$，求$\boldsymbol{AB}$和$\boldsymbol{BA}$.

解： $\boldsymbol{AB}=\begin{pmatrix}2&1\\6&3\end{pmatrix}\begin{pmatrix}1&-3\\-2&6\end{pmatrix}=\begin{pmatrix}0&0\\0&0\end{pmatrix}$, $\boldsymbol{BA}=\begin{pmatrix}1&-3\\-2&6\end{pmatrix}\begin{pmatrix}2&1\\6&3\end{pmatrix}=\begin{pmatrix}-16&-8\\32&16\end{pmatrix}$.

本例可以看出：**两个非零矩阵相乘，结果可能是零矩阵**. 因此$\boldsymbol{AB}=\boldsymbol{O}$无法推出$\boldsymbol{A}=\boldsymbol{O}$或$\boldsymbol{B}=\boldsymbol{O}$的结论. 另外，虽然$\boldsymbol{AB}$与$\boldsymbol{BA}$都是$2\times2$矩阵，但$\boldsymbol{AB}\neq\boldsymbol{BA}$.

例7　设矩阵$\boldsymbol{A}=\begin{pmatrix}2&2\\0&2\end{pmatrix}$，$\boldsymbol{B}=\begin{pmatrix}1&2\\0&1\end{pmatrix}$，求$\boldsymbol{AB}$和$\boldsymbol{BA}$.

解： $\boldsymbol{AB}=\begin{pmatrix}2&2\\0&2\end{pmatrix}\begin{pmatrix}1&2\\0&1\end{pmatrix}=\begin{pmatrix}2&6\\0&2\end{pmatrix}$, $\boldsymbol{BA}=\begin{pmatrix}1&2\\0&1\end{pmatrix}\begin{pmatrix}2&2\\0&2\end{pmatrix}=\begin{pmatrix}2&6\\0&2\end{pmatrix}$. $\boldsymbol{AB}=\boldsymbol{BA}$.

本例中$\boldsymbol{AB}=\boldsymbol{BA}$，如果两个矩阵相乘有$\boldsymbol{AB}=\boldsymbol{BA}$，则称矩阵$\boldsymbol{A}$与矩阵$\boldsymbol{B}$**可交换**.

例8　求与矩阵$\boldsymbol{A}=\begin{pmatrix}0&1&1\\0&0&1\\0&0&0\end{pmatrix}$可交换的所有矩阵.

解： 显然与矩阵$\boldsymbol{A}$可交换的矩阵必为3行3列的矩阵. 设$\boldsymbol{B}=\begin{pmatrix}b_{11}&b_{12}&b_{13}\\b_{21}&b_{22}&b_{23}\\b_{31}&b_{32}&b_{33}\end{pmatrix}$，则

$$AB=\begin{pmatrix}0&1&1\\0&0&1\\0&0&0\end{pmatrix}\begin{pmatrix}b_{11}&b_{12}&b_{13}\\b_{21}&b_{22}&b_{23}\\b_{31}&b_{32}&b_{33}\end{pmatrix}=\begin{pmatrix}b_{21}+b_{31}&b_{22}+b_{32}&b_{23}+b_{33}\\b_{31}&b_{32}&b_{33}\\0&0&0\end{pmatrix},$$

$$BA=\begin{pmatrix}b_{11}&b_{12}&b_{13}\\b_{21}&b_{22}&b_{23}\\b_{31}&b_{32}&b_{33}\end{pmatrix}\begin{pmatrix}0&1&1\\0&0&1\\0&0&0\end{pmatrix}=\begin{pmatrix}0&b_{11}&b_{11}+b_{12}\\0&b_{21}&b_{21}+b_{22}\\0&b_{31}&b_{31}+b_{32}\end{pmatrix},$$

由$AB=BA$得

$$b_{21}+b_{31}=0,b_{31}=0,b_{22}+b_{32}=b_{11},b_{32}=b_{21},$$
$$b_{23}+b_{33}=b_{11}+b_{12},b_{33}=b_{21}+b_{22},0=b_{31}+b_{32}.$$

解出$b_{21}=b_{31}=b_{32}=0,b_{11}=b_{22}=b_{33},b_{12}=b_{23},b_{13}$可以自由取值.令$b_{11}=b_{22}=b_{33}=x,b_{12}=b_{23}=y,b_{13}=z$,则

$$B=\begin{pmatrix}x&y&z\\0&x&y\\0&0&x\end{pmatrix}(\text{其中}x,y,z\text{为任意常数})$$

为与A可交换的所有矩阵.

例9 设矩阵$A=\begin{pmatrix}2&3\\0&-1\end{pmatrix},B=\begin{pmatrix}2&0\\0&5\end{pmatrix},C=\begin{pmatrix}2&2\\0&0\end{pmatrix}$,求$AC$和$BC$.

解：$AC=\begin{pmatrix}2&3\\0&-1\end{pmatrix}\begin{pmatrix}2&2\\0&0\end{pmatrix}=\begin{pmatrix}4&4\\0&0\end{pmatrix},BC=\begin{pmatrix}2&0\\0&5\end{pmatrix}\begin{pmatrix}2&2\\0&0\end{pmatrix}=\begin{pmatrix}4&4\\0&0\end{pmatrix}$,

即$AC=BC$，但是$A\neq B$.可见，矩阵的乘法不满足消去律.

矩阵乘法有下列性质：

1. $(AB)C=A(BC)$;

2. $(A+B)C=AC+BC$;

3. $C(A+B)=CA+CB$;

4. $k(AB)=(kA)B=A(kB)=(AB)k$,

其中假设A, B, C都是可以进行相关运算的矩阵，k是数.

证明：1. 设$A=(a_{ij})_{m\times n},B=(b_{jk})_{n\times s},C=(c_{kl})_{s\times r}$，令$V=AB=(v_{ik})_{m\times s}$，$W=BC=(w_{jl})_{n\times r}$，其中

$$v_{ik}=a_{i1}b_{1k}+a_{i2}b_{2k}+\cdots+a_{in}b_{nk}=\sum_{j=1}^{n}a_{ij}b_{jk},i=1,2,\cdots,m;k=1,2,\cdots,s,$$

$$w_{jl}=b_{j1}c_{1l}+b_{j2}c_{2l}+\cdots+b_{js}c_{sl}=\sum_{k=1}^{s}b_{jk}c_{kl},j=1,2,\cdots,n;l=1,2,\cdots,r,$$

$(\boldsymbol{AB})\boldsymbol{C}=\boldsymbol{VC}$，$\boldsymbol{VC}$的第$i$行第$l$列的元素为

$$\sum_{k=1}^{s}v_{ik}c_{kl}=\sum_{k=1}^{s}(\sum_{j=1}^{n}a_{ij}b_{jk})c_{kl}=\sum_{k=1}^{s}\sum_{j=1}^{n}a_{ij}b_{jk}c_{kl},$$

而$\boldsymbol{A}(\boldsymbol{BC})=\boldsymbol{AW}$，$\boldsymbol{AW}$的第$i$行第$l$列的元素为

$$\sum_{j=1}^{n}a_{ij}w_{jl}=\sum_{j=1}^{n}a_{ij}(\sum_{k=1}^{s}b_{jk}c_{kl})=\sum_{j=1}^{n}\sum_{k=1}^{s}a_{ij}b_{jk}c_{kl},$$

而双重加号求和可以交换次序，即$\sum_{k=1}^{s}\sum_{j=1}^{n}a_{ij}b_{jk}c_{kl}=\sum_{j=1}^{n}\sum_{k=1}^{s}a_{ij}b_{jk}c_{kl}$，因此$(\boldsymbol{AB})\boldsymbol{C}=\boldsymbol{A}(\boldsymbol{BC})$成立.

2. 设$\boldsymbol{A}=\left(a_{ij}\right)_{m\times n}$,$\boldsymbol{B}=\left(b_{ij}\right)_{m\times n}$,$\boldsymbol{C}=\left(c_{jk}\right)_{n\times s}$,

$$(\boldsymbol{A}+\boldsymbol{B})\boldsymbol{C}=\left(a_{ij}+b_{ij}\right)_{m\times n}\left(c_{jk}\right)_{n\times s}=\left(\sum_{j=1}^{n}(a_{ij}+b_{ij})c_{jk}\right)_{m\times s}=\left(\sum_{j=1}^{n}a_{ij}c_{jk}\right)_{m\times s}+\left(\sum_{j=1}^{n}b_{ij}c_{jk}\right)_{m\times s}$$

$$=\boldsymbol{AC}+\boldsymbol{BC}.$$

性质3，4类似可证，请读者自行完成.

2.2.4 方阵的幂

如果矩阵$\boldsymbol{A}=\left(a_{ij}\right)_{m\times n}$的行数和列数相等，即$m=n$，则称矩阵$\boldsymbol{A}$为$n$阶矩阵或$n$**阶方阵**，简称**方阵**.

如$\begin{pmatrix}1&2&3\\3&2&1\\5&8&9\end{pmatrix}$是一个3阶方阵. 一阶方阵$(a)$就是数$a$.

定义2.6 对于n阶方阵$\boldsymbol{A}$及正整数k,

$$\boldsymbol{A}^k=\underbrace{\boldsymbol{A}\cdot\boldsymbol{A}\cdots\boldsymbol{A}}_{k个}$$

称为$\boldsymbol{A}$的k**次幂**.

方阵的幂有下列性质:

1. $\boldsymbol{A}^{k_1}\cdot\boldsymbol{A}^{k_2}=\boldsymbol{A}^{k_1+k_2}$;

2. $(\boldsymbol{A}^{k_1})^{k_2}=\boldsymbol{A}^{k_1k_2}$,

其中$\boldsymbol{A}$为n阶方阵，k_1，k_2是正整数.

由于矩阵的乘法不满足交换律，设$\boldsymbol{A}$，$\boldsymbol{B}$均为n阶方阵，k是正整数，一般地，$(\boldsymbol{AB})^k\neq\boldsymbol{A}^k\boldsymbol{B}^k$.此外，即使$\boldsymbol{A}^k=\boldsymbol{O}$，也不一定有$\boldsymbol{A}=\boldsymbol{O}$.

例10 设矩阵 $\boldsymbol{A}=\begin{pmatrix}0&0&0\\-1&1&1\\1&-1&-1\end{pmatrix}$, $\boldsymbol{B}=\begin{pmatrix}1&2&3\\1&0&1\\1&1&0\end{pmatrix}$，求 $\boldsymbol{A}^2$，$\boldsymbol{A}^2\boldsymbol{B}^2$ 及 $(\boldsymbol{AB})^2$.

解： $\boldsymbol{A}^2=\begin{pmatrix}0&0&0\\-1&1&1\\1&-1&-1\end{pmatrix}\begin{pmatrix}0&0&0\\-1&1&1\\1&-1&-1\end{pmatrix}=\begin{pmatrix}0&0&0\\0&0&0\\0&0&0\end{pmatrix}$, $\boldsymbol{A}^2\boldsymbol{B}^2=\boldsymbol{O}$,

$$\boldsymbol{AB}=\begin{pmatrix}0&0&0\\-1&1&1\\1&-1&-1\end{pmatrix}\begin{pmatrix}1&2&3\\1&0&1\\1&1&0\end{pmatrix}=\begin{pmatrix}0&0&0\\1&-1&-2\\-1&1&2\end{pmatrix},$$

$$(\boldsymbol{AB})^2=\begin{pmatrix}0&0&0\\1&-1&-2\\-1&1&2\end{pmatrix}^2=\begin{pmatrix}0&0&0\\1&-1&-2\\-1&1&2\end{pmatrix}.$$

可见：$\boldsymbol{A}^2=\boldsymbol{O}$，但 $\boldsymbol{A}\neq\boldsymbol{O}$，并且 $(\boldsymbol{AB})^2\neq\boldsymbol{A}^2\boldsymbol{B}^2$.

本例中 $(\boldsymbol{AB})^2=\boldsymbol{AB}$，如果方阵 $\boldsymbol{A}$ 存在正整数 k，满足 $\boldsymbol{A}^k=\boldsymbol{A}$，则称 $\boldsymbol{A}$ 为**幂等矩阵**.

求一个方阵的幂计算量往往很大，有时需要通过特殊办法进行计算.

设 $f(x)=a_kx^k+a_{k-1}x^{k-1}+\cdots+a_1x+a_0$（$a_k\neq0$，$k$ 是自然数）是 x 的 k 次多项式，$\boldsymbol{A}$ 为 n 阶方阵，则称 $f(\boldsymbol{A})=a_k\boldsymbol{A}^k+a_{k-1}\boldsymbol{A}^{k-1}+\cdots+a_1\boldsymbol{A}+a_0\boldsymbol{E}_n$ 为 $\boldsymbol{A}$ 的 **k 次多项式**. 其中 $\boldsymbol{E}_n=\begin{pmatrix}1&0&\cdots&0\\0&1&\cdots&0\\\vdots&\vdots&&\vdots\\0&0&\cdots&1\end{pmatrix}$ 是主对角线上元素均为1，其他元素均为0的 **n 阶方阵**.

例11 设 $f(x)=2x^3-x+5$，矩阵 $\boldsymbol{A}=\begin{pmatrix}2&3\\0&-1\end{pmatrix}$，求 $f(\boldsymbol{A})$.

解： $f(\boldsymbol{A})=2\boldsymbol{A}^3-\boldsymbol{A}+5\boldsymbol{E}_2$

$$=2\begin{pmatrix}2&3\\0&-1\end{pmatrix}^3-\begin{pmatrix}2&3\\0&-1\end{pmatrix}+5\begin{pmatrix}1&0\\0&1\end{pmatrix}$$

$$=2\begin{pmatrix}8&9\\0&-1\end{pmatrix}-\begin{pmatrix}2&3\\0&-1\end{pmatrix}+5\begin{pmatrix}1&0\\0&1\end{pmatrix}$$

$$=\begin{pmatrix}19&15\\0&4\end{pmatrix}.$$

2.2.5 矩阵的转置

定义2.7 把矩阵 $\boldsymbol{A}=(a_{ij})_{m\times n}$ 的行列互换得到 $n\times m$ 矩阵，称为矩阵 $\boldsymbol{A}$ 的**转置**

矩阵，记为A^T或A'.即如果$A=\begin{pmatrix} a_{11} & a_{12} & \cdots & a_{1n} \\ a_{21} & a_{22} & \cdots & a_{2n} \\ \vdots & \vdots & & \vdots \\ a_{m1} & a_{m2} & \cdots & a_{mn} \end{pmatrix}$，则$A^T=\begin{pmatrix} a_{11} & a_{21} & \cdots & a_{m1} \\ a_{12} & a_{22} & \cdots & a_{m2} \\ \vdots & \vdots & & \vdots \\ a_{1n} & a_{2n} & \cdots & a_{mn} \end{pmatrix}$.

由矩阵转置的定义可知，矩阵A的第i行第j列的元素a_{ij}，在矩阵A^T中位于第j行第i列.

例如，矩阵$A=\begin{pmatrix} 1 & 2 & 2 \\ 4 & 5 & 8 \end{pmatrix}$,则$A^T=\begin{pmatrix} 1 & 4 \\ 2 & 5 \\ 2 & 8 \end{pmatrix}$.

矩阵转置有下列性质：

1.$(A^T)^T=A$;

2.$(A+B)^T=A^T+B^T$;

3.$(kA)^T=kA^T$;

4.$(AB)^T=B^TA^T$,

其中矩阵A,B假设都是可以进行相关运算的矩阵，k是数.

证明：性质1显然成立，性质2和性质3容易验证.这里只证明性质4.

设$A=\left(a_{ij}\right)_{m\times n}$,$B=\left(b_{jk}\right)_{n\times s}$,$AB$是$m\times s$矩阵，$(AB)^T$是$s\times m$矩阵，$B^T$是$s\times n$矩阵，$A^T$是$n\times m$矩阵，于是$B^TA^T$是$s\times m$矩阵，因此$(AB)^T$与$B^TA^T$是同型矩阵.

矩阵$(AB)^T$的第j行第i列的元素就是AB的第i行第j列的元素：

$$a_{i1}b_{1j}+a_{i2}b_{2j}+\cdots+a_{in}b_{nj}=\sum_{k=1}^{n}a_{ik}b_{kj},i=1,2,\cdots,m;j=1,2,\cdots,s.$$

B^TA^T的第j行第i列的元素为B^T的第j行元素与A^T的第i列的对应元素乘积的和，而B^T的第j行元素是矩阵B的第j列元素，A^T的第i列的元素是矩阵A的第i行元素，因而B^T的第j行元素与A^T的第i列的元素乘积的和，就是矩阵B的第j列元素与矩阵A的第i行对应元素的乘积之和：$b_{1j}a_{i1}+b_{2j}a_{i2}+\cdots+b_{nj}a_{in}$，由于数的乘积满足交换律，故

$$b_{1j}a_{i1}+b_{2j}a_{i2}+\cdots+b_{nj}a_{in}=a_{i1}b_{1j}+a_{i2}b_{2j}+\cdots+a_{in}b_{nj}=\sum_{k=1}^{n}a_{ik}b_{kj},$$

这恰好是矩阵$(AB)^T$的第j行第i列的元素，因此$(AB)^T=B^TA^T$.

例12　设矩阵$A=\begin{pmatrix} 2 & 0 & -1 \\ 1 & 3 & 2 \end{pmatrix}$,$B=\begin{pmatrix} 1 & 7 & -1 \\ 4 & 2 & 3 \\ 2 & 0 & 1 \end{pmatrix}$,求$(AB)^T$.

解：方法1：$AB=\begin{pmatrix}2&0&-1\\1&3&2\end{pmatrix}\begin{pmatrix}1&7&-1\\4&2&3\\2&0&1\end{pmatrix}=\begin{pmatrix}0&14&-3\\17&13&10\end{pmatrix}$，

$$(AB)^{\mathrm{T}}=\begin{pmatrix}0&17\\14&13\\-3&10\end{pmatrix}.$$

方法2：$(AB)^{\mathrm{T}}=B^{\mathrm{T}}A^{\mathrm{T}}=\begin{pmatrix}1&4&2\\7&2&0\\-1&3&1\end{pmatrix}\begin{pmatrix}2&1\\0&3\\-1&2\end{pmatrix}=\begin{pmatrix}0&17\\14&13\\-3&10\end{pmatrix}$.

2.2.6　方阵的行列式

由n阶矩阵（方阵）A的所有元素按照原来的次序构成的n阶行列式，称为**方阵A的行列式**，记作$|A|$或者$\det A$.

比如：$A=\begin{pmatrix}a_{11}&a_{12}&\cdots&a_{1n}\\a_{21}&a_{22}&\cdots&a_{2n}\\\vdots&\vdots&&\vdots\\a_{n1}&a_{n2}&\cdots&a_{nn}\end{pmatrix}$,则$|A|=\begin{vmatrix}a_{11}&a_{12}&\cdots&a_{1n}\\a_{21}&a_{22}&\cdots&a_{2n}\\\vdots&\vdots&&\vdots\\a_{n1}&a_{n2}&\cdots&a_{nn}\end{vmatrix}$.

由方阵行列式的定义可知，方阵和方阵的行列式是两个不同的概念. n阶方阵是由n^2个元素排列成的n行n列的正方形数表；行列式是一个由矩阵的元素构成的含有$n!$项的代数和，在一般情况下是一个数或者是代数式.

方阵的行列式有以下性质：

1. $|A^{\mathrm{T}}|=|A|$;

2. $|kA|=k^n|A|$;

3. $|AB|=|A|\cdot|B|$;

4. $|AB|=|BA|$,

其中A，B均为n阶方阵，k是数.

证明：1. 由行列式的性质：一个行列式与它的转置行列式相等可知结论正确.

2. 设矩阵$A=\begin{pmatrix}a_{11}&a_{12}&\cdots&a_{1n}\\a_{21}&a_{22}&\cdots&a_{2n}\\\vdots&\vdots&&\vdots\\a_{n1}&a_{n2}&\cdots&a_{nn}\end{pmatrix}$,则$kA=\begin{pmatrix}ka_{11}&ka_{12}&\cdots&ka_{1n}\\ka_{21}&ka_{22}&\cdots&ka_{2n}\\\vdots&\vdots&&\vdots\\ka_{n1}&ka_{n2}&\cdots&ka_{nn}\end{pmatrix}$

$$|kA| = \begin{vmatrix} ka_{11} & ka_{12} & \cdots & ka_{1n} \\ ka_{21} & ka_{22} & \cdots & ka_{2n} \\ \vdots & \vdots & & \vdots \\ ka_{n1} & ka_{n2} & \cdots & ka_{nn} \end{vmatrix} = k^n \begin{vmatrix} a_{11} & a_{12} & \cdots & a_{1n} \\ a_{21} & a_{22} & \cdots & a_{2n} \\ \vdots & \vdots & & \vdots \\ a_{n1} & a_{n2} & \cdots & a_{nn} \end{vmatrix} = k^n|\boldsymbol{A}|.$$

3.第1章的定理1.7已经证明该结论.

4.$|\boldsymbol{AB}| = |\boldsymbol{A}| \cdot |\boldsymbol{B}| = |\boldsymbol{B}| \cdot |\boldsymbol{A}| = |\boldsymbol{BA}|$.

性质3可以推广到k（k为正整数）个n阶方阵乘积的行列式，即

$$|\boldsymbol{A}_1\boldsymbol{A}_2\cdots\boldsymbol{A}_k| = |\boldsymbol{A}_1| \cdot |\boldsymbol{A}_2|\cdots|\boldsymbol{A}_k|.$$

特别地，$|\boldsymbol{A}^k| = |\underbrace{\boldsymbol{AA}\cdots\boldsymbol{A}}_{k个}| = \underbrace{|\boldsymbol{A}| \cdot |\boldsymbol{A}|\cdots|\boldsymbol{A}|}_{k个} = |\boldsymbol{A}|^k$.

性质4说明，虽然矩阵的乘法运算不满足交换律，但是，两个方阵乘积的行列式是满足交换律的.

例13 设$\boldsymbol{A}$，$\boldsymbol{B}$为3阶矩阵，且$|\boldsymbol{A}| = -\frac{1}{2}$，$|\boldsymbol{B}|=4$，求$||\boldsymbol{A}|\boldsymbol{A}^2\boldsymbol{B}^{\mathrm{T}}|$.

解：由方阵行列式的运算性质可知：

$$||\boldsymbol{A}|\boldsymbol{A}^2\boldsymbol{B}^{\mathrm{T}}| = |\boldsymbol{A}|^3 \cdot |\boldsymbol{A}^2\boldsymbol{B}^{\mathrm{T}}| = |\boldsymbol{A}|^3 \cdot |\boldsymbol{A}|^2 \cdot |\boldsymbol{B}^{\mathrm{T}}| = |\boldsymbol{A}|^5 \cdot |\boldsymbol{B}| = (-\frac{1}{2})^5 \times 4 = -\frac{1}{8}.$$

2.3 几种特殊的矩阵

2.3.1 三角矩阵

如果n阶矩阵$\boldsymbol{A} = (a_{ij})$的元素满足

$$a_{ij} = 0, i > j\,(i,j = 1,2,\cdots,n),$$

则称矩阵$\boldsymbol{A}$为上三角矩阵，即

$$\boldsymbol{A} = \begin{pmatrix} a_{11} & a_{12} & a_{13} & \cdots & a_{1,n-1} & a_{1n} \\ 0 & a_{22} & a_{23} & \cdots & a_{2,n-1} & a_{2n} \\ 0 & 0 & a_{33} & \cdots & a_{3,n-1} & a_{3n} \\ \vdots & \vdots & \vdots & & \vdots & \vdots \\ 0 & 0 & 0 & \cdots & a_{n-1,n-1} & a_{n-1,n} \\ 0 & 0 & 0 & \cdots & 0 & a_{nn} \end{pmatrix},$$

也可以简记为$\boldsymbol{A}=\begin{pmatrix} a_{11} & a_{12} & \cdots & a_{1n} \\ & a_{22} & \cdots & a_{2n} \\ & & \ddots & \vdots \\ & & & a_{nn} \end{pmatrix}$.

如果n阶矩阵$\boldsymbol{A}=(a_{ij})$的元素满足

$$a_{ij}=0, i<j\,(i,j=1,2,\cdots,n),$$

则称矩阵$\boldsymbol{A}$为**下三角矩阵**，即$\boldsymbol{A}=\begin{pmatrix} a_{11} & & & \\ a_{21} & a_{22} & & \\ \vdots & \vdots & \ddots & \\ a_{n1} & a_{n2} & \cdots & a_{nn} \end{pmatrix}$.

若$\boldsymbol{A}$，$\boldsymbol{B}$为同阶上（下）三角矩阵，容易证明$k\boldsymbol{A}, \boldsymbol{A}+\boldsymbol{B}$，$\boldsymbol{AB}$仍是上（下）三角矩阵.

2.3.2 对角矩阵

定义2.8 如果n阶矩阵$\boldsymbol{A}$的元素满足

$$a_{ij}=0, i\neq j\,(i,j=1,2,\cdots,n),$$

则称矩阵$\boldsymbol{A}$为**对角矩阵**.

一般地，n阶对角矩阵简记为$\begin{pmatrix} a_{11} & & & \\ & a_{22} & & \\ & & \ddots & \\ & & & a_{nn} \end{pmatrix}$，这种记法表示主对角线以外没有注明的元素均为零. 对角矩阵也可以记为$\mathrm{diag}(a_{11},a_{22},\cdots,a_{nn})$.

显然，若$\boldsymbol{A}$为对角矩阵，则$\boldsymbol{A}^{\mathrm{T}}=\boldsymbol{A}$.

若$\boldsymbol{A}$，$\boldsymbol{B}$均为n阶对角矩阵，k是数，如下性质成立：

1. $k\boldsymbol{A}$为对角矩阵；
2. $\boldsymbol{A}+\boldsymbol{B}$为对角矩阵；
3. $\boldsymbol{AB}$为对角矩阵.

证明： 设$\boldsymbol{A}=\begin{pmatrix} a_{11} & & & \\ & a_{22} & & \\ & & \ddots & \\ & & & a_{nn} \end{pmatrix}$, $\boldsymbol{B}=\begin{pmatrix} b_{11} & & & \\ & b_{22} & & \\ & & \ddots & \\ & & & b_{nn} \end{pmatrix}$,则

$$kA = k\begin{pmatrix} a_{11} & & & \\ & a_{22} & & \\ & & \ddots & \\ & & & a_{nn} \end{pmatrix} = \begin{pmatrix} ka_{11} & & & \\ & ka_{22} & & \\ & & \ddots & \\ & & & ka_{nn} \end{pmatrix};$$

$$\boldsymbol{A} + \boldsymbol{B} = \begin{pmatrix} a_{11} + b_{11} & & & \\ & a_{22} + b_{22} & & \\ & & \ddots & \\ & & & a_{nn} + b_{nn} \end{pmatrix};$$

$$\boldsymbol{AB} = \boldsymbol{BA} = \begin{pmatrix} a_{11}b_{11} & & & \\ & a_{22}b_{22} & & \\ & & \ddots & \\ & & & a_{nn}b_{nn} \end{pmatrix},$$

故结论成立.

2.3.3 数量矩阵

如果n阶对角矩阵$\boldsymbol{A}$的元素$a_{11} = a_{22} = \cdots = a_{nn} = a$，则称$\boldsymbol{A}$为**数量矩阵**，即

$$\boldsymbol{A} = \begin{pmatrix} a & & & \\ & a & & \\ & & \ddots & \\ & & & a \end{pmatrix}_{n \times n}.$$

数量矩阵$\boldsymbol{A}$左乘（或右乘）一个矩阵，其乘积等于以数a乘以该矩阵.

实际上，

$$\boldsymbol{A} = \begin{pmatrix} a & 0 & \cdots & 0 \\ 0 & a & \cdots & 0 \\ \vdots & \vdots & & \vdots \\ 0 & 0 & \cdots & a \end{pmatrix}_{n \times n}, \boldsymbol{B} = \begin{pmatrix} b_{11} & b_{12} & \cdots & b_{1s} \\ b_{21} & b_{22} & \cdots & b_{2s} \\ \vdots & \vdots & & \vdots \\ b_{n1} & b_{n2} & \cdots & b_{ns} \end{pmatrix}, \boldsymbol{C} = \begin{pmatrix} c_{11} & c_{12} & \cdots & c_{1n} \\ c_{21} & c_{22} & \cdots & c_{2n} \\ \vdots & \vdots & & \vdots \\ c_{m1} & c_{m2} & \cdots & c_{mn} \end{pmatrix},$$

则

$$\boldsymbol{AB} = \begin{pmatrix} a & 0 & \cdots & 0 \\ 0 & a & \cdots & 0 \\ \vdots & \vdots & & \vdots \\ 0 & 0 & \cdots & a \end{pmatrix}_{n \times n} \begin{pmatrix} b_{11} & b_{12} & \cdots & b_{1s} \\ b_{21} & b_{22} & \cdots & b_{2s} \\ \vdots & \vdots & & \vdots \\ b_{n1} & b_{n2} & \cdots & b_{ns} \end{pmatrix} = \begin{pmatrix} ab_{11} & ab_{12} & \cdots & ab_{1s} \\ ab_{21} & ab_{22} & \cdots & ab_{2s} \\ \vdots & \vdots & & \vdots \\ ab_{n1} & ab_{n2} & \cdots & ab_{ns} \end{pmatrix} = a\boldsymbol{B};$$

$$\boldsymbol{CA} = \begin{pmatrix} c_{11} & c_{12} & \cdots & c_{1n} \\ c_{21} & c_{22} & \cdots & c_{2n} \\ \vdots & \vdots & & \vdots \\ c_{m1} & c_{m2} & \cdots & c_{mn} \end{pmatrix} \begin{pmatrix} a & 0 & \cdots & 0 \\ 0 & a & \cdots & 0 \\ \vdots & \vdots & & \vdots \\ 0 & 0 & \cdots & a \end{pmatrix}_{n \times n} = \begin{pmatrix} c_{11}a & c_{12}a & \cdots & c_{1n}a \\ c_{21}a & c_{22}a & \cdots & c_{2n}a \\ \vdots & \vdots & & \vdots \\ c_{m1}a & c_{m2}a & \cdots & c_{mn}a \end{pmatrix}$$

$$= \boldsymbol{C}a = a\boldsymbol{C}.$$

2.3.4 单位矩阵

如果n阶数量矩阵$\boldsymbol{A}$的对角线元素$a=1$，则称$\boldsymbol{A}$为单位矩阵，记为$\boldsymbol{E}_n$（或$\boldsymbol{I}_n$），在不致引起混淆的时候也简记为$\boldsymbol{E}$（或$\boldsymbol{I}$），即

$$\boldsymbol{E}_n=\begin{pmatrix}1&&&\\&1&&\\&&\ddots&\\&&&1\end{pmatrix}_{n\times n}.$$

注意，不同阶的单位矩阵是不相等的.

对于$\boldsymbol{E}_m$，$\boldsymbol{E}_n$及$\boldsymbol{A}_{m\times n}$，有$\boldsymbol{E}_m\boldsymbol{A}_{m\times n}=\boldsymbol{A}_{m\times n}$，$\boldsymbol{A}_{m\times n}\boldsymbol{E}_n=\boldsymbol{A}_{m\times n}$.

单位矩阵在矩阵乘法中与数1在数的乘法中的性质类似.

对于n阶矩阵$\boldsymbol{A}$，规定$\boldsymbol{A}^0=\boldsymbol{E}_n$.

2.3.5 对称矩阵与反对称矩阵

如果n阶矩阵$\boldsymbol{A}=(a_{ij})$的元素满足

$$a_{ij}=a_{ji}(i,j=1,2,\cdots,n),$$

则称矩阵$\boldsymbol{A}$为**对称矩阵**.

如果n阶矩阵$\boldsymbol{A}=(a_{ij})$的元素满足

$$a_{ij}=-a_{ji}(i,j=1,2,\cdots,n),$$

则称矩阵$\boldsymbol{A}$为**反对称矩阵**.

如：$\boldsymbol{A}=\begin{pmatrix}1&2&3\\2&0&-1\\3&-1&3\end{pmatrix}$，$\boldsymbol{B}=\begin{pmatrix}0&1&4&-2\\1&5&6&2\\4&6&-1&0\\-2&2&0&3\end{pmatrix}$均为对称矩阵，$\boldsymbol{C}=\begin{pmatrix}0&-2&1\\2&0&-1\\-1&1&0\end{pmatrix}$为反对称矩阵.

由反对称矩阵的定义可知，若$\boldsymbol{A}$为反对称矩阵，则$a_{ii}=0(i=1,2,\cdots,n)$.

如果$\boldsymbol{A}$为对称矩阵，则有$\boldsymbol{A}^{\mathrm{T}}=\boldsymbol{A}$；如果$\boldsymbol{A}$为反对称矩阵，则有$\boldsymbol{A}^{\mathrm{T}}=-\boldsymbol{A}$.

若$\boldsymbol{A}$，$\boldsymbol{B}$均为n阶对称（反对称）矩阵，k是数，如下性质成立：

1. $k\boldsymbol{A}$为对称（反对称）矩阵；

2. $\boldsymbol{A}+\boldsymbol{B}$ 为对称（反对称）矩阵.

注意，两个对称（反对称）矩阵的乘积不一定是对称（反对称）矩阵.

如：$\boldsymbol{A}=\begin{pmatrix}0&1&0\\1&0&0\\0&0&1\end{pmatrix}, \boldsymbol{B}=\begin{pmatrix}1&1&1\\1&2&1\\1&1&3\end{pmatrix}$, $\boldsymbol{A}, \boldsymbol{B}$ 均为对称矩阵，但是

$$\boldsymbol{AB}=\begin{pmatrix}0&1&0\\1&0&0\\0&0&1\end{pmatrix}\begin{pmatrix}1&1&1\\1&2&1\\1&1&3\end{pmatrix}=\begin{pmatrix}1&2&1\\1&1&1\\1&1&3\end{pmatrix}$$

不是对称矩阵.

如：$\boldsymbol{A}=\begin{pmatrix}0&3\\-3&0\end{pmatrix}$，$\boldsymbol{B}=\begin{pmatrix}0&-1\\1&0\end{pmatrix}$都是反对称矩阵，但是

$$\boldsymbol{AB}=\begin{pmatrix}0&3\\-3&0\end{pmatrix}\begin{pmatrix}0&-1\\1&0\end{pmatrix}=\begin{pmatrix}3&0\\0&3\end{pmatrix}$$

不是反对称矩阵.

例1 设 $\boldsymbol{A}$ 为 n 阶矩阵. 证明：$\boldsymbol{A}+\boldsymbol{A}^{\mathrm{T}}$ 为对称矩阵，$\boldsymbol{A}-\boldsymbol{A}^{\mathrm{T}}$ 为反对称矩阵.

证明： 设矩阵 $\boldsymbol{A}=\begin{pmatrix}a_{11}&a_{12}&\cdots&a_{1n}\\a_{21}&a_{22}&\cdots&a_{2n}\\\vdots&\vdots&&\vdots\\a_{n1}&a_{n2}&\cdots&a_{nn}\end{pmatrix}$, 则 $\boldsymbol{A}^{\mathrm{T}}=\begin{pmatrix}a_{11}&a_{21}&\cdots&a_{n1}\\a_{12}&a_{22}&\cdots&a_{n2}\\\vdots&\vdots&&\vdots\\a_{1n}&a_{2n}&\cdots&a_{nn}\end{pmatrix}$,

$$\boldsymbol{A}+\boldsymbol{A}^{\mathrm{T}}=\begin{pmatrix}a_{11}+a_{11}&a_{12}+a_{21}&\cdots&a_{1n}+a_{n1}\\a_{21}+a_{12}&a_{22}+a_{22}&\cdots&a_{2n}+a_{n2}\\\vdots&\vdots&&\vdots\\a_{n1}+a_{1n}&a_{n2}+a_{2n}&\cdots&a_{nn}+a_{nn}\end{pmatrix},$$

$$\boldsymbol{A}-\boldsymbol{A}^{\mathrm{T}}=\begin{pmatrix}0&a_{12}-a_{21}&\cdots&a_{1n}-a_{n1}\\a_{21}-a_{12}&0&\cdots&a_{2n}-a_{n2}\\\vdots&\vdots&&\vdots\\a_{n1}-a_{1n}&a_{n2}-a_{2n}&\cdots&0\end{pmatrix}.$$

因为 $a_{ij}+a_{ji}=a_{ji}+a_{ij}(i,j=1,2,\cdots,n), a_{ij}-a_{ji}=-(a_{ji}-a_{ij})(i,j=1,2,\cdots,n)$, 可知 $\boldsymbol{A}+\boldsymbol{A}^{\mathrm{T}}$ 为对称矩阵，$\boldsymbol{A}-\boldsymbol{A}^{\mathrm{T}}$ 为反对称矩阵. 或者直接求 $(\boldsymbol{A}+\boldsymbol{A}^{\mathrm{T}})^{\mathrm{T}}$ 来证明.

2.4 可逆矩阵

在本章第 2 节可以看到，矩阵与数相仿，有加、减、乘三种运算. 矩阵的乘法是否也和数一样有逆运算呢？这就是本节要讨论的问题. 本节讨论的矩

阵，如不特殊说明，都是指n阶方阵.

我们知道，对于任意的n阶方阵$\boldsymbol{A}$，都有$\boldsymbol{AE}=\boldsymbol{EA}=\boldsymbol{A}$，其中$\boldsymbol{E}$为$n$阶单位矩阵.由此，从乘法的角度看，$n$阶单位矩阵在$n$阶方阵中的地位类似于1在数中的地位.一个数$a \neq 0$的倒数$a^{-1}$可以用等式$aa^{-1}=1$来刻画，相仿地，引入

定义2.9　对于n阶矩阵$\boldsymbol{A}$，如果存在n阶矩阵$\boldsymbol{B}$，使得

$$\boldsymbol{AB}=\boldsymbol{BA}=\boldsymbol{E}, \tag{2.1}$$

其中$\boldsymbol{E}$为n阶单位矩阵，那么称矩阵$\boldsymbol{A}$为**可逆矩阵**，简称$\boldsymbol{A}$可逆.

如果n阶矩阵$\boldsymbol{A}$可逆，则$\boldsymbol{A}$的逆矩阵是唯一的.

若矩阵$\boldsymbol{B}$和$\boldsymbol{C}$都满足（2.1）式，即$\boldsymbol{AB}=\boldsymbol{BA}=\boldsymbol{E},\boldsymbol{AC}=\boldsymbol{CA}=\boldsymbol{E}$,有$\boldsymbol{B}=\boldsymbol{C}$.事实上，

$$\boldsymbol{B}=\boldsymbol{BE}=\boldsymbol{B}(\boldsymbol{AC})=(\boldsymbol{BA})\boldsymbol{C}=\boldsymbol{EC}=\boldsymbol{C}.$$

定义2.10　如果矩阵$\boldsymbol{B}$适合（2.1），则$\boldsymbol{B}$称为矩阵$\boldsymbol{A}$的逆矩阵，记为$\boldsymbol{A}^{-1}$.

例1　证明：单位矩阵$\boldsymbol{E}_n$可逆.

证明：这是因为$\boldsymbol{E}_n\boldsymbol{E}_n=\boldsymbol{E}_n$，因此$\boldsymbol{E}_n^{-1}=\boldsymbol{E}_n$.

例2　矩阵$\boldsymbol{A}=\begin{pmatrix}1&-1\\1&1\end{pmatrix}$，判断矩阵$\boldsymbol{A}$是否可逆.

解：2阶矩阵$\boldsymbol{B}=\begin{pmatrix}\frac{1}{2}&\frac{1}{2}\\-\frac{1}{2}&\frac{1}{2}\end{pmatrix}$，满足：$\boldsymbol{AB}=\begin{pmatrix}1&-1\\1&1\end{pmatrix}\begin{pmatrix}\frac{1}{2}&\frac{1}{2}\\-\frac{1}{2}&\frac{1}{2}\end{pmatrix}=\begin{pmatrix}1&0\\0&1\end{pmatrix}=\boldsymbol{E}$,

$$\boldsymbol{BA}=\begin{pmatrix}\frac{1}{2}&\frac{1}{2}\\-\frac{1}{2}&\frac{1}{2}\end{pmatrix}\begin{pmatrix}1&-1\\1&1\end{pmatrix}=\begin{pmatrix}1&0\\0&1\end{pmatrix}=\boldsymbol{E},$$

因此矩阵$\boldsymbol{A}$可逆，且$\boldsymbol{A}^{-1}=\begin{pmatrix}\frac{1}{2}&\frac{1}{2}\\-\frac{1}{2}&\frac{1}{2}\end{pmatrix}$.

例3　矩阵$\boldsymbol{A}=\begin{pmatrix}1&1\\1&1\end{pmatrix}$，试判断矩阵$\boldsymbol{A}$是否可逆.

解：假设矩阵$\boldsymbol{A}$可逆，则存在2阶矩阵$\boldsymbol{B}$，满足$\boldsymbol{AB}=\boldsymbol{BA}=\boldsymbol{E}$.设$\boldsymbol{B}=\begin{pmatrix}a&b\\c&d\end{pmatrix}$，则

$$\boldsymbol{AB}=\begin{pmatrix}1&1\\1&1\end{pmatrix}\begin{pmatrix}a&b\\c&d\end{pmatrix}=\begin{pmatrix}a+c&b+d\\a+c&b+d\end{pmatrix}=\begin{pmatrix}1&0\\0&1\end{pmatrix},$$

由矩阵相等的定义：$\begin{cases} a+c=1, \\ a+c=0, \\ b+d=0, \\ b+d=1, \end{cases}$ 矛盾！满足（2.1）的矩阵$\boldsymbol{B}$不存在，即矩阵$\boldsymbol{A}$不可逆.

下面要解决的问题是：在什么条件下矩阵$\boldsymbol{A}$是可逆的？如果$\boldsymbol{A}$可逆，如何求$\boldsymbol{A}^{-1}$？

定义 2.11　如果n阶矩阵$\boldsymbol{A}$的行列式$|\boldsymbol{A}|\neq 0$，则称$\boldsymbol{A}$是**非奇异的（非退化的）**.否则称$\boldsymbol{A}$是**奇异的（退化的）**.

定义 2.12　设矩阵$\boldsymbol{A}=\left(a_{ij}\right)$为$n$阶方阵，$A_{ij}$是矩阵$\boldsymbol{A}$的行列式$|\boldsymbol{A}|$的元素$a_{ij}(i,j=1,2,\cdots,n)$的代数余子式，矩阵

$$\boldsymbol{A}^*=\begin{pmatrix} A_{11} & A_{21} & \cdots & A_{n1} \\ A_{12} & A_{22} & \cdots & A_{n2} \\ \vdots & \vdots & & \vdots \\ A_{1n} & A_{2n} & \cdots & A_{nn} \end{pmatrix}$$

称为$\boldsymbol{A}$的伴随矩阵.即$\boldsymbol{A}$的伴随矩阵$\boldsymbol{A}^*$以a_{ij}的代数余子式A_{ij}为元素，且A_{ij}是位于$\boldsymbol{A}^*$的第j行第i列的元素.

例 4　已知矩阵$\boldsymbol{A}=\begin{pmatrix} 1 & 2 & 3 \\ 2 & 1 & 2 \\ 1 & 3 & 3 \end{pmatrix}$，求$\boldsymbol{A}$的伴随矩阵$\boldsymbol{A}^*$，$|\boldsymbol{A}|$，$\boldsymbol{AA}^*$及$\boldsymbol{A}^*\boldsymbol{A}$.

解： $A_{11}=\begin{vmatrix} 1 & 2 \\ 3 & 3 \end{vmatrix}=-3, A_{12}=-\begin{vmatrix} 2 & 2 \\ 1 & 3 \end{vmatrix}=-4, A_{13}=\begin{vmatrix} 2 & 1 \\ 1 & 3 \end{vmatrix}=5, A_{21}=-\begin{vmatrix} 2 & 3 \\ 3 & 3 \end{vmatrix}=3,$

$$A_{22}=\begin{vmatrix} 1 & 3 \\ 1 & 3 \end{vmatrix}=0, A_{23}=-\begin{vmatrix} 1 & 2 \\ 1 & 3 \end{vmatrix}=-1, A_{31}=\begin{vmatrix} 2 & 3 \\ 1 & 2 \end{vmatrix}=1,$$

$$A_{32}=-\begin{vmatrix} 1 & 3 \\ 2 & 2 \end{vmatrix}=4,$$

$$A_{33}=\begin{vmatrix} 1 & 2 \\ 2 & 1 \end{vmatrix}=-3,$$

则

$$\boldsymbol{A}^*=\begin{pmatrix} -3 & 3 & 1 \\ -4 & 0 & 4 \\ 5 & -1 & -3 \end{pmatrix}.$$

$$|\boldsymbol{A}|=\begin{vmatrix} 1 & 2 & 3 \\ 2 & 1 & 2 \\ 1 & 3 & 3 \end{vmatrix}=\begin{vmatrix} 1 & 2 & 3 \\ 0 & -3 & -4 \\ 0 & 1 & 0 \end{vmatrix}=\begin{vmatrix} -3 & -4 \\ 1 & 0 \end{vmatrix}=4,$$

$$AA^* = \begin{pmatrix} 1 & 2 & 3 \\ 2 & 1 & 2 \\ 1 & 3 & 3 \end{pmatrix}\begin{pmatrix} -3 & 3 & 1 \\ -4 & 0 & 4 \\ 5 & -1 & -3 \end{pmatrix} = \begin{pmatrix} 4 & & \\ & 4 & \\ & & 4 \end{pmatrix} = 4E = |A|E,$$

$$A^*A = \begin{pmatrix} -3 & 3 & 1 \\ -4 & 0 & 4 \\ 5 & -1 & -3 \end{pmatrix}\begin{pmatrix} 1 & 2 & 3 \\ 2 & 1 & 2 \\ 1 & 3 & 3 \end{pmatrix} = \begin{pmatrix} 4 & & \\ & 4 & \\ & & 4 \end{pmatrix} = 4E = |A|E.$$

实际上，对于任一个n阶方阵A，由行列式按一行展开的公式都有

$$AA^* = \begin{pmatrix} a_{11} & a_{12} & \cdots & a_{1n} \\ a_{21} & a_{22} & \cdots & a_{2n} \\ \vdots & \vdots & & \vdots \\ a_{n1} & a_{n2} & \cdots & a_{nn} \end{pmatrix}\begin{pmatrix} A_{11} & A_{21} & \cdots & A_{n1} \\ A_{12} & A_{22} & \cdots & A_{n2} \\ \vdots & \vdots & & \vdots \\ A_{1n} & A_{2n} & \cdots & A_{nn} \end{pmatrix} = \begin{pmatrix} |A| & 0 & \cdots & 0 \\ 0 & |A| & \cdots & 0 \\ \vdots & \vdots & & \vdots \\ 0 & 0 & \cdots & |A| \end{pmatrix} = |A|E, \tag{2.2}$$

由行列式按一列展开的公式有

$$A^*A = \begin{pmatrix} A_{11} & A_{21} & \cdots & A_{n1} \\ A_{12} & A_{22} & \cdots & A_{n2} \\ \vdots & \vdots & & \vdots \\ A_{1n} & A_{2n} & \cdots & A_{nn} \end{pmatrix}\begin{pmatrix} a_{11} & a_{12} & \cdots & a_{1n} \\ a_{21} & a_{22} & \cdots & a_{2n} \\ \vdots & \vdots & & \vdots \\ a_{n1} & a_{n2} & \cdots & a_{nn} \end{pmatrix} = \begin{pmatrix} |A| & 0 & \cdots & 0 \\ 0 & |A| & \cdots & 0 \\ \vdots & \vdots & & \vdots \\ 0 & 0 & \cdots & |A| \end{pmatrix} = |A|E. \tag{2.3}$$

如果$|A| \neq 0$，则由（2.2）和（2.3）有

$$A\left(\frac{1}{|A|}A^*\right) = \left(\frac{1}{|A|}A^*\right)A = E. \tag{2.4}$$

定理2.1　矩阵A可逆的充要条件是$|A| \neq 0$，并且当A可逆时，$A^{-1} = \frac{1}{|A|}A^*$.

证明：当$|A| \neq 0$时，由（2.4）可知，矩阵A可逆，并且$A^{-1} = \frac{1}{|A|}A^*$.

反过来，如果矩阵A可逆，那么存在A^{-1}，使得$AA^{-1} = A^{-1}A = E$，因此

$$|AA^{-1}| = |A| \cdot |A^{-1}| = |E| = 1,$$

因此$|A| \neq 0$.

推论　设矩阵A,B均为n阶方阵，并且$AB = E$，则A,B都可逆，并且$A^{-1} = B, B^{-1} = A$.

证明：由$AB = E$，可得$|AB| = |A| \cdot |B| = |E| = 1$，因此$|A| \neq 0, |B| \neq 0$.由定理2.1可知矩阵$A,B$均可逆.在等式$AB = E$两边左乘$A^{-1}$，得$B = A^{-1}$.在等式$AB = E$两边右乘$B^{-1}$，得$A = B^{-1}$.

由推论可知，判断矩阵$\boldsymbol{B}$是否可逆，只需要找一个矩阵$\boldsymbol{A}$，满足$\boldsymbol{AB}=\boldsymbol{E}$及$\boldsymbol{BA}=\boldsymbol{E}$中的一个即可. 这对于判断抽象矩阵的可逆性是非常方便的.

例5 设矩阵$\boldsymbol{A}=\begin{pmatrix} a & b \\ c & d \end{pmatrix}$，问当$a$，$b$，$c$，$d$满足什么条件时，矩阵$\boldsymbol{A}$可逆？当矩阵$\boldsymbol{A}$可逆时，求$\boldsymbol{A}^{-1}$.

解： $\boldsymbol{A}$可逆的充要条件是$|\boldsymbol{A}|\neq 0$，即$|\boldsymbol{A}|=\begin{vmatrix} a & b \\ c & d \end{vmatrix}=ad-bc\neq 0$时，$\boldsymbol{A}$可逆.

$$\boldsymbol{A}^{-1}=\frac{1}{|\boldsymbol{A}|}\boldsymbol{A}^{*}=\frac{1}{ad-bc}\begin{pmatrix} d & -b \\ -c & a \end{pmatrix}.$$

例6 判断矩阵$\boldsymbol{A}=\begin{pmatrix} 1 & 2 & 3 \\ 2 & 1 & 2 \\ 1 & 3 & 3 \end{pmatrix}$是否可逆？若$\boldsymbol{A}$可逆，求$\boldsymbol{A}^{-1}$.

解： 由本节例4计算得$|\boldsymbol{A}|=4\neq 0$，$\boldsymbol{A}^{*}=\begin{pmatrix} -3 & 3 & 1 \\ -4 & 0 & 4 \\ 5 & -1 & -3 \end{pmatrix}$，由定理2.1知矩阵$\boldsymbol{A}$可逆，并且

$$\boldsymbol{A}^{-1}=\frac{1}{|\boldsymbol{A}|}\boldsymbol{A}^{*}=\frac{1}{4}\boldsymbol{A}^{*}=\frac{1}{4}\begin{pmatrix} -3 & 3 & 1 \\ -4 & 0 & 4 \\ 5 & -1 & -3 \end{pmatrix}=\begin{pmatrix} -\frac{3}{4} & \frac{3}{4} & \frac{1}{4} \\ -1 & 0 & 1 \\ \frac{5}{4} & -\frac{1}{4} & -\frac{3}{4} \end{pmatrix}.$$

例7 判断$\boldsymbol{A}=\begin{pmatrix} a_1 & 0 & \cdots & 0 \\ 0 & a_2 & \cdots & 0 \\ \vdots & \vdots & & \vdots \\ 0 & 0 & \cdots & a_n \end{pmatrix}(a_i\neq 0, i=1,2,\cdots,n)$是否可逆？若$\boldsymbol{A}$可逆，求$\boldsymbol{A}^{-1}$.

解： $|\boldsymbol{A}|=\prod\limits_{i=1}^{n}a_i$，由于$a_i\neq 0, i=1,2,\cdots,n$，故$|\boldsymbol{A}|\neq 0$，由定理2.1可知矩阵$\boldsymbol{A}$可逆，且

$$\boldsymbol{A}^{-1}=\frac{1}{|\boldsymbol{A}|}\boldsymbol{A}^{*}=\frac{1}{\prod\limits_{i=1}^{n}a_i}\begin{pmatrix} a_2a_3\cdots a_n & 0 & \cdots & 0 \\ 0 & a_1a_3\cdots a_n & \cdots & 0 \\ \vdots & \vdots & & \vdots \\ 0 & 0 & \cdots & a_1a_2\cdots a_{n-1} \end{pmatrix}=\begin{pmatrix} \frac{1}{a_1} & 0 & \cdots & 0 \\ 0 & \frac{1}{a_2} & \cdots & 0 \\ \vdots & \vdots & & \vdots \\ 0 & 0 & \cdots & \frac{1}{a_n} \end{pmatrix}.$$

由例7可以看出，对于对角矩阵，如果对角线上的元素均不为零，则该对角矩阵可逆，且逆矩阵就是每个对角线上对应元素取倒数得到的矩阵.

例8 若矩阵$\boldsymbol{X}$满足：$\boldsymbol{X}\begin{pmatrix}1 & -1 & 1\\ 1 & 1 & 0\\ 2 & 1 & 1\end{pmatrix}=\begin{pmatrix}1 & 2 & -3\\ 2 & 0 & 4\\ 0 & -1 & 5\end{pmatrix}$, 求矩阵$\boldsymbol{X}$.

解： 设$\boldsymbol{A}=\begin{pmatrix}1 & -1 & 1\\ 1 & 1 & 0\\ 2 & 1 & 1\end{pmatrix}, \boldsymbol{B}=\begin{pmatrix}1 & 2 & -3\\ 2 & 0 & 4\\ 0 & -1 & 5\end{pmatrix}$, 则$\boldsymbol{X}\begin{pmatrix}1 & -1 & 1\\ 1 & 1 & 0\\ 2 & 1 & 1\end{pmatrix}=\begin{pmatrix}1 & 2 & -3\\ 2 & 0 & 4\\ 0 & -1 & 5\end{pmatrix}$可以表示为$\boldsymbol{XA}=\boldsymbol{B}$.

由于$|\boldsymbol{A}|=\begin{vmatrix}1 & -1 & 1\\ 1 & 1 & 0\\ 2 & 1 & 1\end{vmatrix}=1\neq 0$，因此$\boldsymbol{A}^{-1}$存在，在$\boldsymbol{XA}=\boldsymbol{B}$两边同时右乘矩阵$\boldsymbol{A}^{-1}$：$\boldsymbol{XAA}^{-1}=\boldsymbol{BA}^{-1}$，整理后得到$\boldsymbol{X}=\boldsymbol{BA}^{-1}$.

求$\boldsymbol{A}^{-1}$: $A_{11}=\begin{vmatrix}1 & 0\\ 1 & 1\end{vmatrix}=1, A_{12}=-\begin{vmatrix}1 & 0\\ 2 & 1\end{vmatrix}=-1, A_{13}=\begin{vmatrix}1 & 1\\ 2 & 1\end{vmatrix}=-1, A_{21}=-\begin{vmatrix}-1 & 1\\ 1 & 1\end{vmatrix}=2,$

$A_{22}=\begin{vmatrix}1 & 1\\ 2 & 1\end{vmatrix}=-1, A_{23}=-\begin{vmatrix}1 & -1\\ 2 & 1\end{vmatrix}=-3, A_{31}=\begin{vmatrix}-1 & 1\\ 1 & 0\end{vmatrix}=-1, A_{32}=-\begin{vmatrix}1 & 1\\ 1 & 0\end{vmatrix}=1,$

$A_{33}=\begin{vmatrix}1 & -1\\ 1 & 1\end{vmatrix}=2, A^{*}=\begin{pmatrix}1 & 2 & -1\\ -1 & -1 & 1\\ -1 & -3 & 2\end{pmatrix}, A^{-1}=\dfrac{1}{|A|}A^{*}=\begin{pmatrix}1 & 2 & -1\\ -1 & -1 & 1\\ -1 & -3 & 2\end{pmatrix}.$

$$\text{故}\boldsymbol{X}=\boldsymbol{BA}^{-1}=\begin{pmatrix}1 & 2 & -3\\ 2 & 0 & 4\\ 0 & -1 & 5\end{pmatrix}\begin{pmatrix}1 & 2 & -1\\ -1 & -1 & 1\\ -1 & -3 & 2\end{pmatrix}=\begin{pmatrix}2 & 9 & -5\\ -2 & -8 & 6\\ -4 & -14 & 9\end{pmatrix}.$$

例8含有未知矩阵，形如$\boldsymbol{AX}=\boldsymbol{B}$及$\boldsymbol{XA}=\boldsymbol{B}$和$\boldsymbol{AXB}=\boldsymbol{C}$的方程均称为**矩阵方程**.其中矩阵$\boldsymbol{A},\boldsymbol{B},\boldsymbol{C}$是可以进行矩阵乘法运算的、且元素已知的矩阵.当矩阵$\boldsymbol{A},\boldsymbol{B}$为可逆矩阵时，$\boldsymbol{X}=\boldsymbol{A}^{-1}\boldsymbol{B}, \boldsymbol{X}=\boldsymbol{BA}^{-1}, \boldsymbol{X}=\boldsymbol{A}^{-1}\boldsymbol{CB}^{-1}$分别为上述矩阵方程的解.需要注意的是，矩阵的乘法不满足交换律，因此一般情况下需要分清$\boldsymbol{A}^{-1}$是左乘还是右乘.

利用矩阵的逆，可以给出克莱姆法则的另一种推导法.

线性方程组

$$\begin{cases}a_{11}x_1+a_{12}x_2+\cdots+a_{1n}x_n=b_1,\\ a_{21}x_1+a_{22}x_2+\cdots+a_{2n}x_n=b_2,\\ \qquad\cdots\cdots\cdots\cdots\\ a_{n1}x_1+a_{n2}x_2+\cdots+a_{nn}x_n=b_n,\end{cases}\tag{2.5}$$

令

$$A=\begin{pmatrix} a_{11} & a_{12} & \cdots & a_{1n} \\ a_{21} & a_{22} & \cdots & a_{2n} \\ \vdots & \vdots & & \vdots \\ a_{n1} & a_{n2} & \cdots & a_{nn} \end{pmatrix}, x=\begin{pmatrix} x_1 \\ x_2 \\ \vdots \\ x_n \end{pmatrix}, b=\begin{pmatrix} b_1 \\ b_2 \\ \vdots \\ b_n \end{pmatrix},$$

方程（2.5）可以写成矩阵方程$Ax=b$.

如果$|A|\neq 0$，即矩阵A可逆，用$x=A^{-1}b$代入$Ax=b$得$A(A^{-1}b)=b$，即$x=A^{-1}b$是（2.5）的一个解.

如果$x=c$也是（2.5）的一个解，代入矩阵方程$Ax=b$中，有$Ac=b$，两边左乘A^{-1}，有$A^{-1}(Ac)=A^{-1}b$，即$c=A^{-1}b$，因此$c=x$.也就是说，$x=A^{-1}b$是唯一的解.

用$A^{-1}=\frac{1}{|A|}A^*$代入得$x=\frac{1}{|A|}A^*b=\frac{1}{|A|}\begin{pmatrix} A_{11} & A_{21} & \cdots & A_{n1} \\ A_{12} & A_{22} & \cdots & A_{n2} \\ \vdots & \vdots & & \vdots \\ A_{1n} & A_{2n} & \cdots & A_{nn} \end{pmatrix}\begin{pmatrix} b_1 \\ b_2 \\ \vdots \\ b_n \end{pmatrix}=\begin{pmatrix} \frac{|A_1|}{|A|} \\ \frac{|A_2|}{|A|} \\ \vdots \\ \frac{|A_n|}{|A|} \end{pmatrix}$,

就是克莱姆法则中解的公式.其中

$$|A_j|=\begin{vmatrix} a_{11} & \cdots & a_{1,j-1} & b_1 & a_{1,j+1} & \cdots & a_{1n} \\ a_{21} & \cdots & a_{2,j-1} & b_2 & a_{2,j+1} & \cdots & a_{2n} \\ \vdots & & \vdots & \vdots & \vdots & & \vdots \\ a_{n1} & \cdots & a_{n,j-1} & b_n & a_{n,j+1} & \cdots & a_{nn} \end{vmatrix}(j=1,2,\cdots,n).$$

例 9 设n阶矩阵A满足$A^2-3A-10E=O$，证明$A-4E$可逆，并求$(A-4E)^{-1}$.

证明： 要证明$A-4E$可逆，只需凑出$(A-4E)(A+aE)=kE(k\neq 0)$的形式即可.

$$(A-4E)(A+aE)-kE=A^2+(a-4)A+(-4a-k)E=A^2-3A-10E,$$

由矩阵多项式的相等有$\begin{cases} a-4=-3, \\ -4a-k=-10, \end{cases}$求出$a=1,k=6$. 即$(A-4E)\left[\frac{1}{6}(A+E)\right]=E$. 由定理2.1的推论可知，$A-4E$可逆，且

$$(A-4E)^{-1}=\frac{1}{6}(A+E).$$

对于n阶可逆矩阵A及自然数k，定义$A^{-k}=(A^{-1})^k$，则矩阵幂的运算扩展

为可以对任意整数进行.

逆矩阵有如下性质:

1.若矩阵$\boldsymbol{A}$可逆，则$\boldsymbol{A}^{-1}$可逆，并且$(\boldsymbol{A}^{-1})^{-1}=\boldsymbol{A}$；由可逆矩阵的定义可知，$\boldsymbol{A}$与$\boldsymbol{A}^{-1}$是互逆的.

2.若矩阵$\boldsymbol{A}$可逆，数$k\neq 0$，则$k\boldsymbol{A}$可逆，并且$(k\boldsymbol{A})^{-1}=\frac{1}{k}\boldsymbol{A}^{-1}$. 因为

$k\boldsymbol{A}\left(\frac{1}{k}\boldsymbol{A}^{-1}\right)=k\frac{1}{k}\ (\boldsymbol{A}\boldsymbol{A}^{-1})\ =\boldsymbol{E}.$

3.若$\boldsymbol{A}$，$\boldsymbol{B}$为同阶可逆矩阵，则$\boldsymbol{AB}$可逆，并且$(\boldsymbol{AB})^{-1}=\boldsymbol{B}^{-1}\boldsymbol{A}^{-1}$；

$$\boldsymbol{AB}(\boldsymbol{B}^{-1}\boldsymbol{A}^{-1})=\boldsymbol{A}(\boldsymbol{BB}^{-1})\boldsymbol{A}^{-1}=\boldsymbol{AEA}^{-1}=\boldsymbol{AA}^{-1}=\boldsymbol{E}.$$

这条性质可以推广到有限个同阶可逆矩阵乘积的逆矩阵运算，若$\boldsymbol{A}_1,\boldsymbol{A}_2,\cdots,\boldsymbol{A}_k$为同阶可逆矩阵，则$\boldsymbol{A}_1\boldsymbol{A}_2\cdots\boldsymbol{A}_k$可逆，并且$(\boldsymbol{A}_1\boldsymbol{A}_2\cdots\boldsymbol{A}_k)^{-1}=\boldsymbol{A}_k^{-1}\cdots\boldsymbol{A}_2^{-1}\boldsymbol{A}_1^{-1}$.

4.若矩阵$\boldsymbol{A}$可逆，则$\boldsymbol{A}^{\mathrm{T}}$可逆，并且$(\boldsymbol{A}^{\mathrm{T}})^{-1}=(\boldsymbol{A}^{-1})^{\mathrm{T}}$；

$$\boldsymbol{A}^{\mathrm{T}}(\boldsymbol{A}^{-1})^{\mathrm{T}}=(\boldsymbol{A}^{-1}\boldsymbol{A})^{\mathrm{T}}=\boldsymbol{E}^{\mathrm{T}}=\boldsymbol{E}.$$

5.若矩阵$\boldsymbol{A}$可逆，则$|\boldsymbol{A}^{-1}|=|\boldsymbol{A}|^{-1}$；

由于$\boldsymbol{AA}^{-1}=\boldsymbol{E}$，$|\boldsymbol{AA}^{-1}|=|\boldsymbol{E}|=1$，因此$|\boldsymbol{A}|\cdot|\boldsymbol{A}^{-1}|=1$，因此$|\boldsymbol{A}^{-1}|=|\boldsymbol{A}|^{-1}$.

$\boldsymbol{A}^*$是一个很重要的矩阵，通过前面的讨论我们已经熟知$\boldsymbol{AA}^*=\boldsymbol{A}^*\boldsymbol{A}=|\boldsymbol{A}|\boldsymbol{E}$，实际上，若$n$阶矩阵$\boldsymbol{A}$可逆，$\boldsymbol{A}^*$还有下列性质:

1.$\boldsymbol{A}^*=|\boldsymbol{A}|\boldsymbol{A}^{-1}$；$|\boldsymbol{A}^*|=|\boldsymbol{A}|^{n-1}$.

矩阵$\boldsymbol{A}$可逆，在$\boldsymbol{AA}^*=|\boldsymbol{A}|\boldsymbol{E}$两边同时左乘$\boldsymbol{A}^{-1}$，$\boldsymbol{A}^{-1}\boldsymbol{AA}^*=\boldsymbol{A}^{-1}|\boldsymbol{A}|\boldsymbol{E}$，故$\boldsymbol{A}^*=|\boldsymbol{A}|\boldsymbol{A}^{-1}$.

将$\boldsymbol{A}^*=|\boldsymbol{A}|\boldsymbol{A}^{-1}$两边取行列式，$|\boldsymbol{A}^*|=|\boldsymbol{A}|^n\cdot|\boldsymbol{A}^{-1}|=|\boldsymbol{A}|^n\cdot\frac{1}{|\boldsymbol{A}|}$，因此$|\boldsymbol{A}^*|=|\boldsymbol{A}|^{n-1}$.

2.$\boldsymbol{A}^*$可逆，并且$(\boldsymbol{A}^*)^{-1}=\frac{\boldsymbol{A}}{|\boldsymbol{A}|}$.

因为$\boldsymbol{A}$可逆，$|\boldsymbol{A}|\neq 0$，$\frac{\boldsymbol{A}}{|\boldsymbol{A}|}\boldsymbol{A}^*=\boldsymbol{A}^*\frac{\boldsymbol{A}}{|\boldsymbol{A}|}=\boldsymbol{E}$，因此$\boldsymbol{A}^*$可逆，$(\boldsymbol{A}^*)^{-1}=\frac{\boldsymbol{A}}{|\boldsymbol{A}|}$.

3.$(\boldsymbol{A}^*)^{-1}=(\boldsymbol{A}^{-1})^*$.

由$\boldsymbol{A}^*$的性质1：$\boldsymbol{A}^*=|\boldsymbol{A}|\boldsymbol{A}^{-1}$，有$(\boldsymbol{A}^{-1})^*=|\boldsymbol{A}^{-1}|(\boldsymbol{A}^{-1})^{-1}=\frac{\boldsymbol{A}}{|\boldsymbol{A}|}$，由性质2可知$(\boldsymbol{A}^*)^{-1}=\frac{\boldsymbol{A}}{|\boldsymbol{A}|}$，因此$(\boldsymbol{A}^*)^{-1}=(\boldsymbol{A}^{-1})^*$.

4.$(\boldsymbol{A}^*)^*=|\boldsymbol{A}|^{n-2}\boldsymbol{A}$.

因为$\boldsymbol{A}$可逆，$\boldsymbol{A}^*$可逆，$\boldsymbol{AA}^*=\boldsymbol{A}^*\boldsymbol{A}=|\boldsymbol{A}|\boldsymbol{E}$，有$\boldsymbol{A}^*(\boldsymbol{A}^*)^*=|\boldsymbol{A}^*|\boldsymbol{E}$，两边左乘$(\boldsymbol{A}^*)^{-1}$得$(\boldsymbol{A}^*)^{-1}\boldsymbol{A}^*(\boldsymbol{A}^*)^*=(\boldsymbol{A}^*)^{-1}|\boldsymbol{A}^*|\boldsymbol{E}$，因此$(\boldsymbol{A}^*)^*=|\boldsymbol{A}^*|(\boldsymbol{A}^*)^{-1}$.

由性质2可知$(\boldsymbol{A}^*)^{-1}=\dfrac{\boldsymbol{A}}{|\boldsymbol{A}|}$，故$(\boldsymbol{A}^*)^*=|\boldsymbol{A}^*|\dfrac{\boldsymbol{A}}{|\boldsymbol{A}|}=|\boldsymbol{A}|^{n-1}\dfrac{\boldsymbol{A}}{|\boldsymbol{A}|}=|\boldsymbol{A}|^{n-2}\boldsymbol{A}$.

例10 设$\boldsymbol{A}$为3阶矩阵，$|\boldsymbol{A}|=\dfrac{1}{2}$，求$\left|(2\boldsymbol{A})^{-1}-5\boldsymbol{A}^*\right|$.

解： 方法1：$|\boldsymbol{A}|=\dfrac{1}{2}\neq 0$，因此$\boldsymbol{A}^{-1}$存在. 由于$\boldsymbol{A}^*=|\boldsymbol{A}|\boldsymbol{A}^{-1}$，

$$\left|(2\boldsymbol{A})^{-1}-5\boldsymbol{A}^*\right|=\left|\frac{1}{2}\boldsymbol{A}^{-1}-5|\boldsymbol{A}|\boldsymbol{A}^{-1}\right|=\left|\frac{1}{2}\boldsymbol{A}^{-1}-\frac{5}{2}\boldsymbol{A}^{-1}\right|=(-2)^3|\boldsymbol{A}^{-1}|=(-2)^3\times 2=-16.$$

方法2：由于$\boldsymbol{A}^{-1}=\dfrac{1}{|\boldsymbol{A}|}\boldsymbol{A}^*$，$|\boldsymbol{A}^*|=|\boldsymbol{A}|^{n-1}$，因此

$$\left|(2\boldsymbol{A})^{-1}-5\boldsymbol{A}^*\right|=\left|\frac{1}{2}\boldsymbol{A}^{-1}-5\boldsymbol{A}^*\right|=\left|\frac{1}{2}\frac{1}{|\boldsymbol{A}|}\boldsymbol{A}^*-5\boldsymbol{A}^*\right|=(-4)^3|\boldsymbol{A}^*|=(-4)^3|\boldsymbol{A}|^{3-1}=-16.$$

方法3：用$|\boldsymbol{A}|$左乘所求行列式，得

$$\begin{aligned}|\boldsymbol{A}|\left|(2\boldsymbol{A})^{-1}-5\boldsymbol{A}^*\right|&=\left|\boldsymbol{A}(2\boldsymbol{A})^{-1}-5\boldsymbol{AA}^*\right|=\left|\frac{1}{2}\boldsymbol{AA}^{-1}-5|\boldsymbol{A}|\boldsymbol{E}\right|=\left|\frac{1}{2}\boldsymbol{E}-\frac{5}{2}\boldsymbol{E}\right|\\&=(-2)^3|\boldsymbol{E}|=-8,\end{aligned}$$

因此$\left|(2\boldsymbol{A})^{-1}-5\boldsymbol{A}^*\right|=\dfrac{1}{|\boldsymbol{A}|}\cdot(-8)=-16$.

例11 设n阶矩阵$\boldsymbol{A}$的各列元素之和均为2，且$|\boldsymbol{A}|=4$，求$\boldsymbol{A}$的伴随矩阵$\boldsymbol{A}^*$的各列元素之和.

解： $\boldsymbol{A}$的各列元素之和均为2，也就是$\boldsymbol{A}^{\mathrm{T}}$的各行元素之和均为2，而各行元素之和可以用矩阵乘法表示为

$$\boldsymbol{A}^{\mathrm{T}}\begin{pmatrix}1\\1\\\vdots\\1\end{pmatrix}=\begin{pmatrix}2\\2\\\vdots\\2\end{pmatrix},(\boldsymbol{A}^*)^{\mathrm{T}}\boldsymbol{A}^{\mathrm{T}}\begin{pmatrix}1\\1\\\vdots\\1\end{pmatrix}=(\boldsymbol{A}^*)^{\mathrm{T}}\begin{pmatrix}2\\2\\\vdots\\2\end{pmatrix},$$

$$(\boldsymbol{A}^*)^{\mathrm{T}}\boldsymbol{A}^{\mathrm{T}}=(\boldsymbol{AA}^*)^{\mathrm{T}}=(|\boldsymbol{A}|\boldsymbol{E})^{\mathrm{T}}=|\boldsymbol{A}|\boldsymbol{E}=4\boldsymbol{E},$$

$$4\boldsymbol{E}\begin{pmatrix}1\\1\\\vdots\\1\end{pmatrix}=2(\boldsymbol{A}^*)^{\mathrm{T}}\begin{pmatrix}1\\1\\\vdots\\1\end{pmatrix},(\boldsymbol{A}^*)^{\mathrm{T}}\begin{pmatrix}1\\1\\\vdots\\1\end{pmatrix}=\begin{pmatrix}2\\2\\\vdots\\2\end{pmatrix}.$$

$\boldsymbol{A}^*$的各列元素之和也均为2.

2.5 矩阵的分块

2.5.1 分块矩阵的概念

在理论研究及实际问题的处理中，经常会遇到阶数较高或者结构特殊的矩阵，为了便于分析和计算，经常把一个大矩阵看成是由一些小矩阵组成的，特别在运算中，把这些小矩阵当作数一样来处理，这就是所谓矩阵的分块.这些小矩阵就称为子阵或子块.原矩阵分块后，称为**分块矩阵**.

通常用一些横线和竖线将一个矩阵划分为一些子块.如：

$$\boldsymbol{A}=\begin{pmatrix} a & 1 & 0 & 0 \\ 0 & a & 0 & 0 \\ 1 & 0 & b & 1 \\ 0 & 1 & 1 & b \end{pmatrix},$$

令 $\boldsymbol{B}=\begin{pmatrix} a & 1 \\ 0 & a \end{pmatrix}$，$\boldsymbol{C}=\begin{pmatrix} b & 1 \\ 1 & b \end{pmatrix}$，矩阵$\boldsymbol{A}$可以分块为

$$\boldsymbol{A}=\begin{pmatrix} a & 1 & 0 & 0 \\ 0 & a & 0 & 0 \\ 1 & 0 & b & 1 \\ 0 & 1 & 1 & b \end{pmatrix}=\begin{pmatrix} \boldsymbol{B} & \boldsymbol{O}_{2\times 2} \\ \boldsymbol{E}_2 & \boldsymbol{C} \end{pmatrix}.$$

若令$\boldsymbol{\alpha}_1=(a,1,0,0)$,$\boldsymbol{\alpha}_2=(0,a,0,0)$,$\boldsymbol{\alpha}_3=(1,0,b,1)$,$\boldsymbol{\alpha}_4=(0,1,1,b)$,矩阵$\boldsymbol{A}$可以分块为$\boldsymbol{A}=\begin{pmatrix} a & 1 & 0 & 0 \\ 0 & a & 0 & 0 \\ 1 & 0 & b & 1 \\ 0 & 1 & 1 & b \end{pmatrix}=\begin{pmatrix} \boldsymbol{\alpha}_1 \\ \boldsymbol{\alpha}_2 \\ \boldsymbol{\alpha}_3 \\ \boldsymbol{\alpha}_4 \end{pmatrix}$.

若令$\boldsymbol{\beta}_1=\begin{pmatrix} a \\ 0 \\ 1 \\ 0 \end{pmatrix}$，$\boldsymbol{\beta}_2=\begin{pmatrix} 1 \\ a \\ 0 \\ 1 \end{pmatrix}$，$\boldsymbol{\beta}_3=\begin{pmatrix} 0 \\ 0 \\ b \\ 1 \end{pmatrix}$，$\boldsymbol{\beta}_4=\begin{pmatrix} 0 \\ 0 \\ 1 \\ b \end{pmatrix}$.矩阵$\boldsymbol{A}$可以分块为

$$\boldsymbol{A}=\begin{pmatrix} a & 1 & 0 & 0 \\ 0 & a & 0 & 0 \\ 1 & 0 & b & 1 \\ 0 & 1 & 1 & b \end{pmatrix}=(\boldsymbol{\beta}_1,\boldsymbol{\beta}_2,\boldsymbol{\beta}_3,\boldsymbol{\beta}_4).$$

这种按列对矩阵进行分块的方式是一种常用的分块方式.矩阵分块有多种方式，一般是根据具体需要确定如何对一个矩阵进行分块.

2.5.2 分块矩阵的运算

分块矩阵运算时，可以把子块当作元素，直接运用矩阵运算的有关法则进行运算.同时，参与运算的子块之间也必须能够进行运算.

1.加法、数乘和转置运算.

设$\boldsymbol{A}$，$\boldsymbol{B}$均为$m\times n$矩阵，把$\boldsymbol{A}$，$\boldsymbol{B}$按同样的方式分块：

$$\boldsymbol{A}=\begin{pmatrix}\boldsymbol{A}_{11} & \boldsymbol{A}_{12} & \cdots & \boldsymbol{A}_{1t}\\ \boldsymbol{A}_{21} & \boldsymbol{A}_{22} & \cdots & \boldsymbol{A}_{2t}\\ \vdots & \vdots & & \vdots\\ \boldsymbol{A}_{s1} & \boldsymbol{A}_{s2} & \cdots & \boldsymbol{A}_{st}\end{pmatrix}\begin{matrix}m_1\text{行}\\ m_2\text{行}\\ \vdots\\ m_s\text{行}\end{matrix},\quad \boldsymbol{B}=\begin{pmatrix}\boldsymbol{B}_{11} & \boldsymbol{B}_{12} & \cdots & \boldsymbol{B}_{1t}\\ \boldsymbol{B}_{21} & \boldsymbol{B}_{22} & \cdots & \boldsymbol{B}_{2t}\\ \vdots & \vdots & & \vdots\\ \boldsymbol{B}_{s1} & \boldsymbol{B}_{s2} & \cdots & \boldsymbol{B}_{st}\end{pmatrix}\begin{matrix}m_1\text{行}\\ m_2\text{行}\\ \vdots\\ m_s\text{行}\end{matrix},$$
$$\begin{matrix}n_1\text{列} & n_2\text{列} & \cdots & n_t\text{列}\end{matrix}\qquad\qquad \begin{matrix}n_1\text{列} & n_2\text{列} & \cdots & n_t\text{列}\end{matrix}$$

其中 $m_1+m_2+\cdots+m_s=m$，$n_1+n_2+\cdots+n_t=n$. 子块 $\boldsymbol{A}_{ij}$，$\boldsymbol{B}_{ij}$ 都是 $m_i\times n_j(i=1,2,\cdots,s;j=1,2,\cdots,t)$矩阵.于是

$$\boldsymbol{A}+\boldsymbol{B}=\begin{pmatrix}\boldsymbol{A}_{11}+\boldsymbol{B}_{11} & \boldsymbol{A}_{12}+\boldsymbol{B}_{12} & \cdots & \boldsymbol{A}_{1t}+\boldsymbol{B}_{1t}\\ \boldsymbol{A}_{21}+\boldsymbol{B}_{21} & \boldsymbol{A}_{22}+\boldsymbol{B}_{22} & \cdots & \boldsymbol{A}_{2t}+\boldsymbol{B}_{2t}\\ \vdots & \vdots & & \vdots\\ \boldsymbol{A}_{s1}+\boldsymbol{B}_{s1} & \boldsymbol{A}_{s2}+\boldsymbol{B}_{s2} & \cdots & \boldsymbol{A}_{st}+\boldsymbol{B}_{st}\end{pmatrix};$$

数k乘以矩阵$\boldsymbol{A}$，则$k\boldsymbol{A}=\begin{pmatrix}k\boldsymbol{A}_{11} & k\boldsymbol{A}_{12} & \cdots & k\boldsymbol{A}_{1t}\\ k\boldsymbol{A}_{21} & k\boldsymbol{A}_{22} & \cdots & k\boldsymbol{A}_{2t}\\ \vdots & \vdots & & \vdots\\ k\boldsymbol{A}_{s1} & k\boldsymbol{A}_{s2} & \cdots & k\boldsymbol{A}_{st}\end{pmatrix}$；

$$A^{\mathrm{T}}=\begin{pmatrix}\boldsymbol{A}_{11}^{\mathrm{T}} & \boldsymbol{A}_{21}^{\mathrm{T}} & \cdots & \boldsymbol{A}_{s1}^{\mathrm{T}}\\ \boldsymbol{A}_{12}^{\mathrm{T}} & \boldsymbol{A}_{22}^{\mathrm{T}} & \cdots & \boldsymbol{A}_{s2}^{\mathrm{T}}\\ \vdots & \vdots & & \vdots\\ \boldsymbol{A}_{1t}^{\mathrm{T}} & \boldsymbol{A}_{2t}^{\mathrm{T}} & \cdots & \boldsymbol{A}_{st}^{\mathrm{T}}\end{pmatrix}.$$

注意分块矩阵的加法运算需要保证进行加法运算的矩阵分块的类型相同，同时每个对应位置的子块的类型也必须一致.分块矩阵的数乘运算就是数与每一个子块相乘，而每个子块的数乘运算仍然按矩阵的数乘运算完成；分块矩阵的转置是把子块看成元素进行转置，同时每个子块也需要进行转置.

2.乘法运算.

设$\boldsymbol{A}=\left(a_{ij}\right)_{m\times n}$，$\boldsymbol{B}=\left(b_{ij}\right)_{n\times s}$是两个矩阵，把$\boldsymbol{A}$，$\boldsymbol{B}$按如下方式分块：

$$A=\begin{pmatrix}A_{11}&A_{12}&\cdots&A_{1r}\\A_{21}&A_{22}&\cdots&A_{2r}\\\vdots&\vdots&&\vdots\\A_{l1}&A_{l2}&\cdots&A_{lr}\end{pmatrix}\begin{matrix}m_1\text{行}\\m_2\text{行}\\\vdots\\m_l\text{行}\end{matrix},\quad B=\begin{pmatrix}B_{11}&B_{12}&\cdots&B_{1t}\\B_{21}&B_{22}&\cdots&B_{2t}\\\vdots&\vdots&&\vdots\\B_{r1}&B_{r2}&\cdots&B_{rt}\end{pmatrix}\begin{matrix}n_1\text{行}\\n_2\text{行}\\\vdots\\n_r\text{行}\end{matrix},$$

$$\begin{matrix}n_1\text{列}&n_2\text{列}&\cdots&n_r\text{列}\end{matrix}\qquad\qquad\begin{matrix}s_1\text{列}&s_2\text{列}&\cdots&s_t\text{列}\end{matrix}$$

其中 $m_1+m_2+\cdots+m_l=m$，$n_1+n_2+\cdots+n_r=n$，$s_1+s_2+\cdots+s_t=s$，并且子块 A_{ik} 的列数与 B_{kj} 的行数相同($i=1$，2，…，l；$k=1$，2，…，r；$j=1$，2，…，t).于是

$$C=AB=\left(C_{ij}\right).$$

其中 $C_{ij}=A_{i1}B_{1j}+A_{i2}B_{2j}+\cdots+A_{ir}B_{rj}=\sum_{k=1}^{r}A_{ik}B_{kj}\,(i=1,2,\cdots,l;j=1,2,\cdots,t)$.

例1　设矩阵 $A=\begin{pmatrix}a&1&1&0\\0&a&0&1\\0&0&b&1\\0&0&1&b\end{pmatrix}$，$B=\begin{pmatrix}a&0&0&0\\1&a&0&0\\0&0&b&0\\0&0&1&b\end{pmatrix}$，求 $A+B$，$3A$，$A^{\mathrm T}$ 及 AB.

解： 令 $A_1=\begin{pmatrix}a&1\\0&a\end{pmatrix},A_2=\begin{pmatrix}b&1\\1&b\end{pmatrix},B_1=\begin{pmatrix}a&0\\1&a\end{pmatrix},B_2=\begin{pmatrix}b&0\\1&b\end{pmatrix}$.

可将矩阵 A，B 分块如下：

$$A=\begin{pmatrix}a&1&1&0\\0&a&0&1\\0&0&b&1\\0&0&1&b\end{pmatrix}=\begin{pmatrix}A_1&E\\O&A_2\end{pmatrix},B=\begin{pmatrix}a&0&0&0\\1&a&0&0\\0&0&b&0\\0&0&1&b\end{pmatrix}=\begin{pmatrix}B_1&O\\O&B_2\end{pmatrix},$$

则 $A+B=\begin{pmatrix}A_1&E\\O&A_2\end{pmatrix}+\begin{pmatrix}B_1&O\\O&B_2\end{pmatrix}=\begin{pmatrix}A_1+B_1&E\\O&A_2+B_2\end{pmatrix}=\begin{pmatrix}2a&1&1&0\\1&2a&0&1\\0&0&2b&1\\0&0&2&2b\end{pmatrix}$.

$$3A=\begin{pmatrix}3A_1&3E\\O&3A_2\end{pmatrix}=\begin{pmatrix}3a&3&3&0\\0&3a&0&3\\0&0&3b&3\\0&0&3&3b\end{pmatrix}.$$

$$A^{\mathrm T}=\begin{pmatrix}A_1^{\mathrm T}&O\\E&A_2^{\mathrm T}\end{pmatrix}=\begin{pmatrix}a&0&0&0\\1&a&0&0\\1&0&b&1\\0&1&1&b\end{pmatrix}.$$

$$AB=\begin{pmatrix}A_1&E\\O&A_2\end{pmatrix}\begin{pmatrix}B_1&O\\O&B_2\end{pmatrix}=\begin{pmatrix}A_1B_1+EO&A_1O+EB_2\\OB_1+A_2O&OO+A_2B_2\end{pmatrix}=\begin{pmatrix}A_1B_1&B_2\\O&A_2B_2\end{pmatrix},$$

$$A_1B_1=\begin{pmatrix}a & 1\\ 0 & a\end{pmatrix}\begin{pmatrix}a & 0\\ 1 & a\end{pmatrix}=\begin{pmatrix}a^2+1 & a\\ a & a^2\end{pmatrix},A_2B_2=\begin{pmatrix}b & 1\\ 1 & b\end{pmatrix}\begin{pmatrix}b & 0\\ 1 & b\end{pmatrix}=\begin{pmatrix}b^2+1 & b\\ 2b & b^2\end{pmatrix}.$$

$$AB=\begin{pmatrix}A_1B_1 & B_2\\ O & A_2B_2\end{pmatrix}=\begin{pmatrix}a^2+1 & a & b & 0\\ a & a^2 & 1 & b\\ 0 & 0 & b^2+1 & b\\ 0 & 0 & 2b & b^2\end{pmatrix}.$$

由本例可见，合适的分块，可以使矩阵的乘法运算变得简单，当矩阵的阶数较高时，这种方法的优越性会更突出.

例2 矩阵$A=\begin{pmatrix}1 & 3 & 0 & 0 & 0\\ 0 & 1 & 0 & 0 & 0\\ 0 & 0 & 2 & 1 & -2\\ 0 & 0 & 0 & 0 & -1\\ 0 & 0 & 0 & 2 & -1\end{pmatrix}$,$C=\begin{pmatrix}1 & 0\\ 0 & 1\\ 1 & 0\\ -1 & 1\\ -2 & 0\end{pmatrix}$,若矩阵$A=\begin{pmatrix}A_1 & O_{2\times 3}\\ O_{3\times 2} & A_2\end{pmatrix}$,

其中$A_1=\begin{pmatrix}1 & 3\\ 0 & 1\end{pmatrix}$，$A_2=\begin{pmatrix}2 & 1 & -2\\ 0 & 0 & -1\\ 0 & 2 & -1\end{pmatrix}$，讨论使分块矩阵$AC$有意义的$C$分块方式.并针对$C$的不同分块方式计算$AC$.

解：因为矩阵$A=\begin{pmatrix}A_1 & O\\ O & A_2\end{pmatrix}$列分块为2块，$A_1$为2列，$O_{2\times 3}$为3列；按照分块矩阵的乘法法则，因此矩阵$C$的行分块应为2块，上面一块是2行的矩阵，下面一块是3行的矩阵；列分块没有限制.矩阵C的分块方式有2种.

第1种：$C=\begin{pmatrix}1 & 0\\ 0 & 1\\ 1 & 0\\ -1 & 1\\ -2 & 0\end{pmatrix}=\begin{pmatrix}C_1\\ C_2\end{pmatrix}$，其中$C_1=E_2=\begin{pmatrix}1 & 0\\ 0 & 1\end{pmatrix}$，$C_2=\begin{pmatrix}1 & 0\\ -1 & 1\\ -2 & 0\end{pmatrix}$.

$$AC=\begin{pmatrix}A_1 & O\\ O & A_2\end{pmatrix}\begin{pmatrix}C_1\\ C_2\end{pmatrix}=\begin{pmatrix}A_1C_1\\ A_2C_2\end{pmatrix}=\begin{pmatrix}1 & 3\\ 0 & 1\\ 5 & 1\\ 2 & 0\\ 0 & 2\end{pmatrix}.$$

第2种：$C=\begin{pmatrix}1 & 0\\ 0 & 1\\ 1 & 0\\ -1 & 1\\ -2 & 0\end{pmatrix}=\begin{pmatrix}C_3 & C_4\\ C_5 & C_6\end{pmatrix}$,其中$C_3=\begin{pmatrix}1\\ 0\end{pmatrix}$,$C_4=\begin{pmatrix}0\\ 1\end{pmatrix}$,$C_5=\begin{pmatrix}1\\ -1\\ -2\end{pmatrix}$,$C_6=\begin{pmatrix}0\\ 1\\ 0\end{pmatrix}$.

$$AC=\begin{pmatrix}A_1 & O\\ O & A_2\end{pmatrix}\begin{pmatrix}C_3 & C_4\\ C_5 & C_6\end{pmatrix}=\begin{pmatrix}A_1C_3 & A_1C_4\\ A_2C_5 & A_2C_6\end{pmatrix}=\begin{pmatrix}1 & 3\\ 0 & 1\\ 5 & 1\\ 2 & 0\\ 0 & 2\end{pmatrix}.$$

可见本题采用分块方法进行矩阵的乘法更为简单，并且第1种分块方法更适合本题求解.

2.5.3 分块对角矩阵的运算

设A为n阶方阵，若A的分块矩阵的对角线以外的子块都为零矩阵，并且对角线上的子块都是方阵，即

$$A=\begin{pmatrix}A_1 & O & \cdots & O\\ O & A_2 & \cdots & O\\ \vdots & \vdots & & \vdots\\ O & O & \cdots & A_s\end{pmatrix},$$

其中$A_i(i=1,2,\cdots,s)$都是方阵，则称A为**分块对角矩阵**，简称**分块对角阵**.

分块对角矩阵可以简记为$A=\begin{pmatrix}A_1 & & & \\ & A_2 & & \\ & & \ddots & \\ & & & A_s\end{pmatrix}$，或$\mathrm{diag}(A_1,A_2,\cdots,A_s)$，分块对角矩阵有下列性质：

设有两个分块对角矩阵：

$$A=\begin{pmatrix}A_1 & & & \\ & A_2 & & \\ & & \ddots & \\ & & & A_s\end{pmatrix},B=\begin{pmatrix}B_1 & & & \\ & B_2 & & \\ & & \ddots & \\ & & & B_s\end{pmatrix},$$

其中$A_i,B_i(i=1,2,\cdots,s)$为同阶方阵，k为非负整数.则：

1. $AB=\begin{pmatrix}A_1B_1 & & & \\ & A_2B_2 & & \\ & & \ddots & \\ & & & A_sB_s\end{pmatrix}$，$A^k=\begin{pmatrix}A_1^k & & & \\ & A_2^k & & \\ & & \ddots & \\ & & & A_s^k\end{pmatrix}$.

2. A可逆当且仅当$A_i(i=1,2,\cdots,s)$都可逆.当A可逆时，

$$A^{-1}=\begin{pmatrix}A_1^{-1} & & & \\ & A_2^{-1} & & \\ & & \ddots & \\ & & & A_s^{-1}\end{pmatrix}.$$

3. 当 A 可逆，k 为整数时，有

$$A^{-k}=\begin{pmatrix}A_1^{-k} & & & \\ & A_2^{-k} & & \\ & & \ddots & \\ & & & A_s^{-k}\end{pmatrix}.$$

上述性质非常简单，请读者自己证明．

例3 对本节例2的矩阵 A，利用分块矩阵求 A^{-1}．

解： 由例2知 $A=\begin{pmatrix}A_1 & O\\ O & A_2\end{pmatrix}$ 为分块对角矩阵，其中 $A_1=\begin{pmatrix}1 & 3\\ 0 & 1\end{pmatrix}, A_2=\begin{pmatrix}2 & 1 & -2\\ 0 & 0 & -1\\ 0 & 2 & -1\end{pmatrix}$．

$|A_1|=\begin{vmatrix}1 & 3\\ 0 & 1\end{vmatrix}=1\neq 0$，$|A_2|=\begin{vmatrix}2 & 1 & -2\\ 0 & 0 & -1\\ 0 & 2 & -1\end{vmatrix}=4\neq 0$，因此 A_1，A_2 均可逆，故 A 可逆．

求出 $A_1^{-1}=\dfrac{1}{1}\begin{pmatrix}1 & -3\\ 0 & 1\end{pmatrix}$；$A_2^{*}=\begin{pmatrix}2 & -3 & -1\\ 0 & -2 & 2\\ 0 & -4 & 0\end{pmatrix}$，$A_2^{-1}=\dfrac{1}{|A_2|}A_2^{*}=\begin{pmatrix}\frac{1}{2} & -\frac{3}{4} & -\frac{1}{4}\\ 0 & -\frac{1}{2} & \frac{1}{2}\\ 0 & -1 & 0\end{pmatrix}$．

由分块矩阵逆矩阵的性质可知

$$A^{-1}=\begin{pmatrix}A_1^{-1} & \\ & A_2^{-1}\end{pmatrix}=\begin{pmatrix}1 & -3 & 0 & 0 & 0\\ 0 & 1 & 0 & 0 & 0\\ 0 & 0 & \frac{1}{2} & -\frac{3}{4} & -\frac{1}{4}\\ 0 & 0 & 0 & -\frac{1}{2} & \frac{1}{2}\\ 0 & 0 & 0 & -1 & 0\end{pmatrix}.$$

例4 分块矩阵 $A=\begin{pmatrix}B & D\\ O & C\end{pmatrix}$，其中矩阵 $B_{r\times r}$，$C_{k\times k}$ 均为可逆矩阵，D 为 $r\times k$ 矩阵，零矩阵 O 为 $k\times r$ 阶．证明矩阵 A 可逆，并求 A^{-1}．

证明： 矩阵 $B_{r\times r}, C_{k\times k}$ 均可逆，故 $|B|\neq 0, |C|\neq 0, |A|=\begin{vmatrix}B & D\\ O & C\end{vmatrix}=|B|\cdot|C|\neq 0$，故 A 可逆．矩阵 A 的分块为 2×2 矩阵，因此 A^{-1} 也分块为 2×2 矩阵，

矩阵X, Z, W, Y分别为$r\times r$, $r\times k$, $k\times r$和$k\times k$矩阵.

设$A^{-1}=\begin{pmatrix} X & Z \\ W & Y \end{pmatrix}$,则$\begin{pmatrix} B & D \\ O & C \end{pmatrix}\begin{pmatrix} X & Z \\ W & Y \end{pmatrix}=\begin{pmatrix} BX+DW & BZ+DY \\ CW & CY \end{pmatrix}=\begin{pmatrix} E & O \\ O & E \end{pmatrix}$.

由矩阵的乘法运算及矩阵相等的定义，有$\begin{cases} BX+DW=E, \\ BZ+DY=O, \\ CW=O, \\ CY=E. \end{cases}$

由矩阵C可逆，有$C^{-1}CW=C^{-1}O, C^{-1}CY=C^{-1}E$，整理：$W=O, Y=C^{-1}$；再由$BX+DW=E$得到$BX=E$，矩阵$B$可逆，求出$X=B^{-1}$；

由$BZ+DY=O$得$BZ=-DC^{-1}$，求出$Z=-B^{-1}DC^{-1}$. $A^{-1}=\begin{pmatrix} B^{-1} & -B^{-1}DC^{-1} \\ O & C^{-1} \end{pmatrix}$.

特别地，若矩阵D为零矩阵，则A为分块对角矩阵.可以用分块对角矩阵的性质得出结论.

2.6 矩阵的初等变换与初等矩阵

矩阵的初等变换实质上是线性代数中最基本的运算之一，也是线性代数理论的重要工具.本节建立矩阵的初等变换与矩阵的乘法之间的联系，并在此基础上，给出用矩阵的初等变换求逆矩阵的方法以及利用矩阵的初等变换及初等矩阵求矩阵的秩.后续章节中还会学习利用矩阵的初等变换求线性方程组的解等.

2.6.1 矩阵的初等变换

首先看一个解方程组的例子：

例1 解线性方程组

$$\begin{cases} x_1+3x_2-2x_3=4, \\ 3x_1+2x_2-5x_3=11, \\ 2x_1+x_2+x_3=3. \end{cases} \tag{2.6}$$

解：方程组（2.6）是3个方程3个未知数的线性方程组，可以尝试用第1章的克莱姆法则求解，此处为了寻求解线性方程组的一般办法，仍然采用消元法求解.首先消去x_1：把第1个方程的-3倍加到第2个方程上，把第1个方程的-2倍加到第3个方程上，得到新方程组（2.7）：

$$\begin{cases} x_1 + 3x_2 - 2x_3 = 4, \\ \quad - 7x_2 + x_3 = -1, \\ \quad -5x_2 + 5x_3 = -5. \end{cases} \tag{2.7}$$

（2.7）的第3个方程左右两边同时乘以$-\frac{1}{5}$，得（2.8）：

$$\begin{cases} x_1 + 3x_2 - 2x_3 = 4, \\ \quad -7x_2 + x_3 = -1, \\ \quad\quad x_2 - x_3 = 1. \end{cases} \tag{2.8}$$

把（2.8）的第2个方程和第3个方程调换位置得到（2.9）：

$$\begin{cases} x_1 + 3x_2 - 2x_3 = 4, \\ \quad\quad x_2 - x_3 = 1, \\ \quad -7x_2 + x_3 = -1. \end{cases} \tag{2.9}$$

（2.9）的第2个方程的7倍加到第3个方程上，得（2.10）：

$$\begin{cases} x_1 + 3x_2 - 2x_3 = 4, \\ \quad\quad x_2 - x_3 = 1, \\ \quad\quad\quad - 6x_3 = 6. \end{cases} \tag{2.10}$$

（2.10）的第3个方程乘以$-\frac{1}{6}$，可以求出x_3，得（2.11）；

$$\begin{cases} x_1 + 3x_2 - 2x_3 = 4, \\ \quad\quad x_2 - x_3 = 1, \\ \quad\quad\quad x_3 = -1. \end{cases} \tag{2.11}$$

（2.11）的第3个方程加到第2个方程，可以求出x_2，得（2.12）：

$$\begin{cases} x_1 + 3x_2 - 2x_3 = 4, \\ \quad\quad x_2 \quad\quad = 0, \\ \quad\quad\quad x_3 = -1. \end{cases} \tag{2.12}$$

再把（2.12）的第2个方程的–3倍和第3个方程的2倍代入第1个方程，得（2.13）：

$$\begin{cases} x_1 = 2, \\ x_2 = 0, \\ x_3 = -1. \end{cases} \tag{2.13}$$

（2.13）就是方程组的解.

从例1的求解过程看，我们对线性方程组做了三种变换：

1.交换两个方程的位置；

2.用一个非零的常数k倍乘以某个方程；

3. 把一个方程的k倍加到另一个方程上.

变换1，2，3称为**线性方程组的初等变换**.

实际上，解方程组消元的过程就是反复施行初等行变换的过程.通过初等变换得到的新方程组与原方程组同解.

对于一般的线性方程组

$$\begin{cases} a_{11}x_1+a_{12}x_2+\cdots+a_{1n}x_n=b_1, \\ a_{21}x_1+a_{22}x_2+\cdots+a_{2n}x_n=b_2, \\ \cdots\cdots\cdots\cdots \\ a_{m1}x_1+a_{m2}x_2+\cdots+a_{mn}x_n=b_m. \end{cases}$$

令$\boldsymbol{A}=\begin{pmatrix} a_{11} & a_{12} & \cdots & a_{1n} \\ a_{21} & a_{22} & \cdots & a_{2n} \\ \vdots & \vdots & & \vdots \\ a_{m1} & a_{m2} & \cdots & a_{mn} \end{pmatrix}, \boldsymbol{x}=\begin{pmatrix} x_1 \\ x_2 \\ \vdots \\ x_n \end{pmatrix}, \boldsymbol{b}=\begin{pmatrix} b_1 \\ b_2 \\ \vdots \\ b_m \end{pmatrix}$，方程组可以写成$\boldsymbol{Ax}=\boldsymbol{b}$.

我们知道，一个线性方程组的全部系数和常数项均已知，这个线性方程组就确定了.也就是说，线性方程组的求解实际上是对系数矩阵$\boldsymbol{A}$和常数项矩阵$\boldsymbol{b}$进行的.将系数矩阵和常数项放在一起的分块矩阵$(\boldsymbol{A}|\boldsymbol{b})$称为**增广矩阵**，记作$\bar{\boldsymbol{A}}$.

通过解线性方程组过程中对增广矩阵进行的三种变换，可以定义矩阵的初等变换.

定义2.13　对矩阵施以下列三种变换，称为**矩阵的初等变换**.

1. 交换矩阵的两行（列）;
2. 以一个非零的数k乘以矩阵的某一行（列）;
3. 把矩阵的某一行（列）的k倍加到另一行（列）上.

矩阵通过初等变换得到的新矩阵与原矩阵不等，它们之间用"→"进行连接.通过消元法解方程组施行的初等行变换的过程可以用方程组的增广矩阵施行矩阵的初等行变换实现.

如：例1中解方程组的（2.6）变换到（2.7）进行的消去x_1的变换：把第1个方程的−3倍加到第2个方程上，也就是进行一次线性方程组的初等变换3，实际上是将方程组的增广矩阵第1行的−3倍加到第2行上，相当于增广矩阵进行一次相应的矩阵的第3种初等变换；把第1个方程的−2倍加到第3个方程上，将对应方程组的增广矩阵的第1行的−2倍加到第3行上，相当于增广矩阵进行一次相应的矩阵的第3种初等变换：

$$\begin{pmatrix}1&3&-2&4\\3&2&-5&11\\2&1&1&3\end{pmatrix}\to\begin{pmatrix}1&3&-2&4\\0&-7&1&-1\\2&1&1&3\end{pmatrix}\to\begin{pmatrix}1&3&-2&4\\0&-7&1&-1\\0&-5&5&-5\end{pmatrix}=\bar{\boldsymbol{A}}_1.$$

（2.7）的第3个方程左右两边同时乘以$-\frac{1}{5}$得（2.8），就是将$\bar{\boldsymbol{A}}_1$的第3行乘以$-\frac{1}{5}$，是矩阵的第2种初等变换：

$$\bar{\boldsymbol{A}}_1\to\begin{pmatrix}1&3&-2&4\\0&-7&1&-1\\0&1&-1&1\end{pmatrix}=\bar{\boldsymbol{A}}_2.$$

把（2.8）的第2个方程和第3个方程调换位置得到（2.9），就是将$\bar{\boldsymbol{A}}_2$的第2行和第3行调换，是施行矩阵的第1种初等变换：

$$\bar{\boldsymbol{A}}_2\to\begin{pmatrix}1&3&-2&4\\0&1&-1&1\\0&-7&1&-1\end{pmatrix}=\bar{\boldsymbol{A}}_3,$$

把（2.9）的第2个方程乘以7加到第3个方程上，就是将$\bar{\boldsymbol{A}}_3$的第2行乘以7加到第3行上，是施行矩阵的第3种初等变换：

$$\bar{\boldsymbol{A}}_3\to\begin{pmatrix}1&3&-2&4\\0&1&-1&1\\0&0&-6&6\end{pmatrix}=\bar{\boldsymbol{A}}_4.$$

（2.10）的第3个方程乘以$-\frac{1}{6}$得（2.11），是矩阵的第2种初等变换：

$$\bar{\boldsymbol{A}}_4\to\begin{pmatrix}1&3&-2&4\\0&1&-1&1\\0&0&1&-1\end{pmatrix}=\bar{\boldsymbol{A}}_5.$$

其余步骤的对应请读者自行完成.

在做矩阵的初等变换时，沿用行列式计算时的记号：

$r_i\leftrightarrow r_j$表示交换矩阵的第i行与第j行；kr_i表示用数k乘以矩阵的第i行；r_j+kr_i表示将矩阵第i行的k倍加到第j行上. 相应地，$c_i\leftrightarrow c_j$表示交换矩阵的第i列与第j列；kc_i表示用数k乘以矩阵的第i列；c_j+kc_i表示将矩阵第i列的k倍加到第j列上.

本书中提到对矩阵进行初等变换，不做特殊说明均指对矩阵做有限次的初等变换.

具有下列特征的矩阵称为**行阶梯形矩阵**：

1.零行（元素全为零的行）位于非零行的下方；

2.非零行的首个非零元（左起第一个不为零的元素）都在上一行非零元素右边的列中.

如：$\begin{pmatrix}1&3&-2&5&1\\0&2&-2&1&3\\0&0&0&5&2\\0&0&0&0&0\end{pmatrix}$，$\begin{pmatrix}0&2&1&3\\0&0&0&-2\\0&0&0&0\end{pmatrix}$，及例1中的$\bar{A}_5=\left(\begin{array}{ccc|c}1&3&-2&4\\0&1&-1&1\\0&0&1&-1\end{array}\right)$

都是行阶梯形矩阵.

任意一个矩阵总可以通过矩阵的初等行变换化为行阶梯形矩阵.

例2 将$A=\begin{pmatrix}2&3&1&0\\0&1&3&-4\\1&2&5&1\end{pmatrix}$通过矩阵的初等行变换化为行阶梯形矩阵.

解：

$$A=\begin{pmatrix}2&3&1&0\\0&1&3&-4\\1&2&5&1\end{pmatrix}\xrightarrow{r_1\leftrightarrow r_3}\begin{pmatrix}1&2&5&1\\0&1&3&-4\\2&3&1&0\end{pmatrix}\xrightarrow{r_3-2r_1}\begin{pmatrix}1&2&5&1\\0&1&3&-4\\0&-1&-9&-2\end{pmatrix}$$

$$\xrightarrow{r_3+r_2}\begin{pmatrix}1&2&5&1\\0&1&3&-4\\0&0&-6&-6\end{pmatrix}=\boldsymbol{B}.$$

矩阵$\boldsymbol{B}$为行阶梯形矩阵.

通过矩阵的初等变换得到的行阶梯形矩阵是不唯一的.

$\begin{pmatrix}1&2&5&1\\0&1&3&-4\\0&0&1&1\end{pmatrix}$，$\begin{pmatrix}1&2&5&1\\0&2&6&-8\\0&0&1&1\end{pmatrix}$也是例2中$A$通过初等行变换得到的行阶梯形矩阵.

如果矩阵A是行阶梯形矩阵，同时还满足非零行的首个非零元为数1，且首个非零元所在的列的其他元素全都为零，这时矩阵A称为**简化的行阶梯形矩阵**.

例3 将本节例2中的矩阵A化为简化的行阶梯形矩阵.

解：例2经过初等行变换得到矩阵$\boldsymbol{B}$，对矩阵$\boldsymbol{B}$继续做初等行变换：

$$A\to\boldsymbol{B}=\begin{pmatrix}1&2&5&1\\0&1&3&-4\\0&0&-6&-6\end{pmatrix}\xrightarrow{-\frac{1}{6}r_3}\begin{pmatrix}1&2&5&1\\0&1&3&-4\\0&0&1&1\end{pmatrix}\xrightarrow[r_2-3r_3]{r_1-5r_3}\begin{pmatrix}1&2&0&-4\\0&1&0&-7\\0&0&1&1\end{pmatrix}$$

$$\xrightarrow{r_1-2r_2}\begin{pmatrix}1&0&0&10\\0&1&0&-7\\0&0&1&1\end{pmatrix}=\boldsymbol{C},$$

矩阵C为简化的行阶梯形矩阵.

定义2.14 矩阵A经过一系列初等变换变成矩阵B，称矩阵A与B等价（或相抵）.

由矩阵等价的定义可知，本节例2中的矩阵A与B等价，本节例3中的A与C等价.

易证：矩阵的等价满足自反性、对称性和传递性.

定理2.2 任意一个$m \times n$矩阵A都与形如

$$
D = \left(\begin{array}{cccccc} 1 & 0 & \cdots & 0 & \cdots & 0 \\ 0 & 1 & \cdots & 0 & \cdots & 0 \\ \vdots & \vdots & & \vdots & & \vdots \\ 0 & 0 & \cdots & 1 & \cdots & 0 \\ 0 & 0 & \cdots & 0 & \cdots & 0 \\ \vdots & \vdots & & \vdots & & \vdots \\ 0 & 0 & \cdots & 0 & \cdots & 0 \end{array}\right) r\text{行}
$$

r列

的矩阵等价，矩阵D称为矩阵A的等价标准形.

矩阵D可以用分块矩阵写成$D = \begin{pmatrix} E_r & O_{r \times (n-r)} \\ O_{(m-r) \times r} & O_{(m-r) \times (n-r)} \end{pmatrix}$.

证明：如果矩阵$A=O$，那么它已经是等价标准形了.

若$A \neq O$，不妨假设$a_{11} \neq 0$（事实上，由$A \neq O$可知至少有一个元素$a_{ij} \neq 0$，交换矩阵的第1行与第i行，然后再交换矩阵的第1列与第j列，得到的新矩阵满足$a'_{11} \neq 0$.）. 将第1行的$-\dfrac{a_{i1}}{a_{11}}$倍加到矩阵的第i行(i=2,3,$\cdots$,m)，再将第1行的$-\dfrac{a_{1j}}{a_{11}}$倍加到矩阵的第j列(j=2,3,$\cdots$,n)，然后第1行乘以$\dfrac{1}{a_{11}}$，于是矩阵A化为

$$
A_1 = \begin{pmatrix} 1 & 0 & \cdots & 0 \\ 0 & a'_{22} & \cdots & a'_{2n} \\ \vdots & \vdots & & \vdots \\ 0 & a'_{m2} & \cdots & a'_{mn} \end{pmatrix} = \begin{pmatrix} 1 & O \\ O & B_1 \end{pmatrix},
$$

其中B_1是一个$(m-1) \times (n-1)$的矩阵.

如果$B_1 = O$，A已经化成D的形式. 如果$B_1 \neq O$，对矩阵A_1从第2行第2个元素开始重复上面的步骤，最后总可以化为D的形式. 因此A与D等价.

例4 将本节例2的矩阵A化为它的等价标准形.

解：本节例2的初等变换 $\boldsymbol{A}\to\boldsymbol{B}=\begin{pmatrix}1&2&5&1\\0&1&3&-4\\0&0&-6&-6\end{pmatrix}$，继续进行初等变换：

$$\begin{pmatrix}1&2&5&1\\0&1&3&-4\\0&0&-6&-6\end{pmatrix}\xrightarrow[c_4-c_1]{\substack{c_2-2c_1\\c_3-5c_1}}\begin{pmatrix}1&0&0&0\\0&1&3&-4\\0&0&-6&-6\end{pmatrix}\xrightarrow{\substack{c_3-3c_2\\c_4+4c_2}}\begin{pmatrix}1&0&0&0\\0&1&0&0\\0&0&-6&-6\end{pmatrix}$$

$$\xrightarrow{-\frac{1}{6}r_3}\begin{pmatrix}1&0&0&0\\0&1&0&0\\0&0&1&1\end{pmatrix}\xrightarrow{r_4-r_3}\begin{pmatrix}1&0&0&0\\0&1&0&0\\0&0&1&0\end{pmatrix}=\boldsymbol{D}.$$

$\boldsymbol{D}$为矩阵$\boldsymbol{A}$的等价标准形.

本题也可以在本节例3通过初等行变换得到简化阶梯形矩阵$\boldsymbol{C}$的基础上再进行初等变换得到：

$$\boldsymbol{C}=\begin{pmatrix}1&0&0&10\\0&1&0&-7\\0&0&1&1\end{pmatrix}\xrightarrow[c_4-c_3]{\substack{c_4-10c_1\\c_4+7c_2}}\begin{pmatrix}1&0&0&0\\0&1&0&0\\0&0&1&0\end{pmatrix}.$$

初等变换在矩阵理论中有十分重要的作用.矩阵的初等变换不仅可以用语言进行表述，还可以用矩阵的乘法运算来表示，为此引入初等矩阵的概念.

2.6.2 初等矩阵

定义2.15 对单位矩阵$\boldsymbol{E}$施以一次初等变换得到的矩阵，称为**初等矩阵**.

根据初等矩阵的定义，对应于三类初等行（列）变换，有三种类型的初等矩阵：

1.交换单位矩阵$\boldsymbol{E}$的第i行和第j行（施以第一种初等变换）得到的矩阵.

$$\boldsymbol{E}(i,j)=\begin{pmatrix}1&&&&&&&&\\&\ddots&&&&&&&\\&&1&&&&&&\\&&&0&\cdots&1&&&\\&&&&1&&&&\\&&&\vdots&\ddots&\vdots&&&\\&&&&&1&&&\\&&&1&\cdots&0&&&\\&&&&&&1&&\\&&&&&&&\ddots&\\&&&&&&&&1\end{pmatrix}\begin{matrix}\\\\\\\text{第}i\text{行}\\\\\\\\\text{第}j\text{行}\\\\\\\\\end{matrix}.$$

$\qquad\qquad\qquad$第i列$\qquad\qquad$第j列

2. 单位矩阵$\boldsymbol{E}$的第i行乘以k倍（施以第二种初等变换）得到的矩阵.

$$\boldsymbol{E}(i(k))=\begin{pmatrix}1&&&&&&\\&\ddots&&&&&\\&&1&&&&\\&&&k&&&\\&&&&1&&\\&&&&&\ddots&\\&&&&&&1\end{pmatrix}\begin{matrix}\\ \\ \\ \text{第}i\text{行}\\ \\ \\ \\ \end{matrix}.$$

第i列

3. 单位矩阵$\boldsymbol{E}$的第j行乘以k倍加到第i行上得到的矩阵（施以第三种初等变换）.

$$\boldsymbol{E}(i,j(k))=\begin{pmatrix}1&&&&&&\\&\ddots&&&&&\\&&1&\cdots&k&&\\&&&\ddots&&&\\&&&&1&&\\&&&&&\ddots&\\&&&&&&1\end{pmatrix}\begin{matrix}\\ \\ \text{第}i\text{行}\\ \\ \text{第}j\text{行}\\ \\ \\ \end{matrix},$$

第i列　　第j列

同样可以得到通过矩阵初等列变换得到的初等矩阵.应该指出，对单位矩阵做一次初等列变换得到的矩阵也包含在上面这三类矩阵中.交换单位矩阵的第i列和第j列得到的矩阵也是$\boldsymbol{E}(i,j)$，单位矩阵的第i列乘以k倍得到的矩阵也是$E(i(k))$，单位矩阵的第i列的k倍加到第j列上得到的矩阵$\boldsymbol{E}(i,j(k))$.

用$\boldsymbol{E}(i,j),\boldsymbol{E}(i(k)),\boldsymbol{E}(i,j(k))$分别表示第一、第二和第三种初等矩阵.容易验证，三种初等矩阵均可逆，且三种初等矩阵的逆矩阵仍然是初等矩阵.

事实上：$|\boldsymbol{E}(i,j)|=-1,|\boldsymbol{E}(i(k))|=k\neq 0,|\boldsymbol{E}(i,j(k))|=1$，因此三种初等矩阵均可逆：

$$\boldsymbol{E}(i,j)^{-1}=\boldsymbol{E}(i,j),\boldsymbol{E}(i(k))^{-1}=\boldsymbol{E}\left(i\left(\frac{1}{k}\right)\right)(k\neq 0),\boldsymbol{E}(i,j(k))^{-1}=\boldsymbol{E}(i,j(-k)).$$

2.6.3 矩阵的初等变换与初等矩阵的关系

首先看一个例子，体会矩阵的初等变换与矩阵的乘法之间的关系.

例5 已知矩阵$\boldsymbol{A}=(a_{ij})_{4\times n}$，计算$\boldsymbol{E}(1,3)\boldsymbol{A},\boldsymbol{E}(2,4(3))\boldsymbol{A}$，$\boldsymbol{AE}(2(5))$.

$$\text{解：}\boldsymbol{E}(1,3)\boldsymbol{A}=\begin{pmatrix}0&0&1&0\\0&1&0&0\\1&0&0&0\\0&0&0&1\end{pmatrix}\begin{pmatrix}a_{11}&a_{12}&\cdots&a_{1n}\\a_{21}&a_{22}&\cdots&a_{2n}\\a_{31}&a_{32}&\cdots&a_{3n}\\a_{41}&a_{42}&\cdots&a_{4n}\end{pmatrix}=\begin{pmatrix}a_{31}&a_{32}&\cdots&a_{3n}\\a_{21}&a_{22}&\cdots&a_{2n}\\a_{11}&a_{12}&\cdots&a_{1n}\\a_{41}&a_{42}&\cdots&a_{4n}\end{pmatrix},$$

$$\boldsymbol{E}(2,4(3))\boldsymbol{A}=\begin{pmatrix}1&0&0&0\\0&1&0&3\\0&0&1&0\\0&0&0&1\end{pmatrix}\begin{pmatrix}a_{11}&a_{12}&\cdots&a_{1n}\\a_{21}&a_{22}&\cdots&a_{2n}\\a_{31}&a_{32}&\cdots&a_{3n}\\a_{41}&a_{42}&\cdots&a_{4n}\end{pmatrix}$$

$$=\begin{pmatrix}a_{11}&a_{12}&\cdots&a_{1n}\\a_{21}+3a_{41}&a_{22}+3a_{42}&\cdots&a_{2n}+4a_{4n}\\a_{31}&a_{32}&\cdots&a_{3n}\\a_{41}&a_{42}&\cdots&a_{4n}\end{pmatrix},$$

$$\boldsymbol{AE}(2(5))=\begin{pmatrix}a_{11}&a_{12}&\cdots&a_{1n}\\a_{21}&a_{22}&\cdots&a_{2n}\\a_{31}&a_{32}&\cdots&a_{3n}\\a_{41}&a_{42}&\cdots&a_{4n}\end{pmatrix}\begin{pmatrix}1&&&&\\&5&&&\\&&1&&\\&&&\ddots&\\&&&&1\end{pmatrix}=\begin{pmatrix}a_{11}&5a_{12}&\cdots&a_{1n}\\a_{21}&5a_{22}&\cdots&a_{2n}\\a_{31}&5a_{32}&\cdots&a_{3n}\\a_{41}&5a_{42}&\cdots&a_{4n}\end{pmatrix}.$$

由例5可见，$\boldsymbol{E}(1,3)\boldsymbol{A}$相当于矩阵$\boldsymbol{A}$交换第1行和第3行；$\boldsymbol{E}(2,4(3))\boldsymbol{A}$相当于矩阵$\boldsymbol{A}$的第4行的3倍加到第2行；$\boldsymbol{AE}(2(5))$相当于矩阵$\boldsymbol{A}$的第2列乘以5倍. 也就是矩阵的初等行变换可以通过左乘相应的初等矩阵得到，矩阵的初等列变换，可以通过右乘相应的初等矩阵得到，这种关联就是定理2.3揭示的.

定理2.3　设$\boldsymbol{A}_{m\times n}=(a_{ij})_{m\times n}$，则

（1）对$\boldsymbol{A}$施行一次初等行变换得到的矩阵，等于用同种m阶初等矩阵左乘$\boldsymbol{A}$；

（2）对$\boldsymbol{A}$施行一次初等列变换得到的矩阵，等于用同种n阶初等矩阵右乘$\boldsymbol{A}$.

证明：仅对（1）进行证明，（2）类似可证.

把矩阵$\boldsymbol{A}$和m阶单位矩阵按行分块，$\boldsymbol{A}=\begin{pmatrix}\boldsymbol{A}_1\\\boldsymbol{A}_2\\\vdots\\\boldsymbol{A}_m\end{pmatrix}$，$\boldsymbol{E}=\begin{pmatrix}\boldsymbol{\varepsilon}_1\\\boldsymbol{\varepsilon}_2\\\vdots\\\boldsymbol{\varepsilon}_m\end{pmatrix}$，其中

$$\boldsymbol{A}_i=\left(a_{i1},a_{i2},\cdots,a_{in}\right)\ (i=1,2,\cdots,m);$$

$$\boldsymbol{\varepsilon}_i=\left(0,\ \cdots,\ 0,\ \underset{\text{第}i\text{个}}{1},\ 0,\cdots,0\right)\ (i=1,2,\cdots,m).$$

$$\boldsymbol{E}(i,j)\boldsymbol{A}=\begin{pmatrix}\boldsymbol{\varepsilon}_1\\ \vdots\\ \boldsymbol{\varepsilon}_j\\ \vdots\\ \boldsymbol{\varepsilon}_i\\ \vdots\\ \boldsymbol{\varepsilon}_m\end{pmatrix}\boldsymbol{A}=\begin{pmatrix}\boldsymbol{\varepsilon}_1\boldsymbol{A}\\ \vdots\\ \boldsymbol{\varepsilon}_j\boldsymbol{A}\\ \vdots\\ \boldsymbol{\varepsilon}_i\boldsymbol{A}\\ \vdots\\ \boldsymbol{\varepsilon}_m\boldsymbol{A}\end{pmatrix}=\begin{pmatrix}\boldsymbol{A}_1\\ \vdots\\ \boldsymbol{A}_j\\ \vdots\\ \boldsymbol{A}_i\\ \vdots\\ \boldsymbol{A}_m\end{pmatrix},\boldsymbol{A}=\begin{pmatrix}\boldsymbol{A}_1\\ \vdots\\ \boldsymbol{A}_i\\ \vdots\\ \boldsymbol{A}_j\\ \vdots\\ \boldsymbol{A}_m\end{pmatrix}\xrightarrow{r_i\leftrightarrow r_j}\begin{pmatrix}\boldsymbol{A}_1\\ \vdots\\ \boldsymbol{A}_j\\ \vdots\\ \boldsymbol{A}_i\\ \vdots\\ \boldsymbol{A}_m\end{pmatrix}=\boldsymbol{E}(i,j)\boldsymbol{A};$$

$$\boldsymbol{E}(i(k))\boldsymbol{A}=\begin{pmatrix}\boldsymbol{\varepsilon}_1\\ \vdots\\ \boldsymbol{\varepsilon}_{i-1}\\ k\boldsymbol{\varepsilon}_i\\ \boldsymbol{\varepsilon}_{i+1}\\ \vdots\\ \boldsymbol{\varepsilon}_m\end{pmatrix}\boldsymbol{A}=\begin{pmatrix}\boldsymbol{\varepsilon}_1\boldsymbol{A}\\ \vdots\\ \boldsymbol{\varepsilon}_{i-1}\boldsymbol{A}\\ k\boldsymbol{\varepsilon}_i\boldsymbol{A}\\ \boldsymbol{\varepsilon}_{i+1}\boldsymbol{A}\\ \vdots\\ \boldsymbol{\varepsilon}_m\boldsymbol{A}\end{pmatrix}=\begin{pmatrix}\boldsymbol{A}_1\\ \vdots\\ \boldsymbol{A}_{i-1}\\ k\boldsymbol{A}_i\\ \boldsymbol{A}_{i+1}\\ \vdots\\ \boldsymbol{A}_m\end{pmatrix},\boldsymbol{A}=\begin{pmatrix}\boldsymbol{A}_1\\ \vdots\\ \boldsymbol{A}_{i-1}\\ \boldsymbol{A}_i\\ \boldsymbol{A}_{i+1}\\ \vdots\\ \boldsymbol{A}_m\end{pmatrix}\xrightarrow{kr_i}\begin{pmatrix}\boldsymbol{A}_1\\ \vdots\\ \boldsymbol{A}_{i-1}\\ k\boldsymbol{A}_i\\ \boldsymbol{A}_{i+1}\\ \vdots\\ \boldsymbol{A}_m\end{pmatrix}=\boldsymbol{E}(i(k))\boldsymbol{A};$$

$$\boldsymbol{E}(i,j(k))\boldsymbol{A}=\begin{pmatrix}\boldsymbol{\varepsilon}_1\\ \vdots\\ \boldsymbol{\varepsilon}_i+k\boldsymbol{\varepsilon}_j\\ \vdots\\ \boldsymbol{\varepsilon}_j\\ \vdots\\ \boldsymbol{\varepsilon}_m\end{pmatrix}\boldsymbol{A}=\begin{pmatrix}\boldsymbol{\varepsilon}_1\boldsymbol{A}\\ \vdots\\ (\boldsymbol{\varepsilon}_i+k\boldsymbol{\varepsilon}_j)\boldsymbol{A}\\ \vdots\\ \boldsymbol{\varepsilon}_j\boldsymbol{A}\\ \vdots\\ \boldsymbol{\varepsilon}_m\boldsymbol{A}\end{pmatrix}=\begin{pmatrix}\boldsymbol{A}_1\\ \vdots\\ \boldsymbol{A}_i+k\boldsymbol{A}_j\\ \vdots\\ \boldsymbol{A}_j\\ \vdots\\ \boldsymbol{A}_m\end{pmatrix},$$

$$\boldsymbol{A}=\begin{pmatrix}\boldsymbol{A}_1\\ \vdots\\ \boldsymbol{A}_i\\ \vdots\\ \boldsymbol{A}_j\\ \vdots\\ \boldsymbol{A}_m\end{pmatrix}\xrightarrow{r_i+kr_j}\begin{pmatrix}\boldsymbol{A}_1\\ \vdots\\ \boldsymbol{A}_i+k\boldsymbol{A}_j\\ \vdots\\ \boldsymbol{A}_j\\ \vdots\\ \boldsymbol{A}_m\end{pmatrix}=\boldsymbol{E}(i,j(k))\boldsymbol{A}.$$

类似地，可以证明（2）成立. 因此定理2.3成立.

利用定理2.3，定理2.2可以另叙述为:

定理2.2′ 任意一个 $m\times n$ 矩阵 $\boldsymbol{A}$，都存在 m 阶初等矩阵 $\boldsymbol{P}_1,\boldsymbol{P}_2,\cdots,\boldsymbol{P}_s$ 和 n 阶初等矩阵 $\boldsymbol{Q}_1,\boldsymbol{Q}_2,\cdots,\boldsymbol{Q}_t$，使得

$$\boldsymbol{P}_1\boldsymbol{P}_2\cdots\boldsymbol{P}_s\boldsymbol{A}\boldsymbol{Q}_1\boldsymbol{Q}_2\cdots\boldsymbol{Q}_t=\begin{pmatrix}\boldsymbol{E}_r & \boldsymbol{O}_{r\times(n-r)}\\ \boldsymbol{O}_{(m-r)\times n} & \boldsymbol{O}_{(m-r)\times(n-r)}\end{pmatrix}.$$

由定理2.2′可以得到下面的结论:

推论 若 n 阶矩阵 $\boldsymbol{A}$ 可逆，则 $\boldsymbol{A}$ 的等价标准型 $\boldsymbol{D}=\boldsymbol{E}_n$.

证明：由定理2.2′，存在n阶初等矩阵$\boldsymbol{P}_1,\boldsymbol{P}_2,\cdots,\boldsymbol{P}_s,\boldsymbol{Q}_1,\boldsymbol{Q}_2,\cdots,\boldsymbol{Q}_t$，使得$\boldsymbol{P}_1\boldsymbol{P}_2\cdots\boldsymbol{P}_s\boldsymbol{A}\boldsymbol{Q}_1\boldsymbol{Q}_2\cdots\boldsymbol{Q}_t=\begin{pmatrix}\boldsymbol{E}_r & \boldsymbol{O}_{r\times(n-r)}\\ \boldsymbol{O}_{(n-r)\times n} & \boldsymbol{O}_{(n-r)\times(n-r)}\end{pmatrix}$. 由于初等矩阵均可逆，可逆矩阵的行列式不为零以及矩阵乘积的行列式等于矩阵分别求行列式再相乘，可知：

$$\left|\boldsymbol{P}_1\boldsymbol{P}_2\cdots\boldsymbol{P}_s\boldsymbol{A}\boldsymbol{Q}_1\boldsymbol{Q}_2\cdots\boldsymbol{Q}_t\right|=\left|\boldsymbol{P}_1\right|\cdot\left|\boldsymbol{P}_2\right|\cdots\left|\boldsymbol{P}_s\right|\cdot\left|\boldsymbol{A}\right|\cdot\left|\boldsymbol{Q}_1\right|\cdot\left|\boldsymbol{Q}_2\right|\cdots\left|\boldsymbol{Q}_t\right|\neq 0,$$

因此要满足

$$\begin{vmatrix}\boldsymbol{E}_r & \boldsymbol{O}_{r\times(n-r)}\\ \boldsymbol{O}_{(n-r)\times n} & \boldsymbol{O}_{(n-r)\times(n-r)}\end{vmatrix}\neq 0,$$

$\boldsymbol{D}$不能有任何一行或一列的元素全为0，即$r=n$，因此$\boldsymbol{D}=\boldsymbol{E}_n$.

利用定理2.3，该推论也可以叙述为：

若n阶矩阵$\boldsymbol{A}$可逆，则存在n阶初等矩阵$\boldsymbol{P}_1,\boldsymbol{P}_2,\cdots,\boldsymbol{P}_s,\boldsymbol{Q}_1,\boldsymbol{Q}_2,\cdots,\boldsymbol{Q}_t$，使得$\boldsymbol{P}_1\boldsymbol{P}_2\cdots\boldsymbol{P}_s\boldsymbol{A}\boldsymbol{Q}_1\boldsymbol{Q}_2\cdots\boldsymbol{Q}_t=\boldsymbol{E}_n$.

定理2.4 **n阶矩阵$\boldsymbol{A}$可逆的充要条件是$\boldsymbol{A}$可以表示为初等矩阵的乘积.**

证明：（必要性）如果矩阵$\boldsymbol{A}$可逆，由定理2.2′的推论可知，存在n阶初等矩阵$\boldsymbol{P}_1,\boldsymbol{P}_2,\cdots,\boldsymbol{P}_s,\boldsymbol{Q}_1,\boldsymbol{Q}_2,\cdots,\boldsymbol{Q}_t$，使得$\boldsymbol{P}_1\boldsymbol{P}_2\cdots\boldsymbol{P}_s\boldsymbol{A}\boldsymbol{Q}_1\boldsymbol{Q}_2\cdots\boldsymbol{Q}_t=\boldsymbol{E}_n$，初等矩阵均可逆，因此

$$\begin{aligned}&(\boldsymbol{P}_1\boldsymbol{P}_2\cdots\boldsymbol{P}_s)^{-1}\boldsymbol{P}_1\boldsymbol{P}_2\cdots\boldsymbol{P}_s\boldsymbol{A}\boldsymbol{Q}_1\boldsymbol{Q}_2\cdots\boldsymbol{Q}_t(\boldsymbol{Q}_1\boldsymbol{Q}_2\cdots\boldsymbol{Q}_t)^{-1}\\&\quad=(\boldsymbol{P}_1\boldsymbol{P}_2\cdots\boldsymbol{P}_s)^{-1}\boldsymbol{E}_n(\boldsymbol{Q}_1\boldsymbol{Q}_2\cdots\boldsymbol{Q}_t)^{-1},\\&\boldsymbol{P}_s^{-1}\cdots\boldsymbol{P}_2^{-1}\boldsymbol{P}_1^{-1}\boldsymbol{P}_1\boldsymbol{P}_2\cdots\boldsymbol{P}_s\boldsymbol{A}\boldsymbol{Q}_1\boldsymbol{Q}_2\cdots\boldsymbol{Q}_t\boldsymbol{Q}_t^{-1}\cdots\boldsymbol{Q}_2^{-1}\boldsymbol{Q}_1^{-1}\\&\quad=\boldsymbol{P}_s^{-1}\cdots\boldsymbol{P}_2^{-1}\boldsymbol{P}_1^{-1}\boldsymbol{E}_n\boldsymbol{Q}_t^{-1}\cdots\boldsymbol{Q}_2^{-1}\boldsymbol{Q}_1^{-1},\end{aligned}$$

$\boldsymbol{A}=\boldsymbol{P}_s^{-1}\cdots\boldsymbol{P}_2^{-1}\boldsymbol{P}_1^{-1}\boldsymbol{Q}_t^{-1}\cdots\boldsymbol{Q}_2^{-1}\boldsymbol{Q}_1^{-1}$，初等矩阵的逆矩阵仍然是初等矩阵，即$\boldsymbol{A}$写成了初等矩阵$\boldsymbol{P}_s^{-1},\cdots,\boldsymbol{P}_2^{-1},\boldsymbol{P}_1^{-1},\boldsymbol{Q}_t^{-1},\cdots,\boldsymbol{Q}_2^{-1},\boldsymbol{Q}_1^{-1}$的乘积.

（充分性）若$\boldsymbol{A}$可以表示为初等矩阵的乘积，由初等矩阵均为可逆矩阵，且可逆矩阵的乘积仍然是可逆矩阵，可知$\boldsymbol{A}$可逆.

推论 若n阶矩阵$\boldsymbol{A}$可逆，则存在n阶初等矩阵$\boldsymbol{P}_1$，$\boldsymbol{P}_2$，$\cdots$，$\boldsymbol{P}_s$，使得$\boldsymbol{P}_1\boldsymbol{P}_2\cdots\boldsymbol{P}_s\boldsymbol{A}=\boldsymbol{E}_n$.

证明：由定理2.4，$\boldsymbol{A}$可逆，则$\boldsymbol{A}$可以表示为初等矩阵的乘积，即存在n阶初等矩阵$\boldsymbol{Q}_1,\boldsymbol{Q}_2,\cdots\boldsymbol{Q}_s$，满足$\boldsymbol{A}=\boldsymbol{Q}_1\boldsymbol{Q}_2\cdots\boldsymbol{Q}_s$. 由于初等矩阵均可逆，则

$$(\boldsymbol{Q}_1\boldsymbol{Q}_2\cdots\boldsymbol{Q}_s)^{-1}\boldsymbol{A}=\boldsymbol{Q}_1\boldsymbol{Q}_2\cdots\boldsymbol{Q}_s(\boldsymbol{Q}_1\boldsymbol{Q}_2\cdots\boldsymbol{Q}_s)^{-1},$$

化简整理：$Q_s^{-1}\cdots Q_2^{-1}Q_1^{-1}A=E_n$，令$P_1=Q_s^{-1},P_2=Q_{s-1}^{-1},\cdots,P_{s-1}=Q_2^{-1},P_s=Q_1^{-1}$，初等矩阵的逆矩阵仍为初等矩阵，因此$P_1,P_2,\cdots,P_s$为初等矩阵，满足$P_1P_2\cdots P_sA=E_n$.

例6 已知矩阵$A=\begin{pmatrix}1&2&1&3\\4&2&10&-6\\2&1&5&-3\end{pmatrix}$，$B=\begin{pmatrix}1&2&1&3\\0&1&-1&3\\0&0&0&0\end{pmatrix}$，求一个可逆矩阵$P$，使$PA=B$成立.

解：
$$A=\begin{pmatrix}1&2&1&3\\4&2&10&-6\\2&1&5&-3\end{pmatrix}\xrightarrow[r_2-4r_1]{r_3-\frac{1}{2}r_2}\begin{pmatrix}1&2&1&3\\0&-6&6&-18\\0&0&0&0\end{pmatrix}\xrightarrow{-\frac{1}{6}r_2}\begin{pmatrix}1&2&1&3\\0&1&-1&3\\0&0&0&0\end{pmatrix}=B,$$

由定理2.3可知：将矩阵A第2行的$-\frac{1}{2}$倍加到第3行，相当于对矩阵A左乘矩阵$E\left(3,2\left(-\frac{1}{2}\right)\right)$；将矩阵第1行的$-4$倍加到第2行，相当于对矩阵$A$左乘矩阵$E(2,1(-4))$；将矩阵第2行乘以$-\frac{1}{6}$倍，相当于对矩阵$A$左乘矩阵$E\left(2\left(-\frac{1}{6}\right)\right)$；因此$E\left(2\left(-\frac{1}{6}\right)\right)E(2,1(-4))E\left(3,2\left(-\frac{1}{2}\right)\right)A=B$,令$P=E\left(2\left(-\frac{1}{6}\right)\right)E(2,1(-4))\cdot E\left(3,2\left(-\frac{1}{2}\right)\right)$，即

$$P=\begin{pmatrix}1&0&0\\0&-\frac{1}{6}&0\\0&0&1\end{pmatrix}\begin{pmatrix}1&0&0\\-4&1&0\\0&0&1\end{pmatrix}\begin{pmatrix}1&0&0\\0&1&0\\0&-\frac{1}{2}&1\end{pmatrix}=\begin{pmatrix}1&0&0\\\frac{2}{3}&-\frac{1}{6}&0\\0&-\frac{1}{2}&1\end{pmatrix},$$

$$|P|=\left|E\left(2\left(-\frac{1}{6}\right)\right)E(2,1(-4))E\left(3,2\left(-\frac{1}{2}\right)\right)\right|=\left|E\left(2\left(-\frac{1}{6}\right)\right)\right|\cdot$$
$$|E(2,1(-4))|\cdot\left|E\left(3,2\left(-\frac{1}{2}\right)\right)\right|=-\frac{1}{6}\neq 0,$$

P是满足$PA=B$的可逆矩阵.又

$$A\xrightarrow{r_2\leftrightarrow r_3}\begin{pmatrix}1&2&1&3\\2&1&5&-3\\4&2&10&-6\end{pmatrix}\xrightarrow[r_2-2r_1]{r_3-2r_2}\begin{pmatrix}1&2&1&3\\0&-3&3&-9\\0&0&0&0\end{pmatrix}\xrightarrow{-\frac{1}{3}r_2}\begin{pmatrix}1&2&1&3\\0&1&-1&3\\0&0&0&0\end{pmatrix}=B,$$

由定理2.3可知：$\boldsymbol{E}\left(2\left(-\frac{1}{3}\right)\right)\boldsymbol{E}(2,\ 1(-2))\boldsymbol{E}(3,\ 2(-2))\boldsymbol{E}(2,\ 3)\boldsymbol{A}=\boldsymbol{B}$.

令$\boldsymbol{P}=\boldsymbol{E}\left(2\left(-\frac{1}{3}\right)\right)\boldsymbol{E}(2,\ 1(-2))\boldsymbol{E}(3,\ 2(-2))\boldsymbol{E}(2,\ 3)$，则

$$\boldsymbol{P}=\begin{pmatrix}1&0&0\\0&-\frac{1}{3}&0\\0&0&1\end{pmatrix}\begin{pmatrix}1&0&0\\-2&1&0\\0&0&1\end{pmatrix}\begin{pmatrix}1&0&0\\0&1&0\\0&-2&1\end{pmatrix}\begin{pmatrix}1&0&0\\0&0&1\\0&1&0\end{pmatrix}=\begin{pmatrix}1&0&0\\\frac{2}{3}&0&-\frac{1}{3}\\0&1&-2\end{pmatrix}.$$

$\boldsymbol{P}$是初等矩阵的乘积，初等矩阵可逆，可逆矩阵的乘积也可逆，因此$\boldsymbol{P}$可逆，且满足$\boldsymbol{PA}=\boldsymbol{B}$.

也就是说满足条件$\boldsymbol{PA}=\boldsymbol{B}$的可逆矩阵$\boldsymbol{P}$是不唯一的.

例7 将矩阵$\boldsymbol{A}=\begin{pmatrix}1&0&0\\2&0&-1\\0&-1&0\end{pmatrix}$表示成有限个初等矩阵的乘积.

解： $|\boldsymbol{A}|=\begin{vmatrix}1&0&0\\2&0&-1\\0&-1&0\end{vmatrix}=-1\neq0$，因此$\boldsymbol{A}$可逆，由定理2.4的推论可知存在$n$阶初等矩阵$\boldsymbol{P}_1,\boldsymbol{P}_2,\cdots,\boldsymbol{P}_s$，使得$\boldsymbol{P}_1\boldsymbol{P}_2\cdots\boldsymbol{P}_s\boldsymbol{A}=\boldsymbol{E}_n$.同时，

$$\boldsymbol{A}=\begin{pmatrix}1&0&0\\2&0&-1\\0&-1&0\end{pmatrix}\xrightarrow{r_2-2r_1}\begin{pmatrix}1&0&0\\0&0&-1\\0&-1&0\end{pmatrix}\xrightarrow{r_2\leftrightarrow r_3}\begin{pmatrix}1&0&0\\0&-1&0\\0&0&-1\end{pmatrix}\xrightarrow[-r_3]{-r_2}\begin{pmatrix}1&0&0\\0&1&0\\0&0&1\end{pmatrix}.$$

由定理2.3对矩阵$\boldsymbol{A}$进行初等行变换，相当于同种3阶初等矩阵左乘$\boldsymbol{A}$，因此：

$$\begin{pmatrix}1&0&0\\0&1&0\\0&0&-1\end{pmatrix}\begin{pmatrix}1&0&0\\0&-1&0\\0&0&1\end{pmatrix}\begin{pmatrix}1&0&0\\0&0&1\\0&1&0\end{pmatrix}\begin{pmatrix}1&0&0\\-2&1&0\\0&0&1\end{pmatrix}\boldsymbol{A}=\boldsymbol{E},$$

$$\boldsymbol{A}=\begin{pmatrix}1&0&0\\-2&1&0\\0&0&1\end{pmatrix}^{-1}\begin{pmatrix}1&0&0\\0&0&1\\0&1&0\end{pmatrix}^{-1}\begin{pmatrix}1&0&0\\0&-1&0\\0&0&1\end{pmatrix}^{-1}\begin{pmatrix}1&0&0\\0&1&0\\0&0&-1\end{pmatrix}^{-1}\boldsymbol{E}$$

$$=\begin{pmatrix}1&0&0\\2&1&0\\0&0&1\end{pmatrix}\begin{pmatrix}1&0&0\\0&0&1\\0&1&0\end{pmatrix}\begin{pmatrix}1&0&0\\0&-1&0\\0&0&1\end{pmatrix}\begin{pmatrix}1&0&0\\0&1&0\\0&0&-1\end{pmatrix}.$$

例8 设$\boldsymbol{A}$是3阶矩阵，将$\boldsymbol{A}$的第1列与第2列交换，得到$\boldsymbol{B}$，再把$\boldsymbol{B}$的第2列加到第3列得到$\boldsymbol{C}$，求一个满足$\boldsymbol{AQ}=\boldsymbol{C}$的可逆矩阵$\boldsymbol{Q}$.

解： 交换矩阵$\boldsymbol{A}$的第1列与第2列，相当于右乘一个相应的初等矩阵

$\begin{pmatrix}0&1&0\\1&0&0\\0&0&1\end{pmatrix}$，把 $\boldsymbol{B}$ 的第 2 列加到第 3 列相当于右乘一个相应的初等矩阵 $\begin{pmatrix}1&0&0\\0&1&1\\0&0&1\end{pmatrix}$，根据条件可得：

$$\boldsymbol{B}=\boldsymbol{A}\begin{pmatrix}0&1&0\\1&0&0\\0&0&1\end{pmatrix},\boldsymbol{C}=\boldsymbol{B}\begin{pmatrix}1&0&0\\0&1&1\\0&0&1\end{pmatrix},$$

$$\boldsymbol{C}=\boldsymbol{A}\begin{pmatrix}0&1&0\\1&0&0\\0&0&1\end{pmatrix}\begin{pmatrix}1&0&0\\0&1&1\\0&0&1\end{pmatrix}=\boldsymbol{AQ},$$

易知 $\boldsymbol{Q}=\begin{pmatrix}0&1&0\\1&0&0\\0&0&1\end{pmatrix}\begin{pmatrix}1&0&0\\0&1&1\\0&0&1\end{pmatrix}=\begin{pmatrix}0&1&1\\1&0&0\\0&0&1\end{pmatrix}$是一个满足要求的矩阵.

2.6.4 用初等变换求矩阵的逆

若 $\boldsymbol{A}$ 为 n 阶可逆矩阵，由定理 2.4 的推论可知存在 n 阶初等矩阵 $\boldsymbol{P}_1,\boldsymbol{P}_2,\cdots,\boldsymbol{P}_s$，使得

$$\boldsymbol{P}_1\boldsymbol{P}_2\cdots\boldsymbol{P}_s\boldsymbol{A}=\boldsymbol{E}, \tag{2.14}$$

由矩阵可逆的定义可知

$$\boldsymbol{P}_1\boldsymbol{P}_2\cdots\boldsymbol{P}_s=\boldsymbol{P}_1\boldsymbol{P}_2\cdots\boldsymbol{P}_s\boldsymbol{E}=\boldsymbol{A}^{-1}, \tag{2.15}$$

（2.14）与（2.15）中矩阵 $\boldsymbol{A}$ 和 $\boldsymbol{E}$ 左乘了相同的 $\boldsymbol{P}_1$，$\boldsymbol{P}_2$，$\cdots$，$\boldsymbol{P}_s$. 把 $\boldsymbol{A}$ 和 $\boldsymbol{E}$ 这两个 $n\times n$ 矩阵放到一起，构成一个 $n\times(2n)$ 的矩阵 $(\boldsymbol{A}|\boldsymbol{E})$，按照分块矩阵的乘法，（2.14）与（2.15）合并写出

$$\boldsymbol{P}_1\boldsymbol{P}_2\cdots\boldsymbol{P}_s(\boldsymbol{A}|\boldsymbol{E})=(\boldsymbol{P}_1\boldsymbol{P}_2\cdots\boldsymbol{P}_s\boldsymbol{A}|\boldsymbol{P}_1\boldsymbol{P}_2\cdots\boldsymbol{P}_s\boldsymbol{E})=(\boldsymbol{E}|\boldsymbol{A}^{-1}). \tag{2.16}$$

（2.16）用矩阵初等变换的方式叙述就是：矩阵 $\boldsymbol{A}$ 和 $\boldsymbol{E}$ 做相同的初等行变换（初等行变换的类型与初等矩阵类型相同），当矩阵 $\boldsymbol{A}$ 通过一系列的初等行变换变成单位矩阵 $\boldsymbol{E}$ 时，单位矩阵 $\boldsymbol{E}$ 通过同样的初等行变换变成了 $\boldsymbol{A}^{-1}$. 于是得到利用矩阵的初等变换法求逆矩阵的方法：

首先构造一个 $n\times(2n)$ 的矩阵 $(\boldsymbol{A}|\boldsymbol{E})$，左侧的 n 行 n 列是矩阵 $\boldsymbol{A}$，右侧是 n 阶单位矩阵，然后对这个 $n\times(2n)$ 的矩阵 $(\boldsymbol{A}|\boldsymbol{E})$ 仅做初等行变换，当矩阵 $\boldsymbol{A}$ 化

为单位矩阵时，单位矩阵$\boldsymbol{E}$化为了$\boldsymbol{A}^{-1}$.

这种求逆矩阵的方法称为**初等变换法**，是求逆矩阵最常用的方法之一.

如果不知道矩阵$\boldsymbol{A}$是否可逆，仍可以利用上述变换法进行计算.对矩阵$(\boldsymbol{A}|\boldsymbol{E})$做初等行变换，如果分块矩阵左边的子块出现零行（列），则$\boldsymbol{A}$不可逆；如果左边的子块可以化为$\boldsymbol{E}$，则$\boldsymbol{A}$可逆.

当构造$n\times(2n)$的矩阵$(\boldsymbol{A}|\boldsymbol{E})$进行初等变换求$\boldsymbol{A}^{-1}$时，只能进行初等行变换，不能进行初等列变换.

类似地，也可以构造$(2n)\times n$的矩阵$\left(\dfrac{\boldsymbol{A}}{\boldsymbol{E}}\right)$，仅对$\left(\dfrac{\boldsymbol{A}}{\boldsymbol{E}}\right)$进行初等列变换，当矩阵$\boldsymbol{A}$化为单位矩阵时，单位矩阵$\boldsymbol{E}$同样化为了$\boldsymbol{A}^{-1}$.

例9 求矩阵$\boldsymbol{A}=\begin{pmatrix}1&2&3\\2&2&1\\3&4&3\end{pmatrix}$的逆矩阵.

解：$$(\boldsymbol{A}|\boldsymbol{E})=\left(\begin{array}{ccc|ccc}1&2&3&1&0&0\\2&2&1&0&1&0\\3&4&3&0&0&1\end{array}\right)\to\left(\begin{array}{ccc|ccc}1&2&3&1&0&0\\0&-2&-5&-2&1&0\\0&-2&-6&-3&0&1\end{array}\right)$$

$$\to\left(\begin{array}{ccc|ccc}1&0&-2&-1&1&0\\0&-2&-5&-2&1&0\\0&0&-1&-1&-1&1\end{array}\right)\to\left(\begin{array}{ccc|ccc}1&0&0&1&3&-2\\0&-2&0&3&6&-5\\0&0&-1&-1&-1&1\end{array}\right)$$

$$\to\left(\begin{array}{ccc|ccc}1&0&0&1&3&-2\\0&1&0&-\dfrac{3}{2}&-3&\dfrac{5}{2}\\0&0&1&1&1&-1\end{array}\right).$$

可见$(\boldsymbol{A}|\boldsymbol{E})$经过初等行变换，$\boldsymbol{A}$化成了单位矩阵，因此$\boldsymbol{A}$可逆，并且

$$\boldsymbol{A}^{-1}=\begin{pmatrix}1&3&-2\\-\dfrac{3}{2}&-3&\dfrac{5}{2}\\1&1&-1\end{pmatrix}.$$

例10 设矩阵$\boldsymbol{A}=\begin{pmatrix}4&2&3\\1&1&0\\-1&2&3\end{pmatrix}$，求解矩阵方程$\boldsymbol{AX}=\boldsymbol{A}+2\boldsymbol{X}$.

解：由$\boldsymbol{AX}=\boldsymbol{A}+2\boldsymbol{X}$，可得$(\boldsymbol{A}-2\boldsymbol{E})\boldsymbol{X}=\boldsymbol{A}$，对$(\boldsymbol{A}-2\boldsymbol{E}|\boldsymbol{A})$施行初等行变换：

$$
(A-2E|A)=\left(\begin{array}{ccc|ccc}2&2&3&4&2&3\\1&-1&0&1&1&0\\-1&2&1&-1&2&3\end{array}\right)\to\left(\begin{array}{ccc|ccc}1&-1&0&1&1&0\\2&2&3&4&2&3\\-1&2&1&-1&2&3\end{array}\right)
$$

$$
\to\left(\begin{array}{ccc|ccc}1&-1&0&1&1&0\\0&4&3&2&0&3\\0&1&1&0&3&3\end{array}\right)\to\left(\begin{array}{ccc|ccc}1&-1&0&1&1&0\\0&1&1&0&3&3\\0&4&3&2&0&3\end{array}\right)
$$

$$
\to\left(\begin{array}{ccc|ccc}1&0&1&1&4&3\\0&1&1&0&3&3\\0&0&-1&2&-12&-9\end{array}\right)\to\left(\begin{array}{ccc|ccc}1&0&0&3&-8&-6\\0&1&0&2&-9&-6\\0&0&-1&2&-12&-9\end{array}\right)
$$

$$
\to\left(\begin{array}{ccc|ccc}1&0&0&3&-8&-6\\0&1&0&2&-9&-6\\0&0&1&-2&12&9\end{array}\right),
$$

因此$A-2E$可逆，且$X=(A-2E)^{-1}A=\begin{pmatrix}3&-8&-6\\2&-9&-6\\-2&12&9\end{pmatrix}$.

本题也可以先求出$(A-2E)^{-1}$，再利用矩阵乘法求出$(A-2E)^{-1}A$.

2.7 矩阵的秩

对于一般的$m\times n$矩阵A，不存在通常意义的逆矩阵.可以引入矩阵的秩的概念，以研究矩阵的性质.在线性方程组理论中，这一概念也有重要应用.

定义 2.16 设$A=(a_{ij})$是$m\times n$矩阵，从A中任取k行k列（$1\leqslant k\leqslant\min\{m,n\}$），位于这些选定的行和列的交点上的$k^2$个元素按原来的次序组成的$k$阶行列式，称为矩阵$A$的一个$k$阶子式.

例如：设矩阵$A=\begin{pmatrix}1&2&1&3\\4&2&10&-6\\2&1&5&-3\end{pmatrix}$，$A$的每个元素都是其一阶子式；$A$的第1，3行与第2，4列交叉点上的元素构成一个二阶子式$\begin{vmatrix}2&3\\1&-3\end{vmatrix}$；不难计算，$A$共有$C_3^2C_4^2=18$个二阶子式；$A$的所有行和前三列构成一个三阶子式$\begin{vmatrix}1&2&1\\4&2&10\\2&1&5\end{vmatrix}$，$A$共有$C_3^3C_4^3=4$个三阶子式.

设A为$m\times n$矩阵，当$A=O$时，它的任何子式都为零；当$A\neq O$时，它至少有一个元素不为零，即至少有一个一阶子式不为零，这时再考虑二阶子式，如果$\boldsymbol{A}$中有一个二阶子式不为零，再考虑三阶子式，依次类推，最后必然达到$\boldsymbol{A}$中有r阶子式不为零，而再没有更高阶的不为零的子式（或没有更高阶的子式）.这个不为零的子式的阶数r反映了矩阵$\boldsymbol{A}$内在的重要特征，在矩阵的理论与应用中都有重要意义.

定义2.17 设$\boldsymbol{A}=\left(a_{ij}\right)$是$m\times n$矩阵，如果$\boldsymbol{A}$中不为零的子式的最高阶数为$r$，即存在$r$阶子式不为零，而任何$r+1$阶子式都为零（或不存在$r+1$阶子式），则称$r$为**矩阵$\boldsymbol{A}$的秩**（rank），记作$r(\boldsymbol{A})=r$.

当$\boldsymbol{A}=\boldsymbol{O}$时，规定$r(\boldsymbol{A})=0$.

由矩阵秩的定义可知，若$\boldsymbol{A}$为$m\times n$矩阵，则$r(\boldsymbol{A})\leqslant\min\{m,n\}$.

若$m\times n$矩阵$\boldsymbol{A}$满足$r(\boldsymbol{A})=\min\{m,n\}$，称矩阵$\boldsymbol{A}$为**满秩矩阵**.

例1 设矩阵$\boldsymbol{A}=\begin{pmatrix}1&-2&1&3\\0&5&2&1\\2&-4&2&6\end{pmatrix}$，$\boldsymbol{B}=\begin{pmatrix}2&-1&0&3&-2\\0&3&1&-2&5\\0&0&0&4&-3\\0&0&0&0&0\end{pmatrix}$，求$r(\boldsymbol{A})$和$r(\boldsymbol{B})$.

解：矩阵$\boldsymbol{A}$中阶数最高的子式为三阶子式，通过观察可知矩阵的第1行和第3行元素成比例，因此无论选取$\boldsymbol{A}$的哪三列构成的子式，依然是第1行和第3行元素成比例，由此矩阵$\boldsymbol{A}$的所有三阶子式的值均为0；$\boldsymbol{A}$的第1，2行和第1，2列的元素构成的二阶子式$\begin{vmatrix}1&-2\\0&5\end{vmatrix}=5\neq0$，$r(\boldsymbol{A})=2$.

矩阵$\boldsymbol{B}$中阶数最高的子式为四阶子式，但第4行为零行，因此$\boldsymbol{B}$的四阶子式均为0；$\boldsymbol{B}$的前三行和第1，2，4列的元素构成的三阶子式$\begin{vmatrix}2&-1&3\\0&3&-2\\0&0&4\end{vmatrix}=24\neq0$，故$r(\boldsymbol{B})=3$.

由本节例1可知，用定义求一个矩阵的秩，当矩阵的行数、列数都很大时，计算量会很大，不方便使用定义法.但是如果矩阵是阶梯形矩阵，秩就非常容易计算.而一个矩阵可以通过初等变换化为阶梯形矩阵.下面介绍用初等变换求矩阵秩的办法，首先看一个定理.

定理2.5 矩阵经过初等变换后，其秩不变.

证明：仅考查经过一次初等行变换的情形．

设$\boldsymbol{A}_{m\times n}$经过初等变换变成$\boldsymbol{B}_{m\times n}$，$r(\boldsymbol{A})=r_1$，$r(\boldsymbol{B})=r_2$．

（1）对$\boldsymbol{A}$施以互换两行或者以非零数乘某一行，矩阵$\boldsymbol{B}$中任何r_1+1阶子式等于某一非零数k与$\boldsymbol{A}$的某个r_1+1阶子式的乘积，其中$k=\pm1$或者其他非零数．因为$\boldsymbol{A}$的任意r_1+1阶子式皆为零，所以$\boldsymbol{B}$中任何r_1+1阶子式也都等于零．

（2）对$\boldsymbol{A}$施以第i行乘k后加到第j行的变换，矩阵$\boldsymbol{B}$的任一个r_1+1阶子式$|\boldsymbol{B}_1|$：

①如果$|\boldsymbol{B}_1|$不含$\boldsymbol{B}$的第j行或既含第i行又含第j行，则它等于$\boldsymbol{A}$的一个r_1+1阶子式；

②如果$|\boldsymbol{B}_1|$含$\boldsymbol{B}$的第j行但不含第i行时，则$|\boldsymbol{B}_1|=|\boldsymbol{A}_1|\pm k|\boldsymbol{A}_2|$，其中$\boldsymbol{A}_1$，$\boldsymbol{A}_2$为$\boldsymbol{A}$的两个$r_1+1$阶子式，由$\boldsymbol{A}$的任意$r_1+1$阶子式皆为零，可知$\boldsymbol{B}$中每一个$r_1+1$阶子式也都等于零．

由上分析可知，当对$\boldsymbol{A}$施以一次初等行变换后得$\boldsymbol{B}$时，有$r_2<r_1+1$，即$r_2\leqslant r_1$．

$\boldsymbol{A}$经初等行变换后得到$\boldsymbol{B}$，$\boldsymbol{B}$也可以经过相应的初等行变换得$\boldsymbol{A}$，因此有$r_1\leqslant r_2$．

故$r_1=r_2$．

显然上述结论对初等列变换也成立．

故对$\boldsymbol{A}$每施以一次初等变换所得的矩阵的秩不变，因而对$\boldsymbol{A}$施以有限次初等变换所得的矩阵的秩仍然不变，仍等于$\boldsymbol{A}$的秩．

由定理2.5可以得到用初等变换求矩阵秩的方法：

对矩阵$\boldsymbol{A}_{m\times n}$做一系列的初等行变换，将$\boldsymbol{A}$化为阶梯形矩阵：

$$\boldsymbol{A}\xrightarrow{\text{初等行变换}}\begin{pmatrix} b_{11} & b_{12} & \cdots & b_{1,r-1} & b_{1r} & \cdots & b_{1n} \\ 0 & b_{22} & \cdots & b_{2,r-1} & b_{2r} & \cdots & b_{2n} \\ \vdots & \vdots & & \vdots & \vdots & & \vdots \\ 0 & 0 & \cdots & 0 & b_{rr} & \cdots & b_{rn} \\ 0 & 0 & \cdots & 0 & 0 & \cdots & 0 \\ \vdots & \vdots & & \vdots & \vdots & & \vdots \\ 0 & 0 & \cdots & 0 & 0 & \cdots & 0 \end{pmatrix},$$

阶梯形矩阵中非零行的行数r就是矩阵$\boldsymbol{A}$的秩$r(\boldsymbol{A})$.

例2　求矩阵$\boldsymbol{A}=\begin{pmatrix} 1 & 1 & 1 & 4 & -3 \\ 1 & -1 & 3 & -2 & -1 \\ 2 & 1 & 3 & 5 & -5 \\ 3 & 1 & 5 & 6 & -9 \end{pmatrix}$的秩．

解：

$$A=\begin{pmatrix}1&1&1&4&-3\\1&-1&3&-2&-1\\2&1&3&5&-5\\3&1&5&6&-9\end{pmatrix}\to\begin{pmatrix}1&1&1&4&-3\\0&-2&2&-6&2\\0&-1&1&-3&1\\0&-2&2&-6&0\end{pmatrix}\to\begin{pmatrix}1&1&1&4&-3\\0&-1&1&-3&1\\0&-2&2&-6&2\\0&-2&2&-6&0\end{pmatrix}$$

$$\to\begin{pmatrix}1&1&1&4&-3\\0&-1&1&-3&1\\0&0&0&0&0\\0&0&0&0&-2\end{pmatrix}\to\begin{pmatrix}1&1&1&4&-3\\0&-1&1&-3&1\\0&0&0&0&-2\\0&0&0&0&0\end{pmatrix}=B,$$

矩阵B为阶梯形矩阵，有3个非零行，因此$r(A)=3$.

例3 设矩阵$A=\begin{pmatrix}\lambda&1&1\\-2&2&0\\2&1&2\end{pmatrix}, B=\begin{pmatrix}1&2&0\\2&1&0\\0&0&1\end{pmatrix}, r(AB)=2$，求$\lambda$的值.

解：
$$AB=\begin{pmatrix}\lambda&1&1\\-2&2&0\\2&1&2\end{pmatrix}\begin{pmatrix}1&2&0\\2&1&0\\0&0&1\end{pmatrix}=\begin{pmatrix}\lambda+2&2\lambda+1&1\\2&-2&0\\4&5&2\end{pmatrix},$$

$r(AB)=2$，则AB的三阶子式为0，因此$|AB|=0$，又由$|AB|=-12\lambda+6$，得$\lambda=\frac{1}{2}$.

本题求解也可以对AB进行初等变换，通过阶梯形的非零行为2确定λ的值.请读者自行完成利用该种方法求解本题.

例4 设$P_{m\times m}, Q_{n\times n}$均为非奇异矩阵，$A$为$m\times n$矩阵，证明：$r(PAQ)=r(A)$.

证明：因为$P_{m\times m}, Q_{n\times n}$均为非奇异矩阵，即$P, Q$均为可逆矩阵，故存在$m$阶初等矩阵$P_1, P_2,\cdots, P_s$和$n$阶初等矩阵$Q_1, Q_2,\cdots, Q_t$，满足$P=P_1P_2\cdots P_s, Q=Q_1Q_2\cdots Q_t$.因此

$$PAQ=P_1P_2\cdots P_sAQ_1Q_2\cdots Q_t.$$

由定理2.3可知，矩阵A左乘初等矩阵相当于对矩阵A做初等行变换，矩阵A右乘初等矩阵相当于对矩阵A做初等列变换.由定理2.5可知，矩阵A经过这些初等行变换和列变换以后的秩不变，因此$r(PAQ)=r(A)$.

将矩阵的秩的性质总结如下：

1.$0\leqslant r(A_{m\times n})\leqslant\min\{m, n\}$;

2.$r(A^{\mathrm{T}})=r(A)$;

3.若A与B等价，则$r(A)=r(B)$;

4.若$\boldsymbol{P}$，$\boldsymbol{Q}$可逆，则$r(\boldsymbol{PAQ})=r(\boldsymbol{A})$;

5.n阶方阵$\boldsymbol{A}$可逆的充要条件是$\boldsymbol{A}$满秩.

习 题 二

1.某电商直播时卖甲、乙、丙3个品牌的4种产品（单位：件），销售价格（单位：元）如表2-3所示：

表2-3 3个品牌的4种不同产品的售卖价格

品牌 \ 价格 \ 产品	A	B	C	D
甲	72	69	54	90
乙	49	78	69	88
丙	105	110	130	155

将表2-3的数据用矩阵表示出来.

2.计算：

（1）$\begin{pmatrix}1&2&3\\-1&1&0\end{pmatrix}+\begin{pmatrix}2&-1&-1\\3&3&4\end{pmatrix}$;　（2）$\begin{pmatrix}5&16&6\\6&7&1\\0&-4&3\end{pmatrix}-\begin{pmatrix}2&1&10\\6&2&15\\5&0&5\end{pmatrix}$;

（3）$\begin{pmatrix}1&2\\3&4\end{pmatrix}+3\begin{pmatrix}2&1\\-3&1\end{pmatrix}$;　（4）$a\begin{pmatrix}2&2&1\\1&3&1\\-1&-1&0\end{pmatrix}-b\begin{pmatrix}1&1&-2\\3&1&-1\\1&0&1\end{pmatrix}$.

3.设$\boldsymbol{A}=\begin{pmatrix}2&-1&3\\-3&0&1\end{pmatrix},\boldsymbol{B}=\begin{pmatrix}1&2&1\\0&3&-1\end{pmatrix}$.

（1）求$2\boldsymbol{A}+\boldsymbol{B}$;

（2）求$\boldsymbol{A}-3\boldsymbol{B}$;

（3）若$\boldsymbol{X}$满足$\boldsymbol{A}+2\boldsymbol{X}=\boldsymbol{B}$，求矩阵$\boldsymbol{X}$;

（4）若$\boldsymbol{Y}$满足（$\boldsymbol{A}+\boldsymbol{Y}$）+3（$\boldsymbol{B}-\boldsymbol{Y}$）=$\boldsymbol{O}$，求矩阵$\boldsymbol{Y}$.

4.设$\boldsymbol{A}=\begin{pmatrix}x&y\\0&3\end{pmatrix},\boldsymbol{B}=\begin{pmatrix}u&1\\y&v\end{pmatrix},\boldsymbol{C}=\begin{pmatrix}1&u\\2&3v\end{pmatrix}$，满足$\boldsymbol{A}-2\boldsymbol{B}+\boldsymbol{C}=\boldsymbol{O}$，求$x,y,u,v$的值.

5. 设 $\boldsymbol{A}=\begin{pmatrix}1 & 5\\ 2 & 1\end{pmatrix}$, $\boldsymbol{B}=\begin{pmatrix}1 & -2\\ -5 & 1\end{pmatrix}$, $\boldsymbol{C}=\begin{pmatrix}-2 & 7\\ 4 & 1\end{pmatrix}$, $\boldsymbol{D}=\begin{pmatrix}-3 & 22\\ 4 & 6\end{pmatrix}$，且 $a\boldsymbol{A}+b\boldsymbol{B}+c\boldsymbol{C}=\boldsymbol{D}$，求 a,b,c 的值.

6. 设 $\boldsymbol{A}=\begin{pmatrix}1 & 0 & 0 & 0\\ 0 & 2 & 0 & 0\\ 0 & 0 & 3 & 0\\ 0 & 0 & 0 & 4\end{pmatrix}$, $\boldsymbol{B}=\begin{pmatrix}1 & 2 & 2 & 2\\ 2 & 2 & 2 & 2\\ 2 & 2 & 3 & 2\\ 2 & 2 & 2 & 4\end{pmatrix}$，求 $(a-b)\boldsymbol{A}+b\boldsymbol{B}$ 的值.

7. 计算：

（1）$\begin{pmatrix}1 & 7\\ -2 & 4\\ 3 & -1\end{pmatrix}\begin{pmatrix}-1 & 2\\ 3 & 1\end{pmatrix}$；　（2）$\begin{pmatrix}0 & 2\\ 3 & 0\end{pmatrix}\begin{pmatrix}1 & 2\\ 1 & 0\end{pmatrix}$；

（3）$\begin{pmatrix}1 & 1\\ 0 & 0\end{pmatrix}\begin{pmatrix}0 & 2\\ 0 & 5\end{pmatrix}$；　（4）$(1,7,-2)\begin{pmatrix}2\\ 1\\ 3\end{pmatrix}$；

（5）$\begin{pmatrix}2\\ 1\\ 3\end{pmatrix}(1,7,-2)$；　（6）$\begin{pmatrix}1 & 0 & 3 & -1\\ 2 & 1 & 0 & 2\end{pmatrix}\begin{pmatrix}4 & 1 & 0\\ -1 & 1 & 3\\ 2 & 0 & 1\\ 1 & 3 & 4\end{pmatrix}$；

（7）$\begin{pmatrix}2 & -3\\ 1 & 0\\ -1 & 4\end{pmatrix}\begin{pmatrix}1 & -2 & -1\\ 9 & 2 & 1\end{pmatrix}$；　（8）$\begin{pmatrix}1 & -2 & -1\\ 9 & 2 & 1\end{pmatrix}\begin{pmatrix}2 & -3\\ 1 & 0\\ -1 & 4\end{pmatrix}$；

（9）$(1,2,-1)\begin{pmatrix}-1 & 2 & 0\\ 1 & 0 & 1\\ 3 & 1 & 0\end{pmatrix}\begin{pmatrix}2\\ 1\\ 1\end{pmatrix}$；　（10）$\begin{pmatrix}1 & -2 & 1\\ -3 & 0 & 5\end{pmatrix}\begin{pmatrix}-1 & 2 & 0\\ 1 & 0 & 1\\ 3 & 1 & 0\end{pmatrix}\begin{pmatrix}-1 & 0\\ 1 & 2\\ 0 & 3\end{pmatrix}$；

（11）$\begin{pmatrix}\cos x & -\sin x\\ \sin x & \cos x\end{pmatrix}\begin{pmatrix}\cos x & \sin x\\ \sin x & -\cos x\end{pmatrix}$；　（12）$(x,y)\begin{pmatrix}a_{11} & a_{12}\\ a_{12} & a_{22}\end{pmatrix}\begin{pmatrix}x\\ y\end{pmatrix}$；

（13）$\begin{pmatrix}\lambda & 1 & 0\\ 0 & \lambda & 1\\ 0 & 0 & \lambda\end{pmatrix}\begin{pmatrix}\lambda & 0 & 0\\ 1 & \lambda & 0\\ 0 & 1 & \lambda\end{pmatrix}$；　（14）$(1,1,1)\begin{pmatrix}a_{11} & a_{12} & a_{13}\\ a_{21} & a_{22} & a_{23}\\ a_{31} & a_{23} & a_{33}\end{pmatrix}$；

（15）$\begin{pmatrix}b_1 & 0 & 0\\ 0 & b_2 & 0\\ 0 & 0 & b_3\end{pmatrix}\begin{pmatrix}a_{11} & a_{12} & a_{13}\\ a_{21} & a_{22} & a_{23}\\ a_{31} & a_{32} & a_{33}\end{pmatrix}$；　（16）$\begin{pmatrix}a_{11} & a_{12} & a_{13}\\ a_{21} & a_{22} & a_{23}\\ a_{31} & a_{32} & a_{33}\end{pmatrix}\begin{pmatrix}b_1 & 0 & 0\\ 0 & b_2 & 0\\ 0 & 0 & b_3\end{pmatrix}$；

8. 设矩阵 $\boldsymbol{A}=\begin{pmatrix}a_{11} & a_{12} & a_{13}\\ a_{21} & a_{22} & a_{23}\\ a_{31} & a_{32} & a_{33}\\ a_{41} & a_{42} & a_{43}\end{pmatrix}$，计算：

(1) $\begin{pmatrix} 1 & 0 & 0 & 0 \\ 0 & 1 & 0 & 0 \\ 0 & 0 & 1 & 0 \\ 0 & 0 & 0 & 1 \end{pmatrix}\boldsymbol{A}$;　　(2) $\boldsymbol{A}\begin{pmatrix} 1 & 0 & 0 \\ 0 & 1 & 0 \\ 0 & 0 & 1 \end{pmatrix}$;

(3) $\begin{pmatrix} 0 & 0 & 0 & 1 \\ 0 & 0 & 1 & 0 \\ 0 & 1 & 0 & 0 \\ 1 & 0 & 0 & 0 \end{pmatrix}\boldsymbol{A}$;　　(4) $\boldsymbol{A}\begin{pmatrix} 0 & 0 & 1 \\ 0 & 1 & 0 \\ 1 & 0 & 0 \end{pmatrix}$;

(5) $\begin{pmatrix} 1 & 0 & 0 & 0 \\ 0 & 2 & 0 & 0 \\ 0 & 0 & 3 & 0 \\ 0 & 0 & 0 & 4 \end{pmatrix}\boldsymbol{A}$;　　(6) $\begin{pmatrix} 1 & 0 & 0 & 0 \\ 0 & 2 & 0 & 0 \\ 3 & 0 & 1 & 0 \\ 0 & 0 & 0 & 1 \end{pmatrix}\boldsymbol{A}$;

(7) $\boldsymbol{A}\begin{pmatrix} 3 & 0 & 0 \\ 0 & 2 & 0 \\ 0 & 0 & 1 \end{pmatrix}$;　　(8) $\boldsymbol{A}\begin{pmatrix} 1 & 0 & 0 \\ 0 & -1 & 0 \\ 3 & 0 & 1 \end{pmatrix}$;

9. 设矩阵 $\boldsymbol{A}=\begin{pmatrix} 1 & 1 \\ -1 & -1 \end{pmatrix}$, $\boldsymbol{B}=\begin{pmatrix} 1 & -1 \\ -1 & 1 \end{pmatrix}$, 求 $\boldsymbol{AB}$ 与 $\boldsymbol{BA}$.

10. 设矩阵 $\boldsymbol{A}=\begin{pmatrix} 2 & 4 \\ -3 & -6 \end{pmatrix}$, $\boldsymbol{B}=\begin{pmatrix} -1 & 4 \\ 2 & -1 \end{pmatrix}$, $\boldsymbol{C}=\begin{pmatrix} 1 & 0 \\ 1 & 1 \end{pmatrix}$, 求 $\boldsymbol{AB}$ 与 $\boldsymbol{AC}$.

11. 已知 $\begin{cases} z_1 = 2y_1 - y_2 + y_3 \\ z_2 = y_1 + y_2 - 3y_3, \\ z_3 = y_1 - y_3, \end{cases}$ $\begin{cases} y_1 = x_1 - 2x_2 + 3x_3, \\ y_2 = 3x_1 + x_2, \\ y_3 = x_1 - 2x_3. \end{cases}$

(1) 把两个线性变换写出矩阵相乘的形式;

(2) 用矩阵乘法求线性变换的结果.

12. 某厂生产3种产品，今年第1季度的各产品的产量（单位：万件）如表2-4所示：

表2-4　某厂第1季度的生产情况

产品 \ 产量 \ 月份	1	2	3	4
甲	65	60	50	75
乙	80	90	75	85
丙	65	80	70	95

3种产品的单价分别是：0.58万元，0.76万元和0.85万元.

(1) 用矩阵 $\boldsymbol{A}$ 表示产品的单价，$\boldsymbol{B}$ 表示第1季度各月份3种产品的生产数量；

（2）计算该厂第1季度各月份的产值，哪个月产值最高？

（3）计算该厂第1季度的总产值.

13. 某港口在去年一年出口到3个国家的4种产品出口量（单位：万件）情况如表2-5所示：

表2-5 某港口去年4种产品出口量情况

出口量 地区 / 产品	日本	韩国	新加坡	单位价格（万元）	单位重量（吨）
A	30	36	28	0.3	0.12
B	32	17	32	0.25	0.23
C	28	35	28	0.41	0.05
D	13	41	18	0.32	0.52

利用矩阵的乘法计算该港口出口到3个国家的货物的总价值和总重量.

14. 解下列矩阵方程.

（1）$\begin{pmatrix} 2 & 1 \\ 3 & 1 \end{pmatrix} \boldsymbol{X} = \begin{pmatrix} 3 & 1 \\ 1 & -2 \end{pmatrix}$；
（2）$\begin{pmatrix} 2 & -5 & 4 \\ 1 & 1 & -2 \\ 5 & -2 & 7 \end{pmatrix} \boldsymbol{X} = \begin{pmatrix} 4 \\ -3 \\ 22 \end{pmatrix}$；

（3）$\boldsymbol{X} \begin{pmatrix} 1 & 1 & -1 \\ 2 & 1 & 0 \\ 1 & -1 & 1 \end{pmatrix} = \begin{pmatrix} 4 & 3 & 2 \\ 1 & 1 & 3 \end{pmatrix}$.

15. 求所有与矩阵$\boldsymbol{A}$可交换的矩阵.

（1）$\boldsymbol{A} = \begin{pmatrix} 1 & 1 \\ 1 & 2 \end{pmatrix}$；
（2）$\boldsymbol{A} = \begin{pmatrix} 1 & 1 & 0 \\ 0 & 1 & 1 \\ 0 & 0 & 1 \end{pmatrix}$；
（3）$\boldsymbol{A} = \begin{pmatrix} 1 & 0 & 0 \\ 0 & 1 & 2 \\ 0 & 1 & -2 \end{pmatrix}$.

16. 计算下列各题，其中n是正整数.

（1）$\begin{pmatrix} 1 & 1 \\ 1 & 2 \end{pmatrix}^3$；
（2）$\begin{pmatrix} 1 & 0 \\ 4 & 1 \end{pmatrix}^4$；

（3）$\begin{pmatrix} 1 & -1 & 2 \\ -1 & 3 & 0 \\ 5 & -3 & 1 \end{pmatrix}^2$；
（4）$\begin{pmatrix} \lambda & 1 & 0 \\ 0 & \lambda & 1 \\ 0 & 0 & \lambda \end{pmatrix}^2$；

（5）$\begin{pmatrix} a & 0 & 0 \\ 0 & b & 0 \\ 0 & 0 & c \end{pmatrix}^n$；
（6）$\begin{pmatrix} \lambda & 1 & 0 \\ 0 & \lambda & 1 \\ 0 & 0 & \lambda \end{pmatrix}^n$；

(7) $\begin{pmatrix} 1 & -1 & -1 & -1 \\ -1 & 1 & -1 & -1 \\ -1 & -1 & 1 & -1 \\ -1 & -1 & -1 & 1 \end{pmatrix}^n$.

17. 已知$\boldsymbol{A}=\begin{pmatrix} 3 & 1 & 0 \\ 1 & 0 & 2 \\ 1 & 0 & 0 \end{pmatrix}$，$\boldsymbol{B}=\begin{pmatrix} 0 & 1 & 0 \\ 1 & 0 & 2 \\ 1 & 3 & 0 \end{pmatrix}$，求：

（1）$(\boldsymbol{A}+\boldsymbol{B})(\boldsymbol{A}-\boldsymbol{B})$；（2）$\boldsymbol{A}^2-\boldsymbol{B}^2$；（3）$(\boldsymbol{AB})^2$；（4）$\boldsymbol{A}^2\boldsymbol{B}^2$.

18. 设n阶矩阵$\boldsymbol{A}$满足$\boldsymbol{A}^3=\boldsymbol{O}$，求$(\boldsymbol{E}-\boldsymbol{A})(\boldsymbol{E}+\boldsymbol{A}+\boldsymbol{A}^2)$.

19. 设$\boldsymbol{A}$，$\boldsymbol{B}$均为n阶方阵，且$\boldsymbol{A}=\frac{1}{2}(\boldsymbol{B}+\boldsymbol{E})$，证明：$\boldsymbol{A}^2=\boldsymbol{A}$的充要条件是$\boldsymbol{B}^2=\boldsymbol{E}$.

20. 设$\boldsymbol{A}$，$\boldsymbol{B}$均为n阶方阵，证明：$(\boldsymbol{A}+\boldsymbol{B})(\boldsymbol{A}-\boldsymbol{B})=\boldsymbol{A}^2-\boldsymbol{B}^2$的充要条件是$\boldsymbol{AB}=\boldsymbol{BA}$.

21. 证明：若$\boldsymbol{A},\boldsymbol{B}$均与矩阵$\boldsymbol{C}$可交换，则$\boldsymbol{A}+\boldsymbol{B}$，$\boldsymbol{AB}$也都与矩阵$\boldsymbol{C}$可交换.

22. 已知3阶方阵$\boldsymbol{A}$的行列式为$|\boldsymbol{A}|=2$，求$|-5\boldsymbol{A}|$.

23. 已知n阶方阵$\boldsymbol{A}$的行列式为$|\boldsymbol{A}|=a$，求$\left|2|\boldsymbol{A}|\boldsymbol{A}^T\right|$.

24. 设$\boldsymbol{\alpha}=(1,0,-1)^{\mathrm{T}}$，方阵$\boldsymbol{A}=\boldsymbol{\alpha}\boldsymbol{\alpha}^{\mathrm{T}}$，$n$阶为正整数，求$|a\boldsymbol{E}-\boldsymbol{A}^n|$.

25. 已知$\boldsymbol{A}=\begin{pmatrix} 2 & -4 & 7 \\ 3 & -6 & 0 \\ -1 & 0 & -6 \end{pmatrix}$，$\boldsymbol{B}=\begin{pmatrix} 0 & 0 & 1 \\ 0 & 1 & 0 \\ 1 & 0 & 0 \end{pmatrix}$，求$\boldsymbol{B}^{11}\boldsymbol{A}\boldsymbol{B}^{10}$.

26. 设$f(x)=a_kx^k+a_{k-1}x^{k-1}+\cdots+a_1x+a_0(a_k\neq 0,k$是自然数)，$\boldsymbol{A}$为$n$阶方阵，$f(\boldsymbol{A})=a_k\boldsymbol{A}^k+a_{k-1}\boldsymbol{A}^{k-1}+\cdots+a_1\boldsymbol{A}+a_0\boldsymbol{E}_n$是$\boldsymbol{A}$的$k$次多项式.

（1）已知$f(x)=2x^3+x-1$，$\boldsymbol{A}=\begin{pmatrix} 1 & -1 \\ 2 & 3 \end{pmatrix}$，求$f(\boldsymbol{A})$；

（2）已知$f(x)=x^2+3x-2$，$\boldsymbol{A}=\begin{pmatrix} 1 & 0 & 2 \\ 3 & -1 & 0 \\ 2 & -2 & 1 \end{pmatrix}$，求$f(\boldsymbol{A})$.

27. 如果$\boldsymbol{A}$为$m\times n$矩阵，$\boldsymbol{B}$为$n\times m$矩阵，且$m\neq n$.是否一定有$|\boldsymbol{AB}|=|\boldsymbol{BA}|$? 若是，请证明你的结论，若不一定成立，请举反例.

28. 设$\boldsymbol{A},\boldsymbol{B},\boldsymbol{C}$均为$n$阶方阵，$\boldsymbol{E}$为$n$阶单位矩阵，判断下列结果是否正确，如果正确，请证明；如果不正确，请举反例.

（1）$\boldsymbol{E}-\boldsymbol{A}^2=(\boldsymbol{E}+\boldsymbol{A})(\boldsymbol{E}-\boldsymbol{A})$；

（2）若$\boldsymbol{AB}=\boldsymbol{AC}$，且$\boldsymbol{A}\neq\boldsymbol{O}$，则$\boldsymbol{B}=\boldsymbol{C}$；

(3) 若$A^2=B^2$，则$A=B$或$A=-B$；

(4) $(AB)^k=A^kB^k$；

(5) $|(AB)^k|=|A|^k|B|^k$；

(6) $|A^T+B^T|=|A+B|$；

(7) $|-A|=-|A|$.

29. 证明：对于任意$m\times n$矩阵A，A^TA和AA^T都是对称矩阵.

30. 证明：两个n阶对称矩阵的和仍是对称矩阵，一个对称矩阵的k倍仍是对称矩阵.

31. 证明：两个n阶对称矩阵的乘积仍是对称矩阵当且仅当它们可交换.

32. 证明：任何一个n阶矩阵都可以写成一个对称矩阵和一个反对称矩阵之和，并且表示法唯一.

*33. 证明：n阶实对称矩阵A满足$A^2=O$，则$A=O$.

*34. 证明：与所有n阶矩阵相乘均可交换的矩阵一定是n阶数量矩阵.

35. 设 $b_k=a_1^k+a_2^k+a_3^k,k=0,1,2,3,4$，$B=\begin{pmatrix}b_0&b_1&b_2\\b_1&b_2&b_3\\b_2&b_3&b_4\end{pmatrix}$，证明：$|B|=\prod\limits_{1\leqslant j<i\leqslant 3}(a_i-a_j)^2$.

36. 判断下列矩阵是否可逆?

(1) $\begin{pmatrix}1&1\\2&2\end{pmatrix}$； (2) $\begin{pmatrix}1&-5\\0&1\end{pmatrix}$； (3) $\begin{pmatrix}3&6&-1\\2&-2&-1\\0&0&0\end{pmatrix}$.

37. 判断下列矩阵是否可逆，若可逆，求其逆矩阵.

(1) $\begin{pmatrix}3&1\\4&2\end{pmatrix}$； (2) $\begin{pmatrix}1&-5\\-1&4\end{pmatrix}$；

(3) $\begin{pmatrix}-1&3&0\\2&-7&-1\\0&1&2\end{pmatrix}$； (4) $\begin{pmatrix}1&-4&-3\\1&-5&-3\\-1&6&4\end{pmatrix}$；

(5) $\begin{pmatrix}1&2&1&0\\2&1&0&1\\1&3&-1&1\\4&6&0&2\end{pmatrix}$； (6) $\begin{pmatrix}1&0&0&0\\2&1&0&0\\3&2&1&0\\4&3&2&1\end{pmatrix}$；

(7) $\begin{pmatrix} 1 & 0 & -1 \\ a & 3 & b \\ -2 & 0 & 2 \end{pmatrix}$;　　(8) $\begin{pmatrix} 1 & 1 & 1 & 1 \\ 1 & 1 & -1 & -1 \\ 1 & -1 & 1 & -1 \\ 1 & -1 & -1 & 1 \end{pmatrix}$.

38. 已知$\boldsymbol{A}^* = \begin{pmatrix} 10 & -5 & 1 \\ -8 & 4 & -1 \\ -7 & 4 & -1 \end{pmatrix}$，求矩阵$\boldsymbol{A}$.

39. 当a为何值时，矩阵$\boldsymbol{A} = \begin{pmatrix} 0 & 1 & 2 \\ a & -1 & 1 \\ 1 & 3 & 0 \end{pmatrix}$可逆，在可逆时，求其逆矩阵.

40. 设n阶矩阵$\boldsymbol{A}$满足$\boldsymbol{A}^3 - 2\boldsymbol{A}^2 + 3\boldsymbol{A} - \boldsymbol{E} = \boldsymbol{O}$，证明：$\boldsymbol{A}$可逆，并求$\boldsymbol{A}^{-1}$.

41. 设n阶矩阵$\boldsymbol{A}$满足$\boldsymbol{A}^2 - 2\boldsymbol{A} - 5\boldsymbol{E} = \boldsymbol{O}$，证明：$\boldsymbol{A} + \boldsymbol{E}$可逆，并求$(\boldsymbol{A} + \boldsymbol{E})^{-1}$.

42. 设n阶矩阵$\boldsymbol{A}$满足$a\boldsymbol{A}^2+b\boldsymbol{A}+c\boldsymbol{E}=\boldsymbol{O}$（$a,b,c$为常数，且$c\neq 0$），证明：$\boldsymbol{A}$可逆，并求$\boldsymbol{A}^{-1}$.

43. 设n阶矩阵$\boldsymbol{A}$满足$\boldsymbol{A}^k = \boldsymbol{O}$，判断$\boldsymbol{E} - \boldsymbol{A}$是否可逆？若可逆，求$(\boldsymbol{E} - \boldsymbol{A})^{-1}$.

44. 用逆矩阵解下列矩阵方程：

(1) $\begin{pmatrix} 1 & -5 \\ -1 & 4 \end{pmatrix}\boldsymbol{X} = \begin{pmatrix} 3 & 2 \\ 1 & 4 \end{pmatrix}$;　　(2) $\begin{pmatrix} 3 & -1 & 2 \\ 1 & 0 & -1 \\ -2 & 1 & 4 \end{pmatrix}\boldsymbol{X} = \begin{pmatrix} 3 & -1 \\ 0 & 4 \\ -2 & 1 \end{pmatrix}$;

(3) $\boldsymbol{X}\begin{pmatrix} 1 & 0 & 5 \\ 1 & 1 & 2 \\ 1 & 2 & 5 \end{pmatrix} = \begin{pmatrix} 1 & 1 & 2 \\ 0 & 0 & -6 \end{pmatrix}$;

(4) $\begin{pmatrix} 1 & -2 & 0 \\ 1 & -2 & -1 \\ -1 & 1 & 2 \end{pmatrix}\boldsymbol{X}\begin{pmatrix} 3 & -1 & 2 \\ 1 & 0 & 1 \\ -1 & 0 & 1 \end{pmatrix} = \begin{pmatrix} 5 & 0 & -1 \\ 1 & -3 & 0 \\ -2 & 1 & 3 \end{pmatrix}$.

45. 设矩阵$\boldsymbol{A} = \begin{pmatrix} 1 & -1 & 0 \\ 0 & 2 & 5 \\ 1 & 3 & 2 \end{pmatrix}$，矩阵$\boldsymbol{B}$满足$\boldsymbol{A}^2 + 3\boldsymbol{B} = \boldsymbol{AB} + 9\boldsymbol{E}$，求矩阵$\boldsymbol{B}$.

46. 若3阶矩阵$\boldsymbol{A}$，$\boldsymbol{B}$满足关系$\boldsymbol{A}^{-1}\boldsymbol{BA} = 6\boldsymbol{A} + \boldsymbol{BA}$，且$\boldsymbol{A} = \begin{pmatrix} \frac{1}{2} & 0 & 0 \\ 0 & \frac{1}{4} & 0 \\ 0 & 0 & \frac{1}{7} \end{pmatrix}$，求矩阵$\boldsymbol{B}$.

47. 设矩阵$\boldsymbol{C} = \boldsymbol{A}^{-1}\boldsymbol{B}^{\mathrm{T}}(\boldsymbol{B}^{-1} + \boldsymbol{E})^{\mathrm{T}} - \boldsymbol{A}^{-1}$，其中$\boldsymbol{A} = \begin{pmatrix} 1 & 1 & 1 \\ 1 & 2 & 0 \\ 2 & 3 & 2 \end{pmatrix}$，$\boldsymbol{B} = \begin{pmatrix} 1 & 0 & 0 \\ 2 & 1 & 0 \\ 0 & 2 & 1 \end{pmatrix}$.

化简C的表达式，并求矩阵C.

48. 设矩阵$A=\begin{pmatrix}1&1&-1\\0&1&1\\0&0&-1\end{pmatrix}$，$B$为3阶矩阵，且满足$A^2-AB=-E$，求矩阵$B$.

49. 已知A,B为3阶矩阵，且满足方程$2A^{-1}B=B-4E$，其中

$$B=\begin{pmatrix}1&-2&0\\1&2&0\\0&0&2\end{pmatrix}.$$

（1）求矩阵$\frac{1}{8}(B-4E)$的逆矩阵；

（2）求矩阵A.

50. 已知矩阵A的伴随矩阵$A^*=\begin{pmatrix}1&0&0&0\\0&1&0&0\\1&0&1&0\\0&-3&0&8\end{pmatrix}$，且$ABA^{-1}=BA^{-1}+3E$，求矩阵$B$.

51. 已知矩阵$A=\begin{pmatrix}1&0&0&0&0\\1&1&0&0&0\\1&1&1&0&0\\1&1&1&1&0\\1&1&1&1&1\end{pmatrix}$，求$|A|$中所有元素的代数余子式之和.

52. 设A,B均为n阶可逆矩阵，证明$(AB)^*=B^*A^*$.

53. 设A,B均为3阶矩阵，$|A|=\frac{1}{3}$，求$\left|(2A^{\mathrm{T}})^{-1}-3(A^*)^{\mathrm{T}}\right|$.

54. 设A为3阶矩阵，$|A|=\frac{1}{2}$，$|B|=-4$，求$\left|-2(A^{-1}B^{\mathrm{T}})^{-1}\right|$.

55. 设A为3阶矩阵，$|A|=2$，交换矩阵A的第1行和第2行得到矩阵B，求$|BA^*|$.

56. 设A为n阶矩阵，$|A|=-1$，$AA^{\mathrm{T}}=E$，证明：$A+E$不可逆.

57. 设A为奇数阶方阵，$|A|=1$，$AA^{\mathrm{T}}=E$，证明：$A-E$不可逆.

58. 已知矩阵A和$E-A$均可逆，若矩阵B满足$\left[E-(E-A)^{-1}\right]B=A$，求$B-A$.

59. 用指定的分块方法，求下列矩阵的乘积.

（1）$\left(\begin{array}{cc|cc}1&0&2&0\\0&1&1&3\\0&0&1&2\\0&0&0&1\end{array}\right)\begin{pmatrix}3&-1&0\\1&1&1\\1&0&1\\0&1&2\end{pmatrix}$；（2）$\begin{pmatrix}1&1&-2\\0&2&3\\-1&3&1\end{pmatrix}\begin{pmatrix}1&0&1\\1&2&-1\\0&1&2\end{pmatrix}$.

60. 用分块矩阵求下列矩阵的逆矩阵.

(1) $\begin{pmatrix}1&2&3&4\\0&1&2&3\\0&0&1&2\\0&0&0&1\end{pmatrix}$; (2) $\begin{pmatrix}1&-2&1&-1\\-2&1&1&3\\1&1&1&2\\0&0&0&1\end{pmatrix}$; (3) $\begin{pmatrix}3&0&0&0&0\\0&1&2&0&0\\0&1&1&0&0\\0&0&0&5&3\\0&0&0&2&1\end{pmatrix}$.

61. 设$\boldsymbol{A}=\begin{pmatrix}\boldsymbol{A}_1&&&\\&\boldsymbol{A}_2&&\\&&\ddots&\\&&&\boldsymbol{A}_s\end{pmatrix}$，其中$\boldsymbol{A}_i(i=1,2,\cdots,s)$都是方阵，证明：$\boldsymbol{A}$可逆当且仅当$\boldsymbol{A}_i(i=1,2,\cdots,s)$都可逆. 并且当$\boldsymbol{A}$可逆时，有

$$\boldsymbol{A}^{-1}=\begin{pmatrix}\boldsymbol{A}_1^{-1}&&&\\&\boldsymbol{A}_2^{-1}&&\\&&\ddots&\\&&&\boldsymbol{A}_s^{-1}\end{pmatrix}.$$

62. 设$\boldsymbol{A}$为3阶矩阵，且$|\boldsymbol{A}|=2$，把$\boldsymbol{A}$按列分块为$\boldsymbol{A}=(\boldsymbol{A}_1,\boldsymbol{A}_2,\boldsymbol{A}_3)$，求

$$|\boldsymbol{A}_1,4\boldsymbol{A}_3,-2\boldsymbol{A}_2-\boldsymbol{A}_3|.$$

63. 用矩阵的初等变换求矩阵的等价标准形.

(1) $\begin{pmatrix}1&-1\\2&1\end{pmatrix}$; (2) $\begin{pmatrix}1&3&2&-1&2\\2&1&3&1&1\\3&4&5&0&3\end{pmatrix}$;

(3) $\begin{pmatrix}1&2&1\\2&1&-1\\3&3&0\\5&4&-1\end{pmatrix}$; (4) $\begin{pmatrix}1&-2&1&3\\2&1&-2&1\\7&0&2&5\\1&3&-3&-2\end{pmatrix}$.

64. 用矩阵的初等变换判断下列矩阵是否可逆，如果可逆，求出逆矩阵.

(1) $\begin{pmatrix}1&2\\2&1\end{pmatrix}$; (2) $\begin{pmatrix}1&3&2\\2&4&5\\-1&1&3\end{pmatrix}$;

(3) $\begin{pmatrix}1&5&3&-1\\1&1&0&2\\0&1&1&0\\0&0&2&1\end{pmatrix}$; (4) $\begin{pmatrix}1&2&-1&0\\3&1&1&1\\1&-1&2&5\\5&2&2&6\end{pmatrix}$.

65. 用矩阵的初等变换解下列矩阵方程.

(1) $\begin{pmatrix}1&2\\1&-1\end{pmatrix}\boldsymbol{X}=\begin{pmatrix}2&1\\2&-1\end{pmatrix}$; (2) $\begin{pmatrix}1&-1&2\\1&-2&1\\1&3&2\end{pmatrix}\boldsymbol{X}=\begin{pmatrix}2\\1\\4\end{pmatrix}$.

66. 求下列矩阵的秩：

（1）$\begin{pmatrix} 1 & 5 & 3 & -1 \\ 1 & 1 & 0 & 2 \\ 2 & 1 & 1 & 0 \\ 4 & 7 & 4 & 1 \end{pmatrix}$；　　（2）$\begin{pmatrix} 1 & 1 & 3 & 4 \\ -2 & 1 & 4 & 5 \\ -1 & 2 & 7 & 9 \end{pmatrix}$；

（3）$\begin{pmatrix} 2 & 1 & 1 & 0 & 2 \\ 1 & 0 & 3 & 1 & 3 \\ 0 & 7 & 2 & 1 & 0 \\ -1 & 1 & 3 & 2 & 1 \end{pmatrix}$；　　（4）$\begin{pmatrix} 1 & -1 & 2 & 1 & 0 \\ 2 & -2 & 4 & 2 & 0 \\ 3 & 0 & 6 & -1 & 1 \\ 0 & 3 & 0 & 0 & 1 \end{pmatrix}$.

67. 适当选取矩阵$\boldsymbol{A}=\begin{pmatrix} 1 & -2 & -1 & 3 \\ 3 & -6 & -3 & 9 \\ -2 & 4 & 2 & k \end{pmatrix}$中的$k$的值，使 (1) $r(\boldsymbol{A})=1$；(2) $r(\boldsymbol{A})=2$.

68. 已知矩阵$\boldsymbol{A}=\begin{pmatrix} 1 & -1 & 2 & 1 \\ -1 & a & 2 & 1 \\ 3 & 1 & b & -1 \end{pmatrix}$，$r(\boldsymbol{A})=2$，求$a,b$的值.

69. 已知$\boldsymbol{A}$是3阶矩阵，$\boldsymbol{B}=\begin{pmatrix} 1 & 0 & 0 \\ 0 & 0 & 0 \\ 0 & 0 & -1 \end{pmatrix}$，$\boldsymbol{P}=\begin{pmatrix} 1 & 2 & 3 \\ 0 & 1 & 2 \\ 0 & 0 & 1 \end{pmatrix}$满足$\boldsymbol{AP}=\boldsymbol{PB}$，求$\boldsymbol{A}$与$\boldsymbol{A}^{100}$.

70. 将3阶矩阵$\boldsymbol{A}$的第2列加到第1列得到矩阵$\boldsymbol{B}$，再交换矩阵$\boldsymbol{B}$的第2行与第3行得到单位矩阵，求矩阵$\boldsymbol{A}$.

71. 将$\boldsymbol{A}$的第2行与第3行交换，再将第2列的-1倍加到第1列得到矩阵$\begin{pmatrix} -2 & 1 & -1 \\ 1 & -1 & 0 \\ -1 & 0 & 0 \end{pmatrix}$，求$\boldsymbol{A}^{-1}$.

72. 设2阶矩阵$\boldsymbol{A}$可逆，且$\boldsymbol{A}^{-1}=\begin{pmatrix} a_1 & a_2 \\ b_1 & b_2 \end{pmatrix}$，对于矩阵$\boldsymbol{P}_1=\begin{pmatrix} 1 & 2 \\ 0 & 1 \end{pmatrix}$，$\boldsymbol{P}_2=\begin{pmatrix} 0 & 1 \\ 1 & 0 \end{pmatrix}$，令$\boldsymbol{B}=\boldsymbol{P}_1\boldsymbol{A}\boldsymbol{P}_2$，利用矩阵的初等变换求$\boldsymbol{B}^{-1}$.

73. 已知3阶矩阵$\boldsymbol{A}$，先交换伴随矩阵$\boldsymbol{A}^*$的第1行和第3行，再将第2列的-2倍加到第3列，得到$-\boldsymbol{E}$，求矩阵$\boldsymbol{A}$.

74. 将矩阵$\boldsymbol{A}=\begin{pmatrix} 1 & 2 \\ 3 & 4 \end{pmatrix}$表示成有限个初等矩阵的乘积.

75. 将矩阵$\boldsymbol{A}=\begin{pmatrix} 1 & 0 & 1 \\ 1 & 1 & -1 \\ 0 & -2 & 0 \end{pmatrix}$表示成有限个初等矩阵的乘积.

第3章　线性方程组

科学技术和经济管理的许多问题往往可以归结为解一个线性方程组.本章的核心问题就是讨论线性方程组解的基本理论，为了深入研究该问题，需要引入向量的概念，研究向量间的线性关系和相关性质.本章介绍方程组有解的判断方法、向量的概念、向量组之间的线性相关性、向量组的秩、非齐次线性方程组有解和齐次线性方程组有非零解的充分必要条件以及解的结构.

3.1　消　元　法

3.1.1　用消元法解线性方程组的例子

第1章我们讨论了含有n个方程n个未知数的线性方程组有唯一解的充分必要条件，但是这种方法只能解决方程和未知数个数相等，且系数矩阵构成的行列式不为零的特殊情况.一般地，如果线性方程组的方程与未知数个数不相等或者虽然方程和未知数个数相等，但是系数矩阵构成的行列式为零，就需要进一步探讨和研究.

之前求解线性方程组主要通过消元法完成.通过第2章第6节的讨论知道，消元的过程可以通过对增广矩阵$\bar{A}$进行三种初等行变换表示.下面先看几个例子.

例1　分析第2章第6节的例1的线性方程组

$$\begin{cases} x_1 + 3x_2 - 2x_3 = 4, \\ 3x_1 + 2x_2 - 5x_3 = 11, \\ 2x_1 + x_2 + x_3 = 3 \end{cases}$$

的求解过程.

解：首先由线性方程组的系数和常数项构成增广矩阵

$$\bar{A}=(A|b)=\left(\begin{array}{ccc|c}1&3&-2&4\\3&2&-5&11\\2&1&1&3\end{array}\right),$$

通过一系列的初等行变换化为阶梯形矩阵 $\bar{A}\to\left(\begin{array}{ccc|c}1&3&-2&4\\0&1&-1&1\\0&0&1&-1\end{array}\right)=\boldsymbol{B}$，将矩阵 $\boldsymbol{B}$ 写成对应的方程组：

$$\begin{cases}x_1+3x_2-2x_3=4,\\ \qquad x_2-\ x_3=1,\\ \qquad\qquad x_3=-1.\end{cases}\tag{3.1}$$

方程组（3.1）有唯一解.

把 $x_3=-1$ 代入（3.1）的第2个方程可以求出 x_2，再把 x_2,x_3 代入（3.1）的第1个方程，可以确定全部解.回代过程也可以通过对 $\boldsymbol{B}$ 进行矩阵的初等行变换实现：

$$\boldsymbol{B}\to\left(\begin{array}{ccc|c}1&3&-2&4\\0&1&0&0\\0&0&1&-1\end{array}\right)\to\left(\begin{array}{ccc|c}1&3&0&2\\0&1&0&0\\0&0&1&-1\end{array}\right)\to\left(\begin{array}{ccc|c}1&0&0&2\\0&1&0&0\\0&0&1&-1\end{array}\right),$$

将初等变换的结果写成方程组：

$$\begin{cases}x_1=2,\\x_2=0,\\x_3=-1.\end{cases}$$

这就是原方程组的解.

例2　求解线性方程组：

$$\begin{cases}2x_1-\ x_2+3x_3=1,\\4x_1-2x_2+5x_3=4,\\2x_1-\ x_2+4x_3=0.\end{cases}$$

解：对方程组的增广矩阵进行初等行变换，将矩阵化为阶梯形：

$$\bar{A}=(A|b)=\left(\begin{array}{ccc|c}2&-1&3&1\\4&-2&5&4\\2&-1&4&0\end{array}\right)\xrightarrow[r_3-r_1]{r_2-2r_1}\left(\begin{array}{ccc|c}2&-1&3&1\\0&0&-1&2\\0&0&1&-1\end{array}\right)\xrightarrow{r_3+r_2}\left(\begin{array}{ccc|c}2&-1&3&1\\0&0&-1&2\\0&0&0&1\end{array}\right),$$

将初等变换的结果写成方程组：

$$\begin{cases}2x_1-x_2+3x_3=1,\\ \qquad\quad -\ x_3=2,\\ \qquad\qquad\ 0=1.\end{cases}\tag{3.2}$$

（3.2）出现矛盾方程$0=1$，（3.2）无解. 由于原方程组与（3.2）同解，因此原方程组无解.

例3 求解线性方程组：

$$\begin{cases} x_1 - x_2 + 2x_3 - 3x_4 + x_5 = 2, \\ 2x_1 - 2x_2 + 7x_3 - 10x_4 + 5x_5 = 5, \\ 3x_1 - 3x_2 + 3x_3 - 5x_4 = 5. \end{cases}$$

解：对增广矩阵进行初等行变换，将矩阵化为阶梯形：

$$\bar{\boldsymbol{A}} = (\boldsymbol{A}|\boldsymbol{b}) = \left(\begin{array}{ccccc|c} 1 & -1 & 2 & -3 & 1 & 2 \\ 2 & -2 & 7 & -10 & 5 & 5 \\ 3 & -3 & 3 & -5 & 0 & 5 \end{array}\right) \xrightarrow[r_3 - 3r_1]{r_2 - 2r_1} \left(\begin{array}{ccccc|c} 1 & -1 & 2 & -3 & 1 & 2 \\ 0 & 0 & 3 & -4 & 3 & 1 \\ 0 & 0 & -3 & 4 & -3 & -1 \end{array}\right)$$

$$\xrightarrow{r_3 + r_2} \left(\begin{array}{ccccc|c} 1 & -1 & 2 & -3 & 1 & 2 \\ 0 & 0 & 3 & -4 & 3 & 1 \\ 0 & 0 & 0 & 0 & 0 & 0 \end{array}\right) = \boldsymbol{B},$$

将初等变换的结果写成方程组：

$$\begin{cases} x_1 - x_2 + 2x_3 - 3x_4 + x_5 = 2, \\ 3x_3 - 4x_4 + 3x_5 = 1, \\ 0 = 0. \end{cases} \tag{3.3}$$

（3.3）是含有2个有效方程、5个未知数的方程组，该方程组有无穷多解.

对$\boldsymbol{B}$继续进行初等行变换化为简化的阶梯形：

$$\boldsymbol{B} \to \left(\begin{array}{ccccc|c} 1 & -1 & 0 & -1/3 & -1 & 4/3 \\ 0 & 0 & 1 & -4/3 & 1 & 1/3 \\ 0 & 0 & 0 & 0 & 0 & 0 \end{array}\right),$$

写成方程组：

$$\begin{cases} x_1 - x_2 - \frac{1}{3}x_4 - x_5 = \frac{4}{3}, \\ x_3 - \frac{4}{3}x_4 + x_5 = \frac{1}{3}, \\ 0 = 0. \end{cases}$$

整理后得到方程组：

$$\begin{cases} x_1 = \frac{4}{3} + x_2 + \frac{1}{3}x_4 + x_5, \\ x_3 = \frac{1}{3} + \frac{4}{3}x_4 - x_5. \end{cases}$$

取$x_2 = c_1, x_4 = c_2, x_5 = c_3$，方程组的解为

$$\begin{cases} x_1 = \frac{4}{3} + c_1 + \frac{1}{3}c_2 + c_3, \\ x_2 = c_1, \\ x_3 = \frac{1}{3} + \frac{4}{3}c_2 - c_3, \\ x_4 = c_2, \\ x_5 = c_3, \end{cases}$$

其中c_1，c_2，c_3为任意常数.

通过上面几个例题可以看出，求解线性方程组可以通过对增广矩阵进行初等行变换，将增广矩阵化为行阶梯形矩阵，通过行阶梯形矩阵可以判断方程组是否有解，如果方程组有解，可以对行阶梯形矩阵继续施行初等行变换，化为简化的阶梯形矩阵，通过简化的阶梯形矩阵很容易写出原方程组的解.

3.1.2　线性方程组解的情况

下面讨论一般的线性方程组.所谓一般线性方程组，是指

$$\begin{cases} a_{11}x_1 + a_{12}x_2 + \cdots + a_{1n}x_n = b_1, \\ a_{21}x_1 + a_{22}x_2 + \cdots + a_{2n}x_n = b_2, \\ \cdots\cdots\cdots\cdots \\ a_{m1}x_1 + a_{m2}x_2 + \cdots + a_{mn}x_n = b_m. \end{cases} \tag{3.4}$$

其中$x_1, x_2, \cdots, x_n$代表n个未知数；m为方程的个数；$a_{ij}(i = 1,2,\cdots,m; j = 1,2,\cdots,n)$称为未知数的系数，第一个指标$i$表示它在第$i$个方程，第二个指标$j$表示它是未知数$x_j$的系数；$b_j(j = 1,2,\cdots,m)$称为常数项.方程的个数$m$与未知数的个数$n$不一定相等.

将所有的未知数系数按照在方程组中的位置构成矩阵$\boldsymbol{A} = (a_{ij})_{m\times n}$，$\boldsymbol{A}$称为系数矩阵；将未知数放到一起构成列向量$\boldsymbol{x} = \left(x_j\right)_{n\times 1}$；将常数项放到一起构成列向量$\boldsymbol{b} = \left(b_j\right)_{m\times 1}$；将系数矩阵和常数项放在一起构成的分块矩阵$\left(\boldsymbol{A}|\boldsymbol{b}\right)$即为增广矩阵$\bar{A}$.方程组（3.4）用矩阵乘法表示就是$\boldsymbol{Ax}=\boldsymbol{b}$.

方程组（3.4）的一个**解**，是指由n个数$k_1,k_2,\cdots,k_n$组成的向量$(k_1, k_2,\cdots, k_n)^{\mathrm{T}}$，当$x_1, x_2,\cdots, x_n$分别用$k_1, k_2,\cdots, k_n$代入后，（3.4）的每个等式都变成恒等式.方程组（3.4）的全部解称为它的**解集合**.解方程组实际上就是找出它的全部解，或者说，求出它的全部解.如果两个方程组有相同的解集合，就称它们是同解的.

用消元法求解方程组的步骤：

首先写出方程组（3.4）的增广矩阵$\overline{A}=(A|b)$，对增广矩阵进行初等行变换.

第一步，不妨设$a_{11}\neq 0$（若$a_{11}=0$，总存在$i(i=2,3,\cdots,m)$，满足$a_{i1}\neq 0$，交换增广矩阵的第1行和第i行，则新矩阵的第1行第一个元素不为零.），将第1行的$-\dfrac{a_{i1}}{a_{11}}$加到第$i(i=2,3,\cdots,m)$行：

$$\overline{A}=(A|b)=\left(\begin{array}{cccc|c} a_{11} & a_{12} & \cdots & a_{1n} & b_1 \\ a_{21} & a_{22} & \cdots & a_{2n} & b_2 \\ \vdots & \vdots & & \vdots & \vdots \\ a_{m1} & a_{m2} & \cdots & a_{mn} & b_m \end{array}\right) \xrightarrow[\substack{\vdots \\ r_m-\frac{a_{m1}}{a_{11}}r_1}]{r_2-\frac{a_{21}}{a_{11}}r_1} \left(\begin{array}{cccc|c} a_{11}^1 & a_{12}^1 & \cdots & a_{1n}^1 & b_1^1 \\ 0 & a_{22}^1 & \cdots & a_{2n}^1 & b_2^1 \\ \vdots & \vdots & & \vdots & \vdots \\ 0 & a_{m2}^1 & \cdots & a_{mn}^1 & b_m^1 \end{array}\right)=\overline{A}_1,$$

第二步，对矩阵$\overline{A}_1$的第2行到第m行按第一步的规则继续进行初等行变换，可以得到：（如果在变换过程中出现某一个元素$a_{ii}=0$，同时存在j满足$a_{ji}\neq 0(j>i)$，则交换矩阵的第i行和第j行，同时标注未知数位置的变换.）

$$\left(\begin{array}{ccccccccc|c} a'_{11} & a'_{12} & a'_{13} & \cdots & a'_{1,r-1} & a'_{1r} & a'_{1,r+1} & \cdots & a'_{1n} & d_1 \\ 0 & a'_{22} & a'_{23} & \cdots & a'_{2,r-1} & a'_{2r} & a'_{2,r+1} & \cdots & a'_{2n} & d_2 \\ 0 & 0 & a'_{33} & \cdots & a'_{3,r-1} & a'_{3r} & a'_{3,r+1} & \cdots & a'_{3n} & d_3 \\ \vdots & \vdots & \vdots & & \vdots & \vdots & \vdots & & \vdots & \vdots \\ 0 & 0 & 0 & \cdots & 0 & a'_{rr} & a'_{r,r+1} & \cdots & a'_{rn} & d_r \\ 0 & 0 & 0 & \cdots & 0 & 0 & 0 & \cdots & 0 & d_{r+1} \\ 0 & 0 & 0 & \cdots & 0 & 0 & 0 & \cdots & 0 & 0 \\ \vdots & \vdots & \vdots & & \vdots & \vdots & \vdots & & \vdots & \vdots \\ 0 & 0 & 0 & \cdots & 0 & 0 & 0 & \cdots & 0 & 0 \end{array}\right)=\overline{A}_2,$$

其中$a'_{ii}\neq 0(i=1，2，3，\cdots，r)$.该矩阵对应的方程组为

$$\begin{cases} a'_{11}x_1+a'_{12}x_2+a'_{13}x_3+\cdots+a'_{1,r-1}x_{r-1}+a'_{1r}x_r+a'_{1,r+1}x_{r+1}+\cdots+a'_{1n}x_n=d_1, \\ \qquad a'_{22}x_2+a'_{23}x_3+\cdots+a'_{2,r-1}x_{r-1}+a'_{2r}x_r+a'_{2,r+1}x_{r+1}+\cdots+a'_{2n}x_n=d_2, \\ \qquad\qquad a'_{33}x_3+\cdots+a'_{3,r-1}x_{r-1}+a'_{3r}x_r+a'_{3,r+1}x_{r+1}+\cdots+a'_{3n}x_n=d_3, \\ \qquad\qquad\qquad\cdots\cdots\cdots\cdots \\ \qquad\qquad\qquad a'_{rr}x_r+a'_{r,r+1}x_{r+1}+\cdots+a'_{rn}x_n=d_r, \\ \qquad\qquad\qquad\qquad 0=d_{r+1}, \\ \qquad\qquad\qquad\qquad 0=0, \\ \qquad\qquad\qquad\qquad\cdots\cdots\cdots\cdots \\ \qquad\qquad\qquad\qquad 0=0. \end{cases} \tag{3.5}$$

（3.5）中0=0的式子可能出现，也可能不出现.这时去掉它们也不影响（3.5）的解，并且（3.4）与（3.5）是同解的.

现在考虑（3.5）的情况.

1.如果（3.5）中有方程$0 = d_{r+1}$，而$d_{r+1} \neq 0$，这时不管$x_1, x_2, \cdots, x_n$取什么值都不能使它成为等式，因此（3.5）无解，故（3.4）无解.

2.当$d_{r+1} = 0$或（3.5）中没有“0=0”的方程时，分两种情况：

（1）当$r=n$时，对$\overline{A}$通过初等行变换（及可能交换列）得到的$\overline{A}_2$继续进行初等行变换，把$\overline{A}_2$化为简化的阶梯形矩阵，$\overline{A}_2 \to \left(\begin{array}{cccc|c} 1 & 0 & \cdots & 0 & d_1' \\ 0 & 1 & \cdots & 0 & d_2' \\ \vdots & \vdots & & \vdots & \vdots \\ 0 & 0 & \cdots & 1 & d_n' \end{array}\right)$，

原方程组的解为$\begin{cases} x_1 = d_1', \\ x_2 = d_2', \\ \cdots\cdots\cdots \\ x_n = d_n'. \end{cases}$

（2）当$r<n$时，对$\overline{A}$通过初等行变换（及可能交换列）得到的$\overline{A}_2$继续进行初等行变换，把$\overline{A}_2$化为简化的阶梯形矩阵，

$$\overline{A}_2 \to \left(\begin{array}{cccccccc|c} 1 & 0 & \cdots & 0 & a''_{1,r+1} & \cdots & a''_{1n} & d_1' \\ 0 & 1 & \cdots & 0 & a''_{2,r+1} & \cdots & a''_{2n} & d_2' \\ \vdots & \vdots & & \vdots & \vdots & & \vdots & \vdots \\ 0 & 0 & \cdots & 1 & a''_{r,r+1} & \cdots & a''_{rn} & d_r' \\ 0 & 0 & \cdots & 0 & 0 & \cdots & 0 & 0 \\ \vdots & \vdots & & \vdots & \vdots & & \vdots & \vdots \\ 0 & 0 & \cdots & 0 & 0 & \cdots & 0 & 0 \end{array}\right),$$

对应的方程组为

$$\begin{cases} x_1 + a''_{1,r+1}x_{r+1} + \cdots + a''_{1n}x_n = d_1', \\ x_2 + a''_{2,r+1}x_{r+1} + \cdots + a''_{2n}x_n = d_2', \\ \cdots\cdots\cdots\cdots \\ x_r + a''_{r,r+1}x_{r+1} + \cdots + a''_{rn}x_n = d_r'. \end{cases} \tag{3.6}$$

这是含有r个方程n个未知数的方程组，将x_{r+1}，$\cdots$，x_n移到方程右边，得到

$$\begin{cases} x_1 = d_1' - a''_{1,r+1}x_{r+1} - \cdots - a''_{1n}x_n, \\ x_2 = d_2' - a''_{2,r+1}x_{r+1} - \cdots - a''_{2n}x_n, \\ \cdots\cdots\cdots\cdots \\ x_r = d_r' - a''_{r,r+1}x_{r+1} - \cdots - a''_{rn}x_n. \end{cases} \tag{3.7}$$

任给$x_{r+1},\cdots,x_n$一组值，就唯一地确定出$x_1,x_2,\cdots,x_r$的值.一般地，由(3.7)可以把$x_1,x_2,\cdots,x_r$通过$x_{r+1},\cdots,x_n$表示出来.取$x_{r+1}=c_1,\cdots,x_n=c_{n-r}$，得

$$\begin{cases} x_1 = d_1' - a_{1,r+1}''c_1 - \cdots - a_{1n}''c_{n-r}, \\ x_2 = d_2' - a_{2,r+1}''c_1 - \cdots - a_{2n}''c_{n-r}, \\ \qquad\cdots\cdots\cdots\cdots \\ x_r = d_r' - a_{r,r+1}''c_1 - \cdots - a_{rn}''c_{n-r}, \\ x_{r+1} = c_1, \\ \qquad\cdots\cdots\cdots\cdots \\ x_n = c_{n-r}. \end{cases} \tag{3.8}$$

(3.8)称为方程组(3.4)的**一般解**，$x_{r+1},\cdots,x_n$称为**自由未知量**.

总结解线性方程组的步骤：用初等行变换将方程组(3.4)的增广矩阵化为阶梯形矩阵[即(3.5)对应的矩阵]，根据d_{r+1}是否为零判断方程组是否有解：

1.若$d_{r+1}\neq 0$，线性方程组(3.4)无解.

2.若$d_{r+1}=0$，线性方程组(3.4)有解，此时分两种情况：

(1)当$r=n$时，方程组(3.4)有唯一解；

(2)当$r<n$时，方程组(3.4)有无穷多解.

可以继续进行初等行变换，将增广矩阵化为简化的阶梯形矩阵，求出方程组(3.4)的解.

上述结论通过矩阵秩的形式进行表达，就是下面的定理.

定理3.1　设线性方程组(3.4)的系数矩阵为$A=(a_{ij})_{m\times n}$，未知数向量为$x=\left(x_j\right)_{n\times 1}$，常数向量为$b=\left(b_j\right)_{m\times 1}$，增广矩阵为$\bar{A}=\left(A|b\right)$，系数矩阵的秩为$r(A)=r$，线性方程组(3.4)有解的充分必要条件是$r(A)=r(\bar{A})$，并且当$r=n$时方程组有唯一解，当$r<n$时方程组有无穷多解.

由定理3.1再来观察本节例1，可知$r(A)=r(\bar{A})$，因此方程组有解，通过简化的阶梯形矩阵可知$r(A)=r(\bar{A})=3$，与未知数的个数相等，因此方程组有唯一解；本节例2，系数矩阵和增广矩阵的秩分别为$r(A)=2,r(\bar{A})=3$，$r(A)<r(\bar{A})$，该方程组无解；本节例3，系数矩阵和增广矩阵的秩为$r(A)=r(\bar{A})=2$，小于未知数的个数，原方程组有无穷多解.

例4　当k取何值时，方程组

$$\begin{cases} kx_1 + x_2 + x_3 = 5, \\ 3x_1 + 2x_2 + kx_3 = 18 - 5k, \\ \qquad x_2 + 2x_3 = 2 \end{cases}$$

有唯一解、无穷多解或无解？有无穷多解时求出一般解.

解：方法1：$\bar{A}=(A|b)=\left(\begin{array}{ccc|c}k&1&1&5\\3&2&k&18-5k\\0&1&2&2\end{array}\right)\xrightarrow{r_2\leftrightarrow r_1}\left(\begin{array}{ccc|c}3&2&k&18-5k\\k&1&1&5\\0&1&2&2\end{array}\right)$

$$\xrightarrow{r_2\leftrightarrow r_3}\left(\begin{array}{ccc|c}3&2&k&18-5k\\0&1&2&2\\k&1&1&5\end{array}\right)$$

$$\xrightarrow{r_3-\frac{k}{3}r_1}\left(\begin{array}{ccc|c}3&2&k&18-5k\\0&1&2&2\\0&1-\frac{2}{3}k&1-\frac{k^2}{3}&5-6k+\frac{5}{3}k^2\end{array}\right)$$

$$\xrightarrow{r_3-\left(1-\frac{2k}{3}\right)r_2}\left(\begin{array}{ccc|c}3&2&k&18-5k\\0&1&2&2\\0&0&-\frac{k^2}{3}+\frac{4}{3}k-1&\frac{5}{3}k^2-\frac{14}{3}k+3\end{array}\right)=\boldsymbol{B}.$$

当$\frac{4}{3}k-\frac{1}{3}k^2-1=0$且$\frac{5}{3}k^2-\frac{14}{3}k+3\neq 0$时，$r(A)=2<r(\bar{A})=3$，即当$k=3$时，方程组无解；

当$\frac{4}{3}k-\frac{1}{3}k^2-1\neq 0$时，$r(A)=r(\bar{A})=3$，即当$k\neq 1$且$k\neq 3$时，方程组有唯一解；

当$\frac{4}{3}k-\frac{1}{3}k^2-1=0$且$\frac{5}{3}k^2-\frac{14}{3}k+3=0$时，$r(A)=r(\bar{A})=2$，即当$k=1$时，方程组有无穷多解.

当$k=1$时，继续对$\boldsymbol{B}$进行初等行变换：

$$\boldsymbol{B}=\left(\begin{array}{ccc|c}3&2&1&13\\0&1&2&2\\0&0&0&0\end{array}\right)\xrightarrow{r_1-2r_2}\left(\begin{array}{ccc|c}3&0&-3&9\\0&1&2&2\\0&0&0&0\end{array}\right)\xrightarrow{\frac{1}{3}r_1}\left(\begin{array}{ccc|c}1&0&-1&3\\0&1&2&2\\0&0&0&0\end{array}\right),$$

将初等变换的结果写成方程组：

$$\begin{cases}x_1\quad -x_3=3,\\ \quad x_2+2x_3=2.\end{cases}$$

整理后得到方程组：

$$\begin{cases}x_1=3+x_3,\\ x_2=2-2x_3.\end{cases}$$

取$x_3=c$，方程组的解为

$$\begin{cases}x_1 = 3 + c,\\ x_2 = 2 - 2c,\\ x_3 = c,\end{cases}$$

其中c为任意常数.

方法2：本题未知数和方程的个数相等，可以考虑利用克莱姆法则解决.

$$|A| = \begin{vmatrix} k & 1 & 1 \\ 3 & 2 & k \\ 0 & 1 & 2 \end{vmatrix} = -(k-1)(k-3).$$

（1）当$(k-1)(k-3) \neq 0$时，$|A| \neq 0$，即当$k \neq 1$且$k \neq 3$时，方程组有唯一解；

（2）当$k = 3$时，

$$\bar{A} = (A|b) = \left(\begin{array}{ccc|c} 3 & 1 & 1 & 5 \\ 3 & 2 & 3 & 3 \\ 0 & 1 & 2 & 2 \end{array}\right) \xrightarrow{r_2 - r_1} \left(\begin{array}{ccc|c} 3 & 1 & 1 & 5 \\ 0 & 1 & 2 & -2 \\ 0 & 1 & 2 & 2 \end{array}\right) \xrightarrow{r_3 - r_2} \left(\begin{array}{ccc|c} 3 & 1 & 1 & 5 \\ 0 & 1 & 2 & -2 \\ 0 & 0 & 0 & 4 \end{array}\right),$$

$r(A) = 2, r(\bar{A}) = 3, r(A) < r(\bar{A})$，方程组无解；

（3）当$k = 1$时，

$$\bar{A} = (A|b) = \left(\begin{array}{ccc|c} 1 & 1 & 1 & 5 \\ 3 & 2 & 1 & 13 \\ 0 & 1 & 2 & 2 \end{array}\right) \to \left(\begin{array}{ccc|c} 1 & 1 & 1 & 5 \\ 0 & -1 & -2 & -2 \\ 0 & 1 & 2 & 2 \end{array}\right) \to \left(\begin{array}{ccc|c} 1 & 1 & 1 & 5 \\ 0 & 1 & 2 & 2 \\ 0 & 0 & 0 & 0 \end{array}\right) \to \left(\begin{array}{ccc|c} 1 & 0 & -1 & 3 \\ 0 & 1 & 2 & 2 \\ 0 & 0 & 0 & 0 \end{array}\right),$$

$r(A) = r(\bar{A}) = 2$，方程组有无穷多解.求解过程与方法1相近，方程组的解为

$$\begin{cases}x_1 = 3 + c,\\ x_2 = 2 - 2c,\\ x_3 = c,\end{cases}$$

其中c为任意常数.

例5 设矩阵$A = \begin{pmatrix} 1 & 1 & 1-a \\ 1 & 0 & a \\ a+1 & 1 & a+1 \end{pmatrix}, \beta = \begin{pmatrix} 0 \\ 1 \\ 2a-2 \end{pmatrix}$，且方程组$Ax = \beta$无解，求$a$的值，并求$A^{\mathrm{T}}Ax = A^{\mathrm{T}}\beta$的一般解.

解：由于方程组$Ax = \beta$无解，可知$r(A) < r(\bar{A})$，由于矩阵A的二阶子式$\begin{vmatrix} 1 & 1 \\ 1 & 0 \end{vmatrix} = -1 \neq 0$，可知$r(A) \geqslant 2$，又知$r(\bar{A}) \leqslant 3$，得$r(A) = 2$，因此$|A| = 0$，

$$|A| = \begin{vmatrix} 1 & 1 & 1-a \\ 1 & 0 & a \\ a+1 & 1 & a+1 \end{vmatrix} = \begin{vmatrix} 1 & 1 & 1-a \\ 0 & -1 & 2a-1 \\ 0 & -a & a^2+a \end{vmatrix} = \begin{vmatrix} 1 & 1 & 1-a \\ 0 & -1 & 2a-1 \\ 0 & 0 & -a^2+2a \end{vmatrix} = a^2 - 2a = 0,$$

求出$a=0$或$a=2$.

当$a=0$时，$\bar{A}=\left(\begin{array}{ccc|c}1&1&1&0\\1&0&0&1\\1&1&1&-2\end{array}\right)\to\left(\begin{array}{ccc|c}1&1&1&0\\0&1&1&-1\\0&0&0&-2\end{array}\right)$，$r(A)=2$，$r(\bar{A})=3$；

当 $a=2$ 时，$\bar{A}=\left(\begin{array}{ccc|c}1&1&-1&0\\1&0&2&1\\3&1&3&2\end{array}\right)\to\left(\begin{array}{ccc|c}1&1&-1&0\\0&-1&3&1\\0&-2&6&2\end{array}\right)\to\left(\begin{array}{ccc|c}1&1&-1&0\\0&-1&3&1\\0&0&0&0\end{array}\right)$，

$r(A)=r(\bar{A})=2$.

综上可知，只有当$a=0$时满足方程组$\boldsymbol{Ax}=\boldsymbol{\beta}$无解.

当$a=0$时，

$$\boldsymbol{A}^{\mathrm{T}}\boldsymbol{A}=\begin{pmatrix}1&1&1\\1&0&1\\1&0&1\end{pmatrix}\begin{pmatrix}1&1&1\\1&0&0\\1&1&1\end{pmatrix}=\begin{pmatrix}3&2&2\\2&2&2\\2&2&2\end{pmatrix},\ \boldsymbol{A}^{\mathrm{T}}\boldsymbol{\beta}=\begin{pmatrix}1&1&1\\1&0&1\\1&0&1\end{pmatrix}\begin{pmatrix}0\\1\\-2\end{pmatrix}=\begin{pmatrix}-1\\-2\\-2\end{pmatrix},$$

$$\left(\boldsymbol{A}^{\mathrm{T}}\boldsymbol{A}\middle|\boldsymbol{A}^{\mathrm{T}}\boldsymbol{\beta}\right)=\left(\begin{array}{ccc|c}3&2&2&-1\\2&2&2&-2\\2&2&2&-2\end{array}\right)\to\left(\begin{array}{ccc|c}1&1&1&-1\\0&-1&-1&2\\0&0&0&0\end{array}\right)\to\left(\begin{array}{ccc|c}1&0&0&1\\0&1&1&-2\\0&0&0&0\end{array}\right),$$

对应的方程组为

$$\begin{cases}x_1 \qquad\quad = 1,\\ \quad x_2+x_3=-2.\end{cases}$$

整理后得到方程组：

$$\begin{cases}x_1=1,\\x_2=-2-x_3.\end{cases}$$

取$x_3=c$，得到方程组$\boldsymbol{A}^{\mathrm{T}}\boldsymbol{Ax}=\boldsymbol{A}^{\mathrm{T}}\boldsymbol{\beta}$的解为

$$\begin{cases}x_1=1,\\x_2=-2-c,\\x_3=c,\end{cases}$$

其中c为任意常数.

例6 当a,b取何值时，方程组

$$\begin{cases}x_1+x_2+x_3+x_4=0,\\ \qquad x_2+2x_3+2x_4=1,\\ \quad -x_2+(a-3)x_3-2x_4=b,\\3x_1+2x_2+x_3+ax_4=-1\end{cases}$$

有唯一解、无穷多解或无解？当方程组有解时，求出其解.

解：$\bar{A}=(A|b)=\left(\begin{array}{cccc|c}1&1&1&1&0\\0&1&2&2&1\\0&-1&a-3&-2&b\\3&2&1&a&-1\end{array}\right)$

$$\rightarrow\left(\begin{array}{cccc|c}1&1&1&1&0\\0&1&2&2&1\\0&-1&a-3&-2&b\\0&-1&-2&a-3&-1\end{array}\right)$$

$$\rightarrow\left(\begin{array}{cccc|c}1&1&1&1&0\\0&1&2&2&1\\0&0&a-1&0&b+1\\0&0&0&a-1&0\end{array}\right)=\boldsymbol{B}.$$

（1）当$a=1$，$b\neq-1$时，$r(A)=2<r(\bar{A})=3$，方程组无解.

（2）当$a\neq1$时，$r(A)=r(\bar{A})=4$，方程组有唯一解.

$$\boldsymbol{B}=\left(\begin{array}{cccc|c}1&1&1&1&0\\0&1&2&2&1\\0&0&a-1&0&b+1\\0&0&0&a-1&0\end{array}\right)\rightarrow\left(\begin{array}{cccc|c}1&1&1&0&0\\0&1&2&0&1\\0&0&1&0&\frac{b+1}{a-1}\\0&0&0&1&0\end{array}\right)$$

$$\rightarrow\left(\begin{array}{cccc|c}1&0&0&0&\frac{b-a+2}{a-1}\\0&1&0&0&\frac{a-2b-3}{a-1}\\0&0&1&0&\frac{b+1}{a-1}\\0&0&0&1&0\end{array}\right),$$

解得$\begin{cases}x_1=\dfrac{b-a+2}{a-1},\\x_2=\dfrac{a-2b-3}{a-1},\\x_3=\dfrac{b+1}{a-1},\\x_4=0.\end{cases}$

（3）当$a=1$，$b=-1$时，$r(A)=r(\bar{A})=2$，方程组有无穷多解.

$$\boldsymbol{B}=\left(\begin{array}{cccc|c}1&1&1&1&0\\0&1&2&2&1\\0&0&0&0&0\\0&0&0&0&0\end{array}\right)\rightarrow\left(\begin{array}{cccc|c}1&0&-1&-1&-1\\0&1&2&2&1\\0&0&0&0&0\\0&0&0&0&0\end{array}\right).$$

对应的方程组为

$$\begin{cases} x_1 \quad - \quad x_3 \quad - x_4 = -1, \\ \quad x_2 + 2x_3 + 2x_4 = 1. \end{cases}$$

整理后得到方程组

$$\begin{cases} x_1 = -1 + x_3 + x_4, \\ x_2 = 1 - 2x_3 - 2x_4. \end{cases}$$

取$x_3 = c_1, x_4 = c_2$，方程组的解为

$$\begin{cases} x_1 = -1 + c_1 + c_2, \\ x_2 = 1 - 2c_1 - 2c_2, \\ x_3 = c_1, \\ x_4 = c_2, \end{cases}$$

其中c_1，c_2为任意常数.

特别地，若线性方程组（3.4）中的常数项$b_j = 0(j = 1,2,\cdots,m)$，方程组化为

$$\begin{cases} a_{11}x_1 + a_{12}x_2 + \cdots + a_{1n}x_n = 0, \\ a_{21}x_1 + a_{22}x_2 + \cdots + a_{2n}x_n = 0, \\ \cdots\cdots\cdots\cdots \\ a_{m1}x_1 + a_{m2}x_2 + \cdots + a_{mn}x_n = 0. \end{cases} \tag{3.9}$$

这时线性方程组称为**齐次线性方程组**.显然齐次线性方程组总有解，因为$(0,0,\cdots,0)^{\mathrm{T}}$就是该方程组的一个解，称为**零解**.任何一个齐次线性方程组总有零解.如果一个齐次线性方程组除了零解以外，还有其他的解，称其他的解为**非零解**.如何判断一个齐次线性方程组有没有非零解?

齐次线性方程组的增广矩阵最后一列元素全为0.因此，我们只对系数矩阵进行初等行变换，化为阶梯形矩阵.

下面讨论对$\boldsymbol{A}$施行初等行变换可以得到（必要时增加交换两列，对交换的列进行标记）.

$$\boldsymbol{A} \to \begin{pmatrix} a'_{11} & a'_{12} & a'_{13} & \cdots & a'_{1,r-1} & a'_{1r} & a'_{1,r+1} & \cdots & a'_{1n} \\ 0 & a'_{22} & a'_{23} & \cdots & a'_{2,r-1} & a'_{2r} & a'_{2,r+1} & \cdots & a'_{2n} \\ 0 & 0 & a'_{33} & \cdots & a'_{3,r-1} & a'_{3r} & a'_{3,r+1} & \cdots & a'_{3n} \\ \vdots & \vdots & \vdots & & \vdots & \vdots & \vdots & & \vdots \\ 0 & 0 & 0 & \cdots & 0 & a'_{rr} & a'_{r,r+1} & \cdots & a'_{rn} \\ 0 & 0 & 0 & \cdots & 0 & 0 & 0 & \cdots & 0 \\ \vdots & \vdots & \vdots & & \vdots & \vdots & \vdots & & \vdots \\ 0 & 0 & 0 & \cdots & 0 & 0 & 0 & \cdots & 0 \end{pmatrix},$$

其中 $a'_{ii} \neq 0(i = 2,3,\cdots,r)$，可知：

定理3.2　在齐次线性方程组（3.9）中，当 $r(A) = r = n$ 时，只有零解；当 $r(A) = r < n$ 时，有非零解（实际上有无穷多解）.

当齐次线性方程组（3.9）的方程个数小于未知数个数时，必有 $r(A) = r < n$ 成立，因此有：

推论　当齐次线性方程组（3.9）的方程个数小于未知数个数时，即 $m<n$ 时，方程组有非零解.

特别地，方程个数与未知数个数相等的齐次线性方程组

$$\begin{cases} a_{11}x_1 + a_{12}x_2 + \cdots + a_{1n}x_n = 0, \\ a_{21}x_1 + a_{22}x_2 + \cdots + a_{2n}x_n = 0, \\ \cdots\cdots\cdots\cdots \\ a_{n1}x_1 + a_{n2}x_2 + \cdots + a_{nn}x_n = 0 \end{cases} \tag{3.10}$$

还有下面的定理：

定理3.3　方程个数与未知数个数相等的齐次线性方程组（3.10）有非零解的充要条件是它的系数行列式 $|A| = \begin{vmatrix} a_{11} & a_{12} & \cdots & a_{1n} \\ a_{21} & a_{22} & \cdots & a_{2n} \\ \vdots & \vdots & & \vdots \\ a_{n1} & a_{n2} & \cdots & a_{nn} \end{vmatrix} = 0.$

证明：（必要性）第1章定理1.9的逆否命题，故成立.

（充分性）如果齐次线性方程组（3.10）的系数行列式 $|A| = \begin{vmatrix} a_{11} & a_{12} & \cdots & a_{1n} \\ a_{21} & a_{22} & \cdots & a_{2n} \\ \vdots & \vdots & & \vdots \\ a_{n1} & a_{n2} & \cdots & a_{nn} \end{vmatrix} = 0$，往证（3.10）有非零解.利用反证法.如果（3.10）只有零解，也就是（3.10）有唯一解，则用初等行变换把系数矩阵化为

$$A \to \begin{pmatrix} a'_{11} & a'_{12} & a'_{13} & \cdots & a'_{1,n-1} & a'_{1n} \\ 0 & a'_{22} & a'_{23} & \cdots & a'_{2,n-1} & a'_{2n} \\ 0 & 0 & a'_{33} & \cdots & a'_{3,n-1} & a'_{3n} \\ \vdots & \vdots & \vdots & & \vdots & \vdots \\ 0 & 0 & 0 & \cdots & 0 & a'_{nn} \end{pmatrix},$$

其中 $a'_{ii} \neq 0(i = 1,2,3,\cdots,n)$.对应的方程组为

$$\begin{cases} a'_{11}x_1 + a'_{12}x_2 + a'_{13}x_3 + \cdots + a'_{1,n-1}x_{n-1} + a'_{1n}x_n = 0, \\ \qquad a'_{22}x_2 + a'_{23}x_3 + \cdots + a'_{2,n-1}x_{n-1} + a'_{2n}x_n = 0, \\ \qquad\qquad a'_{33}x_3 + \cdots + a'_{3,n-1}x_{n-1} + a'_{3n}x_n = 0, \\ \qquad\qquad \cdots\cdots\cdots\cdots \\ \qquad\qquad\qquad a'_{nn}x_n = 0. \end{cases} \tag{3.11}$$

（3.11）的系数矩阵的行列式为

$$|\boldsymbol{A}_1| = \begin{vmatrix} a'_{11} & a'_{12} & a'_{13} & \cdots & a'_{1,n-1} & a'_{1n} \\ 0 & a'_{22} & a'_{23} & \cdots & a'_{2,n-1} & a'_{2n} \\ 0 & 0 & a'_{33} & \cdots & a'_{3,n-1} & a'_{3n} \\ \vdots & \vdots & \vdots & & \vdots & \vdots \\ 0 & 0 & 0 & \cdots & 0 & a'_{nn} \end{vmatrix} = a'_{11}a'_{22}a'_{33}\cdots a'_{nn} \neq 0.$$

$|\boldsymbol{A}_1|$是$|\boldsymbol{A}|$利用行列式的性质得到的，$|\boldsymbol{A}_1|$是$|\boldsymbol{A}|$的非零常数倍，由$|\boldsymbol{A}_1| \neq 0$，必然得到$|\boldsymbol{A}| \neq 0$.这与已知$|\boldsymbol{A}| = 0$矛盾.因此阶梯形方程去掉“0=0”的方程以后，方程个数必小于未知数个数，根据定理3.2的推论，此阶梯形方程组（3.11）必有非零解，从而齐次线性方程组（3.10）必有非零解.

例7　判断齐次线性方程组$\begin{cases} x_1 + 3x_2 - 4x_3 + 2x_4 = 0, \\ 3x_1 - x_2 + 2x_3 - x_4 = 0, \\ -2x_1 + 4x_2 - x_3 + 3x_4 = 0, \\ 3x_1 + 9x_2 - 7x_3 + 6x_4 = 0 \end{cases}$是否有非零解，如果有非零解，求出它的一般解.

解:

$$\boldsymbol{A} = \begin{pmatrix} 1 & 3 & -4 & 2 \\ 3 & -1 & 2 & -1 \\ -2 & 4 & -1 & 3 \\ 3 & 9 & -7 & 6 \end{pmatrix} \to \begin{pmatrix} 1 & 3 & -4 & 2 \\ 0 & -10 & 14 & -7 \\ 0 & 10 & -9 & 7 \\ 0 & 0 & 5 & 0 \end{pmatrix} \to \begin{pmatrix} 1 & 3 & -4 & 2 \\ 0 & -10 & 14 & -7 \\ 0 & 0 & 5 & 0 \\ 0 & 0 & 0 & 0 \end{pmatrix} = \boldsymbol{B},$$

$r(\boldsymbol{A})$=3，小于未知数的个数4，原方程组有非零解.

$$\boldsymbol{B} = \begin{pmatrix} 1 & 3 & -4 & 2 \\ 0 & -10 & 14 & -7 \\ 0 & 0 & 5 & 0 \\ 0 & 0 & 0 & 0 \end{pmatrix} \to \begin{pmatrix} 1 & 0 & 0 & -\dfrac{1}{10} \\ 0 & 1 & 0 & \dfrac{7}{10} \\ 0 & 0 & 1 & 0 \\ 0 & 0 & 0 & 0 \end{pmatrix},$$

对应的方程组为$\begin{cases} x_1 \quad -\dfrac{1}{10}x_4 = 0, \\ x_2 \quad +\dfrac{7}{10}x_4 = 0, \\ x_3 \quad = 0. \end{cases}$

取$x_4 = c$，方程组的解为$\begin{cases} x_1 = \dfrac{1}{10}c, \\ x_2 = -\dfrac{7}{10}c, \\ x_3 = 0, \\ x_4 = c, \end{cases}$其中$c$为任意常数.

3.2　向量与向量组的线性组合

上一节我们介绍了消元法，对于具体的线性方程组，消元法是一个最有效和最基本的方法.但是，在需要直接从原方程组来看它是否有解时，消元法就不能用了.同时，用消元法化方程组为阶梯形方程组，剩下的方程的个数是否唯一确定呢？当线性方程组有无穷多解时，自由未知量可以有不同的选择，选择不同自由未知量求得的全部解是否相等？为探讨这些问题，并给出明确的结论，需要引入n维向量的概念，定义它的线性运算，研究向量的线性相关性.

3.2.1　n维向量

显然，一个线性方程组中方程之间的关系决定了该方程组解的情况.比如本章第1节例3的线性方程组：$\begin{cases} x_1 - x_2 + 2x_3 - 3x_4 + x_5 = 2, \\ 2x_1 - 2x_2 + 7x_3 - 10x_4 + 5x_5 = 5, \\ 3x_1 - 3x_2 + 3x_3 - 5x_4 = 5 \end{cases}$中，第一个方程的5倍减去第二个方程就等于第三个方程，也就是说，第三个方程可以去掉而不影响方程组的解.在本章第1节中用初等变换得到的阶梯形方程组中只含有两个方程正是反映了这个情况.可以认为，初等变换是一种揭示方程之间关系的方法.因此，为了直接讨论线性方程组解的情况，有必要先研究该线性方程组中方程之间的关系.

一个n元方程$a_1x_1 + a_2x_2 + \cdots + a_nx_n = b$，可以用$n+1$元有序数组

$(a_1, a_2, \cdots, a_n, b)$来代表，所谓方程之间的关系，就是代表方程的$n+1$元有序数组之间的关系.因此先来讨论多元有序数组.

应该指出，多元有序数组不仅可以代表线性方程组，而且与其他方面有极其广泛的联系.在解析几何中我们已经看到，有些事物的性质不能用一个数来刻画.比如，刻画一个点在平面上的位置需要两个数，也就是要知道它的坐标，坐标就是一个二元有序组.物理中的力、速度等，由于它们既有大小，又有方向，在取定坐标以后，可以用三个数来刻画，即三元有序组.还有些是用三个数刻画也不够，如工厂生产6种产品，为了说明该工厂产品的产量，需要同时指出每种产品的产量，需要6个数才能表达清楚.总之，这样的例子非常多，作为它们共同的抽象，我们有：

定义3.1　数域F上的n个数$a_1, a_2, \cdots, a_n$组成的一个有序数组

$$(a_1, a_2, \cdots, a_n)$$

称为一个n**维向量**，其中第i个数a_i称为该向量的第i个分量.

向量一般用黑体小写希腊字母$\boldsymbol{\alpha}, \boldsymbol{\beta}, \boldsymbol{\gamma}$等表示，其分量用小写拉丁字母$a, b, c$等添加下标表示，向量通常写成一行.例如，可以记$\boldsymbol{\alpha} = (a_1, a_2, \cdots, a_n)$，$\boldsymbol{\beta} = (b_1, b_2, \cdots, b_n)$.根据问题的需要，有时也把向量写成一列：

$$\boldsymbol{\alpha} = \begin{pmatrix} a_1 \\ a_2 \\ \vdots \\ a_n \end{pmatrix}, \boldsymbol{\beta} = \begin{pmatrix} b_1 \\ b_2 \\ \vdots \\ b_n \end{pmatrix}.$$

向量写成一行称为n维行向量；向量写成一列称为n维列向量.它们的区别只是写法上的不同.n维行向量（列向量）也可以看成$1 \times n$矩阵（$n \times 1$矩阵），反之亦然.由此n维列向量$\boldsymbol{\alpha}$也可以表示为

$$\boldsymbol{\alpha} = (a_1, a_2, \cdots, a_n)^{\mathrm{T}}.$$

向量是数学中一个极为重要的概念.在数学的各分支及其他学科中，向量的概念及有关性质都有广泛的应用.

例1　在线性方程组（3.4）中，系数矩阵$\boldsymbol{A}$的每一行都是数域F上的n维行向量；每一列都是数域F上的m维列向量；方程组的解$x_1 = c_1, x_2 = c_2, \cdots, x_n = c_n$一般记为$n$维列向量：$\boldsymbol{\gamma} = \begin{pmatrix} c_1 \\ c_2 \\ \vdots \\ c_n \end{pmatrix}$，称为（3.4）的一个解向量，或

简称（3.4）的一个解.

例 2 某企业生产的 n 种产品去年的利润可以用实数域上的 n 维向量 $(a_1, a_2, \cdots, a_n)$ 表示，其中 a_i 表示第 i 种产品去年的利润. a_i 符号为正表示该种产品盈利，a_i 符号为负表示该种产品亏损.

在本节和以后各节中，总是在数域 F 上讨论 n 维向量及其有关性质，不再逐一说明.

定义 3.2 所有分量均为零的向量 $(0,0,\cdots,0)$ 称为**零向量**，记作 $\mathbf{0}$；n 维向量 $\boldsymbol{\alpha} = (a_1, a_2, \cdots, a_n)$ 各分量的相反数组成的向量 $(-a_1, -a_2, \cdots, -a_n)$ 称为 $\boldsymbol{\alpha}$ 的**负向量**. 记作 $-\boldsymbol{\alpha}$.

定义 3.3 如果 n 维向量 $\boldsymbol{\alpha} = (a_1, a_2, \cdots, a_n)$ 与 $\boldsymbol{\beta} = (b_1, b_2, \cdots, b_n)$ 的对应分量相等，即 $a_i = b_i (i = 1,2,\cdots, n)$，则称这两个向量**相等**，记作 $\boldsymbol{\alpha} = \boldsymbol{\beta}$.

定义 3.4 设两个 n 维向量：$\boldsymbol{\alpha} = (a_1, a_2, \cdots, a_n), \boldsymbol{\beta} = (b_1, b_2, \cdots, b_n)$. $\boldsymbol{\alpha}$ 与 $\boldsymbol{\beta}$ 的对应分量的和构成的 n 维向量 $(a_1 + b_1, a_2 + b_2, \cdots, a_n + b_n)$ 称为向量 $\boldsymbol{\alpha}$ 与 $\boldsymbol{\beta}$ 的和，记作 $\boldsymbol{\alpha} + \boldsymbol{\beta}$，即

$$\boldsymbol{\alpha} + \boldsymbol{\beta} = (a_1 + b_1, a_2 + b_2, \cdots, a_n + b_n).$$

由向量加法和负向量的定义，可以定义向量的减法，即

$$\boldsymbol{\alpha} - \boldsymbol{\beta} = \boldsymbol{\alpha} + (-\boldsymbol{\beta}) = (a_1 - b_1, a_2 - b_2, \cdots, a_n - b_n).$$

定义 3.5 设 k 为数域 F 上的数，数 k 与向量 $\boldsymbol{\alpha} = (a_1, a_2, \cdots, a_n)$ 的各分量的乘积所构成的 n 维向量称为数 k 与向量 $\boldsymbol{\alpha}$ 的乘积（简称数乘），记作 $k\boldsymbol{\alpha}$，即

$$k\boldsymbol{\alpha} = (ka_1, ka_2, \cdots, ka_n).$$

向量的加法和数乘运算，统称为向量的**线性运算**. 利用上述定义不难验证，若 $\boldsymbol{\alpha}, \boldsymbol{\beta}, \boldsymbol{\gamma}$ 是 n 维向量，$\mathbf{0}$ 是 n 维零向量，k, l 为数域 F 中的任意数，则向量的线性运算满足下述八条运算律：

1. $\boldsymbol{\alpha} + \boldsymbol{\beta} = \boldsymbol{\beta} + \boldsymbol{\alpha}$（加法交换律）;
2. $(\boldsymbol{\alpha} + \boldsymbol{\beta}) + \boldsymbol{\gamma} = \boldsymbol{\alpha} + (\boldsymbol{\beta} + \boldsymbol{\gamma})$（加法结合律）;
3. $\boldsymbol{\alpha} + \mathbf{0} = \boldsymbol{\alpha}$;
4. $\boldsymbol{\alpha} + (-\boldsymbol{\alpha}) = \mathbf{0}$;
5. $k(\boldsymbol{\alpha} + \boldsymbol{\beta}) = k\boldsymbol{\alpha} + k\boldsymbol{\beta}$（数乘分配律）;
6. $(k + l)\boldsymbol{\alpha} = k\boldsymbol{\alpha} + l\boldsymbol{\alpha}$（数乘分配律）;

7. $(kl)\boldsymbol{\alpha} = k(l\boldsymbol{\alpha})$（数乘结合律）；

8. $1 \cdot \boldsymbol{\alpha} = \boldsymbol{\alpha}$.

除了上述八条运算规则，易见还有以下性质：

1. $0 \cdot \boldsymbol{\alpha} = \mathbf{0}, k \cdot \mathbf{0} = \mathbf{0}$；

2. 若$k\boldsymbol{\alpha} = \mathbf{0}$，则$k = 0$或$\boldsymbol{\alpha} = \mathbf{0}$；

3. 向量方程$\boldsymbol{\alpha} + \boldsymbol{x} = \boldsymbol{\beta}$有唯一解$\boldsymbol{x} = \boldsymbol{\beta} - \boldsymbol{\alpha}$.

其中$\boldsymbol{\alpha}, \boldsymbol{\beta}, \boldsymbol{x}$是$n$维向量，$\mathbf{0}$是$n$维零向量，0为数零，$k$为数域$F$中的任意数.

定义3.6　以数域F中的数作为分量的n维向量的全体，在上面定义了向量的加法和数乘运算，称为数域F上的**n维线性空间**，记作F^n.

当$F = \mathbf{R}$时，叫作**n维实线性空间**，记作$\mathbf{R}^n$.

当$n = 3$时，3维实线性空间可以认为是几何空间中全体向量所成的空间.

例3　设$\boldsymbol{\alpha}_1 = (-2,3,0,1), \boldsymbol{\alpha}_2 = (4,-5,1,-1)$，4维向量$\boldsymbol{\beta}$满足$-2\boldsymbol{\alpha}_1 + 3(\boldsymbol{\beta} + \boldsymbol{\alpha}_2) = \mathbf{0}$，求$\boldsymbol{\beta}$.

解：由已知条件得$-2\boldsymbol{\alpha}_1 + 3\boldsymbol{\beta} + 3\boldsymbol{\alpha}_2 = \mathbf{0}$，因此

$$\boldsymbol{\beta} = \frac{2}{3}\boldsymbol{\alpha}_1 - \boldsymbol{\alpha}_2 = \left(-\frac{16}{3},7,-1,\frac{5}{3}\right).$$

3.2.2　向量组的线性组合

某公司生产两种产品，1千元价值的产品A，公司需耗费0.45千元材料，0.25千元劳动，0.15千元管理费用；对1千元价值的产品B，公司需耗费0.40千元材料，0.30千元劳动，0.15千元管理费用.若设$\boldsymbol{\alpha}_1 = \begin{pmatrix} 0.45 \\ 0.25 \\ 0.15 \end{pmatrix}, \boldsymbol{\alpha}_2 = \begin{pmatrix} 0.40 \\ 0.30 \\ 0.15 \end{pmatrix}$，公司希望生产10千元产品A和20千元产品B，则由$10\boldsymbol{\alpha}_1 + 20\boldsymbol{\alpha}_2 = 10\begin{pmatrix} 0.45 \\ 0.25 \\ 0.15 \end{pmatrix} + 20\begin{pmatrix} 0.40 \\ 0.30 \\ 0.15 \end{pmatrix} = \begin{pmatrix} 12.5 \\ 8.5 \\ 4.5 \end{pmatrix}$，可以清晰地描述该公司生产这两种产品的各部分成本.我们把$10\boldsymbol{\alpha}_1 + 20\boldsymbol{\alpha}_2$称为$\boldsymbol{\alpha}_1, \boldsymbol{\alpha}_2$的线性组合，若设$\boldsymbol{\beta} = \begin{pmatrix} 12.5 \\ 8.5 \\ 4.5 \end{pmatrix}$，则$\boldsymbol{\beta} = 10\boldsymbol{\alpha}_1 + 20\boldsymbol{\alpha}_2$，称向量$\boldsymbol{\beta}$可以由$\boldsymbol{\alpha}_1, \boldsymbol{\alpha}_2$线性表示.一般地，

定义 3.7 对于给定n维向量组$\boldsymbol{\alpha}_1,\boldsymbol{\alpha}_2,\cdots,\boldsymbol{\alpha}_s$，任给一组数$k_1,k_2,\cdots,k_s$，把$k_1\boldsymbol{\alpha}_1+k_2\boldsymbol{\alpha}_2+\cdots+k_s\boldsymbol{\alpha}_s$称为向量组的一个**线性组合**，$k_1,k_2,\cdots,k_s$称为**组合系数**.

对于n维向量$\boldsymbol{\beta}$，若存在一组数$c_1,c_2,\cdots,c_s$，使得

$$\boldsymbol{\beta}=c_1\boldsymbol{\alpha}_1+c_2\boldsymbol{\alpha}_2+\cdots+c_s\boldsymbol{\alpha}_s,$$

则称$\boldsymbol{\beta}$可以由$\boldsymbol{\alpha}_1$，$\boldsymbol{\alpha}_2$，$\cdots$，$\boldsymbol{\alpha}_s$**线性表示**（或称线性表出）.

由定义 3.7 可知，若$\boldsymbol{\beta}$可以由$\boldsymbol{\alpha}_1,\boldsymbol{\alpha}_2,\cdots,\boldsymbol{\alpha}_s$线性表示，则$\boldsymbol{\beta}$是向量组$\boldsymbol{\alpha}_1,\boldsymbol{\alpha}_2,\cdots,\boldsymbol{\alpha}_s$的一个线性组合.

例4 n维零向量$\boldsymbol{0}$是任意一组n维向量$\boldsymbol{\alpha}_1,\boldsymbol{\alpha}_2,\cdots,\boldsymbol{\alpha}_s$的线性组合.

解： 取$k_1=k_2=\cdots=k_s=0$，则$\boldsymbol{0}=0\boldsymbol{\alpha}_1+0\boldsymbol{\alpha}_2+\cdots+0\boldsymbol{\alpha}_s$.

例5 n维向量组$\boldsymbol{\varepsilon}_1=(1,0,\cdots,0),\boldsymbol{\varepsilon}_2=(0,1,0,\cdots,0),\cdots,\boldsymbol{\varepsilon}_n=(0,\cdots,0,1)$称为$n$维单位向量组（基本向量组）.任意一个$n$维向量$\boldsymbol{\alpha}=(a_1,a_2,\cdots,a_n)$，都可以表示成单位向量组的线性组合，并且表示方法唯一.

证明： 显然$\boldsymbol{\alpha}=a_1\boldsymbol{\varepsilon}_1+a_2\boldsymbol{\varepsilon}_2+\cdots+a_n\boldsymbol{\varepsilon}_n$.

若存在一组数$b_1,b_2,\cdots,b_n$，满足$\boldsymbol{\alpha}=b_1\boldsymbol{\varepsilon}_1+b_2\boldsymbol{\varepsilon}_2+\cdots+b_n\boldsymbol{\varepsilon}_n$，必有

$$\boldsymbol{\alpha}=a_1\boldsymbol{\varepsilon}_1+a_2\boldsymbol{\varepsilon}_2+\cdots+a_n\boldsymbol{\varepsilon}_n=b_1\boldsymbol{\varepsilon}_1+b_2\boldsymbol{\varepsilon}_2+\cdots+b_n\boldsymbol{\varepsilon}_n,$$

因而$(a_1,a_2,\cdots,a_n)=(b_1,b_2,\cdots,b_n)$，故$a_i=b_i(i=1,2,\cdots,n)$，即表示法唯一.

$\boldsymbol{\varepsilon}_1=(1,0,\cdots,0)^{\mathrm{T}},\boldsymbol{\varepsilon}_2=(0,1,0,\cdots,0)^{\mathrm{T}},\cdots,\boldsymbol{\varepsilon}_n=(0,\cdots,0,1)^{\mathrm{T}}$也称为$n$维单位向量组，只是用列向量组写出.

利用向量的加法和数乘运算，可以把n元线性方程组（3.4）写成

$$x_1\begin{pmatrix}a_{11}\\a_{21}\\\vdots\\a_{m1}\end{pmatrix}+x_2\begin{pmatrix}a_{12}\\a_{22}\\\vdots\\a_{m2}\end{pmatrix}+\cdots+x_n\begin{pmatrix}a_{1n}\\a_{2n}\\\vdots\\a_{mn}\end{pmatrix}=\begin{pmatrix}b_1\\b_2\\\vdots\\b_m\end{pmatrix},$$

设$\boldsymbol{\alpha}_1=\begin{pmatrix}a_{11}\\a_{21}\\\vdots\\a_{m1}\end{pmatrix},\boldsymbol{\alpha}_2=\begin{pmatrix}a_{12}\\a_{22}\\\vdots\\a_{m2}\end{pmatrix},\cdots,\boldsymbol{\alpha}_n=\begin{pmatrix}a_{1n}\\a_{2n}\\\vdots\\a_{mn}\end{pmatrix},\boldsymbol{\beta}=\begin{pmatrix}b_1\\b_2\\\vdots\\b_m\end{pmatrix}$，线性方程组（3.4）可以写成

$$x_1\boldsymbol{\alpha}_1+x_2\boldsymbol{\alpha}_2+\cdots+x_n\boldsymbol{\alpha}_n=\boldsymbol{\beta},$$

其中$\boldsymbol{\alpha}_1,\boldsymbol{\alpha}_2,\cdots,\boldsymbol{\alpha}_n$为线性方程组（3.4）的系数矩阵的列向量，$\boldsymbol{\beta}$是常数项组成的列向量.于是线性方程组（3.4）有解，就相当于存在一组数$k_1,k_2,\cdots,k_n$，

使得

$$k_1\boldsymbol{\alpha}_1+k_2\boldsymbol{\alpha}_2+\cdots+k_n\boldsymbol{\alpha}_n=\boldsymbol{\beta}$$

成立，即常数项列向量$\boldsymbol{\beta}$可以由$\boldsymbol{\alpha}_1,\boldsymbol{\alpha}_2,\cdots,\boldsymbol{\alpha}_n$线性表示.

这样，我们把线性方程组是否有解的问题归结为：常数项列向量$\boldsymbol{\beta}$是否能由系数矩阵的列向量线性表示.这就是下面的定理.

定理3.4　设向量$\boldsymbol{\beta}=\begin{pmatrix}b_1\\b_2\\\vdots\\b_m\end{pmatrix}$，向量组$\boldsymbol{\alpha}_1=\begin{pmatrix}a_{11}\\a_{21}\\\vdots\\a_{m1}\end{pmatrix},\boldsymbol{\alpha}_2=\begin{pmatrix}a_{12}\\a_{22}\\\vdots\\a_{m2}\end{pmatrix},\cdots,\boldsymbol{\alpha}_n=\begin{pmatrix}a_{1n}\\a_{2n}\\\vdots\\a_{mn}\end{pmatrix}$，则向量$\boldsymbol{\beta}$可以由向量组$\boldsymbol{\alpha}_1,\boldsymbol{\alpha}_2,\cdots,\boldsymbol{\alpha}_n$线性表示的充要条件是以$\boldsymbol{\alpha}_1,\boldsymbol{\alpha}_2,\cdots,\boldsymbol{\alpha}_n$为列向量构成系数矩阵$\boldsymbol{A}=(\boldsymbol{\alpha}_1,\boldsymbol{\alpha}_2,\cdots,\boldsymbol{\alpha}_n)$，以向量$\boldsymbol{\beta}$为常数项的线性方程组$\boldsymbol{Ax}=\boldsymbol{\beta}$有解.

由线性方程组有解的充要条件（定理3.1）可知，定理3.4还可以叙述为：

向量$\boldsymbol{\beta}$可以由向量组$\boldsymbol{\alpha}_1,\boldsymbol{\alpha}_2,\cdots,\boldsymbol{\alpha}_n$线性表示的充要条件是以$\boldsymbol{\alpha}_1,\boldsymbol{\alpha}_2,\cdots,\boldsymbol{\alpha}_n$为列向量的矩阵和以$\boldsymbol{\alpha}_1,\boldsymbol{\alpha}_2,\cdots,\boldsymbol{\alpha}_n,\boldsymbol{\beta}$为列向量的矩阵有相同的秩，即

$$r(\boldsymbol{\alpha}_1,\boldsymbol{\alpha}_2,\cdots,\boldsymbol{\alpha}_n)=r(\boldsymbol{\alpha}_1,\boldsymbol{\alpha}_2,\cdots,\boldsymbol{\alpha}_n,\boldsymbol{\beta}).$$

例6　设$\boldsymbol{\alpha}_1=\begin{pmatrix}1\\0\\1\end{pmatrix},\boldsymbol{\alpha}_2=\begin{pmatrix}-1\\2\\2\end{pmatrix},\boldsymbol{\beta}=\begin{pmatrix}1\\2\\4\end{pmatrix}$，判断向量$\boldsymbol{\beta}$是否可以由向量组$\boldsymbol{\alpha}_1,\boldsymbol{\alpha}_2$线性表示，如果能表示，写出表示式.

解：$(\boldsymbol{\alpha}_1,\boldsymbol{\alpha}_2,\boldsymbol{\beta})=\begin{pmatrix}1&-1&1\\0&2&2\\1&2&4\end{pmatrix}\to\begin{pmatrix}1&-1&1\\0&2&2\\0&3&3\end{pmatrix}\to\begin{pmatrix}1&-1&1\\0&2&2\\0&0&0\end{pmatrix}=\boldsymbol{A}$，

可知$r(\boldsymbol{\alpha}_1,\boldsymbol{\alpha}_2)=r(\boldsymbol{\alpha}_1,\boldsymbol{\alpha}_2,\boldsymbol{\beta})=2$.由定理3.4知，$\boldsymbol{\beta}$可以由$\boldsymbol{\alpha}_1,\boldsymbol{\alpha}_2$线性表示.继续对$\boldsymbol{A}$施行初等行变换：

$$\boldsymbol{A}=\begin{pmatrix}1&-1&1\\0&2&2\\0&0&0\end{pmatrix}\to\begin{pmatrix}1&-1&1\\0&1&1\\0&0&0\end{pmatrix}\to\begin{pmatrix}1&0&2\\0&1&1\\0&0&0\end{pmatrix},$$

可知$k_1=2$，$k_2=1$满足条件，即$\boldsymbol{\beta}=2\boldsymbol{\alpha}_1+\boldsymbol{\alpha}_2$.

3.2.3　向量组等价

定义3.8　如果向量组$\boldsymbol{\alpha}_1,\boldsymbol{\alpha}_2,\cdots,\boldsymbol{\alpha}_s$的每一个向量都可以由$\boldsymbol{\beta}_1,\boldsymbol{\beta}_2,\cdots,\boldsymbol{\beta}_t$线性

表示，则称向量组$\boldsymbol{\alpha}_1,\boldsymbol{\alpha}_2,\cdots,\boldsymbol{\alpha}_s$可以由向量组$\boldsymbol{\beta}_1,\boldsymbol{\beta}_2,\cdots,\boldsymbol{\beta}_t$线性表示.如果向量组$\boldsymbol{\alpha}_1,\boldsymbol{\alpha}_2,\cdots,\boldsymbol{\alpha}_s$与向量组$\boldsymbol{\beta}_1,\boldsymbol{\beta}_2,\cdots,\boldsymbol{\beta}_t$可以相互线性表示，则称$\boldsymbol{\alpha}_1,\boldsymbol{\alpha}_2,\cdots,\boldsymbol{\alpha}_s$与向量组$\boldsymbol{\beta}_1,\boldsymbol{\beta}_2,\cdots,\boldsymbol{\beta}_t$等价，记作

$$\{\boldsymbol{\alpha}_1,\boldsymbol{\alpha}_2,\cdots,\boldsymbol{\alpha}_s\}\cong\{\boldsymbol{\beta}_1,\boldsymbol{\beta}_2,\cdots,\boldsymbol{\beta}_t\}.$$

定理3.5　向量组$\boldsymbol{\beta}_1,\boldsymbol{\beta}_2,\cdots,\boldsymbol{\beta}_t$可以由向量组$\boldsymbol{\alpha}_1,\boldsymbol{\alpha}_2,\cdots,\boldsymbol{\alpha}_s$线性表示的充要条件是以$\boldsymbol{\alpha}_1,\boldsymbol{\alpha}_2,\cdots,\boldsymbol{\alpha}_s$为列向量的矩阵和以$\boldsymbol{\alpha}_1,\boldsymbol{\alpha}_2,\cdots,\boldsymbol{\alpha}_s,\boldsymbol{\beta}_1,\boldsymbol{\beta}_2,\cdots,\boldsymbol{\beta}_t$为列向量的矩阵有相同的秩，即

$$r(\boldsymbol{\alpha}_1,\boldsymbol{\alpha}_2,\cdots,\boldsymbol{\alpha}_s)=r(\boldsymbol{\alpha}_1,\boldsymbol{\alpha}_2,\cdots,\boldsymbol{\alpha}_s,\boldsymbol{\beta}_1,\boldsymbol{\beta}_2,\cdots,\boldsymbol{\beta}_t).$$

推论　向量组$\boldsymbol{\alpha}_1,\boldsymbol{\alpha}_2,\cdots,\boldsymbol{\alpha}_s$与向量组$\boldsymbol{\beta}_1,\boldsymbol{\beta}_2,\cdots,\boldsymbol{\beta}_t$等价的充要条件是

$$r(\boldsymbol{\alpha}_1,\boldsymbol{\alpha}_2,\cdots,\boldsymbol{\alpha}_s)=r(\boldsymbol{\beta}_1,\boldsymbol{\beta}_2,\cdots,\boldsymbol{\beta}_t)=r(\boldsymbol{\alpha}_1,\boldsymbol{\alpha}_2,\cdots,\boldsymbol{\alpha}_s,\boldsymbol{\beta}_1,\boldsymbol{\beta}_2,\cdots,\boldsymbol{\beta}_t).$$

定理3.5的证明在后面完成.

例7　设向量组（I）：$\boldsymbol{\alpha}_1=\begin{pmatrix}1\\0\\1\end{pmatrix},\boldsymbol{\alpha}_2=\begin{pmatrix}1\\1\\2\end{pmatrix},\boldsymbol{\alpha}_3=\begin{pmatrix}1\\-1\\4\end{pmatrix}$，向量组（II）：$\boldsymbol{\beta}_1=\begin{pmatrix}1\\2\\5\end{pmatrix},\boldsymbol{\beta}_2=\begin{pmatrix}2\\1\\7\end{pmatrix},\boldsymbol{\beta}_3=\begin{pmatrix}2\\1\\5\end{pmatrix}$，问向量组（I）与向量组（II）是否等价.

解：方法1：要判断向量组（I）与向量组（II）是否等价，根据定理3.4，就是要判断线性方程组$x_1\boldsymbol{\alpha}_1+x_2\boldsymbol{\alpha}_2+x_3\boldsymbol{\alpha}_3=\boldsymbol{\beta}_i\,(i=1,2,3)$及$y_1\boldsymbol{\beta}_1+y_2\boldsymbol{\beta}_2+y_3\boldsymbol{\beta}_3=\boldsymbol{\alpha}_i\,(i=1,2,3)$是否有解，当这六个方程均有解时，两个向量组等价.而方程组有解的问题可以转化为$r(\boldsymbol{\alpha}_1,\boldsymbol{\alpha}_2,\boldsymbol{\alpha}_3)=r(\boldsymbol{\alpha}_1,\boldsymbol{\alpha}_2,\boldsymbol{\alpha}_3,\boldsymbol{\beta}_i)\,(i=1,2,3)$及$r(\boldsymbol{\beta}_1,\boldsymbol{\beta}_2,\boldsymbol{\beta}_3)=r(\boldsymbol{\beta}_1,\boldsymbol{\beta}_2,\boldsymbol{\beta}_3,\boldsymbol{\alpha}_i)\,(i=1,2,3)$是否成立的问题，过程较烦琐，这里用对$(\boldsymbol{\alpha}_1,\boldsymbol{\alpha}_2,\boldsymbol{\alpha}_3|\boldsymbol{\beta}_1,\boldsymbol{\beta}_2,\boldsymbol{\beta}_3)$及$(\boldsymbol{\beta}_1,\boldsymbol{\beta}_2,\boldsymbol{\beta}_3|\boldsymbol{\alpha}_1,\boldsymbol{\alpha}_2,\boldsymbol{\alpha}_3)$施行初等行变换进行解决：

$$(\boldsymbol{\alpha}_1,\boldsymbol{\alpha}_2,\boldsymbol{\alpha}_3|\boldsymbol{\beta}_1,\boldsymbol{\beta}_2,\boldsymbol{\beta}_3)=\left(\begin{array}{ccc|ccc}1&1&1&1&2&2\\0&1&-1&2&1&1\\1&2&4&5&7&5\end{array}\right)\to\left(\begin{array}{ccc|ccc}1&1&1&1&2&2\\0&1&-1&2&1&1\\0&0&4&2&4&2\end{array}\right),$$

因此$r(\boldsymbol{\alpha}_1,\boldsymbol{\alpha}_2,\boldsymbol{\alpha}_3)=r(\boldsymbol{\alpha}_1,\boldsymbol{\alpha}_2,\boldsymbol{\alpha}_3,\boldsymbol{\beta}_i)=3\,(i=1,2,3)$，由定理3.4，向量组（II）可以由向量组（I）线性表示；另一方面，

$$(\boldsymbol{\beta}_1,\boldsymbol{\beta}_2,\boldsymbol{\beta}_3|\boldsymbol{\alpha}_1,\boldsymbol{\alpha}_2,\boldsymbol{\alpha}_3)=\left(\begin{array}{ccc|ccc}1&2&2&1&1&1\\2&1&1&0&1&-1\\5&7&5&1&2&4\end{array}\right)\to\left(\begin{array}{ccc|ccc}1&2&2&1&1&1\\0&-3&-3&-2&-1&-3\\0&0&-2&-2&-2&2\end{array}\right),$$

因此 $r(\boldsymbol{\beta}_1,\boldsymbol{\beta}_2,\boldsymbol{\beta}_3)=r(\boldsymbol{\beta}_1,\boldsymbol{\beta}_2,\boldsymbol{\beta}_3,\boldsymbol{\alpha}_i)\,(i=1,2,3)$，向量组（I）可以由向量组（II）线性表示.向量组（I）与向量组（II）等价.

方法2：$\left|\boldsymbol{\alpha}_1,\boldsymbol{\alpha}_2,\boldsymbol{\alpha}_3\right|=\begin{vmatrix}1&1&1\\0&1&-1\\1&2&4\end{vmatrix}=4\neq 0$，并且 $\left|\boldsymbol{\beta}_1,\boldsymbol{\beta}_2,\boldsymbol{\beta}_3\right|=\begin{vmatrix}1&2&2\\2&1&1\\5&7&5\end{vmatrix}=6\neq 0$，因此 $r(\boldsymbol{\alpha}_1,\boldsymbol{\alpha}_2,\boldsymbol{\alpha}_3)=3$，且 $3=r(\boldsymbol{\alpha}_1,\boldsymbol{\alpha}_2,\boldsymbol{\alpha}_3)\leqslant r(\boldsymbol{\alpha}_1,\boldsymbol{\alpha}_2,\boldsymbol{\alpha}_3,\boldsymbol{\beta}_i)\leqslant 3\,(i=1,2,3)$，可得

$$r(\boldsymbol{\alpha}_1,\boldsymbol{\alpha}_2,\boldsymbol{\alpha}_3)=r(\boldsymbol{\alpha}_1,\boldsymbol{\alpha}_2,\boldsymbol{\alpha}_3,\boldsymbol{\beta}_i)=3\,(i=1,2,3),$$

向量组（II）可以由向量组（I）线性表示；

$r(\boldsymbol{\beta}_1,\boldsymbol{\beta}_2,\boldsymbol{\beta}_3)=3$，同时 $3=r(\boldsymbol{\beta}_1,\boldsymbol{\beta}_2,\boldsymbol{\beta}_3)\leqslant r(\boldsymbol{\beta}_1,\boldsymbol{\beta}_2,\boldsymbol{\beta}_3,\boldsymbol{\alpha}_i)\leqslant 3\,(i=1,2,3)$，可得

$$r(\boldsymbol{\beta}_1,\boldsymbol{\beta}_2,\boldsymbol{\beta}_3)=r(\boldsymbol{\beta}_1,\boldsymbol{\beta}_2,\boldsymbol{\beta}_3,\boldsymbol{\alpha}_i)=3\,(i=1,2,3),$$

因此向量组（I）可以由向量组（II）线性表示.

故向量组（I）与向量组（II）等价.

向量组的等价是向量组之间的一种关系.容易看出，这种关系具有以下三条性质：

1.自反性：任何一个向量组都与自身等价；

2.对称性：如果向量组 $\boldsymbol{\alpha}_1,\boldsymbol{\alpha}_2,\cdots,\boldsymbol{\alpha}_s$ 与向量组 $\boldsymbol{\beta}_1,\boldsymbol{\beta}_2,\cdots,\boldsymbol{\beta}_t$ 等价，则 $\boldsymbol{\beta}_1,\boldsymbol{\beta}_2,\cdots,\boldsymbol{\beta}_t$ 与 $\boldsymbol{\alpha}_1,\boldsymbol{\alpha}_2,\cdots,\boldsymbol{\alpha}_s$ 等价；

3.传递性：如果 $\boldsymbol{\alpha}_1,\boldsymbol{\alpha}_2,\cdots,\boldsymbol{\alpha}_s$ 与 $\boldsymbol{\beta}_1,\boldsymbol{\beta}_2,\cdots,\boldsymbol{\beta}_t$ 等价，$\boldsymbol{\beta}_1,\boldsymbol{\beta}_2,\cdots,\boldsymbol{\beta}_t$ 与 $\boldsymbol{\gamma}_1,\boldsymbol{\gamma}_2,\cdots,\boldsymbol{\gamma}_l$ 等价，则 $\boldsymbol{\alpha}_1,\boldsymbol{\alpha}_2,\cdots,\boldsymbol{\alpha}_s$ 与 $\boldsymbol{\gamma}_1,\boldsymbol{\gamma}_2,\cdots,\boldsymbol{\gamma}_l$ 等价.

证明： 这里只证传递性.如果 $\boldsymbol{\alpha}_i=\sum\limits_{j=1}^{t}k_{ij}\boldsymbol{\beta}_j\ (i=1,2\cdots,s)$，$\boldsymbol{\beta}_j=\sum\limits_{u=1}^{l}m_{ju}\boldsymbol{\gamma}_u\,(j=1,2,\cdots,t)$，则

$$\boldsymbol{\alpha}_i=\sum_{j=1}^{t}k_{ij}\sum_{u=1}^{l}m_{ju}\boldsymbol{\gamma}_u=\sum_{j=1}^{t}\left(\sum_{u=1}^{l}k_{ij}m_{ju}\boldsymbol{\gamma}_u\right)(i=1,2,\cdots,s;j=1,2,\cdots,t).$$

这就是说，向量组 $\boldsymbol{\alpha}_1,\boldsymbol{\alpha}_2,\cdots,\boldsymbol{\alpha}_s$ 中的每一个向量都可以由向量组 $\boldsymbol{\gamma}_1,\boldsymbol{\gamma}_2,\cdots,\boldsymbol{\gamma}_l$ 线性表示.对称地，可证向量组 $\boldsymbol{\gamma}_1,\boldsymbol{\gamma}_2,\cdots,\boldsymbol{\gamma}_l$ 可以由向量组 $\boldsymbol{\alpha}_1,\boldsymbol{\alpha}_2,\cdots,\boldsymbol{\alpha}_s$ 线性表示，因此 $\boldsymbol{\alpha}_1,\boldsymbol{\alpha}_2,\cdots,\boldsymbol{\alpha}_s$ 与 $\boldsymbol{\gamma}_1,\boldsymbol{\gamma}_2,\cdots,\boldsymbol{\gamma}_l$ 等价.

3.3 向量组的线性相关性

3.3.1 线性相关与线性无关

先看两个求解齐次线性方程组的示例.

齐次线性方程组$\begin{cases} x_1 - 3x_2 = 0, \\ -2x_1 + 6x_2 = 0 \end{cases}$除了有零解，$x_1 = 3, x_2 = 1$也是该方程组的解，即系数列向量组$\boldsymbol{\alpha}_1 = \begin{pmatrix} 1 \\ -2 \end{pmatrix}, \boldsymbol{\alpha}_2 = \begin{pmatrix} -3 \\ 6 \end{pmatrix}$与零向量$\mathbf{0} = \begin{pmatrix} 0 \\ 0 \end{pmatrix}$之间，除了有$0 \cdot \boldsymbol{\alpha}_1 + 0 \cdot \boldsymbol{\alpha}_2 = \mathbf{0}$之外，还有$3\boldsymbol{\alpha}_1 + \boldsymbol{\alpha}_2 = \mathbf{0}$的关系.

而齐次线性方程组$\begin{cases} x_1 - \ \ x_2 = 0, \\ 2x_1 + 3x_2 = 0 \end{cases}$仅有零解，即系数列向量组$\boldsymbol{\alpha}_1 = \begin{pmatrix} 1 \\ 2 \end{pmatrix}$，$\boldsymbol{\alpha}_2 = \begin{pmatrix} -1 \\ 3 \end{pmatrix}$与零向量$\mathbf{0} = \begin{pmatrix} 0 \\ 0 \end{pmatrix}$之间，仅有数0，使得$0 \cdot \boldsymbol{\alpha}_1 + 0 \cdot \boldsymbol{\alpha}_2 = \mathbf{0}$成立.

由上述向量组之间的关系，引入以下重要概念：

定义 3.9 对于向量组$\boldsymbol{\alpha}_1, \boldsymbol{\alpha}_2, \cdots, \boldsymbol{\alpha}_s (s \geqslant 1)$，如果存在一组不全为零的数$k_1, k_2, \cdots, k_s$，使得

$$k_1\boldsymbol{\alpha}_1 + k_2\boldsymbol{\alpha}_2 + \cdots + k_s\boldsymbol{\alpha}_s = \mathbf{0} \tag{3.12}$$

成立，则称向量组$\boldsymbol{\alpha}_1, \boldsymbol{\alpha}_2, \cdots, \boldsymbol{\alpha}_s$线性相关，否则称$\boldsymbol{\alpha}_1, \boldsymbol{\alpha}_2, \cdots, \boldsymbol{\alpha}_s$线性无关.也就是说，仅当$k_1 = k_2 = \cdots = k_s$时，才能使（3.12）成立，则称$\boldsymbol{\alpha}_1, \boldsymbol{\alpha}_2, \cdots, \boldsymbol{\alpha}_s$线性无关.

例 1 试证：含有零向量的向量组线性相关.

证明： 设向量组为$\mathbf{0}, \boldsymbol{\alpha}_1, \boldsymbol{\alpha}_2, \cdots, \boldsymbol{\alpha}_s$，则$1 \cdot \mathbf{0} + 0 \cdot \boldsymbol{\alpha}_1 + 0 \cdot \boldsymbol{\alpha}_2 + \cdots + 0 \cdot \boldsymbol{\alpha}_s = \mathbf{0}$.由线性相关的定义可知结论正确.

例 2 试证：单个非零n维向量线性无关.

证明： 设$\boldsymbol{\alpha} = (a_1, a_2, \cdots, a_n)$，其中$a_i\,(i = 1,2,\cdots,n)$不全为零.设数$k$满足$k\boldsymbol{\alpha} = \mathbf{0}$，$k\boldsymbol{\alpha} = (ka_1, ka_2, \cdots, ka_n) = (0,0,\cdots,0)$，因此有$ka_i = 0\,(i = 1,2,\cdots,n)$，由$a_i\,(i = 1,2,\cdots,n)$不全为零，可得$k$=0，即$\boldsymbol{\alpha}$线性无关.

例 3 试证：n维单位向量组$\boldsymbol{\varepsilon}_1 = (1,0,\cdots,0), \boldsymbol{\varepsilon}_2 = (0,1,0,\cdots,0), \cdots, \boldsymbol{\varepsilon}_n = (0,\cdots,0,1)$线性无关.

证明： 设存在数 $k_1,k_2,\cdots,k_n$，使得 $k_1\boldsymbol{\varepsilon}_1+k_2\boldsymbol{\varepsilon}_2+\cdots+k_n\boldsymbol{\varepsilon}_n=\mathbf{0}$，于是 $(k_1,k_2,\cdots,k_n)=\mathbf{0}$，由此可知，只有当 $k_1=k_2=\cdots=k_n=0$ 时，才有 $k_1\boldsymbol{\varepsilon}_1+k_2\boldsymbol{\varepsilon}_2+\cdots+k_n\boldsymbol{\varepsilon}_n=\mathbf{0}$，所以向量组 $\boldsymbol{\varepsilon}_1,\boldsymbol{\varepsilon}_2,\cdots,\boldsymbol{\varepsilon}_n$ 线性无关.

设 m 维向量 $\boldsymbol{\alpha}_1=\begin{pmatrix}a_{11}\\a_{21}\\\vdots\\a_{m1}\end{pmatrix},\boldsymbol{\alpha}_2=\begin{pmatrix}a_{12}\\a_{22}\\\vdots\\a_{m2}\end{pmatrix},\cdots,\boldsymbol{\alpha}_n=\begin{pmatrix}a_{1n}\\a_{2n}\\\vdots\\a_{mn}\end{pmatrix}$，判断 $\boldsymbol{\alpha}_1,\boldsymbol{\alpha}_2,\cdots,\boldsymbol{\alpha}_n$ 是否线性相关就是看是否能找到一组不全为零的数 $k_1,k_2,\cdots,k_n$，使得

$$k_1\boldsymbol{\alpha}_1+k_2\boldsymbol{\alpha}_2+\cdots+k_n\boldsymbol{\alpha}_n=\mathbf{0} \tag{3.13}$$

成立，这是以向量 $\boldsymbol{\alpha}_1,\boldsymbol{\alpha}_2,\cdots,\boldsymbol{\alpha}_n$ 的元素为系数，以 $k_1,k_2,\cdots,k_n$ 为未知数的齐次线性方程组：$\begin{cases}a_{11}k_1+a_{12}k_2+\cdots+a_{1n}k_n=0,\\a_{21}k_1+a_{22}k_2+\cdots+a_{2n}k_n=0,\\\cdots\cdots\cdots\cdots\\a_{m1}k_1+a_{m2}k_2+\cdots+a_{mn}k_n=0.\end{cases}$ 如果该齐次线性方程组有非零解，则 $\boldsymbol{\alpha}_1,\boldsymbol{\alpha}_2,\cdots,\boldsymbol{\alpha}_n$ 线性相关，否则 $\boldsymbol{\alpha}_1,\boldsymbol{\alpha}_2,\cdots,\boldsymbol{\alpha}_n$ 线性无关.

这样，就把向量组是否线性相关的问题归结为：以 $\boldsymbol{\alpha}_1,\boldsymbol{\alpha}_2,\cdots,\boldsymbol{\alpha}_n$ 的元素为系数的齐次线性方程组是否有非零解的问题，这就是下面的定理.

定理3.6　m 维列向量组 $\boldsymbol{\alpha}_1=\begin{pmatrix}a_{11}\\a_{21}\\\vdots\\a_{m1}\end{pmatrix},\boldsymbol{\alpha}_2=\begin{pmatrix}a_{12}\\a_{22}\\\vdots\\a_{m2}\end{pmatrix},\cdots,\boldsymbol{\alpha}_n=\begin{pmatrix}a_{1n}\\a_{2n}\\\vdots\\a_{mn}\end{pmatrix}$ 线性相关的充要条件是以 $\boldsymbol{\alpha}_1,\boldsymbol{\alpha}_2,\cdots,\boldsymbol{\alpha}_n$ 的元素为系数的齐次线性方程组有非零解.

定理3.6也可以用矩阵秩的方式表达为：

m 维列向量组 $\boldsymbol{\alpha}_1=\begin{pmatrix}a_{11}\\a_{21}\\\vdots\\a_{m1}\end{pmatrix},\boldsymbol{\alpha}_2=\begin{pmatrix}a_{12}\\a_{22}\\\vdots\\a_{m2}\end{pmatrix},\cdots,\boldsymbol{\alpha}_n=\begin{pmatrix}a_{1n}\\a_{2n}\\\vdots\\a_{mn}\end{pmatrix}$ 线性相关的充要条件是以 $\boldsymbol{\alpha}_1,\boldsymbol{\alpha}_2,\cdots,\boldsymbol{\alpha}_n$ 为列向量的矩阵 $\boldsymbol{A}$ 的秩小于向量的个数 n.

定理3.6的另一个说法是：

m 维行向量组 $\boldsymbol{\alpha}_1,\boldsymbol{\alpha}_2,\cdots,\boldsymbol{\alpha}_n$，其中 $\boldsymbol{\alpha}_j=\left(a_{1j},a_{2j},\cdots,a_{mj}\right)\left(j=1,2,\cdots,n\right)$，则 $\boldsymbol{\alpha}_1,\boldsymbol{\alpha}_2,\cdots,\boldsymbol{\alpha}_n$ 线性相关的充要条件是以 $\boldsymbol{\alpha}_1^{\mathrm{T}},\boldsymbol{\alpha}_2^{\mathrm{T}},\cdots,\boldsymbol{\alpha}_n^{\mathrm{T}}$ 为列向量的矩阵 $\boldsymbol{A}$ 的秩小于向量的个数 n.

推论 1 设 n 个 n 维向量 $\boldsymbol{\alpha}_j^{\mathrm{T}}=\left(a_{1j},a_{2j},\cdots,a_{nj}\right)\left(j=1,2,\cdots,n\right)$，则向量组 $\boldsymbol{\alpha}_1,\boldsymbol{\alpha}_2,\cdots,\boldsymbol{\alpha}_n$ 线性相关的充要条件是 $\begin{vmatrix} a_{11} & a_{12} & \cdots & a_{1n} \\ a_{21} & a_{22} & \cdots & a_{2n} \\ \vdots & \vdots & & \vdots \\ a_{n1} & a_{n2} & \cdots & a_{nn} \end{vmatrix}=0.$

或：设 n 个 n 维向量 $\boldsymbol{\alpha}_j^{\mathrm{T}}=\left(a_{1j},a_{2j},\cdots,a_{nj}\right)\left(j=1,2,\cdots,n\right)$，则向量组 $\boldsymbol{\alpha}_1,\boldsymbol{\alpha}_2,\cdots,\boldsymbol{\alpha}_n$ 线性无关的充要条件是 $\begin{vmatrix} a_{11} & a_{12} & \cdots & a_{1n} \\ a_{21} & a_{22} & \cdots & a_{2n} \\ \vdots & \vdots & & \vdots \\ a_{n1} & a_{n2} & \cdots & a_{nn} \end{vmatrix}\neq 0.$

证明：实际上，根据定理3.6，n维行向量组 $\boldsymbol{\alpha}_1,\boldsymbol{\alpha}_2,\cdots,\boldsymbol{\alpha}_n$ 线性无关的充要条件是 $(\boldsymbol{\alpha}_1^{\mathrm{T}},\boldsymbol{\alpha}_2^{\mathrm{T}},\cdots,\boldsymbol{\alpha}_n^{\mathrm{T}})$ 满秩，即 $\begin{vmatrix} a_{11} & a_{21} & \cdots & a_{n1} \\ a_{12} & a_{22} & \cdots & a_{n2} \\ \vdots & \vdots & & \vdots \\ a_{1n} & a_{2n} & \cdots & a_{nn} \end{vmatrix}\neq 0$，也就有

$$\begin{vmatrix} a_{11} & a_{12} & \cdots & a_{1n} \\ a_{21} & a_{22} & \cdots & a_{2n} \\ \vdots & \vdots & & \vdots \\ a_{n1} & a_{n2} & \cdots & a_{nn} \end{vmatrix}\neq 0.$$

推论2 当向量组所含向量的个数大于向量的维数时，向量组线性相关.

证明：设 $\boldsymbol{\alpha}_j^{\mathrm{T}}=\left(a_{1j},a_{2j},\cdots,a_{mj}\right)\left(j=1,2,\cdots,n\right)$，$m<n$，齐次线性方程组

$$x_1\boldsymbol{\alpha}_1+x_2\boldsymbol{\alpha}_2+\cdots+x_s\boldsymbol{\alpha}_s=\mathbf{0}$$

是m个方程n个未知数的齐次线性方程组，由于$m<n$，该方程组必有非零解，由定理3.6可知向量组线性相关.

例4 证明：若向量组 $\boldsymbol{\alpha}_1,\boldsymbol{\alpha}_2,\boldsymbol{\alpha}_3$ 线性无关，则向量组 $\boldsymbol{\alpha}_1+\boldsymbol{\alpha}_2,\boldsymbol{\alpha}_2+\boldsymbol{\alpha}_3,\boldsymbol{\alpha}_3+\boldsymbol{\alpha}_1$ 也线性无关.

证明：方法 1：设存在数 k_1,k_2,k_3，使得 $k_1(\boldsymbol{\alpha}_1+\boldsymbol{\alpha}_2)+k_2(\boldsymbol{\alpha}_2+\boldsymbol{\alpha}_3)+k_3(\boldsymbol{\alpha}_3+\boldsymbol{\alpha}_1)=\mathbf{0}$，整理得 $(k_1+k_3)\boldsymbol{\alpha}_1+(k_1+k_2)\boldsymbol{\alpha}_2+(k_2+k_3)\boldsymbol{\alpha}_3=\mathbf{0}$，因为 $\boldsymbol{\alpha}_1,\boldsymbol{\alpha}_2,\boldsymbol{\alpha}_3$ 线性无关，因此

$$\begin{cases} k_1 + k_3 = 0, \\ k_1 + k_2 = 0, \\ k_2 + k_3 = 0. \end{cases}$$

这是以 k_1,k_2,k_3 为未知数的齐次线性方程组，由于 $\begin{vmatrix}1&0&1\\1&1&0\\0&1&1\end{vmatrix}=2\neq 0$，因此该齐次线性方程组只有零解 $k_1=k_2=k_3=0$，即向量组 $\boldsymbol{\alpha}_1+\boldsymbol{\alpha}_2,\boldsymbol{\alpha}_2+\boldsymbol{\alpha}_3,\boldsymbol{\alpha}_3+\boldsymbol{\alpha}_1$ 线性无关.

方法2：不妨设向量组 $\boldsymbol{\alpha}_1,\boldsymbol{\alpha}_2,\boldsymbol{\alpha}_3$ 为同维列向量，记 $\boldsymbol{\beta}_1=\boldsymbol{\alpha}_1+\boldsymbol{\alpha}_2,\boldsymbol{\beta}_2=\boldsymbol{\alpha}_2+\boldsymbol{\alpha}_3$，$\boldsymbol{\beta}_3=\boldsymbol{\alpha}_3+\boldsymbol{\alpha}_1$，则

$$(\boldsymbol{\beta}_1,\boldsymbol{\beta}_2,\boldsymbol{\beta}_3)=(\boldsymbol{\alpha}_1,\boldsymbol{\alpha}_2,\boldsymbol{\alpha}_3)\begin{pmatrix}1&0&1\\1&1&0\\0&1&1\end{pmatrix},$$

该等式还可以写成 $\boldsymbol{C}=\boldsymbol{BA}$，其中

$$\boldsymbol{C}=(\boldsymbol{\beta}_1,\boldsymbol{\beta}_2,\boldsymbol{\beta}_3),\boldsymbol{B}=(\boldsymbol{\alpha}_1,\boldsymbol{\alpha}_2,\boldsymbol{\alpha}_3),\boldsymbol{A}=\begin{pmatrix}1&0&1\\1&1&0\\0&1&1\end{pmatrix}.$$

由于 $|\boldsymbol{A}|=\begin{vmatrix}1&0&1\\1&1&0\\0&1&1\end{vmatrix}=2\neq 0$，故 $r(\boldsymbol{C})=r(\boldsymbol{BA})=r(\boldsymbol{B})$，由定理3.6用矩阵秩的方式表达可知，$r(\boldsymbol{C})=r(\boldsymbol{B})=3$，因此 $\boldsymbol{\beta}_1,\boldsymbol{\beta}_2,\boldsymbol{\beta}_3$ 线性无关.

例5　判断向量组 $\boldsymbol{\alpha}_1=(1,1,1)^{\mathrm{T}},\boldsymbol{\alpha}_2=(0,2,5)^{\mathrm{T}},\boldsymbol{\alpha}_3=(2,4,7)^{\mathrm{T}}$ 的线性相关性.

解：这是3个3维向量，$\begin{vmatrix}1&0&2\\1&2&4\\1&5&7\end{vmatrix}=14+10+0-4-20-0=0$，由定理3.6的推论1可知，向量组线性相关.

例6　判断向量组 $\boldsymbol{\alpha}_1=(2,0,-1,3),\boldsymbol{\alpha}_2=(3,-2,1,-1),\boldsymbol{\alpha}_3=(-5,6,-5,9)$ 的线性相关性.

解：令 $\boldsymbol{A}=(\boldsymbol{\alpha}_1^{\mathrm{T}},\boldsymbol{\alpha}_2^{\mathrm{T}},\boldsymbol{\alpha}_3^{\mathrm{T}})$，讨论 $\boldsymbol{Ax}=\boldsymbol{0}$ 是否有非零解.

$$\boldsymbol{A}=\begin{pmatrix}2&3&-5\\0&-2&6\\-1&1&-5\\3&-1&9\end{pmatrix}\to\begin{pmatrix}-1&1&-5\\0&-2&6\\0&5&-15\\0&2&-6\end{pmatrix}\to\begin{pmatrix}-1&1&-5\\0&1&-3\\0&0&0\\0&0&0\end{pmatrix},$$

$r(\boldsymbol{A})=2$，小于未知数的个数3，故 $\boldsymbol{Ax}=\boldsymbol{0}$ 有非零解，因此向量组线性相关.

本例也可以直接求矩阵 $\boldsymbol{A}$ 的秩，由 $r(\boldsymbol{A})=2$，小于向量的个数3，故向量组线性相关.

定理3.7 **如果向量组中有一部分向量（称为部分组）线性相关，则整个向量组线性相关.**

证明：设向量组$\boldsymbol{\alpha}_1, \boldsymbol{\alpha}_2, \cdots, \boldsymbol{\alpha}_m$中有一个含有$s(s \leqslant m)$个向量的部分组线性相关，不妨设该部分组为$\boldsymbol{\alpha}_1, \boldsymbol{\alpha}_2, \cdots, \boldsymbol{\alpha}_s$，则存在不全为零的数$k_1, k_2, \cdots, k_s$，使得$k_1\boldsymbol{\alpha}_1 + k_2\boldsymbol{\alpha}_2 + \cdots + k_s\boldsymbol{\alpha}_s = \mathbf{0}$成立.这时$k_1, k_2, \cdots, k_s, 0, \cdots, 0$是一组不全为零的数，使得

$$k_1\boldsymbol{\alpha}_1 + k_2\boldsymbol{\alpha}_2 + \cdots + k_s\boldsymbol{\alpha}_s + 0\boldsymbol{\alpha}_{s+1} + \cdots + 0\boldsymbol{\alpha}_m = \mathbf{0}$$

成立.因此$\boldsymbol{\alpha}_1, \boldsymbol{\alpha}_2, \cdots, \boldsymbol{\alpha}_m$线性相关.

该定理也可以叙述为：线性无关的向量组中任何部分组均线性无关.

本节例1也可以由定理3.7的结论得出.

定理3.8 **如果n维向量组$\boldsymbol{\alpha}_1, \boldsymbol{\alpha}_2, \cdots, \boldsymbol{\alpha}_s$（$s \geqslant 2$）线性无关，把每个向量都添加上$m$个分量（所添分量的位置对于$\boldsymbol{\alpha}_1, \boldsymbol{\alpha}_2, \cdots, \boldsymbol{\alpha}_s$都一样），则得到的$n+m$维向量组$\tilde{\boldsymbol{\alpha}}_1, \tilde{\boldsymbol{\alpha}}_2, \cdots, \tilde{\boldsymbol{\alpha}}_s$也线性无关.**

证明：不妨设向量组$\boldsymbol{\alpha}_j^{\mathrm{T}} = (a_{1j}, a_{2j}, \cdots, a_{nj})\ (j = 1,2,\cdots,s)$中每个向量添加的$m$个分量均为第$n$+1，$n$+2，…，$n$+$m$维，添加后的向量为

$$\tilde{\boldsymbol{\alpha}}_j^{\mathrm{T}} = (a_{1j}, a_{2j}, \cdots, a_{nj}, a_{n+1,j}, \cdots, a_{n+m,j})\ (j = 1,2,\cdots,s).$$

设存在数$k_1, k_2, \cdots, k_s$满足$k_1\tilde{\boldsymbol{\alpha}}_1 + k_2\tilde{\boldsymbol{\alpha}}_2 + \cdots + k_s\tilde{\boldsymbol{\alpha}}_s = \mathbf{0}$成立，整理后得

$$\begin{cases} a_{11}k_1 + a_{12}k_2 + \cdots + a_{1s}k_s = 0, \\ a_{21}k_1 + a_{22}k_2 + \cdots + a_{2s}k_s = 0, \\ \cdots\cdots\cdots\cdots \\ a_{n1}k_1 + a_{n2}k_2 + \cdots + a_{ns}k_s = 0, \\ a_{n+1,1}k_1 + a_{n+1,2}k_2 + \cdots + a_{n+1,s}k_s = 0, \\ \cdots\cdots\cdots\cdots \\ a_{n+m,1}k_1 + a_{n+m,2}k_2 + \cdots + a_{n+m,s}k_s = 0. \end{cases} \tag{3.14}$$

满足方程组（3.14）的数$k_1, k_2, \cdots, k_s$必满足方程组（3.14）的前n个方程:

$$\begin{cases} a_{11}k_1 + a_{12}k_2 + \cdots + a_{1s}k_s = 0, \\ a_{21}k_1 + a_{22}k_2 + \cdots + a_{2s}k_s = 0, \\ \cdots\cdots\cdots\cdots \\ a_{n1}k_1 + a_{n2}k_2 + \cdots + a_{ns}k_s = 0, \end{cases} \tag{3.15}$$

即数$k_1, k_2, \cdots, k_s$满足$k_1\boldsymbol{\alpha}_1 + k_2\boldsymbol{\alpha}_2 + \cdots + k_s\boldsymbol{\alpha}_s = \mathbf{0}$成立.$\boldsymbol{\alpha}_1, \boldsymbol{\alpha}_2, \cdots, \boldsymbol{\alpha}_s$线性无关，因此只有$k_1 = k_2 = \cdots = k_s = 0$满足（3.15），由于方程组（3.14）的部分方程组成的方程组（3.15）只有零解，故方程组（3.14）也只有零解，即

$\tilde{\boldsymbol{\alpha}}_1, \tilde{\boldsymbol{\alpha}}_2, \cdots, \tilde{\boldsymbol{\alpha}}_s$线性无关.

把定理3.8中的向量组$\tilde{\boldsymbol{\alpha}}_1, \tilde{\boldsymbol{\alpha}}_2,\cdots, \tilde{\boldsymbol{\alpha}}_s$称为$\boldsymbol{\alpha}_1, \boldsymbol{\alpha}_2,\cdots, \boldsymbol{\alpha}_s$的**延伸组**.反过来，把向量组$\boldsymbol{\alpha}_1, \boldsymbol{\alpha}_2,\cdots, \boldsymbol{\alpha}_s$称为$\tilde{\boldsymbol{\alpha}}_1, \tilde{\boldsymbol{\alpha}}_2,\cdots, \tilde{\boldsymbol{\alpha}}_s$的**缩短组**.

定理3.8可以叙述为：如果向量组线性无关，则它的延伸组也线性无关.

由此立即得出：如果向量组线性相关，则它的缩短组也线性相关.

例 7　设 $t_1, t_2,\cdots, t_l (l \geqslant 2)$ 是互不相同的数，讨论向量组 $\alpha_i^{\mathrm{T}} = (1, t_i, t_i^2,\cdots, t_i^{n-1})\ (i = 1,2,\cdots, l)$的线性相关性.

解：分情况讨论.

（1）当$l > n$时，向量的个数大于向量的维数，由定理3.6的推论2可知，向量组线性相关.

（2）当$l=n$时，由于$t_1, t_2,\cdots, t_l (l \geqslant 2)$是互不相同的数，因此

$$|\boldsymbol{\alpha}_1, \boldsymbol{\alpha}_2,\cdots, \boldsymbol{\alpha}_n| = \begin{vmatrix} 1 & 1 & \cdots & 1 \\ t_1 & t_2 & \cdots & t_n \\ \vdots & \vdots & & \vdots \\ t_1^{n-1} & t_2^{n-1} & \cdots & t_n^{n-1} \end{vmatrix} = \prod_{1 \leqslant i < j \leqslant n} (t_j - t_i) \neq 0,$$

可知$\boldsymbol{\alpha}_1, \boldsymbol{\alpha}_2,\cdots, \boldsymbol{\alpha}_l$线性无关.

（3）当$l<n$时，设$\tilde{\boldsymbol{\alpha}}_i^{\mathrm{T}} = (1, t_i, t_i^2,\cdots, t_i^{l-1})\ (i = 1,2,\cdots,l)$，向量组$\tilde{\boldsymbol{\alpha}}_1, \tilde{\boldsymbol{\alpha}}_2,\cdots, \tilde{\boldsymbol{\alpha}}_l$是$\boldsymbol{\alpha}_1, \boldsymbol{\alpha}_2,\cdots, \boldsymbol{\alpha}_l$的缩短组，由（2）知$\tilde{\boldsymbol{\alpha}}_1, \tilde{\boldsymbol{\alpha}}_2,\cdots, \tilde{\boldsymbol{\alpha}}_l$线性无关，由定理3.8知$\boldsymbol{\alpha}_1, \boldsymbol{\alpha}_2,\cdots, \boldsymbol{\alpha}_l$线性无关.

3.3.2　线性组合与线性相关的定理

定理3.9　向量组$\boldsymbol{\alpha}_1, \boldsymbol{\alpha}_2,\cdots, \boldsymbol{\alpha}_s$（$s \geqslant 2$）线性相关的充要条件是其中至少有一个向量是其余向量的线性组合.

证明：必要性.由于向量组$\boldsymbol{\alpha}_1, \boldsymbol{\alpha}_2,\cdots, \boldsymbol{\alpha}_s$（$s \geqslant 2$）线性相关，则必存在不全为零的数$k_1, k_2,\cdots, k_s$，使得$k_1\boldsymbol{\alpha}_1 + k_2\boldsymbol{\alpha}_2 + \cdots + k_s\boldsymbol{\alpha}_s = \mathbf{0}$成立.设$k_i \neq 0$，于是

$$\boldsymbol{\alpha}_i = -\frac{k_1}{k_i}\boldsymbol{\alpha}_1 - \frac{k_2}{k_i}\boldsymbol{\alpha}_2 - \cdots - \frac{k_{i-1}}{k_i}\boldsymbol{\alpha}_{i-1} - \frac{k_{i+1}}{k_i}\boldsymbol{\alpha}_{i+1} - \cdots - \frac{k_s}{k_i}\boldsymbol{\alpha}_s,$$

即$\boldsymbol{\alpha}_i$是$\boldsymbol{\alpha}_1, \boldsymbol{\alpha}_2,\cdots, \boldsymbol{\alpha}_{i-1}, \boldsymbol{\alpha}_{i+1},\cdots, \boldsymbol{\alpha}_s$的线性组合.

充分性.设$\boldsymbol{\alpha}_i$是$\boldsymbol{\alpha}_1, \boldsymbol{\alpha}_2,\cdots, \boldsymbol{\alpha}_{i-1}, \boldsymbol{\alpha}_{i+1},\cdots, \boldsymbol{\alpha}_s$的线性组合，则存在数$k_1,\cdots, k_{i-1}, k_{i+1},\cdots, k_s$，满足$\boldsymbol{\alpha}_i = k_1\boldsymbol{\alpha}_1 + \cdots + k_{i-1}\boldsymbol{\alpha}_{i-1} + k_{i+1}\boldsymbol{\alpha}_{i+1} + \cdots + k_s\boldsymbol{\alpha}_s$,

因此存在不全为零的数$k_1,\cdots,k_{i-1},-1,k_{i+1},\cdots,k_s$，使得

$$k_1\boldsymbol{\alpha}_1+\cdots+k_{i-1}\boldsymbol{\alpha}_{i-1}-1\cdot\boldsymbol{\alpha}_i+k_{i+1}\boldsymbol{\alpha}_{i+1}+\cdots+k_s\boldsymbol{\alpha}_s=\mathbf{0},$$

故$\boldsymbol{\alpha}_1,\boldsymbol{\alpha}_2,\cdots,\boldsymbol{\alpha}_s$线性相关.

定理3.10 **如果向量组$\boldsymbol{\alpha}_1,\boldsymbol{\alpha}_2,\cdots,\boldsymbol{\alpha}_s,\boldsymbol{\beta}$线性相关，向量组$\boldsymbol{\alpha}_1,\boldsymbol{\alpha}_2,\cdots,\boldsymbol{\alpha}_s$线性无关，则向量$\boldsymbol{\beta}$可以由向量组$\boldsymbol{\alpha}_1,\boldsymbol{\alpha}_2,\cdots,\boldsymbol{\alpha}_s$线性表示，并且表示法唯一.**

证明：首先证明$\boldsymbol{\beta}$可以由向量组$\boldsymbol{\alpha}_1,\boldsymbol{\alpha}_2,\cdots,\boldsymbol{\alpha}_s$线性表示.

因为向量组$\boldsymbol{\alpha}_1,\boldsymbol{\alpha}_2,\cdots,\boldsymbol{\alpha}_s,\boldsymbol{\beta}$线性相关，所以存在一组不全为零的数$k_1,k_2,\cdots,k_s,k$，满足$k_1\boldsymbol{\alpha}_1+k_2\boldsymbol{\alpha}_2+\cdots+k_s\boldsymbol{\alpha}_s+k\boldsymbol{\beta}=\mathbf{0}$成立.由于$\boldsymbol{\alpha}_1,\boldsymbol{\alpha}_2,\cdots,\boldsymbol{\alpha}_s$线性无关，可知$k\neq 0$.否则，若$k=0$，则$k_1,k_2,\cdots,k_s$中至少有一个不为零，使$k_1\boldsymbol{\alpha}_1+k_2\boldsymbol{\alpha}_2+\cdots+k_s\alpha_s=\mathbf{0}$成立，因此$\boldsymbol{\alpha}_1,\boldsymbol{\alpha}_2,\cdots,\boldsymbol{\alpha}_s$线性相关，与已知$\boldsymbol{\alpha}_1,\boldsymbol{\alpha}_2,\cdots,\boldsymbol{\alpha}_s$线性无关矛盾，因此$k\neq 0$.故

$$\boldsymbol{\beta}=-\frac{k_1}{k}\boldsymbol{\alpha}_1-\frac{k_2}{k}\boldsymbol{\alpha}_2-\cdots-\frac{k_i}{k}\boldsymbol{\alpha}_i-\cdots-\frac{k_s}{k}\boldsymbol{\alpha}_s,$$

即$\boldsymbol{\beta}$可以由向量组$\boldsymbol{\alpha}_1,\boldsymbol{\alpha}_2,\cdots,\boldsymbol{\alpha}_s$线性表示.

再证明表示法唯一.设存在数$k_1,k_2,\cdots,k_s$及$l_1,l_2,\cdots,l_s$满足$\boldsymbol{\beta}=k_1\boldsymbol{\alpha}_1+k_2\boldsymbol{\alpha}_2+\cdots+k_s\boldsymbol{\alpha}_s$，及$\boldsymbol{\beta}=l_1\boldsymbol{\alpha}_1+l_2\boldsymbol{\alpha}_2+\cdots+l_s\boldsymbol{\alpha}_s$，两等式左右两边分别相减得

$$\mathbf{0}=(k_1-l_1)\boldsymbol{\alpha}_1+(k_2-l_2)\boldsymbol{\alpha}_2+\cdots+(k_s-l_s)\boldsymbol{\alpha}_s,$$

由$\boldsymbol{\alpha}_1,\boldsymbol{\alpha}_2,\cdots,\boldsymbol{\alpha}_s$线性无关的条件可知，$k_i-l_i=0(i=1,2,\cdots,s)$，即$k_i=l_i(i=1,2,\cdots,s)$，也就是表示法唯一.

如：任意n维向量$\boldsymbol{\alpha}$与n维单位向量组$\boldsymbol{\varepsilon}_1,\boldsymbol{\varepsilon}_2,\cdots,\boldsymbol{\varepsilon}_n$构成的向量组$\boldsymbol{\alpha},\boldsymbol{\varepsilon}_1,\boldsymbol{\varepsilon}_2,\cdots,\boldsymbol{\varepsilon}_n$线性相关，$\boldsymbol{\alpha}$可以由$\boldsymbol{\varepsilon}_1,\boldsymbol{\varepsilon}_2,\cdots,\boldsymbol{\varepsilon}_n$线性表示，并且表示法唯一.

例8 设向量组$\boldsymbol{\alpha}_1,\boldsymbol{\alpha}_2,\boldsymbol{\alpha}_3$线性相关，向量组$\boldsymbol{\alpha}_2,\boldsymbol{\alpha}_3,\boldsymbol{\alpha}_4$线性无关，证明：$\boldsymbol{\alpha}_1$能由$\boldsymbol{\alpha}_2,\boldsymbol{\alpha}_3$线性表示，$\boldsymbol{\alpha}_4$不能由$\boldsymbol{\alpha}_1,\boldsymbol{\alpha}_2,\boldsymbol{\alpha}_3$线性表示.

证明：由于向量组$\boldsymbol{\alpha}_2,\boldsymbol{\alpha}_3,\boldsymbol{\alpha}_4$线性无关，由定理3.7可知$\boldsymbol{\alpha}_2,\boldsymbol{\alpha}_3$线性无关，再由向量组$\boldsymbol{\alpha}_1,\boldsymbol{\alpha}_2,\boldsymbol{\alpha}_3$线性相关，根据定理3.10可知，$\boldsymbol{\alpha}_1$能由$\boldsymbol{\alpha}_2,\boldsymbol{\alpha}_3$线性表示.

假设$\boldsymbol{\alpha}_4$能由$\boldsymbol{\alpha}_1,\boldsymbol{\alpha}_2,\boldsymbol{\alpha}_3$线性表示，已知$\boldsymbol{\alpha}_1$能由$\boldsymbol{\alpha}_2,\boldsymbol{\alpha}_3$线性表示，可知$\boldsymbol{\alpha}_4$能由$\boldsymbol{\alpha}_2,\boldsymbol{\alpha}_3$线性表示，由定理3.9可知$\boldsymbol{\alpha}_2,\boldsymbol{\alpha}_3,\boldsymbol{\alpha}_4$线性相关，与已知条件矛盾.因此$\boldsymbol{\alpha}_4$不能由$\boldsymbol{\alpha}_1,\boldsymbol{\alpha}_2,\boldsymbol{\alpha}_3$线性表示.

3.4 向量组的秩

3.4.1 向量组的极大无关组

在$\mathbf{R}^2$中，给定4个共面的向量$\boldsymbol{\alpha}_1,\boldsymbol{\alpha}_2,\boldsymbol{\alpha}_3,\boldsymbol{\alpha}_4$（见图3-1），它们显然是线性相关的，它们中存在两个线性无关的向量，而且任何一个向量都可以由这两个线性无关的向量线性表示.例如：$\boldsymbol{\alpha}_1,\boldsymbol{\alpha}_2$线性无关，$\boldsymbol{\alpha}_3$和$\boldsymbol{\alpha}_4$可由$\boldsymbol{\alpha}_1,\boldsymbol{\alpha}_2$线性表示.这时$\boldsymbol{\alpha}_1,\boldsymbol{\alpha}_2$称为向量组$\boldsymbol{\alpha}_1,\boldsymbol{\alpha}_2,\boldsymbol{\alpha}_3,\boldsymbol{\alpha}_4$的极大线性无关组.

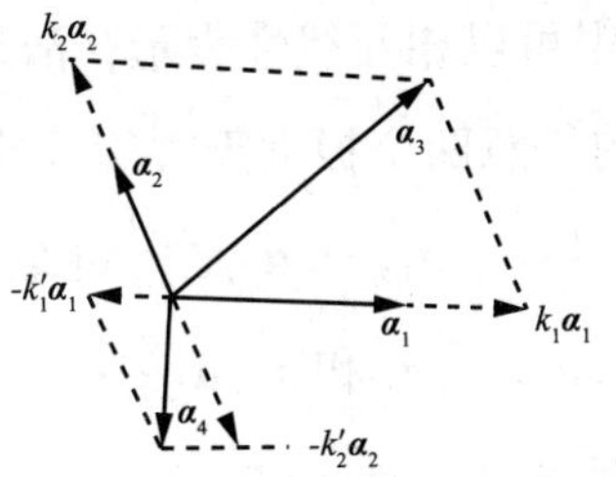

图3-1

定义3.10 如果n维向量组$\boldsymbol{\alpha}_1,\boldsymbol{\alpha}_2,\cdots,\boldsymbol{\alpha}_s$的一个部分向量组$\boldsymbol{\alpha}_{i_1},\boldsymbol{\alpha}_{i_2},\cdots,\boldsymbol{\alpha}_{i_r}$满足：

（1）$\boldsymbol{\alpha}_{i_1},\boldsymbol{\alpha}_{i_2},\cdots,\boldsymbol{\alpha}_{i_r}$线性无关；

（2）向量组中的任何一个向量都可以由$\boldsymbol{\alpha}_{i_1},\boldsymbol{\alpha}_{i_2},\cdots,\boldsymbol{\alpha}_{i_r}$线性表示，

则部分组$\boldsymbol{\alpha}_{i_1},\boldsymbol{\alpha}_{i_2},\cdots,\boldsymbol{\alpha}_{i_r}$称为此向量组的一个极大线性无关组，简称极大无关组.

由极大无关组的定义可知：

(1) 只含零向量的向量组没有极大无关组；

(2) 一个线性无关向量组的极大无关组就是其本身；

(3) 一个向量组的任一向量都能由它的极大无关组线性表示.

例1 求向量组$\boldsymbol{\alpha}_1=(1,0),\boldsymbol{\alpha}_2=(0,1),\boldsymbol{\alpha}_3=(1,1)$的极大无关组.

解： $\boldsymbol{\alpha}_1,\boldsymbol{\alpha}_2$线性无关，$\boldsymbol{\alpha}_3=\boldsymbol{\alpha}_1+\boldsymbol{\alpha}_2$，因此$\boldsymbol{\alpha}_1,\boldsymbol{\alpha}_2$是向量组的一个极大无关组；

$\boldsymbol{\alpha}_1,\boldsymbol{\alpha}_3$线性无关，$\boldsymbol{\alpha}_2=-\boldsymbol{\alpha}_1+\boldsymbol{\alpha}_3$，因此$\boldsymbol{\alpha}_1,\boldsymbol{\alpha}_3$也是向量组的一个极大无关组；

$\boldsymbol{\alpha}_2, \boldsymbol{\alpha}_3$线性无关，$\boldsymbol{\alpha}_1 = -\boldsymbol{\alpha}_2 + \boldsymbol{\alpha}_3$，因此$\boldsymbol{\alpha}_2, \boldsymbol{\alpha}_3$也是向量组的一个极大无关组.

由例1知，一个向量组可以有多个不同的极大无关组.那么，一个向量组不同的极大无关组之间有什么关系?

命题1 向量组的极大无关组与向量组本身等价.

证明：设$\boldsymbol{\alpha}_{i_1}, \boldsymbol{\alpha}_{i_2}, \cdots, \boldsymbol{\alpha}_{i_r}$是向量组$\boldsymbol{\alpha}_1, \boldsymbol{\alpha}_2, \cdots, \boldsymbol{\alpha}_s$的一个极大无关组，由于极大无关组是向量组的一部分，当然可以由这个向量组线性表示：

$$\boldsymbol{\alpha}_{i_j} = 0 \cdot \boldsymbol{\alpha}_1 + 0 \cdot \boldsymbol{\alpha}_2 + \cdots + 0 \cdot \boldsymbol{\alpha}_{i_{j-1}} + 1 \cdot \boldsymbol{\alpha}_{i_j} + 0 \cdot \boldsymbol{\alpha}_{i_{j+1}} + \cdots + \boldsymbol{\alpha}_s,$$

其中$j = 1,2,\cdots,r$.

另一方面，由极大无关组的定义可知，向量组可以由极大无关组线性表示，即极大无关组与向量组可以相互线性表示，故极大无关组与向量组等价.

命题2 一个向量组的任意两个极大无关组等价.

证明：设$\boldsymbol{\alpha}_{i_1}, \boldsymbol{\alpha}_{i_2}, \cdots, \boldsymbol{\alpha}_{i_r}$与$\boldsymbol{\alpha}_{j_1}, \boldsymbol{\alpha}_{j_2}, \cdots, \boldsymbol{\alpha}_{j_t}$是向量组$\boldsymbol{\alpha}_1, \boldsymbol{\alpha}_2, \cdots, \boldsymbol{\alpha}_s$的两个极大无关组，由命题1可知，$\boldsymbol{\alpha}_{i_1}, \boldsymbol{\alpha}_{i_2}, \cdots, \boldsymbol{\alpha}_{i_r}$和$\boldsymbol{\alpha}_{j_1}, \boldsymbol{\alpha}_{j_2}, \cdots, \boldsymbol{\alpha}_{j_t}$均与向量组$\boldsymbol{\alpha}_1, \boldsymbol{\alpha}_2, \cdots, \boldsymbol{\alpha}_s$等价；由向量组等价的对称性和传递性可知，$\boldsymbol{\alpha}_{i_1}, \boldsymbol{\alpha}_{i_2}, \cdots, \boldsymbol{\alpha}_{i_r}$和$\boldsymbol{\alpha}_{j_1}, \boldsymbol{\alpha}_{j_2}, \cdots, \boldsymbol{\alpha}_{j_t}$等价.

由命题2：一个向量组的任意两个极大无关组等价，那么不同的极大无关组所含向量的个数是否相等？这就需要研究：如果一个向量组可以由另一个向量组线性表示，那么它们所含向量个数之间的关系如何.

3.4.2 向量组之间的线性表示与向量组含有向量个数的关系

定理3.11 设有向量组（I）：$\boldsymbol{\alpha}_1, \boldsymbol{\alpha}_2, \cdots, \boldsymbol{\alpha}_s$及向量组（II）：$\boldsymbol{\beta}_1, \boldsymbol{\beta}_2, \cdots, \boldsymbol{\beta}_t$，向量组（II）可以由向量组（I）线性表示.如果$s < t$，则向量组（II）线性相关.

证明：由已知条件向量组（II）可以由向量组（I）线性表示，即向量组（II）的每一个向量$\boldsymbol{\beta}_j$都可以由向量组（I）线性表示，也就是对任意一个$\boldsymbol{\beta}_j$，都存在$k_{1j}, k_{2j}, \cdots, k_{sj}\ (j = 1,2,\cdots,t)$，满足

$$\boldsymbol{\beta}_j = k_{1j}\boldsymbol{\alpha}_1 + k_{2j}\boldsymbol{\alpha}_2 + \cdots + k_{sj}\boldsymbol{\alpha}_s\ (j = 1,2,\cdots,t).$$

若存在$l_1, l_2, \cdots, l_t$，使得$l_1\boldsymbol{\beta}_1 + l_2\boldsymbol{\beta}_2 + \cdots + l_t\boldsymbol{\beta}_t = \mathbf{0}$，则

$$l_1(k_{11}\boldsymbol{\alpha}_1 + k_{21}\boldsymbol{\alpha}_2 + \cdots + k_{s1}\boldsymbol{\alpha}_s) + l_2(k_{12}\boldsymbol{\alpha}_1 + k_{22}\boldsymbol{\alpha}_2 + \cdots + k_{s2}\boldsymbol{\alpha}_s) + \cdots + l_t(k_{1t}\boldsymbol{\alpha}_1 + k_{2t}\boldsymbol{\alpha}_2 + \cdots + k_{st}\boldsymbol{\alpha}_s) = \mathbf{0}.$$

整理后得

$(l_1k_{11}+l_2k_{12}+\cdots+l_tk_{1t})\boldsymbol{\alpha}_1+(l_1k_{21}+l_2k_{22}+\cdots+l_tk_{2t})\boldsymbol{\alpha}_2+\cdots+(l_1k_{s1}+l_2k_{s2}+\cdots+l_tk_{st})\boldsymbol{\alpha}_s=\mathbf{0}.$

由于$s<t$，因此以$l_1,l_2,\cdots,l_t$为未知数的齐次线性方程组

$$\begin{cases}l_1k_{11}+l_2k_{12}+\cdots+l_tk_{1t}=0,\\ l_1k_{21}+l_2k_{22}+\cdots+l_tk_{2t}=0,\\ \cdots\cdots\cdots\cdots\\ l_1k_{s1}+l_2k_{s2}+\cdots+l_tk_{st}=0\end{cases}$$

是方程个数小于未知数个数的方程组，必有非零解.该齐次线性方程组的一组非零解$(m_1,m_2,\cdots,m_t)^{\mathrm{T}}$必满足$m_1\boldsymbol{\beta}_1+m_2\boldsymbol{\beta}_2+\cdots+m_t\boldsymbol{\beta}_t=\mathbf{0}$.因此向量组（II）线性相关.

推论1 如果向量组$\boldsymbol{\beta}_1,\boldsymbol{\beta}_2,\cdots,\boldsymbol{\beta}_t$可以由向量组$\boldsymbol{\alpha}_1,\boldsymbol{\alpha}_2,\cdots,\boldsymbol{\alpha}_s$线性表示，并且$\boldsymbol{\beta}_1,\boldsymbol{\beta}_2,\cdots,\boldsymbol{\beta}_t$线性无关，则$s\geqslant t$.

推论2 任意n+1个n维向量组必线性相关.

证明：任意一个n维向量均可以由n维单位向量组$\boldsymbol{\varepsilon}_1,\boldsymbol{\varepsilon}_2,\cdots,\boldsymbol{\varepsilon}_n$线性表示，且$n+1>n$，因而必线性相关.

推论3 两个线性无关的等价向量组必含有相同个数的向量.

证明：设向量组（I）：$\boldsymbol{\alpha}_1,\boldsymbol{\alpha}_2,\cdots,\boldsymbol{\alpha}_s$和（II）：$\boldsymbol{\beta}_1,\boldsymbol{\beta}_2,\cdots,\boldsymbol{\beta}_t$是两个线性无关的等价向量组，则（II）能由（I）线性表示，且（II）线性无关，可知$s\geqslant t$；另一方面，由（I）能由（II）线性表示，且（I）线性无关，可知$s\leqslant t$.因此$s=t$.

推论4 一个向量组的任意两个极大线性无关组所含向量的个数都相等.

证明：由命题2可知，一个向量组的任意两个极大线性无关组等价，再由定理3.11的推论3可知，这两个极大线性无关组所含向量个数相等.

向量组的极大无关组所含向量个数是非常重要的指标，为此引出下面的概念.

3.4.3 向量组的秩的相关概念

定义3.11 向量组的极大无关组所含向量的个数称为向量组的秩.向量组$\boldsymbol{\alpha}_1,\boldsymbol{\alpha}_2,\cdots,\boldsymbol{\alpha}_s$的秩记为$r(\boldsymbol{\alpha}_1,\boldsymbol{\alpha}_2,\cdots,\boldsymbol{\alpha}_s)$.

规定：由全部零向量组成的向量组秩为零.

命题3 向量组$\boldsymbol{\alpha}_1,\boldsymbol{\alpha}_2,\cdots,\boldsymbol{\alpha}_s$线性无关的充分必要条件是该向量组的秩等于它所含向量的个数s.

证明：向量组$\boldsymbol{\alpha}_1,\boldsymbol{\alpha}_2,\cdots,\boldsymbol{\alpha}_s$线性无关的充要条件是$\boldsymbol{\alpha}_1,\boldsymbol{\alpha}_2,\cdots,\boldsymbol{\alpha}_s$的极大无关组是它本身，因此$r(\boldsymbol{\alpha}_1,\boldsymbol{\alpha}_2,\cdots,\boldsymbol{\alpha}_s)=s$.

由命题3可知，如果一个向量组的秩小于向量的个数，则向量组线性相关，如果向量组的秩与向量的个数相等，则向量组线性无关.

命题4 若向量组$\boldsymbol{\alpha}_1,\boldsymbol{\alpha}_2,\cdots,\boldsymbol{\alpha}_s$可以由向量组$\boldsymbol{\beta}_1,\boldsymbol{\beta}_2,\cdots,\boldsymbol{\beta}_t$线性表示，则$r(\boldsymbol{\alpha}_1,\boldsymbol{\alpha}_2,\cdots,\boldsymbol{\alpha}_s)\leqslant r(\boldsymbol{\beta}_1,\boldsymbol{\beta}_2,\cdots,\boldsymbol{\beta}_t)$.

证明：设$\boldsymbol{\alpha}_{i_1},\boldsymbol{\alpha}_{i_2},\cdots,\boldsymbol{\alpha}_{i_r}$是向量组$\boldsymbol{\alpha}_1,\boldsymbol{\alpha}_2,\cdots,\boldsymbol{\alpha}_s$的一个极大无关组；$\boldsymbol{\beta}_{j_1},\boldsymbol{\beta}_{j_2},\cdots,\boldsymbol{\beta}_{j_l}$是向量组$\boldsymbol{\beta}_1,\boldsymbol{\beta}_2,\cdots,\boldsymbol{\beta}_t$的一个极大无关组.由本节命题1，向量组与它的极大无关组等价，由已知向量组$\boldsymbol{\alpha}_1,\boldsymbol{\alpha}_2,\cdots,\boldsymbol{\alpha}_s$可以由向量组$\boldsymbol{\beta}_1,\boldsymbol{\beta}_2,\cdots,\boldsymbol{\beta}_t$线性表示，可知极大无关组$\boldsymbol{\alpha}_{i_1},\boldsymbol{\alpha}_{i_2},\cdots,\boldsymbol{\alpha}_{i_r}$可以由$\boldsymbol{\beta}_{j_1},\boldsymbol{\beta}_{j_2},\cdots,\boldsymbol{\beta}_{j_l}$线性表示.必有$r\leqslant l$，命题结论成立.

例2 证明：等价的向量组必有相同的秩.

证明：设向量组$\boldsymbol{\alpha}_1,\boldsymbol{\alpha}_2,\cdots,\boldsymbol{\alpha}_s$与向量组$\boldsymbol{\beta}_1,\boldsymbol{\beta}_2,\cdots,\boldsymbol{\beta}_t$等价.$\boldsymbol{\alpha}_{i_1},\boldsymbol{\alpha}_{i_2},\cdots,\boldsymbol{\alpha}_{i_r}$与$\boldsymbol{\beta}_{j_1},\boldsymbol{\beta}_{j_2},\cdots,\boldsymbol{\beta}_{j_l}$分别为向量组$\boldsymbol{\alpha}_1,\boldsymbol{\alpha}_2,\cdots,\boldsymbol{\alpha}_s$与向量组$\boldsymbol{\beta}_1,\boldsymbol{\beta}_2,\cdots,\boldsymbol{\beta}_t$的极大无关组，由极大无关组的性质可知$\boldsymbol{\alpha}_{i_1},\boldsymbol{\alpha}_{i_2},\cdots,\boldsymbol{\alpha}_{i_r}$与$\boldsymbol{\alpha}_1,\boldsymbol{\alpha}_2,\cdots,\boldsymbol{\alpha}_s$等价，$\boldsymbol{\beta}_{j_1},\boldsymbol{\beta}_{j_2},\cdots,\boldsymbol{\beta}_{j_l}$与$\boldsymbol{\beta}_1,\boldsymbol{\beta}_2,\cdots,\boldsymbol{\beta}_t$等价，由此$\boldsymbol{\alpha}_{i_1},\boldsymbol{\alpha}_{i_2},\cdots,\boldsymbol{\alpha}_{i_r}$与$\boldsymbol{\beta}_{j_1},\boldsymbol{\beta}_{j_2},\cdots,\boldsymbol{\beta}_{j_l}$等价.由定理3.11的推论3可知$r=l$.也就是$r(\boldsymbol{\alpha}_1,\boldsymbol{\alpha}_2,\cdots,\boldsymbol{\alpha}_s)=r(\boldsymbol{\beta}_1,\boldsymbol{\beta}_2,\cdots,\boldsymbol{\beta}_t)$.

本例的逆命题不成立，也就是有相同秩的向量组不一定等价.

如：向量组(I)：$\boldsymbol{\alpha}_1=(1,0,0),\boldsymbol{\alpha}_2=(0,1,0)$，向量组（II）：$\boldsymbol{\beta}_1=(0,1,1),\boldsymbol{\beta}_2=(0,0,1)$，向量组（III）：$\boldsymbol{\gamma}_1=(1,0),\boldsymbol{\gamma}_2=(0,1)$.易见$r(\boldsymbol{\alpha}_1,\boldsymbol{\alpha}_2)=r(\boldsymbol{\beta}_1,\boldsymbol{\beta}_2)=r(\boldsymbol{\gamma}_1,\boldsymbol{\gamma}_2)=2$，但是向量组（I）、向量组（II）与向量组（III）中任意两个都不等价.因为这三个向量组均无法相互线性表示.实际上，向量组的秩仅表达了向量组中极大无关组所含向量的个数，即便维数相同的向量组，向量组的各分量的特征也可能不同.读者可以思考，“等秩的两个向量组”如果增加条件：“且其中一个向量组可以由另一个向量组线性表示”，此时两个向量组必等价.

3.5 矩阵的秩

3.5.1 矩阵的行秩和列秩

把矩阵的每一行（列）看成一个向量，则矩阵可被认为由这些行（列）向量组成.

定义3.12 矩阵行（列）向量组的秩，称为矩阵的行（列）秩.

例如$\boldsymbol{A}=\begin{pmatrix}1&0&1\\0&1&1\end{pmatrix}$的行向量组为$\boldsymbol{\alpha}_1=(1,0,1),\boldsymbol{\alpha}_2=(0,1,1)$；列向量组为$\boldsymbol{\beta}_1=\begin{pmatrix}1\\0\end{pmatrix},\boldsymbol{\beta}_2=\begin{pmatrix}0\\1\end{pmatrix},\boldsymbol{\beta}_3=\begin{pmatrix}1\\1\end{pmatrix}$.显然$\boldsymbol{\alpha}_1,\boldsymbol{\alpha}_2$线性无关，有$r(\boldsymbol{\alpha}_1,\boldsymbol{\alpha}_2)=2$，$\boldsymbol{\beta}_1,\boldsymbol{\beta}_2$线性无关，$\boldsymbol{\beta}_3=\boldsymbol{\beta}_1+\boldsymbol{\beta}_2$，$r(\boldsymbol{\beta}_1,\boldsymbol{\beta}_2,\boldsymbol{\beta}_3)=2$.即矩阵$\boldsymbol{A}$的行秩和列秩均为2.

实际上，对于一般的矩阵而言，行秩和列秩也是相等的.

定理3.12 矩阵的初等行（列）变换不改变矩阵的行（列）秩.

证明： 把矩阵$\boldsymbol{A}_{m\times n}$按行分块为$\boldsymbol{A}_{m\times n}=\begin{pmatrix}\boldsymbol{\alpha}_1\\\boldsymbol{\alpha}_2\\\vdots\\\boldsymbol{\alpha}_m\end{pmatrix}$，其中$\boldsymbol{\alpha}_i=(a_{i1},a_{i2},\cdots,a_{in})\ (i=1,2,\cdots,m)$.

（1）交换矩阵$\boldsymbol{A}$的两行，$\boldsymbol{A}$的行向量组所含向量未发生变化，所以向量组的秩不变，所以矩阵$\boldsymbol{A}$的行秩不变.

（2）用常数$k\,(k\neq 0)$乘以$\boldsymbol{A}$的第i行，得：$\boldsymbol{A}=\begin{pmatrix}\boldsymbol{\alpha}_1\\\vdots\\\boldsymbol{\alpha}_i\\\vdots\\\boldsymbol{\alpha}_m\end{pmatrix}\xrightarrow{kr_i}\begin{pmatrix}\boldsymbol{\alpha}_1\\\vdots\\k\boldsymbol{\alpha}_i\\\vdots\\\boldsymbol{\alpha}_m\end{pmatrix}=\boldsymbol{A}_1$，易见，向量组$\boldsymbol{\alpha}_1,\cdots,\boldsymbol{\alpha}_i,\cdots,\boldsymbol{\alpha}_m$与向量组$\boldsymbol{\alpha}_1,\cdots,k\boldsymbol{\alpha}_i,\cdots,\boldsymbol{\alpha}_m$等价，即$r(\boldsymbol{\alpha}_1,\cdots,\boldsymbol{\alpha}_i,\cdots,\boldsymbol{\alpha}_m)=r(\boldsymbol{\alpha}_1,\cdots,k\boldsymbol{\alpha}_i,\cdots,\boldsymbol{\alpha}_m)$，矩阵$\boldsymbol{A}$与$\boldsymbol{A}_1$的行秩相同.

（3）用常数$k\,(k\neq 0)$乘以第i行后加到第j行：$\boldsymbol{A}=\begin{pmatrix}\boldsymbol{\alpha}_1\\\vdots\\\boldsymbol{\alpha}_i\\\vdots\\\boldsymbol{\alpha}_j\\\vdots\\\boldsymbol{\alpha}_m\end{pmatrix}\xrightarrow{r_j+kr_i}\begin{pmatrix}\boldsymbol{\alpha}_1\\\vdots\\\boldsymbol{\alpha}_i\\\vdots\\\boldsymbol{\alpha}_j+k\boldsymbol{\alpha}_i\\\vdots\\\boldsymbol{\alpha}_m\end{pmatrix}=$

$\boldsymbol{A}_2$，设$\boldsymbol{\alpha}_1,\cdots,\boldsymbol{\alpha}_i,\cdots,\boldsymbol{\alpha}_j,\cdots,\boldsymbol{\alpha}_m$为向量组（I），$\boldsymbol{\alpha}_1,\cdots,\boldsymbol{\alpha}_i,\cdots,\boldsymbol{\alpha}_j+k\boldsymbol{\alpha}_i,\cdots,\boldsymbol{\alpha}_m$为向量组（II）.

$$\boldsymbol{\alpha}_k=1\cdot\boldsymbol{\alpha}_k(k\neq j),\boldsymbol{\alpha}_j=1\cdot(\boldsymbol{\alpha}_j+k\boldsymbol{\alpha}_i)-k\cdot\boldsymbol{\alpha}_i,\boldsymbol{\alpha}_j+k\boldsymbol{\alpha}_i=1\cdot\boldsymbol{\alpha}_j+k\cdot\boldsymbol{\alpha}_i,$$

因此向量组（I）和向量组（II）等价，即$r(\boldsymbol{\alpha}_1,\cdots,\boldsymbol{\alpha}_i,\cdots,\boldsymbol{\alpha}_j,\cdots,\boldsymbol{\alpha}_m)=r(\boldsymbol{\alpha}_1,\cdots,\boldsymbol{\alpha}_i,\cdots,\boldsymbol{\alpha}_j+k\boldsymbol{\alpha}_i,\cdots,\boldsymbol{\alpha}_m)$，矩阵$\boldsymbol{A}$与$\boldsymbol{A}_2$的行秩相同.

由（1）~（3）可知矩阵$\boldsymbol{A}$经过一次初等行变换以后，矩阵的行秩不变，显然经过有限次的初等行变换，矩阵的行秩也不变.同理可证矩阵的初等列变换不改变矩阵的列秩.

定理3.13　矩阵的初等行（列）变换不改变矩阵的列（行）秩.

证明： 设矩阵$\boldsymbol{A}_{m\times n}$经过初等行变换变为$\boldsymbol{B}$，存在有限个初等矩阵$\boldsymbol{P}_1,\boldsymbol{P}_2,\cdots,\boldsymbol{P}_s$，满足$\boldsymbol{P}_1\boldsymbol{P}_2\cdots\boldsymbol{P}_s\boldsymbol{A}=\boldsymbol{B}$.令$\boldsymbol{P}=\boldsymbol{P}_1\boldsymbol{P}_2\cdots\boldsymbol{P}_s$，则$\boldsymbol{PA}=\boldsymbol{B}$.把矩阵$\boldsymbol{A}$按列分块，设$\boldsymbol{A}_{m\times n}=(\boldsymbol{\alpha}_1,\boldsymbol{\alpha}_2,\cdots,\boldsymbol{\alpha}_n)$，其中$\boldsymbol{\alpha}_j^{\mathrm{T}}=(a_{1j},a_{2j},\cdots,a_{mj})(j=1,2,\cdots,n)$，则

$$\boldsymbol{PA}=\boldsymbol{P}(\boldsymbol{\alpha}_1,\boldsymbol{\alpha}_2,\cdots,\boldsymbol{\alpha}_n)=(\boldsymbol{P\alpha}_1,\boldsymbol{P\alpha}_2,\cdots,\boldsymbol{P\alpha}_n)=\boldsymbol{B}.$$

设$r(\boldsymbol{A})=r$,且$\boldsymbol{\alpha}_{i_1},\boldsymbol{\alpha}_{i_2},\cdots,\boldsymbol{\alpha}_{i_r}$为$\boldsymbol{\alpha}_1,\boldsymbol{\alpha}_2,\cdots,\boldsymbol{\alpha}_n$的极大无关组.下面证明$\boldsymbol{P\alpha}_{i_1},\boldsymbol{P\alpha}_{i_2},\cdots,\boldsymbol{P\alpha}_{i_r}$为$\boldsymbol{P\alpha}_1,\boldsymbol{P\alpha}_2,\cdots,\boldsymbol{P\alpha}_n$的极大无关组.首先证明$\boldsymbol{P\alpha}_{i_1},\boldsymbol{P\alpha}_{i_2},\cdots,\boldsymbol{P\alpha}_{i_r}$线性无关.设存在数$k_1,k_2,\cdots,k_r$，满足$k_1\boldsymbol{P\alpha}_{i_1}+k_2\boldsymbol{P\alpha}_{i_2}+\cdots+k_r\boldsymbol{P\alpha}_{i_r}=\boldsymbol{0}$成立.则$\boldsymbol{P}(k_1\boldsymbol{\alpha}_{i_1}+k_2\boldsymbol{\alpha}_{i_2}+\cdots+k_r\boldsymbol{\alpha}_{i_r})=\boldsymbol{0}$成立.由于$\boldsymbol{P}$为初等矩阵$\boldsymbol{P}_1,\boldsymbol{P}_2,\cdots,\boldsymbol{P}_s$的乘积，故$\boldsymbol{P}$可逆.$\boldsymbol{P}^{-1}\boldsymbol{P}(k_1\boldsymbol{\alpha}_{i_1}+k_2\boldsymbol{\alpha}_{i_2}+\cdots+k_r\boldsymbol{\alpha}_{i_r})=\boldsymbol{P}^{-1}\boldsymbol{0}$，故$k_1\boldsymbol{\alpha}_{i_1}+k_2\boldsymbol{\alpha}_{i_2}+\cdots+k_r\boldsymbol{\alpha}_{i_r}=\boldsymbol{0}$，由于$\boldsymbol{\alpha}_{i_1},\boldsymbol{\alpha}_{i_2},\cdots,\boldsymbol{\alpha}_{i_r}$是极大无关组，必线性无关，因此必有$k_1=k_2=\cdots=k_r=0$，因此$\boldsymbol{P\alpha}_{i_1},\boldsymbol{P\alpha}_{i_2},\cdots,\boldsymbol{P\alpha}_{i_r}$线性无关.

其次，对于矩阵$\boldsymbol{B}$的列向量组中的任意一个向量$\boldsymbol{P\alpha}_j(j=1,2,\cdots,n)$，由于$\boldsymbol{\alpha}_{i_1},\boldsymbol{\alpha}_{i_2},\cdots,\boldsymbol{\alpha}_{i_r}$为$\boldsymbol{\alpha}_1,\boldsymbol{\alpha}_2,\cdots,\boldsymbol{\alpha}_n$的极大无关组，必存在数$l_1,l_2,\cdots,l_r$，满足$\boldsymbol{\alpha}_j=l_1\boldsymbol{\alpha}_{i_1}+l_2\boldsymbol{\alpha}_{i_2}+\cdots+l_r\boldsymbol{\alpha}_{i_r}$.因此

$$\boldsymbol{P\alpha}_j=\boldsymbol{P}(l_1\boldsymbol{\alpha}_{i_1}+l_2\boldsymbol{\alpha}_{i_2}+\cdots+l_r\boldsymbol{\alpha}_{i_r})=l_1\boldsymbol{P\alpha}_{i_1}+l_2\boldsymbol{P\alpha}_{i_2}+\cdots+l_r\boldsymbol{P\alpha}_{i_r}.$$

由此可知$\boldsymbol{P\alpha}_{i_1},\boldsymbol{P\alpha}_{i_2},\cdots,\boldsymbol{P\alpha}_{i_r}$为$\boldsymbol{P\alpha}_1,\boldsymbol{P\alpha}_2,\cdots,\boldsymbol{P\alpha}_n$的极大无关组.因此矩阵$\boldsymbol{A}$的列秩与矩阵$\boldsymbol{B}$的列秩相等.

3.5.2 矩阵的行秩、列秩与矩阵秩的关系

定理3.14 矩阵的行秩等于它的列秩，也等于矩阵的秩.

证明：任何矩阵A都可经过初等变换化为$\begin{pmatrix} E_r & O \\ O & O \end{pmatrix} = A_1$的形式，而$A_1$的行秩和列秩均为$r$.又因为矩阵的初等变换不改变矩阵的行秩与列秩，所以A的行秩和列秩也均为r.由定理2.5可知$r(A)=r(A_1)=r$.也就是矩阵A的行秩、列秩和秩均为r.

由定理3.14可知，讨论向量组的秩也可以将向量组按列（行）排列构成矩阵，通过求矩阵的秩来求向量组的秩.

由定理3.13的证明可知在对矩阵的列向量组进行初等行变换时，极大无关组的向量位置和线性关系均保持，这在求向量组的极大无关组时是非常方便的.

例1 求向量组$\boldsymbol{\alpha}_1^{\mathrm{T}}=(1,2,-1),\boldsymbol{\alpha}_2^{\mathrm{T}}=(2,-3,1),\boldsymbol{\alpha}_3^{\mathrm{T}}=(4,1,-1)$的秩和极大无关组，并把其他向量用极大无关组表示.

解：方法1：

$$A=\begin{pmatrix} \boldsymbol{\alpha}_1^{\mathrm{T}} \\ \boldsymbol{\alpha}_2^{\mathrm{T}} \\ \boldsymbol{\alpha}_3^{\mathrm{T}} \end{pmatrix}=\begin{pmatrix} 1 & 2 & -1 \\ 2 & -3 & 1 \\ 4 & 1 & -1 \end{pmatrix}\xrightarrow{r_2-2r_1,r_3-4r_1}\begin{pmatrix} 1 & 2 & -1 \\ 0 & -7 & 3 \\ 0 & -7 & 3 \end{pmatrix}=\begin{pmatrix} \boldsymbol{\alpha}_1^{\mathrm{T}} \\ \boldsymbol{\alpha}_2^{\mathrm{T}}-2\boldsymbol{\alpha}_1^{\mathrm{T}} \\ \boldsymbol{\alpha}_3^{\mathrm{T}}-4\boldsymbol{\alpha}_1^{\mathrm{T}} \end{pmatrix}$$

$$\xrightarrow{r_3-r_2}\begin{pmatrix} 1 & 2 & -1 \\ 0 & -7 & 3 \\ 0 & 0 & 0 \end{pmatrix}=\begin{pmatrix} \boldsymbol{\alpha}_1^{\mathrm{T}} \\ \boldsymbol{\alpha}_2^{\mathrm{T}}-2\boldsymbol{\alpha}_1^{\mathrm{T}} \\ \boldsymbol{\alpha}_3^{\mathrm{T}}-4\boldsymbol{\alpha}_1^{\mathrm{T}}-\boldsymbol{\alpha}_2^{\mathrm{T}}+2\boldsymbol{\alpha}_1^{\mathrm{T}} \end{pmatrix}=\begin{pmatrix} \boldsymbol{\beta}_1^{\mathrm{T}} \\ \boldsymbol{\beta}_2^{\mathrm{T}} \\ \boldsymbol{\beta}_3^{\mathrm{T}} \end{pmatrix}.$$

易见$\boldsymbol{\alpha}_1^{\mathrm{T}},\boldsymbol{\alpha}_2^{\mathrm{T}}$线性无关，且$\boldsymbol{\beta}_3^{\mathrm{T}}=-2\boldsymbol{\alpha}_1^{\mathrm{T}}-\boldsymbol{\alpha}_2^{\mathrm{T}}+\boldsymbol{\alpha}_3^{\mathrm{T}}=\mathbf{0}$，可知$\boldsymbol{\alpha}_1^{\mathrm{T}},\boldsymbol{\alpha}_2^{\mathrm{T}}$为向量组的极大无关组，$\boldsymbol{\alpha}_3^{\mathrm{T}}=2\boldsymbol{\alpha}_1^{\mathrm{T}}+\boldsymbol{\alpha}_2^{\mathrm{T}},r(\boldsymbol{\alpha}_1^{\mathrm{T}},\boldsymbol{\alpha}_2^{\mathrm{T}},\boldsymbol{\alpha}_3^{\mathrm{T}})=2$.

方法2：$$A=(\boldsymbol{\alpha}_1,\boldsymbol{\alpha}_2,\boldsymbol{\alpha}_3)=\begin{pmatrix} 1 & 2 & 4 \\ 2 & -3 & 1 \\ -1 & 1 & -1 \end{pmatrix}\xrightarrow{r_2-2r_1,r_3+r_1}\begin{pmatrix} 1 & 2 & 4 \\ 0 & -7 & -7 \\ 0 & 3 & 3 \end{pmatrix}$$

$$\xrightarrow{r_3+\frac{3}{7}r_2}\begin{pmatrix} 1 & 2 & 4 \\ 0 & -7 & -7 \\ 0 & 0 & 0 \end{pmatrix}\xrightarrow{r_1+\frac{2}{7}r_2,-\frac{1}{7}r_2}\begin{pmatrix} 1 & 0 & 2 \\ 0 & 1 & 1 \\ 0 & 0 & 0 \end{pmatrix}=(\boldsymbol{\beta}_1,\boldsymbol{\beta}_2,\boldsymbol{\beta}_3).$$

易见$\boldsymbol{\beta}_1,\boldsymbol{\beta}_2$为$\boldsymbol{\beta}_1,\boldsymbol{\beta}_2,\boldsymbol{\beta}_3$的极大无关组，$\boldsymbol{\beta}_3=2\boldsymbol{\beta}_1+\boldsymbol{\beta}_2$，$r(\boldsymbol{\beta}_1,\boldsymbol{\beta}_2,\boldsymbol{\beta}_3)=2$，由定理3.13的证明可知向量组$\boldsymbol{\alpha}_1,\boldsymbol{\alpha}_2$为向量组$\boldsymbol{\alpha}_1,\boldsymbol{\alpha}_2,\boldsymbol{\alpha}_3$的极大无关组，$\boldsymbol{\alpha}_3=$

$2\boldsymbol{\alpha}_1+\boldsymbol{\alpha}_2$，$r(\boldsymbol{\alpha}_1,\boldsymbol{\alpha}_2,\boldsymbol{\alpha}_3)=2$.

由例1的求解过程可知，求向量组的秩和极大无关组，将向量按列摆放，做初等行变换更方便.

由定理3.14可以得到下面的结论：

定理3.15 对于n阶方阵$\boldsymbol{A}$，$r(\boldsymbol{A})=n$的充要条件是矩阵$\boldsymbol{A}$的n个行（列）向量线性无关.

例2 设$\boldsymbol{A}_{m\times n},\boldsymbol{B}_{m\times n}$为两个矩阵，证明$\boldsymbol{A}$与$\boldsymbol{B}$和差的秩不超过矩阵秩的和，即$r(\boldsymbol{A}\pm\boldsymbol{B})\leqslant r(\boldsymbol{A})+r(\boldsymbol{B})$.

证明： 把矩阵$\boldsymbol{A}_{m\times n},\boldsymbol{B}_{m\times n}$按列分块为：$\boldsymbol{A}=(\boldsymbol{\alpha}_1,\boldsymbol{\alpha}_2,\cdots,\boldsymbol{\alpha}_n)$，其中$\boldsymbol{\alpha}_j^{\mathrm{T}}=(a_{1j},a_{2j},\cdots,a_{mj})$，$j=1,2,\cdots,n$；$\boldsymbol{B}=(\boldsymbol{\beta}_1,\boldsymbol{\beta}_2,\cdots,\boldsymbol{\beta}_n)$，其中$\boldsymbol{\beta}_j^{\mathrm{T}}=(b_{1j},b_{2j},\cdots,b_{mj})$，$j=1,2,\cdots,n$；$\boldsymbol{\alpha}_{i_1},\boldsymbol{\alpha}_{i_2},\cdots,\boldsymbol{\alpha}_{i_r}$为$\boldsymbol{\alpha}_1,\boldsymbol{\alpha}_2,\cdots,\boldsymbol{\alpha}_n$的极大无关组；$\boldsymbol{\beta}_{j_1},\boldsymbol{\beta}_{j_2},\cdots,\boldsymbol{\beta}_{j_l}$为$\boldsymbol{\beta}_1,\boldsymbol{\beta}_2,\cdots,\boldsymbol{\beta}_n$的极大无关组.对于任一个$\boldsymbol{\alpha}_k$，存在$l_{k1},l_{k2},\cdots,l_{kr}$，满足$\boldsymbol{\alpha}_k=l_{k1}\boldsymbol{\alpha}_{i_1}+l_{k2}\boldsymbol{\alpha}_{i_2}+\cdots+l_{kr}\boldsymbol{\alpha}_{i_r},k=1,2,\cdots,n$;对于任一个$\boldsymbol{\beta}_k$，存在$t_{k1},t_{k2},\cdots,t_{kl}$，满足$\boldsymbol{\beta}_k=t_{k1}\boldsymbol{\beta}_{j_1}+t_{k2}\boldsymbol{\beta}_{j_2}+\cdots+t_{kl}\boldsymbol{\beta}_{j_l},k=1,2,\cdots,n$，因此

$$\boldsymbol{\alpha}_k\pm\boldsymbol{\beta}_k=(l_{k1}\boldsymbol{\alpha}_{i_1}+l_{k2}\boldsymbol{\alpha}_{i_2}+\cdots+l_{kr}\boldsymbol{\alpha}_{i_r})\pm(t_{k1}\boldsymbol{\beta}_{j_1}+t_{k2}\boldsymbol{\beta}_{j_2}+\cdots+t_{kl}\boldsymbol{\beta}_{j_l}).$$

也就是$\boldsymbol{\alpha}_k\pm\boldsymbol{\beta}_k$均可由向量组$\boldsymbol{\alpha}_{i_1},\boldsymbol{\alpha}_{i_2},\cdots,\boldsymbol{\alpha}_{i_r},\boldsymbol{\beta}_{j_1},\boldsymbol{\beta}_{j_2},\cdots,\boldsymbol{\beta}_{j_l}$线性表示.因此$r(\boldsymbol{A}\pm\boldsymbol{B})=r(\boldsymbol{\alpha}_1\pm\boldsymbol{\beta}_1,\boldsymbol{\alpha}_2\pm\boldsymbol{\beta}_2,\cdots,\boldsymbol{\alpha}_n\pm\boldsymbol{\beta}_n)\leqslant r(\boldsymbol{\alpha}_{i_1},\boldsymbol{\alpha}_{i_2},\cdots,\boldsymbol{\alpha}_{i_r},\boldsymbol{\beta}_{j_1},\boldsymbol{\beta}_{j_2},\cdots,\boldsymbol{\beta}_{j_l})\leqslant r+l=r(\boldsymbol{A})+r(\boldsymbol{B})$.

例3 设$\boldsymbol{A}_{m\times n},\boldsymbol{B}_{n\times s}$为两个矩阵，证明$\boldsymbol{A}$与$\boldsymbol{B}$乘积的秩不超过矩阵$\boldsymbol{A}$的秩和矩阵$\boldsymbol{B}$的秩，即$r(\boldsymbol{AB})\leqslant\min\{r(\boldsymbol{A}),r(\boldsymbol{B})\}$.

证明： 把矩阵$\boldsymbol{A}_{m\times n}$按列分块：$\boldsymbol{A}=(\boldsymbol{\alpha}_1,\boldsymbol{\alpha}_2,\cdots,\boldsymbol{\alpha}_n)$，其中$\boldsymbol{\alpha}_j^{\mathrm{T}}=(a_{1j},a_{2j},\cdots,a_{mj})$，$j=1,2,\cdots,n$.

设 $\boldsymbol{B}_{n\times s}=(b_{ij})_{n\times s}$，$\boldsymbol{AB}=\boldsymbol{C}=(c_{ij})_{m\times s}=(\boldsymbol{\gamma}_1,\boldsymbol{\gamma}_2,\cdots,\boldsymbol{\gamma}_s)$，其中$\boldsymbol{\gamma}_j^{\mathrm{T}}=(c_{1j},c_{2j},\cdots,c_{mj})(j=1,2,\cdots,s)$.因此

$$(\boldsymbol{\gamma}_1,\boldsymbol{\gamma}_2,\cdots,\boldsymbol{\gamma}_s)=(\boldsymbol{\alpha}_1,\boldsymbol{\alpha}_2,\cdots,\boldsymbol{\alpha}_n)\begin{pmatrix}b_{11}&\cdots&b_{1j}&\cdots&b_{1s}\\b_{21}&\cdots&b_{2j}&\cdots&b_{2s}\\\vdots&&\vdots&&\vdots\\b_{n1}&\cdots&b_{nj}&\cdots&b_{ns}\end{pmatrix},$$

$\boldsymbol{\gamma}_j=b_{1j}\boldsymbol{\alpha}_1+b_{2j}\boldsymbol{\alpha}_2+\cdots+b_{nj}\boldsymbol{\alpha}_n(j=1,2,\cdots,s)$，即$\boldsymbol{AB}$的列向量组$\boldsymbol{\gamma}_1,\boldsymbol{\gamma}_2,\cdots,\boldsymbol{\gamma}_s$可以

由$\boldsymbol{A}$的列向量组$\boldsymbol{\alpha}_1,\boldsymbol{\alpha}_2,\cdots,\boldsymbol{\alpha}_n$线性表示，由本章第4节的命题4可知$r(\boldsymbol{AB})\leqslant r(\boldsymbol{A})$.

类似地，将矩阵$\boldsymbol{B}$按行分块，设$\boldsymbol{B}=(\boldsymbol{\beta}_1,\boldsymbol{\beta}_2,\cdots,\boldsymbol{\beta}_n)^{\mathrm{T}}$，则

$$\begin{pmatrix}\boldsymbol{\delta}_1\\ \boldsymbol{\delta}_2\\ \vdots\\ \boldsymbol{\delta}_m\end{pmatrix}=\boldsymbol{AB}=\begin{pmatrix}a_{11}&a_{12}&\cdots&a_{1n}\\ \vdots&\vdots&&\vdots\\ a_{i1}&a_{i2}&\cdots&a_{in}\\ \vdots&\vdots&&\vdots\\ a_{m1}&a_{m2}&\cdots&a_{mn}\end{pmatrix}\begin{pmatrix}\boldsymbol{\beta}_1\\ \boldsymbol{\beta}_2\\ \vdots\\ \boldsymbol{\beta}_n\end{pmatrix},\boldsymbol{\delta}_i=a_{i1}\boldsymbol{\beta}_1+a_{i2}\boldsymbol{\beta}_2+\cdots+a_{in}\boldsymbol{\beta}_n,$$

其中$i=1,2,\cdots,m$，即$\boldsymbol{AB}$的行向量组$\boldsymbol{\delta}_1,\boldsymbol{\delta}_2,\cdots,\boldsymbol{\delta}_m$可以由$\boldsymbol{B}$的行向量组$\boldsymbol{\beta}_1,\boldsymbol{\beta}_2,\cdots,\boldsymbol{\beta}_n$线性表示，因此可知$r(\boldsymbol{AB})\leqslant r(\boldsymbol{B})$.

例2和例3的结论可以作为定理使用.

3.6　线性方程组解的一般理论

本章第1节的定理3.1给出线性方程组有解的判别条件：对线性方程组(3.4)：当$r(\boldsymbol{A})=r(\bar{\boldsymbol{A}})=r<n$时，$\boldsymbol{A}$的不为零的$r$阶子式所含的$r$个列以外的$n-r$个列对应的未知量称为自由未知量；当$r<m$时，$\boldsymbol{A}$中不为零的$r$阶子式所含的$r$个行对应的$r$个方程以外的$m-r$个方程是多余的，可以删去而不会影响方程组（3.4）的解.

在解决了线性方程组有解的判断之后，进一步讨论线性方程组解的结构.在线性方程组的解是唯一的情况下，当然没有什么结构问题.在有多个解的情况下，所谓解的结构问题，就是解与解之间的关系问题.下面将证明，虽然此时方程组有无穷多解，但是全部解都可以用有限多个解表示出来.这是本节要讨论的主要问题和要得到的主要结果.当然下面的讨论都是对有解的情况来说的，这一点就不再每次都进行说明了.

3.6.1　齐次线性方程组解的结构

齐次线性方程组（3.9）的矩阵形式为$\boldsymbol{Ax}=\boldsymbol{0}$，其中$\boldsymbol{A}=(a_{ij})_{m\times n}$，$\boldsymbol{x}=(x_j)_{n\times 1}$.方程组（3.9）的解满足下列性质：

1.如果$\boldsymbol{\eta}_1,\boldsymbol{\eta}_2$是齐次线性方程组（3.9）的解，则$\boldsymbol{\eta}_1+\boldsymbol{\eta}_2$也是它的解.

证明：因为$\boldsymbol{\eta}_1, \boldsymbol{\eta}_2$是齐次线性方程组（3.9）的解，有$\boldsymbol{A}\boldsymbol{\eta}_1 = \mathbf{0}, \boldsymbol{A}\boldsymbol{\eta}_2 = \mathbf{0}$，因此$\boldsymbol{A}(\boldsymbol{\eta}_1 + \boldsymbol{\eta}_2) = \boldsymbol{A}\boldsymbol{\eta}_1 + \boldsymbol{A}\boldsymbol{\eta}_2 = \mathbf{0} + \mathbf{0} = \mathbf{0}$，即$\boldsymbol{\eta}_1 + \boldsymbol{\eta}_2$也是方程组（3.9）的解.

2.如果$\boldsymbol{\eta}$是齐次线性方程组（3.9）的解，则$c\boldsymbol{\eta}$（c为常数）也是它的解.

证明：因为$\boldsymbol{\eta}$是齐次线性方程组（3.9）的解，有$\boldsymbol{A}\boldsymbol{\eta} = \mathbf{0}$，因此$\boldsymbol{A}(c\boldsymbol{\eta}) = c(\boldsymbol{A}\boldsymbol{\eta}) = c \cdot \mathbf{0} = \mathbf{0}$，即$c\boldsymbol{\eta}$也是方程组（3.9）的解.

由性质1和性质2进一步得到：

如果$\boldsymbol{\eta}_1, \boldsymbol{\eta}_2, \cdots, \boldsymbol{\eta}_s$是齐次线性方程组（3.9）的解，则$c_1\boldsymbol{\eta}_1 + c_2\boldsymbol{\eta}_2 + \cdots + c_s\boldsymbol{\eta}_s$($c_1, c_2, \cdots, c_s$为任意常数）也是它的解.

对于齐次线性方程组，由上述讨论可知，解的线性组合还是方程组的解.如果方程组有多个解，那么这些解的所有可能的线性组合就给出了很多的解.基于此来思考：齐次线性方程组的全部解是否能够通过它的有限个解的线性组合给出？答案是肯定的.为此，引入下面的定义：

定义3.13 齐次线性方程组（3.9）的一组解$\boldsymbol{\eta}_1, \boldsymbol{\eta}_2, \cdots, \boldsymbol{\eta}_s$称为（3.9）的一个**基础解系**：如果

（1）$\boldsymbol{\eta}_1, \boldsymbol{\eta}_2, \cdots, \boldsymbol{\eta}_s$线性无关；

（2）（3.9）的任一个解都能表示成$\boldsymbol{\eta}_1, \boldsymbol{\eta}_2, \cdots, \boldsymbol{\eta}_s$的线性组合.

应该注意，定义中的条件（1）是为了保证基础解系中没有多余的解.事实上，如果$\boldsymbol{\eta}_1, \boldsymbol{\eta}_2, \cdots, \boldsymbol{\eta}_s$线性相关，也就是其中有一个可以表示成其他的解的线性组合，比如说，$\boldsymbol{\eta}_s$可以表示成$\boldsymbol{\eta}_1, \boldsymbol{\eta}_2, \cdots, \boldsymbol{\eta}_{s-1}$的线性组合，那么$\boldsymbol{\eta}_1, \boldsymbol{\eta}_2, \cdots, \boldsymbol{\eta}_{s-1}$也满足条件（2）.

如果齐次线性方程组（3.9）有一个基础解系$\boldsymbol{\eta}_1, \boldsymbol{\eta}_2, \cdots, \boldsymbol{\eta}_s$，则$c_1\boldsymbol{\eta}_1 + c_2\boldsymbol{\eta}_2 + \cdots + c_s\boldsymbol{\eta}_s$称为齐次线性方程组（3.9）的**通解**或**全部解**，其中$c_1, c_2, \cdots, c_s$为任意常数.

下面证明，若齐次线性方程组有非零解，必有基础解系.

定理3.16 如果齐次线性方程组（3.9）的系数矩阵的秩$r(\boldsymbol{A}) = r < n$，则方程组（3.9）的基础解系存在，并且基础解系所含解的个数等于$n - r$.

证明：齐次线性方程组（3.9）的系数矩阵的秩$r(\boldsymbol{A}) = r$，对方程组（3.9）的系数矩阵$\boldsymbol{A}$施加初等行变换（必要时增加交换两列，对交换的列进行标记)，得到：

$$A \rightarrow \begin{pmatrix} 1 & 0 & \cdots & 0 & a'_{1,r+1} & \cdots & a'_{1n} \\ 0 & 1 & \cdots & 0 & a'_{2,r+1} & \cdots & a'_{2n} \\ \vdots & \vdots & & \vdots & \vdots & & \vdots \\ 0 & 0 & \cdots & 1 & a'_{r,r+1} & \cdots & a'_{rn} \\ 0 & 0 & \cdots & 0 & 0 & \cdots & 0 \\ \vdots & \vdots & & \vdots & \vdots & & \vdots \\ 0 & 0 & \cdots & 0 & 0 & \cdots & 0 \end{pmatrix},$$

对应的齐次线性方程组为

$$\begin{cases} x_1 + a'_{1,r+1}x_{r+1} + \cdots + a'_{1n}x_n = 0, \\ x_2 + a'_{2,r+1}x_{r+1} + \cdots + a'_{2n}x_n = 0, \\ \cdots\cdots\cdots\cdots \\ x_r + a'_{r,r+1}x_{r+1} + \cdots + a'_{rn}x_n = 0. \end{cases}$$

这个方程组与（3.9）同解.这是含有r个方程n个未知数的方程组，将x_{r+1}，…，x_n移到方程右边，得到

$$\begin{cases} x_1 = -a'_{1,r+1}x_{r+1} - \cdots - a'_{1n}x_n, \\ x_2 = -a'_{2,r+1}x_{r+1} - \cdots - a'_{2n}x_n, \\ \cdots\cdots\cdots\cdots \\ x_r = -a'_{r,r+1}x_{r+1} - \cdots - a'_{rn}x_n. \end{cases} \tag{3.16}$$

易见，把自由未知量$x_{r+1},\cdots,x_n$的任意一组值$(c_1,c_2,\cdots,c_{n-r})^{\mathrm{T}}$代入（3.16），都能唯一地确定方程组（3.16）的解，也就是方程组（3.9）的解.在（3.16）中，分别用$\begin{pmatrix}1\\0\\\vdots\\0\end{pmatrix}$，$\begin{pmatrix}0\\1\\\vdots\\0\end{pmatrix}$，…，$\begin{pmatrix}0\\0\\\vdots\\1\end{pmatrix}$来代自由未知量$\begin{pmatrix}x_{r+1}\\x_{r+2}\\\vdots\\x_n\end{pmatrix}$，就得到方程组（3.16），也就是（3.9）的$n-r$个解，设为

$$\boldsymbol{\eta}_1 = \begin{pmatrix} -a'_{1,r+1} \\ -a'_{2,r+1} \\ \vdots \\ -a'_{r,r+1} \\ 1 \\ 0 \\ \vdots \\ 0 \end{pmatrix}, \boldsymbol{\eta}_2 = \begin{pmatrix} -a'_{1,r+2} \\ -a'_{2,r+2} \\ \vdots \\ -a'_{r,r+2} \\ 0 \\ 1 \\ \vdots \\ 0 \end{pmatrix}, \cdots, \boldsymbol{\eta}_{n-r} = \begin{pmatrix} -a'_{1n} \\ -a'_{2n} \\ \vdots \\ -a'_{rn} \\ 0 \\ 0 \\ \vdots \\ 1 \end{pmatrix}. \tag{3.17}$$

下面证明（3.17）就是基础解系.

首先，证明$\boldsymbol{\eta}_1,\boldsymbol{\eta}_2,\cdots,\boldsymbol{\eta}_{n-r}$线性无关.事实上，$\boldsymbol{\eta}_1,\boldsymbol{\eta}_2,\cdots,\boldsymbol{\eta}_{n-r}$的后$n-r$维

分量是单位向量组，是线性无关的.$\boldsymbol{\eta}_1,\boldsymbol{\eta}_2,\cdots,\boldsymbol{\eta}_{n-r}$是这个单位向量组的延伸组.由定理3.8可知，$\boldsymbol{\eta}_1,\boldsymbol{\eta}_2,\cdots,\boldsymbol{\eta}_{n-r}$线性无关.

再证明方程组（3.9）的任一个解都可以由向量组$\boldsymbol{\eta}_1,\boldsymbol{\eta}_2,\cdots,\boldsymbol{\eta}_{n-r}$线性表示.设$\boldsymbol{\eta}=(c_1,c_2,\cdots,c_r,c_{r+1},c_{r+2},\cdots,c_n)^{\mathrm{T}}$是（3.9）的一个解，也是（3.16）的解.因此

$$\begin{cases} c_1=-a'_{1,r+1}c_{r+1}-\cdots-a'_{1n}c_n, \\ c_2=-a'_{2,r+1}c_{r+1}-\cdots-a'_{2n}c_n, \\ \cdots\cdots\cdots\cdots \\ c_r=-a'_{r,r+1}c_{r+1}-\cdots-a'_{rn}c_n. \end{cases}$$

从而解向量可以写成:

$$\boldsymbol{\eta}=\begin{pmatrix} c_1 \\ c_2 \\ \vdots \\ c_r \\ c_{r+1} \\ c_{r+2} \\ \vdots \\ c_n \end{pmatrix}=\begin{pmatrix} -a'_{1,r+1}c_{r+1}-a'_{1,r+2}c_{r+2}-\cdots-a'_{1n}c_n \\ -a'_{2,r+1}c_{r+1}-a'_{2,r+2}c_{r+2}-\cdots-a'_{2n}c_n \\ \vdots \\ -a'_{r,r+1}c_{r+1}-a'_{r,r+2}c_{r+2}-\cdots-a'_{rn}c_n \\ 1\cdot c_{r+1}+0\cdot c_{r+2}+\cdots+0\cdot c_n \\ 0\cdot c_{r+1}+1\cdot c_{r+2}+\cdots+0\cdot c_n \\ \vdots \\ 0\cdot c_{r+1}+0\cdot c_{r+2}+\cdots+1\cdot c_n \end{pmatrix}=c_{r+1}\begin{pmatrix} -a'_{1,r+1} \\ -a'_{2,r+1} \\ \vdots \\ -a'_{r,r+1} \\ 1 \\ 0 \\ \vdots \\ 0 \end{pmatrix}+$$

$$c_{r+2}\begin{pmatrix} -a'_{1,r+2} \\ -a'_{2,r+2} \\ \vdots \\ -a'_{r,r+2} \\ 0 \\ 1 \\ \vdots \\ 0 \end{pmatrix}+\cdots+c_n\begin{pmatrix} -a'_{1n} \\ -a'_{2n} \\ \vdots \\ -a'_{rn} \\ 0 \\ 0 \\ \vdots \\ 1 \end{pmatrix}=c_{r+1}\boldsymbol{\eta}_1+c_{r+2}\boldsymbol{\eta}_2+\cdots+c_n\boldsymbol{\eta}_{n-r}.$$

这就是说，任意一个解$\boldsymbol{\eta}$都能表示成$\boldsymbol{\eta}_1,\boldsymbol{\eta}_2,\cdots,\boldsymbol{\eta}_{n-r}$的线性组合.综合这两点，就证明了$\boldsymbol{\eta}_1,\boldsymbol{\eta}_2,\cdots,\boldsymbol{\eta}_{n-r}$确实是方程组（3.9）的一个基础解系，因而有非零解的齐次线性方程组的确有基础解系.证明中具体给出了这个基础解系是由$n-r$个解组成.至于其他的基础解系，由定义，一定与这个基础解系等价，同时它们又是线性无关的，因而有相同个数的向量.

例1 求齐次方程组$\begin{cases} x_1-2x_2-x_3-x_4=0, \\ 3x_1-6x_2+4x_3+2x_4=0, \\ 4x_1-8x_2+17x_3+11x_4=0 \end{cases}$的通解.

解：$A=\begin{pmatrix}1&-2&-1&-1\\3&-6&4&2\\4&-8&17&11\end{pmatrix}\to\begin{pmatrix}1&-2&-1&-1\\0&0&7&5\\0&0&0&0\end{pmatrix}$

$$\to\begin{pmatrix}1&-2&0&-\frac{2}{7}\\0&0&1&\frac{5}{7}\\0&0&0&0\end{pmatrix},$$

行最简形对应的齐次线性方程组为

$$\begin{cases}x_1=2x_2+\dfrac{2}{7}x_4,\\x_3=-\dfrac{5}{7}x_4.\end{cases}$$

x_2,x_4为自由未知量，分别取$\begin{pmatrix}x_2\\x_4\end{pmatrix}$为$\begin{pmatrix}1\\0\end{pmatrix}$，$\begin{pmatrix}0\\7\end{pmatrix}$，得到原方程组的基础解系为$\boldsymbol{v}_1=\begin{pmatrix}2\\1\\0\\0\end{pmatrix},\boldsymbol{v}_2=\begin{pmatrix}2\\0\\-5\\7\end{pmatrix}$，方程组的通解为$\begin{pmatrix}x_1\\x_2\\x_3\\x_4\end{pmatrix}=c_1\begin{pmatrix}2\\1\\0\\0\end{pmatrix}+c_2\begin{pmatrix}2\\0\\-5\\7\end{pmatrix}$，$c_1,c_2$为任意常数.

例2 设矩阵$\boldsymbol{A}=(a_{ij})_{m\times n},\boldsymbol{B}=(b_{ij})_{n\times s}$满足$\boldsymbol{AB}=\boldsymbol{O}$，并且$r(\boldsymbol{A})=r$.证明：$r(\boldsymbol{B})\leqslant n-r$.

证明：设矩阵$\boldsymbol{B}=(\boldsymbol{\alpha}_1,\boldsymbol{\alpha}_2,\cdots,\boldsymbol{\alpha}_s)$，其中$\boldsymbol{\alpha}_j=(b_{1j},b_{2j},\cdots,b_{nj})^{\mathrm{T}}(j=1,2,\cdots,s)$，则 $\boldsymbol{AB}=\boldsymbol{A}(\boldsymbol{\alpha}_1,\boldsymbol{\alpha}_2,\cdots,\boldsymbol{\alpha}_s)=(\boldsymbol{A\alpha}_1,\boldsymbol{A\alpha}_2,\cdots,\boldsymbol{A\alpha}_s)$，由 $\boldsymbol{AB}=\boldsymbol{O}$ 得 $\boldsymbol{A\alpha}_j=\boldsymbol{0}(j=1,2,\cdots,s)$，即矩阵$\boldsymbol{B}$的列向量$\boldsymbol{\alpha}_1,\boldsymbol{\alpha}_2,\cdots,\boldsymbol{\alpha}_s$都是齐次线性方程组$\boldsymbol{Ax}=\boldsymbol{0}$的解向量，由$r(\boldsymbol{A})=r$，知方程组$\boldsymbol{Ax}=\boldsymbol{0}$的基础解系含有$n-r$个向量，因此$r(\boldsymbol{B})=r(\boldsymbol{\alpha}_1,\boldsymbol{\alpha}_2,\cdots,\boldsymbol{\alpha}_s)\leqslant n-r$.

例3 设$\boldsymbol{A}=\begin{pmatrix}2&-2&1&3\\9&-5&2&8\end{pmatrix}$，$\boldsymbol{B}$为$4\times2$矩阵，满足$\boldsymbol{AB}=\boldsymbol{O}$，并且$r(\boldsymbol{B})=2$.求一个满足条件的矩阵$\boldsymbol{B}$.

解：由已知条件$\boldsymbol{AB}=\boldsymbol{O}$，根据本节例2可知，矩阵$\boldsymbol{B}$的列向量是齐次线性方程组$\boldsymbol{Ax}=\boldsymbol{0}$的解，因此考虑通过求$\boldsymbol{Ax}=\boldsymbol{0}$的基础解系构造矩阵$\boldsymbol{B}$.

$$A=\begin{pmatrix}2&-2&1&3\\9&-5&2&8\end{pmatrix}\rightarrow\begin{pmatrix}1&-1&\frac{1}{2}&\frac{3}{2}\\0&4&-\frac{5}{2}&-\frac{11}{2}\end{pmatrix}\rightarrow\begin{pmatrix}1&0&-\frac{1}{8}&\frac{1}{8}\\0&1&-\frac{5}{8}&-\frac{11}{8}\end{pmatrix},r(A)=2,$$

$\boldsymbol{Ax}=\boldsymbol{0}$的基础解系含有2个向量.行最简形对应的齐次线性方程组为

$$\begin{cases}x_1=\frac{1}{8}x_3-\frac{1}{8}x_4,\\x_2=\frac{5}{8}x_3+\frac{11}{8}x_4.\end{cases}$$

分别取$\begin{pmatrix}x_3\\x_4\end{pmatrix}$为$\begin{pmatrix}8\\0\end{pmatrix}$，$\begin{pmatrix}0\\8\end{pmatrix}$，得到$\boldsymbol{Ax}=\boldsymbol{0}$的基础解系为$\boldsymbol{\eta}_1=\begin{pmatrix}1\\5\\8\\0\end{pmatrix}$，$\boldsymbol{\eta}_2=\begin{pmatrix}-1\\11\\0\\8\end{pmatrix}$，可以取矩阵$\boldsymbol{B}=\begin{pmatrix}1&-1\\5&11\\8&0\\0&8\end{pmatrix}$，则$\boldsymbol{AB}=\boldsymbol{O}$，且满足$r(\boldsymbol{B})=2$.

例4 已知$\boldsymbol{A}$为$n(n\geqslant2)$阶矩阵，证明：$r(\boldsymbol{A}^*)=\begin{cases}n, & r(\boldsymbol{A})=n,\\1, & r(\boldsymbol{A})=n-1,\\0, & r(\boldsymbol{A})<n-1.\end{cases}$

证明： 分情况讨论.

（1）若$r(\boldsymbol{A})=n$，则$|\boldsymbol{A}|\neq0$，由$\boldsymbol{AA}^*=|\boldsymbol{A}|\boldsymbol{E}$，有$|\boldsymbol{A}||\boldsymbol{A}^*|=|\boldsymbol{A}|^n\neq0$，因此$|\boldsymbol{A}^*|\neq0$，所以$r(\boldsymbol{A}^*)=n$.

（2）若$r(\boldsymbol{A})=n-1$，则矩阵$\boldsymbol{A}$的行列式$|\boldsymbol{A}|$至少有一个n–1阶子式不为0，不妨设$M_{ij}\neq0$，则$A_{ij}=(-1)^{i+j}M_{ij}\neq0$. 因此$\boldsymbol{A}^*\neq\boldsymbol{O}$，有$r(\boldsymbol{A}^*)\geqslant1$. 再由$r(\boldsymbol{A})=n-1$知$|\boldsymbol{A}|=0$，因此$\boldsymbol{AA}^*=|\boldsymbol{A}|\boldsymbol{E}=\boldsymbol{O}$，由本节例2可知，$r(\boldsymbol{A}^*)\leqslant1$，因此$r(\boldsymbol{A}^*)=1$.

（3）若$r(\boldsymbol{A})<n-1$，则矩阵$\boldsymbol{A}$的行列式$|\boldsymbol{A}|$的所有n–1阶子式均为0，也就是$\boldsymbol{A}^*=\boldsymbol{O}$，故$r(\boldsymbol{A}^*)=0$.

例5 已知$\boldsymbol{A}$是4阶矩阵，$(1,0,1,0)^{\mathrm{T}}$是线性方程组$\boldsymbol{Ax}=\boldsymbol{0}$的一个基础解系，求$\boldsymbol{A}^*\boldsymbol{x}=\boldsymbol{0}$的通解.

解： 将矩阵$\boldsymbol{A}$按列分块：$\boldsymbol{A}=(\boldsymbol{\alpha}_1,\boldsymbol{\alpha}_2,\boldsymbol{\alpha}_3,\boldsymbol{\alpha}_4)$，由已知$(1,0,1,0)^{\mathrm{T}}$是线性方程组$\boldsymbol{Ax}=\boldsymbol{0}$的一个基础解系及定理3.16，$\boldsymbol{Ax}=\boldsymbol{0}$的基础解系含有$n-r(\boldsymbol{A})$个向

量，可知$r(\boldsymbol{A})=r(\boldsymbol{\alpha}_1,\boldsymbol{\alpha}_2,\boldsymbol{\alpha}_3,\boldsymbol{\alpha}_4)=3$，并且$(\boldsymbol{\alpha}_1,\boldsymbol{\alpha}_2,\boldsymbol{\alpha}_3,\boldsymbol{\alpha}_4)\begin{pmatrix}1\\0\\1\\0\end{pmatrix}=\boldsymbol{\alpha}_1+\boldsymbol{\alpha}_3=\boldsymbol{0}$.因此$\boldsymbol{\alpha}_1,\boldsymbol{\alpha}_3$线性相关，$\boldsymbol{\alpha}_1,\boldsymbol{\alpha}_2,\boldsymbol{\alpha}_4$线性无关.由$r(\boldsymbol{A})=3$及本节例4可知$r(\boldsymbol{A}^*)=1$，因此$\boldsymbol{A}^*\boldsymbol{x}=\boldsymbol{0}$的基础解系含有3个向量.再由已知$(1,0,1,0)^{\mathrm{T}}$是$\boldsymbol{A}\boldsymbol{x}=\boldsymbol{0}$的非零解，可知$|\boldsymbol{A}|=0$，因此$\boldsymbol{A}^*\boldsymbol{A}=|\boldsymbol{A}|\boldsymbol{E}=\boldsymbol{O}$，$\boldsymbol{A}$的列向量是$\boldsymbol{A}^*\boldsymbol{x}=\boldsymbol{0}$的解，$\boldsymbol{\alpha}_1,\boldsymbol{\alpha}_2,\boldsymbol{\alpha}_4$是$\boldsymbol{A}^*\boldsymbol{x}=\boldsymbol{0}$的线性无关的解，因此$\boldsymbol{A}^*\boldsymbol{x}=\boldsymbol{0}$的全部解为$c_1\boldsymbol{\alpha}_1+c_2\boldsymbol{\alpha}_2+c_3\boldsymbol{\alpha}_4$，其中$c_1,c_2,c_3$为任意常数.本题中全部解也可以用$c_1\boldsymbol{\alpha}_2+c_2\boldsymbol{\alpha}_3+c_3\boldsymbol{\alpha}_4$表示.

例6　已知4元齐次线性方程组（I）为$\begin{cases}x_1+x_3=0,\\x_3-x_4=0,\end{cases}$4元齐次线性方程组（II）的基础解系为$\boldsymbol{\eta}_1=(0,1,2,0)^{\mathrm{T}},\boldsymbol{\eta}_2=(-1,-3,-3,1)^{\mathrm{T}}$.问线性方程组（I）和（II）是否有非零的公共解，若有，求出其所有的非零公共解.若没有，说明理由.

解：首先，求出方程组（I）的基础解系.

$\begin{pmatrix}1&0&1&0\\0&0&1&-1\end{pmatrix}\to\begin{pmatrix}1&0&0&1\\0&0&1&-1\end{pmatrix}$，行最简形对应的齐次线性方程组为$\begin{cases}x_1=-x_4,\\x_3=x_4.\end{cases}$分别取自由未知量$\begin{pmatrix}x_2\\x_4\end{pmatrix}$为$\begin{pmatrix}1\\0\end{pmatrix}$，$\begin{pmatrix}0\\1\end{pmatrix}$，得到（I）的基础解系：$\boldsymbol{\xi}_1=\begin{pmatrix}0\\1\\0\\0\end{pmatrix}$，$\boldsymbol{\xi}_2=\begin{pmatrix}-1\\0\\1\\1\end{pmatrix}$，即方程组（I）的通解为$c_1\boldsymbol{\xi}_1+c_2\boldsymbol{\xi}_2=c_1\begin{pmatrix}0\\1\\0\\0\end{pmatrix}+c_2\begin{pmatrix}-1\\0\\1\\1\end{pmatrix}$，$c_1,c_2$为任意常数.

方程组（II）的通解为$c_3\boldsymbol{\eta}_1+c_4\boldsymbol{\eta}_2=c_3\begin{pmatrix}0\\1\\2\\0\end{pmatrix}+c_4\begin{pmatrix}-1\\-3\\-3\\1\end{pmatrix}$，若方程组（I）和（II）有公共解$\boldsymbol{\gamma}$，必存在$k_1,k_2,k_3,k_4$，满足$\boldsymbol{\gamma}=k_1\boldsymbol{\xi}_1+k_2\boldsymbol{\xi}_2=k_3\boldsymbol{\eta}_1+k_4\boldsymbol{\eta}_2$，即$k_1\boldsymbol{\xi}_1+k_2\boldsymbol{\xi}_2-k_3\boldsymbol{\eta}_1-k_4\boldsymbol{\eta}_2=\boldsymbol{0}$.这是关于$k_1,k_2,k_3,k_4$的4元齐次线性方程组$\boldsymbol{B}\boldsymbol{k}=\boldsymbol{0}$，其中$\boldsymbol{k}=(k_1,k_2,k_3,k_4)^{\mathrm{T}}$，对增广矩阵做初等行变换：

$$B=\left(\xi_{1},{}_{2},-\boldsymbol{\eta}_{1},-\boldsymbol{\eta}_{2}\right)=\begin{pmatrix}0&-1&0&1\\1&0&-1&3\\0&1&-2&3\\0&1&0&-1\end{pmatrix}\to\begin{pmatrix}1&0&0&1\\0&1&0&-1\\0&0&1&-2\\0&0&0&0\end{pmatrix},$$

对应的方程组为

$$\begin{cases}k_1=-k_4,\\k_2=k_4,\\k_3=2k_4,\end{cases}$$

取 $k_4=1$，$k=\begin{pmatrix}-1\\1\\2\\1\end{pmatrix}$为 $\boldsymbol{Bk}=\mathbf{0}$ 的基础解系，一般解为 $c\begin{pmatrix}-1\\1\\2\\1\end{pmatrix}$，其中 c 为任意常数.

取 $k_1=c$，$k_2=-c$，得到线性方程组（I）和（II）的所有非零的公共解：

$$c\begin{pmatrix}0\\1\\0\\0\end{pmatrix}-c\begin{pmatrix}-1\\0\\1\\1\end{pmatrix}=c\begin{pmatrix}1\\1\\-1\\-1\end{pmatrix}(c\text{为任意非零常数}).$$

题中若 $\boldsymbol{Bk}=\mathbf{0}$ 没有非零解，则（I）和（II）没有非零公共解.

3.6.2 非齐次线性方程组解的结构

非齐次线性方程组（3.4）的矩阵形式为 $\boldsymbol{Ax}=\boldsymbol{b}$，其中 $\boldsymbol{A}=(a_{ij})_{m\times n}$，$\boldsymbol{x}=\left(x_j\right)_{n\times 1}$，$\boldsymbol{b}=\left(b_j\right)_{m\times 1}$. 显然取 $\boldsymbol{b}=\mathbf{0}$ 就得到齐次线性方程组（3.9）. 方程组（3.9）也称为方程组（3.4）的导出组.

非齐次线性方程组（3.4）的解与它的导出组（3.9）的解之间有下列性质：

1. 如果 ξ 是非齐次线性方程组（3.4）的解，$\boldsymbol{\eta}$ 是齐次线性方程组（3.9）的解，则 $\xi+\boldsymbol{\eta}$ 也是（3.4）的解.

证明： 因为 ξ 是非齐次线性方程组（3.4）的解，$\boldsymbol{\eta}$ 是齐次线性方程组（3.9）的解，有 $\boldsymbol{A}\xi=\boldsymbol{b},\boldsymbol{A}\boldsymbol{\eta}=\mathbf{0}$，因此 $\boldsymbol{A}(\xi+\boldsymbol{\eta})=\boldsymbol{b}+\mathbf{0}=\boldsymbol{b}$，即 $\xi+\boldsymbol{\eta}$ 是（3.4）的解.

2. 如果 $\boldsymbol{\eta}_1,\boldsymbol{\eta}_2$ 是非齐次线性方程组（3.4）的解，则 $\boldsymbol{\eta}_1-\boldsymbol{\eta}_2$ 是导出组（3.9）

的解.

证明：因为$\boldsymbol{\eta}_1,\boldsymbol{\eta}_2$是非齐次线性方程组（3.4）的解，有$\boldsymbol{A}\boldsymbol{\eta}_1=\boldsymbol{b}$，$\boldsymbol{A}\boldsymbol{\eta}_2=\boldsymbol{b}$，因此$\boldsymbol{A}(\boldsymbol{\eta}_1-\boldsymbol{\eta}_2)=\boldsymbol{A}\boldsymbol{\eta}_1-\boldsymbol{A}\boldsymbol{\eta}_2=\boldsymbol{b}-\boldsymbol{b}=\boldsymbol{0}$，即$\boldsymbol{\eta}_1-\boldsymbol{\eta}_2$是方程组（3.9）的解.

定理3.17　如果γ_0是非齐次线性方程组的一个解，$\boldsymbol{\eta}$是其导出组的全部解，即$\boldsymbol{\eta}=c_1\boldsymbol{\eta}_1+c_2\boldsymbol{\eta}_2+\cdots+c_{n-r}\boldsymbol{\eta}_{n-r}$，其中$\boldsymbol{\eta}_1,\boldsymbol{\eta}_2,\cdots,\boldsymbol{\eta}_{n-r}$是导出组的基础解系，则非齐次线性方程组的全部解可以表示为

$$\boldsymbol{\xi}=\gamma_0+\boldsymbol{\eta}=\gamma_0+c_1\boldsymbol{\eta}_1+c_2\boldsymbol{\eta}_2+\cdots+c_{n-r}\boldsymbol{\eta}_{n-r},\tag{3.18}$$

其中$c_1,c_2,\cdots,c_{n-r}$是任意常数.γ_0称为非齐次线性方程组的一个特解.

证明：首先，由非齐次线性方程组解的性质1可知，$\boldsymbol{\xi}=\gamma_0+\boldsymbol{\eta}$仍是非齐次线性方程组的一个解.设$\gamma^*$是非齐次线性方程组的任意一个解，则$\gamma^*-\gamma_0$是其导出组的一个解，必可由导出组的基础解系$\boldsymbol{\eta}_1,\boldsymbol{\eta}_2,\cdots,\boldsymbol{\eta}_{n-r}$线性表示，即存在常数$k_1,k_2,\cdots,k_{n-r}$，满足

$$\gamma^*-\gamma_0=k_1\boldsymbol{\eta}_1+k_2\boldsymbol{\eta}_2+\cdots+k_{n-r}\boldsymbol{\eta}_{n-r},$$

即$\gamma^*=\gamma_0+k_1\boldsymbol{\eta}_1+k_2\boldsymbol{\eta}_2+\cdots+k_{n-r}\boldsymbol{\eta}_{n-r}$.因此非齐次线性方程组的全部解可以表示为（3.18）的形式.

例7　求非齐次方程组$\begin{cases}x_1+3x_2-x_3-x_4=6,\\3x_1-x_2+5x_3-3x_4=6,\\3x_1+4x_2+x_3-3x_4=12\end{cases}$的通解.

解：$\bar{\boldsymbol{A}}=(\boldsymbol{A}|\boldsymbol{b})=\left(\begin{array}{cccc|c}1&3&-1&-1&6\\3&-1&5&-3&6\\3&4&1&-3&12\end{array}\right)\to\left(\begin{array}{cccc|c}1&3&-1&-1&6\\0&-10&8&0&-12\\0&-5&4&0&-6\end{array}\right)$

$$\to\left(\begin{array}{cccc|c}1&3&-1&-1&6\\0&-5&4&0&-6\\0&0&0&0&0\end{array}\right)\to\left(\begin{array}{cccc|c}1&0&\frac{7}{5}&-1&\frac{12}{5}\\0&1&-\frac{4}{5}&0&\frac{6}{5}\\0&0&0&0&0\end{array}\right),$$

行最简形对应的非齐次线性方程组为$\begin{cases}x_1=\dfrac{12}{5}-\dfrac{7}{5}x_3+x_4,\\x_2=\dfrac{6}{5}+\dfrac{4}{5}x_3.\end{cases}$令自由未知量$x_3=$

$x_4 = 0$，得到特解$\boldsymbol{\gamma}_0 = \begin{pmatrix} \frac{12}{5} \\ \frac{6}{5} \\ 0 \\ 0 \end{pmatrix}$.

原方程组的导出组与方程组$\begin{cases} x_1 = -\frac{7}{5}x_3 + x_4, \\ x_2 = \frac{4}{5}x_3 \end{cases}$同解.分别取自由未知量

$\begin{pmatrix} x_3 \\ x_4 \end{pmatrix}$为$\begin{pmatrix} 5 \\ 0 \end{pmatrix}$，$\begin{pmatrix} 0 \\ 1 \end{pmatrix}$，得到导出组的基础解系：$\boldsymbol{\eta}_1 = \begin{pmatrix} -7 \\ 4 \\ 5 \\ 0 \end{pmatrix}, \boldsymbol{\eta}_2 = \begin{pmatrix} 1 \\ 0 \\ 0 \\ 1 \end{pmatrix}$，原方程组的

通解为$\begin{pmatrix} x_1 \\ x_2 \\ x_3 \\ x_4 \end{pmatrix} = \begin{pmatrix} \frac{12}{5} \\ \frac{6}{5} \\ 0 \\ 0 \end{pmatrix} + c_1\begin{pmatrix} -7 \\ 4 \\ 5 \\ 0 \end{pmatrix} + c_2\begin{pmatrix} 1 \\ 0 \\ 0 \\ 1 \end{pmatrix}$，其中$c_1, c_2$为任意常数.

例8 已知4元非齐次线性方程组$\boldsymbol{Ax} = \boldsymbol{b}$的系数矩阵的秩为3，$\boldsymbol{\eta}_1, \boldsymbol{\eta}_2, \boldsymbol{\eta}_3$是它的三个解，且$\boldsymbol{\eta}_1 = \begin{pmatrix} 2 \\ 3 \\ 4 \\ 5 \end{pmatrix}, \boldsymbol{\eta}_2 + \boldsymbol{\eta}_3 = \begin{pmatrix} 1 \\ 2 \\ 3 \\ 4 \end{pmatrix}$，求该方程组的通解.

解：因为$\boldsymbol{\eta}_1, \boldsymbol{\eta}_2, \boldsymbol{\eta}_3$是$\boldsymbol{Ax} = \boldsymbol{b}$的三个解，所以有

$$\boldsymbol{A}(\boldsymbol{\eta}_2 + \boldsymbol{\eta}_3 - \boldsymbol{\eta}_1) = \boldsymbol{A}(\boldsymbol{\eta}_2 + \boldsymbol{\eta}_3) - \boldsymbol{A\eta}_1 = \boldsymbol{A\eta}_2 + \boldsymbol{A\eta}_3 - \boldsymbol{A\eta}_1 = \boldsymbol{b} + \boldsymbol{b} - \boldsymbol{b} = \boldsymbol{b},$$

即$\boldsymbol{\eta}_4 = \boldsymbol{\eta}_2 + \boldsymbol{\eta}_3 - \boldsymbol{\eta}_1 = \begin{pmatrix} -1 \\ -1 \\ -1 \\ -1 \end{pmatrix}$是$\boldsymbol{Ax} = \boldsymbol{b}$的解，$\boldsymbol{\eta}_1 - \boldsymbol{\eta}_4 = \begin{pmatrix} 3 \\ 4 \\ 5 \\ 6 \end{pmatrix}$是导出组$\boldsymbol{Ax} = \boldsymbol{0}$的解，方程组含有4个未知数，且$r(\boldsymbol{A}) = 3$，因此导出组$\boldsymbol{Ax} = \boldsymbol{0}$的基础解系含有1个向量，任意一个非零解都是导出组$\boldsymbol{Ax} = \boldsymbol{0}$的基础解系，因此$\boldsymbol{\eta}_1 - \boldsymbol{\eta}_4$是导出组$\boldsymbol{Ax} = \boldsymbol{0}$的一个基础解系，故$\boldsymbol{x} = c(\boldsymbol{\eta}_1 - \boldsymbol{\eta}_4) + \boldsymbol{\eta}_1 = c\begin{pmatrix} 3 \\ 4 \\ 5 \\ 6 \end{pmatrix} + \begin{pmatrix} 2 \\ 3 \\ 4 \\ 5 \end{pmatrix}$（$c$为任

意常数）为原方程组的通解.

例9　设$A=\begin{pmatrix}1&-2&3&-4\\0&1&-1&1\\1&2&0&-3\end{pmatrix}$，$E$为3阶单位矩阵，求满足$AB=E$的所有矩阵$B$.

解：由矩阵的乘法可知B为4×3矩阵，将矩阵B和E按列分块.设

$B=(\beta_1,\beta_2,\beta_3)$，　$E=(\varepsilon_1,\varepsilon_2,\varepsilon_3)$，　则　$AB=(A\beta_1,A\beta_2,A\beta_3)=(\varepsilon_1,\varepsilon_2,\varepsilon_3)$，因此$A\beta_i=\varepsilon_i(i=1,2,3)$，故$\beta_i$是非齐次线性方程组$Ax=\varepsilon_i(i=1,2,3)$的解.

$$(A|E)=\left(\begin{array}{cccc|ccc}1&-2&3&-4&1&0&0\\0&1&-1&1&0&1&0\\1&2&0&-3&0&0&1\end{array}\right)\to\left(\begin{array}{cccc|ccc}1&0&0&1&2&6&-1\\0&1&0&-2&-1&-3&1\\0&0&1&-3&-1&-4&1\end{array}\right),$$

因此
$$\begin{pmatrix}x_1\\x_2\\x_3\\x_4\end{pmatrix}=\begin{pmatrix}2\\-1\\-1\\0\end{pmatrix}+c_1\begin{pmatrix}-1\\2\\3\\1\end{pmatrix},\begin{pmatrix}x_1\\x_2\\x_3\\x_4\end{pmatrix}=\begin{pmatrix}6\\-3\\-4\\0\end{pmatrix}+c_2\begin{pmatrix}-1\\2\\3\\1\end{pmatrix},$$

$\begin{pmatrix}x_1\\x_2\\x_3\\x_4\end{pmatrix}=\begin{pmatrix}-1\\1\\1\\0\end{pmatrix}+c_3\begin{pmatrix}-1\\2\\3\\1\end{pmatrix}$分别为$Ax=\varepsilon_i(i=1,2,3)$的解.故$B=\begin{pmatrix}-c_1+2&-c_2+6&-c_3-1\\2c_1-1&2c_2-3&2c_3+1\\3c_1-1&3c_2-4&3c_3+1\\c_1&c_2&c_3\end{pmatrix}$，

其中c_1,c_2,c_3为任意常数.

例10　证明：若γ_0是$Ax=b$的一个解，$\eta_1,\eta_2,\cdots,\eta_{n-r}$是其导出组$Ax=0$的基础解系，则$\gamma_0,\gamma_0+\eta_1,\gamma_0+\eta_2,\cdots,\gamma_0+\eta_{n-r}$线性无关，且$Ax=b$的任一个解可以表示为$\eta=k_0\gamma_0+\sum_{i=1}^{n-r}k_i(\gamma_0+\eta_i)$，其中$k_0+k_1+k_2+\cdots+k_{n-r}=1$.

证明：设存在$c_i(i=0,1,\cdots,n-r)$满足：$c_0\gamma_0+c_1(\gamma_0+\eta_1)+c_2(\gamma_0+\eta_2)+\cdots+c_{n-r}(\gamma_0+\eta_{n-r})=0$成立，整理得

$$(c_0+c_1+c_2+\cdots+c_{n-r})\gamma_0+c_1\eta_1+c_2\eta_2+\cdots+c_{n-r}\eta_{n-r}=0,$$

有$c_0+c_1+c_2+\cdots+c_{n-r}=0$.

否则，$\gamma_0=-\dfrac{1}{c_0+c_1+c_2+\cdots+c_{n-r}}(c_1\eta_1+c_2\eta_2+\cdots+c_{n-r}\eta_{n-r})$是导出组$Ax=0$的解，与已知条件矛盾.再由$\eta_1,\eta_2,\cdots,\eta_{n-r}$是其导出组$Ax=0$的基础解系，必线性无关，得$c_1=c_2=\cdots=c_{n-r}=0$，因此$c_0=0$.故$\gamma_0,\gamma_0+\eta_1,\gamma_0+\eta_2,\cdots,\gamma_0+\eta_{n-r}$线性无关.

由定理3.17可知，$\boldsymbol{Ax}=\boldsymbol{b}$的任一个解可以表示为

$$\begin{aligned}\boldsymbol{\xi}&=\boldsymbol{\gamma}_0+k_1\boldsymbol{\eta}_1+k_2\boldsymbol{\eta}_2+\cdots+k_{n-r}\boldsymbol{\eta}_{n-r}\\&=(1-k_1-k_2-\cdots-k_{n-r})\boldsymbol{\gamma}_0+k_1(\boldsymbol{\gamma}_0+\boldsymbol{\eta}_1)\\&\quad+k_2(\boldsymbol{\gamma}_0+\boldsymbol{\eta}_2)+\cdots+k_{n-r}(\boldsymbol{\gamma}_0+\boldsymbol{\eta}_{n-r}).\end{aligned}$$

令$k_0=1-k_1-k_2-\cdots-k_{n-r}$，则$k_0+k_1+k_2+\cdots+k_{n-r}=1$.

习 题 三

1. 用消元法解下列线性方程组：

（1）$\begin{cases}4x_1-x_2-x_3=0,\\-x_1+4x_2-x_4=6,\\-x_1+4x_3-x_4=6,\\-x_2-x_3+4x_4=0;\end{cases}$ （2）$\begin{cases}x_1-3x_2+2x_3+x_4=1,\\x_1-3x_2+2x_3-x_4=-1,\\x_1-3x_2+2x_3-x_4=3;\end{cases}$

（3）$\begin{cases}x_1-x_2+x_3-x_4=-1,\\x_1-x_2+2x_3-x_4=-1,\\2x_1-2x_2+3x_3-2x_4=-2;\end{cases}$ （4）$\begin{cases}x_1-x_2+x_3=0,\\3x_1-2x_2-x_3=0,\\-2x_1+2x_2+5x_3=0;\end{cases}$

（5）$\begin{cases}2x_1-x_2+3x_3=0,\\4x_1-2x_2+5x_3=0,\\2x_1-x_2+4x_3=0;\end{cases}$ （6）$\begin{cases}2x_1-x_2+3x_3=1,\\4x_1+2x_2+5x_3=4,\\2x_1+x_2+2x_3=5;\end{cases}$

（7）$\begin{cases}2x_1-4x_2+5x_3+3x_4=0,\\3x_1-6x_2+4x_3+2x_4=0,\\4x_1-8x_2+17x_3+11x_4=0;\end{cases}$ （8）$\begin{cases}x_1-x_2+2x_3=1,\\x_1-2x_2-x_3=2,\\3x_1-x_2+5x_3=3,\\-x_1+2x_3=-2.\end{cases}$

2. a,b取何值时下列方程组无解？有解？并在方程组有解时求出其解.

（1）$\begin{cases}ax_1+x_2+x_3=1,\\x_1+ax_2+x_3=a,\\x_1+x_2+ax_3=a^2;\end{cases}$ （2）$\begin{cases}(a+3)x_1+x_2+2x_3=1,\\ax_1+(a-1)x_2+x_3=2,\\3(a+1)x_1+ax_2+(a+3)x_3=3;\end{cases}$

（3）$\begin{cases}ax_1+x_2+x_3=4,\\x_1+bx_2+x_3=3,\\x_1+2bx_2+x_3=4;\end{cases}$ （4）$\begin{cases}x_1+2x_2+ax_3=1,\\2x_1+ax_2+8x_3=3.\end{cases}$

3. 已知向量$\boldsymbol{\alpha}_1=(2,0,1),\boldsymbol{\alpha}_2=(4,-1,2),\boldsymbol{\alpha}_3=(-1,1,1),\boldsymbol{\alpha}_4=(0,-1,-2)$，求：

（1）$-3\boldsymbol{\alpha}_1+2\boldsymbol{\alpha}_2-\boldsymbol{\alpha}_3+5\boldsymbol{\alpha}_4$;

（2）$2\boldsymbol{\alpha}_1-\boldsymbol{\alpha}_2+2\boldsymbol{\alpha}_3-3\boldsymbol{\alpha}_4$.

4. 已知向量$\boldsymbol{\alpha}_1=(3,1,2,7),\boldsymbol{\alpha}_2=(5,1,-1,3)$.

（1）若$2\boldsymbol{\alpha}_1-3\boldsymbol{\beta}=\boldsymbol{\alpha}_2$，求$\boldsymbol{\beta}$;

（2）若$3\boldsymbol{\alpha}_1+2\boldsymbol{\gamma}=5\boldsymbol{\alpha}_2$，求$\boldsymbol{\gamma}$.

5. 已知向量$\boldsymbol{\alpha}_1=(-2,3,-5),\boldsymbol{\alpha}_2=(-4,1,3),\boldsymbol{\alpha}_3=(2,-2,6),\boldsymbol{\alpha}_4=(1,3,1)$，若$2(\boldsymbol{\alpha}_1-\boldsymbol{\beta})+3(\boldsymbol{\alpha}_2+2\boldsymbol{\beta})-(\boldsymbol{\alpha}_3+7\boldsymbol{\beta})=2\boldsymbol{\alpha}_4$，求$\boldsymbol{\beta}$.

6. 已知向量$\boldsymbol{\alpha}_1=(1,0,-1,3),\boldsymbol{\alpha}_2=(-4,3,1,0),\boldsymbol{\alpha}_3=(-2,3,1,-1),\boldsymbol{\alpha}_4=(-2,5,-1,-2)$，求$\boldsymbol{\alpha}_1,\boldsymbol{\alpha}_2,\boldsymbol{\alpha}_3,\boldsymbol{\alpha}_4$的以下列各组数为系数的线性组合$k_1\boldsymbol{\alpha}_1+k_2\boldsymbol{\alpha}_2+k_3\boldsymbol{\alpha}_3+k_4\boldsymbol{\alpha}_4$:

（1）$k_1=2,k_2=-1,k_3=4,k_4=1$;

（2）$k_1=3,k_2=0,k_3=1,k_4=-2$.

7. 判断向量$\boldsymbol{\beta}$能否写成其他向量的线性组合，若能，写出它的一种表示方式:

（1）$\boldsymbol{\beta}=(2,3,-1),\boldsymbol{\varepsilon}_1=(1,0,0),\boldsymbol{\varepsilon}_2=(0,1,0),\boldsymbol{\varepsilon}_3=(0,0,1)$;

(2) $\boldsymbol{\beta}=(-6,5,3),\boldsymbol{\alpha}_1=(1,0,1),\boldsymbol{\alpha}_2=(1,1,1),\boldsymbol{\alpha}_3=(-1,-1,0)$;

(3)　$\boldsymbol{\beta}=(1,1,3,7),\boldsymbol{\alpha}_1=(1,1,1,1),\boldsymbol{\alpha}_2=(1,1,-1,-1),\boldsymbol{\alpha}_3=(1,-1,1,-1),\boldsymbol{\alpha}_4=(1,-1,-1,1)$;

（4）$\boldsymbol{\beta}=(0,0,0,1),\boldsymbol{\alpha}_1=(1,1,0,1),\boldsymbol{\alpha}_2=(2,1,3,1),\boldsymbol{\alpha}_3=(1,1,0,0),\boldsymbol{\alpha}_4=(0,1,-1,-1)$;

（5）$\boldsymbol{\beta}=(4,5,6),\boldsymbol{\alpha}_1=(3,-3,2),\boldsymbol{\alpha}_2=(-2,1,2),\boldsymbol{\alpha}_3=(1,2,-1)$;

(6) $\boldsymbol{\beta}=(-1,1,3,1),\boldsymbol{\alpha}_1=(-6,-4,2,-6),\boldsymbol{\alpha}_2=(1,2,1,1),\boldsymbol{\alpha}_3=(1,1,1,2)$;

（7）$\boldsymbol{\beta}=(-26,13,-30,2),\boldsymbol{\alpha}_1=(10,-5,11,3),\boldsymbol{\alpha}_2=(6,-3,7,-1),\boldsymbol{\alpha}_3=(-4,2,-5,3)$;

（8）$\boldsymbol{\beta}=(10,-7,3,8),\boldsymbol{\alpha}_1=(3,1,7,-2),\boldsymbol{\alpha}_2=(2,0,5,-3),\boldsymbol{\alpha}_3=(1,-3,6,5)$.

8. 设向量$\boldsymbol{\alpha}_1=(1,4,0,2),\boldsymbol{\alpha}_2=(2,7,1,3),\boldsymbol{\alpha}_3=(0,1,-1,a),\boldsymbol{\beta}=(3,10,b,4)$，当$a,b$取何值时，（1）$\boldsymbol{\beta}$不能由向量组$\boldsymbol{\alpha}_1,\boldsymbol{\alpha}_2,\boldsymbol{\alpha}_3$线性表示？（2）$\boldsymbol{\beta}$可以由向量组$\boldsymbol{\alpha}_1,\boldsymbol{\alpha}_2,\boldsymbol{\alpha}_3$线性表示？

9. 设n维向量组$\boldsymbol{\alpha}_1=(1,0,\cdots,0),\boldsymbol{\alpha}_2=(1,1,0,\cdots,0),\cdots,\boldsymbol{\alpha}_n=(1,\cdots,1,1)$，$n$维向量$\boldsymbol{\alpha}=(a_1,a_2,\cdots,a_n)$，证明$\boldsymbol{\alpha}$可以由向量组$\boldsymbol{\alpha}_1,\boldsymbol{\alpha}_2,\cdots,\boldsymbol{\alpha}_n$线性表示，并且表示方法唯一，写出这种表示方式.

10. 证明：向量组$\boldsymbol{\alpha}_1,\boldsymbol{\alpha}_2,\cdots,\boldsymbol{\alpha}_n$中的任一个向量$\boldsymbol{\alpha}_i(i=1,2,\cdots,n)$可以由这个向量组线性表示.

11.已知向量组$\boldsymbol{\gamma}_1,\boldsymbol{\gamma}_2,\boldsymbol{\gamma}_3$由向量组$\boldsymbol{\beta}_1,\boldsymbol{\beta}_2,\boldsymbol{\beta}_3$线性表示为

$$\boldsymbol{\gamma}_1=2\boldsymbol{\beta}_1-\boldsymbol{\beta}_2+3\boldsymbol{\beta}_3,\boldsymbol{\gamma}_2=\boldsymbol{\beta}_1+2\boldsymbol{\beta}_2+\boldsymbol{\beta}_3,\boldsymbol{\gamma}_3=3\boldsymbol{\beta}_1+\boldsymbol{\beta}_2+2\boldsymbol{\beta}_3;$$

向量组$\boldsymbol{\beta}_1,\boldsymbol{\beta}_2,\boldsymbol{\beta}_3$由向量组$\boldsymbol{\alpha}_1,\boldsymbol{\alpha}_2,\boldsymbol{\alpha}_3$线性表示为

$$\boldsymbol{\beta}_1=\boldsymbol{\alpha}_1-2\boldsymbol{\alpha}_2+5\boldsymbol{\alpha}_3,\boldsymbol{\beta}_2=2\boldsymbol{\alpha}_1+3\boldsymbol{\alpha}_2+\boldsymbol{\alpha}_3,\boldsymbol{\beta}_3=\boldsymbol{\alpha}_1-\boldsymbol{\alpha}_2+\boldsymbol{\alpha}_3.$$

求向量组$\boldsymbol{\gamma}_1,\boldsymbol{\gamma}_2,\boldsymbol{\gamma}_3$由向量组$\boldsymbol{\alpha}_1,\boldsymbol{\alpha}_2,\boldsymbol{\alpha}_3$线性表示的表达式.

12.已知向量组（1）$\boldsymbol{\beta}_1,\boldsymbol{\beta}_2,\boldsymbol{\beta}_3$可以由向量组（2）$\boldsymbol{\alpha}_1,\boldsymbol{\alpha}_2,\boldsymbol{\alpha}_3$线性表示为

$$\boldsymbol{\beta}_1=\boldsymbol{\alpha}_1-2\boldsymbol{\alpha}_2+3\boldsymbol{\alpha}_3,\boldsymbol{\beta}_2=2\boldsymbol{\alpha}_1+2\boldsymbol{\alpha}_2+\boldsymbol{\alpha}_3,\boldsymbol{\beta}_3=\boldsymbol{\alpha}_1+2\boldsymbol{\alpha}_2-\boldsymbol{\alpha}_3.$$

证明：向量组（1）和向量组（2）等价.

13.已知向量组（1）：$\boldsymbol{\alpha}_1=(1,2,1),\boldsymbol{\alpha}_2=(2,1,-1),\boldsymbol{\alpha}_3=(-1,3,1)$，向量组（2）：$\boldsymbol{\beta}_1=(-1,0,1),\boldsymbol{\beta}_2=(2,2,1),\boldsymbol{\beta}_3=(0,1,2)$，两个向量组是否等价？

14.已知向量组（1）：$\boldsymbol{\alpha}_1=(0,2,3,1)^{\mathrm{T}},\boldsymbol{\alpha}_2=(1,3,5,1)^{\mathrm{T}},\boldsymbol{\alpha}_3=(-1,a+2,1,1)^{\mathrm{T}}$，向量组（2）：$\boldsymbol{\beta}_1=(1,a+6,8,2)^{\mathrm{T}},\boldsymbol{\beta}_2=(2,4,a+8,1)^{\mathrm{T}},\boldsymbol{\beta}_3=(a^2+1,8,a^2+12,3)^{\mathrm{T}}$.
求：当a为何值时两个向量组等价？

15.已知向量组$\boldsymbol{\beta}_1,\boldsymbol{\beta}_2,\boldsymbol{\beta}_3$可以由向量组$\boldsymbol{\alpha}_1,\boldsymbol{\alpha}_2,\boldsymbol{\alpha}_3$线性表示为

$$\boldsymbol{\beta}_1=2\boldsymbol{\alpha}_1-\boldsymbol{\alpha}_2+3\boldsymbol{\alpha}_3,\boldsymbol{\beta}_2=\boldsymbol{\alpha}_1-3\boldsymbol{\alpha}_2+2\boldsymbol{\alpha}_3,\boldsymbol{\beta}_3=3\boldsymbol{\alpha}_1-2\boldsymbol{\alpha}_2+\boldsymbol{\alpha}_3.$$

（1）将向量组$\boldsymbol{\alpha}_1,\boldsymbol{\alpha}_2,\boldsymbol{\alpha}_3$由向量组$\boldsymbol{\beta}_1,\boldsymbol{\beta}_2,\boldsymbol{\beta}_3$线性表示；

（2）判断向量组$\boldsymbol{\alpha}_1,\boldsymbol{\alpha}_2,\boldsymbol{\alpha}_3$与向量组$\boldsymbol{\beta}_1,\boldsymbol{\beta}_2,\boldsymbol{\beta}_3$是否等价？

16.判断下列向量组是线性相关还是线性无关？

（1）$\boldsymbol{\alpha}_1=(10,3,2,8)$;

（2）$\boldsymbol{\alpha}_1=(1,-1,2),\boldsymbol{\alpha}_2=(0,3,-1),\boldsymbol{\alpha}_3=(2,0,4)$;

(3) $\boldsymbol{\alpha}_1=(1,-1,2,4),\boldsymbol{\alpha}_2=(0,3,1,2),\boldsymbol{\alpha}_3=(-7,0,4,13),\boldsymbol{\alpha}_4=(-1,-2,3,5),\boldsymbol{\alpha}_5=(-2,1,5,2)$;

（4）$\boldsymbol{\alpha}_1=(-1,1,2),\boldsymbol{\alpha}_2=(3,1,2)$;

（5）$\boldsymbol{\alpha}_1=(4,1,-1,2),\boldsymbol{\alpha}_2=(2,-9,-16,3),\boldsymbol{\alpha}_3=(1,0,-1,3),\boldsymbol{\alpha}_4=(0,2,3,7)$;

（6）$\boldsymbol{\alpha}_1=(3,1,-2,5),\boldsymbol{\alpha}_2=(6,2,-4,10),\boldsymbol{\alpha}_3=(5,4,1,0),\boldsymbol{\alpha}_4=(2,-3,1,1)$;

（7）$\boldsymbol{\alpha}_1=(2,1,2,5),\boldsymbol{\alpha}_2=(1,2,4,-1),\boldsymbol{\alpha}_3=(1,2,2,1)$;

（8）$\boldsymbol{\alpha}_1=(1,1,-1,3),\boldsymbol{\alpha}_2=(-1,1,4,2),\boldsymbol{\alpha}_3=(-1,5,10,12)$;

(9) $\boldsymbol{\alpha}_1=(a_{11},a_{12},a_{13},\cdots,a_{1,n-1},a_{1n}),\boldsymbol{\alpha}_2=(0,a_{22},a_{23},\cdots,a_{2,n-1},a_{2n})$, $\cdots,\boldsymbol{\alpha}_n=$

$(0,0,0,\cdots,0,a_{nn})$.

17. 设向量组 $\boldsymbol{\alpha}_1=(1,-2,a),\boldsymbol{\alpha}_2=(2,a,1),\boldsymbol{\alpha}_3=(0,1,-1)$，$\boldsymbol{\alpha}_4=(a,1,2)$，当 a 取何值时，

（1）向量组 $\boldsymbol{\alpha}_1,\boldsymbol{\alpha}_2,\boldsymbol{\alpha}_3$ 线性相关?

（2）向量组 $\boldsymbol{\alpha}_1,\boldsymbol{\alpha}_2,\boldsymbol{\alpha}_3,\boldsymbol{\alpha}_4$ 线性相关?

18. 设向量组 $\boldsymbol{\alpha}_1=(a+1,3,6),\boldsymbol{\alpha}_2=(2,-2,a),\boldsymbol{\alpha}_3=(1,0,a),\boldsymbol{\alpha}_4=(1,a,0)$，当 a 取何值时，

（1）向量组 $\boldsymbol{\alpha}_1,\boldsymbol{\alpha}_2$ 线性相关？线性无关?

（2）向量组 $\boldsymbol{\alpha}_1,\boldsymbol{\alpha}_2,\boldsymbol{\alpha}_3$ 线性相关？线性无关?

（3）向量组 $\boldsymbol{\alpha}_1,\boldsymbol{\alpha}_2,\boldsymbol{\alpha}_3,\boldsymbol{\alpha}_4$ 线性相关？线性无关?

19. 判断下列向量组是线性相关还是线性无关？如果线性相关，试找出其中的一个向量，使得它可以用其他向量线性表示，并写出其中的一种表达式.

（1）$\boldsymbol{\alpha}_1^{\mathrm{T}}=(1,-2,3,0),\boldsymbol{\alpha}_2^{\mathrm{T}}=(3,4,2,1),\boldsymbol{\alpha}_3^{\mathrm{T}}=(-2,-5,1,0)$；

（2）$\boldsymbol{\alpha}_1^{\mathrm{T}}=(-2,3,4),\boldsymbol{\alpha}_2^{\mathrm{T}}=(0,2,-5),\boldsymbol{\alpha}_3^{\mathrm{T}}=(-3,3,3),\boldsymbol{\alpha}_4^{\mathrm{T}}=(-1,5,0)$；

（3）$\boldsymbol{\alpha}_1^{\mathrm{T}}=(1,x,x^2),\boldsymbol{\alpha}_2^{\mathrm{T}}=(1,y,y^2),\boldsymbol{\alpha}_3^{\mathrm{T}}=(1,z,z^2)$，其中 x,y,z 两两不等；

（4）$\boldsymbol{\alpha}_1^{\mathrm{T}}=(3,2,-1,1),\boldsymbol{\alpha}_2^{\mathrm{T}}=(-1,2,0,3),\boldsymbol{\alpha}_3^{\mathrm{T}}=(4,2,-3,1),\boldsymbol{\alpha}_4^{\mathrm{T}}=(-3,0,-1,2)$.

20. 证明：如果向量组 $\boldsymbol{\alpha}_1,\boldsymbol{\alpha}_2,\boldsymbol{\alpha}_3$ 线性无关，则 $2\boldsymbol{\alpha}_1+\boldsymbol{\alpha}_2,2\boldsymbol{\alpha}_2-3\boldsymbol{\alpha}_3,\boldsymbol{\alpha}_3+2\boldsymbol{\alpha}_1$ 也线性无关.

21. 设向量组 $\boldsymbol{\alpha}_1,\boldsymbol{\alpha}_2,\boldsymbol{\alpha}_3,\boldsymbol{\alpha}_4$ 线性无关，判断 $\boldsymbol{\alpha}_1+\boldsymbol{\alpha}_2,\boldsymbol{\alpha}_2+\boldsymbol{\alpha}_3,\boldsymbol{\alpha}_3+\boldsymbol{\alpha}_4,\boldsymbol{\alpha}_4+\boldsymbol{\alpha}_1$ 的线性无关性.

22. 设 n 维向量组 $\boldsymbol{\alpha}_1,\boldsymbol{\alpha}_2,\cdots,\boldsymbol{\alpha}_s(s>1)$ 线性无关，证明：$\boldsymbol{\alpha}_1,\boldsymbol{\alpha}_1+\boldsymbol{\alpha}_2,\cdots,\boldsymbol{\alpha}_1+\boldsymbol{\alpha}_2+\cdots+\boldsymbol{\alpha}_s$ 也线性无关.

23. 设 $\boldsymbol{\alpha}_1,\boldsymbol{\alpha}_2,\cdots,\boldsymbol{\alpha}_m$（$m>1$）线性无关，向量 $\boldsymbol{\beta}=\boldsymbol{\alpha}_1+\boldsymbol{\alpha}_2+\cdots+\boldsymbol{\alpha}_m$，证明向量组 $\boldsymbol{\beta}-\boldsymbol{\alpha}_1,\boldsymbol{\beta}-\boldsymbol{\alpha}_2,\cdots,\boldsymbol{\beta}-\boldsymbol{\alpha}_m$ 线性无关.

24. 若向量组 $\boldsymbol{\alpha}_1,\boldsymbol{\alpha}_2,\cdots,\boldsymbol{\alpha}_s$ 的秩为 r，证明：$\boldsymbol{\alpha}_1,\boldsymbol{\alpha}_2,\cdots,\boldsymbol{\alpha}_s$ 中任意 r 个线性无关的向量都是它的一个极大无关组.

25. 设 $\boldsymbol{\alpha}_i=(a_{i1},a_{i2},\cdots,a_{in})\ (i=1,2,\cdots,n)$，$\boldsymbol{A}=(a_{ij})_{n\times n}$，证明：如果行列

式$|\boldsymbol{A}| \neq 0$，$\boldsymbol{\alpha}_1, \boldsymbol{\alpha}_2, \cdots$，$\boldsymbol{\alpha}_n$线性无关.

26. 已知向量$\boldsymbol{\beta}$可以由向量组$\boldsymbol{\alpha}_1, \boldsymbol{\alpha}_2, \cdots, \boldsymbol{\alpha}_s$线性表示，且表示法唯一，证明：$\boldsymbol{\alpha}_1, \boldsymbol{\alpha}_2, \cdots, \boldsymbol{\alpha}_s$线性无关.

27. 设向量组$\boldsymbol{\alpha}_1, \boldsymbol{\alpha}_2, \cdots, \boldsymbol{\alpha}_s$线性无关，$\boldsymbol{\beta} = l_1\boldsymbol{\alpha}_1 + l_2\boldsymbol{\alpha}_2 + \cdots + l_s\boldsymbol{\alpha}_s$. 如果某个系数$l_i \neq 0$，则用$\boldsymbol{\beta}$替换$\boldsymbol{\alpha}_i$以后得到向量组（1）$\boldsymbol{\alpha}_1, \cdots, \boldsymbol{\alpha}_{i-1}, \boldsymbol{\beta}, \boldsymbol{\alpha}_{i+1}, \cdots, \boldsymbol{\alpha}_s$，证明向量组（1）也线性无关.

28. 已知向量组的秩满足$r(\boldsymbol{\alpha}_1, \boldsymbol{\alpha}_2, \boldsymbol{\alpha}_3) = r(\boldsymbol{\alpha}_1, \boldsymbol{\alpha}_2, \boldsymbol{\alpha}_3, \boldsymbol{\alpha}_4) = 3$，并且$r(\boldsymbol{\alpha}_1, \boldsymbol{\alpha}_2, \boldsymbol{\alpha}_3, \boldsymbol{\alpha}_5) = 4$，证明：$r(\boldsymbol{\alpha}_1, \boldsymbol{\alpha}_2, \boldsymbol{\alpha}_3, \boldsymbol{\alpha}_5 - \boldsymbol{\alpha}_4) = 4$.

29. 证明：

（1）$r(\boldsymbol{\alpha}_1, \boldsymbol{\alpha}_2, \cdots, \boldsymbol{\alpha}_s) \leqslant r(\boldsymbol{\alpha}_1, \boldsymbol{\alpha}_2, \cdots, \boldsymbol{\alpha}_s, \boldsymbol{\beta}_1, \boldsymbol{\beta}_2, \cdots, \boldsymbol{\beta}_t)$；

（2）$r(\boldsymbol{\beta}_1, \boldsymbol{\beta}_2, \cdots, \boldsymbol{\beta}_t) \leqslant r(\boldsymbol{\alpha}_1, \boldsymbol{\alpha}_2, \cdots, \boldsymbol{\alpha}_s, \boldsymbol{\beta}_1, \boldsymbol{\beta}_2, \cdots, \boldsymbol{\beta}_t)$；

（3）$r(\boldsymbol{\alpha}_1, \boldsymbol{\alpha}_2, \cdots, \boldsymbol{\alpha}_s, \boldsymbol{\beta}_1, \boldsymbol{\beta}_2, \cdots, \boldsymbol{\beta}_t) \leqslant r(\boldsymbol{\alpha}_1, \boldsymbol{\alpha}_2, \cdots, \boldsymbol{\alpha}_s) + r(\boldsymbol{\beta}_1, \boldsymbol{\beta}_2, \cdots, \boldsymbol{\beta}_t)$.

30. 若n维向量组$\boldsymbol{\alpha}_1, \boldsymbol{\alpha}_2, \cdots, \boldsymbol{\alpha}_n$线性无关，证明：任一个$n$维向量$\boldsymbol{\beta}$均可由$\boldsymbol{\alpha}_1, \boldsymbol{\alpha}_2, \cdots, \boldsymbol{\alpha}_n$线性表示.

31. 设$\boldsymbol{\alpha}_1, \boldsymbol{\alpha}_2, \cdots, \boldsymbol{\alpha}_n$是任意一组$n$维向量，证明它线性无关的充要条件是任意$n$维向量均可由它线性表示.

32. 设向量组$\boldsymbol{\alpha}_1 = \begin{pmatrix} \lambda \\ 1 \\ 1 \end{pmatrix}, \boldsymbol{\alpha}_2 = \begin{pmatrix} 1 \\ \lambda \\ 1 \end{pmatrix}, \boldsymbol{\alpha}_3 = \begin{pmatrix} 1 \\ 1 \\ \lambda \end{pmatrix}, \boldsymbol{\alpha}_4 = \begin{pmatrix} 1 \\ \lambda \\ \lambda^2 \end{pmatrix}$，若向量组$\boldsymbol{\alpha}_1, \boldsymbol{\alpha}_2, \boldsymbol{\alpha}_3$与向量组$\boldsymbol{\alpha}_1, \boldsymbol{\alpha}_2, \boldsymbol{\alpha}_4$等价，求$\lambda$的取值范围.

33. 已知线性方程组$\begin{cases} a_{11}x_1 + a_{12}x_2 + \cdots + a_{1n}x_n = b_1, \\ a_{21}x_1 + a_{22}x_2 + \cdots + a_{2n}x_n = b_2, \\ \cdots\cdots\cdots\cdots \\ a_{n1}x_1 + a_{n2}x_2 + \cdots + a_{nn}x_n = b_n, \end{cases}$令$\boldsymbol{A} = \left(a_{ij}\right)_{n \times n}$，$\boldsymbol{\beta} = (b_1, b_2, \cdots, b_n)^{\mathrm{T}}$，证明：该方程组对任何$\boldsymbol{\beta}$都有解的充要条件是$|\boldsymbol{A}| \neq 0$.

34. 已知向量组$\boldsymbol{\alpha}_1=(1,-1,2,4)$, $\boldsymbol{\alpha}_2=(0,3,1,2)$, $\boldsymbol{\alpha}_3=(3,0,7,14)$, $\boldsymbol{\alpha}_4=(1,-1,2,0)$, $\boldsymbol{\alpha}_5=(2,1,5,6)$.

（1）证明$\boldsymbol{\alpha}_1, \boldsymbol{\alpha}_2$线性无关；

（2）把$\boldsymbol{\alpha}_1, \boldsymbol{\alpha}_2$扩充成$\boldsymbol{\alpha}_1, \boldsymbol{\alpha}_2, \boldsymbol{\alpha}_3, \boldsymbol{\alpha}_4$的一个极大无关组；

（3）将其他向量用该极大无关组线性表示.

35. 求下列向量组的一个极大无关组，并把其余向量用此极大无关组线性表示.

（1）$\boldsymbol{\alpha}_1=(2,3,0,-1),\boldsymbol{\alpha}_2=(3,-1,2,4),\boldsymbol{\alpha}_3=(1,0,5,1),\boldsymbol{\alpha}_4=(0,-1,2,1)$；

（2）$\boldsymbol{\alpha}_1=(1,4,-1,0),\boldsymbol{\alpha}_2=(2,6,1,5),\boldsymbol{\alpha}_3=(1,0,-1,-2),\boldsymbol{\alpha}_4=(3,14,0,7)$；

（3）$\boldsymbol{\alpha}_1=(1,-2,-3),\boldsymbol{\alpha}_2=(3,10,7),\boldsymbol{\alpha}_3=(1,5,-2)$；

（4）$\boldsymbol{\alpha}_1=(3,-7,8,9),\boldsymbol{\alpha}_2=(1,-9,6,3),\boldsymbol{\alpha}_3=(1,-1,2,3),\boldsymbol{\alpha}_4=(1,3,0,3)$.

36. 设n阶矩阵$\boldsymbol{A}$满足$\boldsymbol{A}^2=\boldsymbol{A}$，$\boldsymbol{E}$为$n$阶单位矩阵，证明$r(\boldsymbol{A})+r(\boldsymbol{A}-\boldsymbol{E})=n$.

37. 已知矩阵$\boldsymbol{A}=\begin{pmatrix}1&2&2\\2&t&3\\3&4&5\end{pmatrix}$，且齐次线性方程组$\boldsymbol{Ax}=\boldsymbol{0}$有非零解，求$t$的值.

38. 设$\boldsymbol{\alpha}$，$\boldsymbol{\beta}$是非零的n维列向量，$\boldsymbol{A}=\boldsymbol{\alpha\beta}^{\mathrm{T}}$，证明：$\boldsymbol{A}$中的任意两行（两列）成比例.

39. 设$\boldsymbol{\alpha},\boldsymbol{\beta}$为3维列向量，矩阵$\boldsymbol{A}=\boldsymbol{\alpha\alpha}^{\mathrm{T}}+\boldsymbol{\beta\beta}^{\mathrm{T}}$，证明：

（1）$r(\boldsymbol{A})\leqslant 2$；（2）若$\boldsymbol{\alpha},\boldsymbol{\beta}$线性相关，则$r(\boldsymbol{A})<2$.

40. 设$\boldsymbol{A}$为n阶矩阵，$r(\boldsymbol{A})=1$，证明：

（1）$\boldsymbol{A}=\begin{pmatrix}a_1\\a_2\\\vdots\\a_n\end{pmatrix}(b_1,b_2,\cdots,b_n)$；（2）$\boldsymbol{A}^2=k\boldsymbol{A}$.

41. 证明：$\boldsymbol{\xi}_1=\begin{pmatrix}1\\-1\\0\end{pmatrix},\boldsymbol{\xi}_2=\begin{pmatrix}1\\0\\-1\end{pmatrix}$是方程组$\begin{cases}x_1+\quad x_2+\quad x_3=0,\\ \dfrac{1}{3}x_1+\dfrac{1}{3}x_2+\dfrac{1}{3}x_3=0\end{cases}$的一个基础解系.

42. 设矩阵$\boldsymbol{A}=(a_{ij})_{m\times n},\boldsymbol{B}=(b_{ij})_{n\times s}$，证明：$\boldsymbol{AB}=\boldsymbol{O}$的充分必要条件是$\boldsymbol{B}$的列向量是$\boldsymbol{Ax}=\boldsymbol{0}$的解.

43. 设矩阵$\boldsymbol{A}=(a_{ij})_{m\times n},\boldsymbol{B}=(b_{ij})_{n\times n}$，若$r(\boldsymbol{A})=n$，证明：

（1）若$\boldsymbol{AB}=\boldsymbol{O}$，则$\boldsymbol{B}=\boldsymbol{O}$；（2）若$\boldsymbol{AB}=\boldsymbol{A}$，则$\boldsymbol{B}=\boldsymbol{E}$.

44. 4阶矩阵$\boldsymbol{A}=(\boldsymbol{\alpha}_1,\boldsymbol{\alpha}_2,\boldsymbol{\alpha}_3,\boldsymbol{\alpha}_4)$不可逆，且$A_{12}\neq 0$，求$\boldsymbol{A}^*\boldsymbol{x}=\boldsymbol{0}$的通解.

45. 求齐次方程组的一个基础解系，并用它表示全部解.

(1) $\begin{cases} x_1+x_2+x_3+4x_4-3x_5=0, \\ x_1-x_2+3x_3-2x_4-x_5=0, \\ 2x_1+x_2+3x_3+5x_4-5x_5=0, \\ 3x_1+x_2+5x_3+6x_4-7x_5=0; \end{cases}$ (2) $\begin{cases} x_1-3x_2+x_3-2x_4=0, \\ -5x_1+x_2-2x_3+3x_4=0, \\ -x_1-11x_2+2x_3-5x_4=0, \\ 3x_1+5x_2+\quad+x_4=0; \end{cases}$

(3) $\begin{cases} x_1+x_2+x_3+x_4+x_5=0, \\ 3x_1+2x_2+x_3+x_4-3x_5=0, \\ x_2+2x_3+2x_4+6x_5=0, \\ 5x_1+4x_2+3x_3+3x_4-x_5=0; \end{cases}$

(4) $\begin{cases} x_1+x_2-3x_4-x_5=0, \\ x_1-x_2+2x_3-x_4=0, \\ 4x_1-2x_2+6x_3+3x_4-4x_5=0, \\ 2x_1+4x_2-2x_3+4x_4-7x_5=0. \end{cases}$

*46. 设 $\boldsymbol{A}$ 为一个 $m\times n$ 矩阵，$m<n$，$r(\boldsymbol{A})=m$，齐次线性方程组 $\boldsymbol{Ax}=\boldsymbol{0}$ 的一个基础解系为 $\boldsymbol{b}_1=\begin{pmatrix} b_{11} \\ b_{12} \\ \vdots \\ b_{1n} \end{pmatrix}, \boldsymbol{b}_2=\begin{pmatrix} b_{21} \\ b_{22} \\ \vdots \\ b_{2n} \end{pmatrix}, \cdots, \boldsymbol{b}_{n-m}=\begin{pmatrix} b_{n-m,1} \\ b_{n-m,2} \\ \vdots \\ b_{n-m,n} \end{pmatrix}$，求齐次线性方程组 $\begin{cases} b_{11}y_1+b_{12}y_2+\cdots+b_{1n}y_n=0, \\ b_{21}y_1+b_{22}y_2+\cdots+b_{2n}y_n=0, \\ \cdots\cdots\cdots\cdots \\ b_{n-m,1}y_1+b_{n-m,2}y_2+\cdots+b_{n-m,n}y_n=0 \end{cases}$ 的基础解系所含向量的个数，并求出一个基础解系.

47. 已知 $\boldsymbol{\eta}_1=\begin{pmatrix} 1 \\ 0 \\ -1 \end{pmatrix}$，$\boldsymbol{\eta}_2=\begin{pmatrix} 3 \\ 4 \\ 5 \end{pmatrix}$ 是3元非齐次线性方程组 $\boldsymbol{Ax}=\boldsymbol{b}$ 的两个解，写出导出组 $\boldsymbol{Ax}=\boldsymbol{0}$ 的一个非零解向量.

48. 求非齐次线性方程组的全部解，并用导出组的基础解系表示.

(1) $x_1-x_2+2x_3-5x_4=1$; (2) $\begin{cases} x_1+5x_2-x_3-x_4=-1, \\ x_1-2x_2+x_3+3x_4=3, \\ 3x_1+8x_2-x_3+x_4=1, \\ x_1-9x_2+3x_3+7x_4=7; \end{cases}$

(3) $\begin{cases} x_1+3x_2-2x_3-x_4=3, \\ 2x_1+6x_2-3x_3=13, \\ 3x_1+9x_2-9x_3-5x_4=8; \end{cases}$ (4) $\begin{cases} 2x_1-2x_2+x_3-x_4+x_5=2, \\ x_1-4x_2+2x_3-2x_4+3x_5=3, \\ 3x_1-6x_2+x_3-3x_4+4x_5=5, \\ x_1+2x_2-x_3+x_4-2x_5=-1; \end{cases}$

(5) $\begin{cases} x_1 - 2x_2 + x_3 + x_4 = 1, \\ x_1 - 2x_2 + x_3 - x_4 = -1, \\ x_1 - 2x_2 + x_3 + 5x_4 = 5; \end{cases}$　　(6) $\begin{cases} x_1 - 5x_2 + 2x_3 - 3x_4 = 11, \\ -3x_1 + x_2 - 4x_3 + 2x_4 = -5, \\ x_1 + 9x_2 + 4x_4 = -17, \\ 5x_1 + 3x_2 + 6x_3 - x_4 = -1. \end{cases}$

49. a, b取何值时下列方程组无解？有唯一解？有无穷多解？并在方程组有无穷多解时，用导出组的基础解系表示全部解.

(1) $\begin{cases} ax_1 + x_2 + x_3 = a - 3, \\ x_1 + ax_2 + x_3 = -2, \\ x_1 + x_2 + ax_3 = -2; \end{cases}$　　(2) $\begin{cases} x_1 + x_2 + 2x_3 + 3x_4 = 1, \\ x_1 + 3x_2 + 6x_3 + x_4 = 3, \\ 3x_1 - x_2 - ax_3 + 15x_4 = 3, \\ x_1 - 5x_2 - 10x_3 + 12x_4 = b. \end{cases}$

50. 设$\boldsymbol{\xi}^*$是非齐次线性方程组$\boldsymbol{Ax} = \boldsymbol{b}$的一个解，$\boldsymbol{\eta}_1$，$\boldsymbol{\eta}_2$，…，$\boldsymbol{\eta}_{n-r}$是导出组的一个基础解系，证明：$\boldsymbol{\xi}^*$，$\boldsymbol{\xi}^* + \boldsymbol{\eta}_1$，$\boldsymbol{\xi}^* + \boldsymbol{\eta}_2$，…，$\boldsymbol{\xi}^* + \boldsymbol{\eta}_{n-r}$线性无关.

51. 设n阶矩阵$\boldsymbol{A} = (\boldsymbol{\alpha}_1, \boldsymbol{\alpha}_2, \cdots, \boldsymbol{\alpha}_n)$的行列式$|\boldsymbol{A}| \neq 0$，矩阵$\boldsymbol{A}$的前$n$–1列构成的$n \times (n-1)$矩阵记为$\boldsymbol{A}_1 = (\boldsymbol{\alpha}_1, \boldsymbol{\alpha}_2, \cdots, \boldsymbol{\alpha}_{n-1})$，问方程组$\boldsymbol{A}_1\boldsymbol{x} = \boldsymbol{\alpha}_n$是否有解？为什么？

52. 设$\boldsymbol{A} = \begin{pmatrix} a_{11} & a_{12} & \cdots & a_{1n} \\ a_{21} & a_{22} & \cdots & a_{2n} \\ \vdots & \vdots & & \vdots \\ a_{m1} & a_{m2} & \cdots & a_{mn} \end{pmatrix}, \boldsymbol{x} = \begin{pmatrix} x_1 \\ x_2 \\ \vdots \\ x_n \end{pmatrix}, \boldsymbol{y} = \begin{pmatrix} y_1 \\ y_2 \\ \vdots \\ y_m \end{pmatrix}, \boldsymbol{b} = \begin{pmatrix} b_1 \\ b_2 \\ \vdots \\ b_m \end{pmatrix}$，证明：若$\boldsymbol{Ax} = \boldsymbol{b}$有解，则$\boldsymbol{A}^{\mathrm{T}}\boldsymbol{y} = \boldsymbol{0}$的任意一组解$y_1, y_2, \cdots, y_m$必满足方程：

$$b_1y_1 + b_2y_2 + \cdots + b_my_m = 0.$$

53. 证明：线性方程组$\begin{cases} x_1 - x_2 = a_1, \\ x_2 - x_3 = a_2, \\ x_3 - x_4 = a_3, \\ x_4 - x_5 = a_4, \\ x_5 - x_1 = a_5 \end{cases}$有解的充分必要条件是$\sum\limits_{i=1}^{5} a_i = 0$.

54. 已知：n阶矩阵$\boldsymbol{A} = (a_{ij})_{n \times n}$，$n$+1阶矩阵$\boldsymbol{C} = \begin{pmatrix} a_{11} & a_{12} & \cdots & a_{1n} & b_1 \\ a_{21} & a_{22} & \cdots & a_{2n} & b_2 \\ \vdots & \vdots & & \vdots & \vdots \\ a_{n1} & a_{n2} & \cdots & a_{nn} & b_n \\ b_1 & b_2 & & b_n & 0 \end{pmatrix}$，满足$r(\boldsymbol{A}) = r(\boldsymbol{C})$，证明：线性方程组$\begin{cases} a_{11}x_1 + a_{12}x_2 + \cdots + a_{1n}x_n = b_1, \\ a_{21}x_1 + a_{22}x_2 + \cdots + a_{2n}x_n = b_2, \\ \cdots\cdots\cdots\cdots \\ a_{n1}x_1 + a_{n2}x_2 + \cdots + a_{nn}x_n = b_n \end{cases}$有解.

55. 设齐次线性方程组 $\begin{cases} a_{11}x_1 + a_{12}x_2 + \cdots + a_{1n}x_n = 0, \\ a_{21}x_1 + a_{22}x_2 + \cdots + a_{2n}x_n = 0, \\ \cdots\cdots\cdots\cdots \\ a_{n1}x_1 + a_{n2}x_2 + \cdots + a_{nn}x_n = 0 \end{cases}$ 的系数矩阵 $\boldsymbol{A} = \left(a_{ij}\right)_{n\times n}$ 的秩为 $n-1$，证明：此方程组的一般解为 $\boldsymbol{\eta} = c\begin{pmatrix} A_{i1} \\ A_{i2} \\ \vdots \\ A_{in} \end{pmatrix}$（$c$ 为任意常数），其中 $A_{ij}(i = 1,2,\cdots,n)$ 为元素 a_{ij} 的代数余子式，且至少有一个 $A_{ij} \neq 0$.

56. 设线性方程组 $\begin{cases} x_1 + a_1x_2 + a_1^2x_3 = a_1^3, \\ x_1 + a_2x_2 + a_2^2x_3 = a_2^3, \\ x_1 + a_3x_2 + a_3^2x_3 = a_3^3, \\ x_1 + a_4x_2 + a_4^2x_3 = a_4^3. \end{cases}$

（1）证明：若 a_1, a_2, a_3, a_4 两两不等，则此线性方程组无解.

（2）设 $a_1 = a_3 = k, a_2 = a_4 = -k\ (k \neq 0)$，$\boldsymbol{\beta}_1 = (-1,1,1)^{\mathrm{T}}, \boldsymbol{\beta}_2 = (1,1,-1)^{\mathrm{T}}$，且 $\boldsymbol{\beta}_1, \boldsymbol{\beta}_2$ 是该方程组的两个解，求此方程组的全部解.

57. 写出一个以 $\boldsymbol{x} = c_1\begin{pmatrix} 2 \\ -3 \\ 1 \\ 0 \end{pmatrix} + c_2\begin{pmatrix} -2 \\ 4 \\ 0 \\ 1 \end{pmatrix}$（其中 c_1，c_2 为任意常数）为通解的齐次线性方程组.

58. 已知下列非齐次线性方程组

（I）$\begin{cases} x_1 + x_2 - 2x_4 = -6, \\ 4x_1 - x_2 - x_3 - x_4 = 1, \\ 3x_1 - x_2 - x_3 = 3 \end{cases}$ 和（II）$\begin{cases} x_1 + mx_2 - x_3 - x_4 = -5, \\ nx_2 - x_3 - 2x_4 = -11, \\ x_3 - 2x_4 = -t + 1. \end{cases}$

（1）求解线性方程组（I），并用导出组的基础解系表示全部解；

（2）当线性方程组（II）中的参数 m, n, t 为何值时，方程组（I）和（II）同解.

59. 设线性方程组 $\begin{cases} x_1 + x_2 + x_3 = 0, \\ x_1 + 2x_2 + ax_3 = 0, \\ x_1 + 4x_2 + a^2x_3 = 0 \end{cases}$ 与方程 $x_1 + 2x_2 + x_3 = a - 1$ 有公共解，求 a 的值及所有公共解.

60. 已知4元齐次线性方程组

$$\text{(I)}\begin{cases}x_1+x_3=0,\\x_3-x_4=0\end{cases}\text{和(II)}\begin{cases}x_1-x_2+x_3=0,\\x_2-x_3+x_4=0.\end{cases}$$

（1）求方程组（I）的全部解；

（2）求方程组（I）和（II）的非零公共解.

61. 证明：若$\boldsymbol{\eta}_1,\boldsymbol{\eta}_2,\cdots,\boldsymbol{\eta}_t$是非齐次线性方程组$\boldsymbol{Ax}=\boldsymbol{b}$的解，则当$k_1+k_2+\cdots+k_t=1$时，$\boldsymbol{\eta}=k_1\boldsymbol{\eta}_1+k_2\boldsymbol{\eta}_2+\cdots+k_t\boldsymbol{\eta}_t$也是该方程组的解.

62. 设齐次线性方程组$\boldsymbol{A}_{m\times n}\boldsymbol{x}=\boldsymbol{0}$的系数矩阵满足$r(\boldsymbol{A})=n-3$，$\boldsymbol{\eta}_1,\boldsymbol{\eta}_2,\boldsymbol{\eta}_3$是该方程组的3个线性无关的解，证明$\boldsymbol{\eta}_1,\boldsymbol{\eta}_1+\boldsymbol{\eta}_2,\boldsymbol{\eta}_1+\boldsymbol{\eta}_2+\boldsymbol{\eta}_3$是该方程组的基础解系.

63. 证明：若n阶方阵$\boldsymbol{A}$满足$r(\boldsymbol{A})=r$，则必存在$r(\boldsymbol{B})=n-r$的n阶方阵$\boldsymbol{B}$，使得

$$\boldsymbol{AB}=\boldsymbol{O}.$$

64. 设n阶矩阵A的每行元素之和均为零，又$r(\boldsymbol{A})=n-1$，求齐次线性方程组$\boldsymbol{Ax}=\boldsymbol{0}$的通解.

65. 证明：$r(\boldsymbol{A})=1$的充分必要条件是存在非零列向量$\boldsymbol{a}$及非零行向量$\boldsymbol{b}^{\mathrm{T}}$，使$\boldsymbol{A}=\boldsymbol{ab}^{\mathrm{T}}$.

*66. 已知线性方程组$\begin{cases}a_{11}x_1+a_{12}x_2+\cdots+a_{1n}x_n=0,\\a_{21}x_1+a_{22}x_2+\cdots+a_{2n}x_n=0,\\\cdots\cdots\cdots\cdots\\a_{n-1,1}x_1+a_{n-1,2}x_2+\cdots+a_{n-1,n}x_n=0\end{cases}$的系数矩阵为$\boldsymbol{A}=\begin{pmatrix}a_{11}&a_{12}&\cdots&a_{1n}\\a_{21}&a_{22}&\cdots&a_{2n}\\\vdots&\vdots&&\vdots\\a_{n-1,1}&a_{n-1,2}&\cdots&a_{n-1,n}\end{pmatrix}$. 设$M_i\,(i=1,2,\cdots,n)$是矩阵$\boldsymbol{A}$中划去第$i$列剩下的$(n-1)\times(n-1)$矩阵的行列式，证明：

（1）$(M_1,-M_2,\cdots,(-1)^{n-1}M_n)$是该方程组的一个解；

（2）如果$r(\boldsymbol{A})=n-1$，那么方程组的解全是$(M_1,-M_2,\cdots,(-1)^{n-1}M_n)$的倍数.

67. 设$\boldsymbol{A}=(\boldsymbol{\alpha}_1,\boldsymbol{\alpha}_2,\boldsymbol{\alpha}_3,\boldsymbol{\alpha}_4)$是4阶矩阵，$\boldsymbol{A}^*$为$\boldsymbol{A}$的伴随矩阵，若$(1,0,1,0)^{\mathrm{T}}$是方程组$\boldsymbol{Ax}=\boldsymbol{0}$的一个基础解系，求$\boldsymbol{A}^*\boldsymbol{x}=\boldsymbol{0}$的基础解系.

68. 设3元线性方程组$\boldsymbol{Ax}=\boldsymbol{b}$，$r(\boldsymbol{A})=2$，$\boldsymbol{\eta}_1,\boldsymbol{\eta}_2,\boldsymbol{\eta}_3$为方程组的解，$\boldsymbol{\eta}_1+$

$\boldsymbol{\eta}_2=\begin{pmatrix}2\\0\\4\end{pmatrix}$，$\boldsymbol{\eta}_1+\boldsymbol{\eta}_3=\begin{pmatrix}1\\-2\\1\end{pmatrix}$，求方程组$\boldsymbol{A}\boldsymbol{x}=\boldsymbol{b}$的通解.

69. 设 $\boldsymbol{\alpha}_1,\boldsymbol{\alpha}_2,\boldsymbol{\alpha}_3,\boldsymbol{\alpha}_4,\boldsymbol{\beta}$ 为 4 维列向量组，$\boldsymbol{A}=(\boldsymbol{\alpha}_1,\boldsymbol{\alpha}_2,\boldsymbol{\alpha}_3,\boldsymbol{\alpha}_4)$. 已知方程组 $\boldsymbol{A}\boldsymbol{x}=\boldsymbol{\beta}$的通解是$(-1,1,0,2)^{\mathrm{T}}+k(1,-1,2,0)^{\mathrm{T}}$.

（1）问$\boldsymbol{\beta}$能否由$\boldsymbol{\alpha}_1,\boldsymbol{\alpha}_2,\boldsymbol{\alpha}_3$线性表示?

（2）求$\boldsymbol{\alpha}_1,\boldsymbol{\alpha}_2,\boldsymbol{\alpha}_3,\boldsymbol{\alpha}_4,\boldsymbol{\beta}$的一个极大线性无关组.

70. 已知$\begin{cases}\boldsymbol{\beta}_1=\boldsymbol{\alpha}_2+\boldsymbol{\alpha}_3+\cdots+\boldsymbol{\alpha}_n,\\ \boldsymbol{\beta}_2=\boldsymbol{\alpha}_1+\boldsymbol{\alpha}_3+\cdots+\boldsymbol{\alpha}_n,\\ \cdots\cdots\cdots\cdots\cdots\cdots\\ \boldsymbol{\beta}_n=\boldsymbol{\alpha}_1+\boldsymbol{\alpha}_2+\boldsymbol{\alpha}_3+\cdots+\boldsymbol{\alpha}_{n-1},\end{cases}$ 证明向量组$\boldsymbol{\alpha}_1,\boldsymbol{\alpha}_2,\cdots,\boldsymbol{\alpha}_n$与$\boldsymbol{\beta}_1,\boldsymbol{\beta}_2,\cdots,\boldsymbol{\beta}_n$等价.

第4章 线性空间

线性空间是线性代数的核心内容，这里只介绍它的基本内容，并讨论它的一些最简单性质.

首先，将在上一章给出的n维实线性空间$\mathbf{R}^n$的定义及线性相关性概念的基础上，讨论$\mathbf{R}^n$的基与向量在基下的坐标以及基变换和坐标变换，进而在$\mathbf{R}^n$中引入向量的内积运算，建立n维欧氏空间的概念并讨论它的结构.然后，在$\mathbf{R}^n$的基础上进一步抽象出一般线性空间的概念，并讨论有限维线性空间的结构.

4.1 线性空间的定义和简单性质

线性空间是线性代数中最基本的概念之一.本节来介绍它的定义，并讨论它的一些最简单的性质.线性空间也是我们碰到的第一个抽象的代数结构.为了说明它的来源，在引入定义之前，先看两个例子.

例1 为了求解线性方程组，以前讨论过n维向量$(a_1, a_2,\cdots, a_n)^{\mathrm{T}}$，它们有加法运算和数乘运算，即

$$(a_1, a_2,\cdots, a_n)^{\mathrm{T}} + (b_1, b_2,\cdots, b_n)^{\mathrm{T}} = (a_1 + b_1, a_2 + b_2,\cdots, a_n + b_n)^{\mathrm{T}},$$

$$k(a_1, a_2,\cdots, a_n)^{\mathrm{T}} = (ka_1, ka_2,\cdots, ka_n)^{\mathrm{T}}.$$

例2 对于函数，可以定义加法和函数与实数的数乘乘法.比如：考虑全体定义在区间$[a, b]$上的连续函数.连续函数的和是连续函数，连续函数与实数的数乘乘积还是连续函数.

从这两个例子可以看到，所考虑的对象虽然完全不同，但是它们有一个共同点，就是它们都有加法和数乘乘法两种运算.当然，随着对象不同，这两种运算的定义也不同.现在撇开具体的对象和运算的具体含义，把集合对这两种运算的封闭性及运算满足的规律抽象出来，形成线性空间的概念.

定义4.1 设V是一个非空集合，F是一个数域.定义两种运算：

（1）在集合V的元素之间定义加法运算：对V中的任意两个元素$\boldsymbol{\alpha}$与$\boldsymbol{\beta}$，在V中都有唯一的一个元素$\boldsymbol{\gamma}$与之对应，$\boldsymbol{\gamma}$称为$\boldsymbol{\alpha}$与$\boldsymbol{\beta}$的和，记为$\boldsymbol{\gamma}=\boldsymbol{\alpha}+\boldsymbol{\beta}$.

（2）在数域F和集合V的元素之间定义数乘运算：对数域F中任一个数k和集合V中的任一元素$\boldsymbol{\alpha}$，在V中都有唯一的一个元素$\boldsymbol{\delta}$与之对应，$\boldsymbol{\delta}$称为k与$\boldsymbol{\alpha}$的数量乘积（简称数乘），记为$\boldsymbol{\delta}=k\boldsymbol{\alpha}$.

如果加法和数乘运算满足下列运算规则，那么V称为F上的**线性空间**：

加法满足下面4条规则：

（1）$\boldsymbol{\alpha}+\boldsymbol{\beta}=\boldsymbol{\beta}+\boldsymbol{\alpha}$;

（2）$(\boldsymbol{\alpha}+\boldsymbol{\beta})+\boldsymbol{\gamma}=\boldsymbol{\alpha}+(\boldsymbol{\beta}+\boldsymbol{\gamma})$;

（3）在V中有个元素$\mathbf{0}$，对于V中任一元素$\boldsymbol{\alpha}$，都有

$$\boldsymbol{\alpha}+\mathbf{0}=\boldsymbol{\alpha};$$

（具有这个性质的元素$\mathbf{0}$称为V的零元素）

（4）对于V中任一元素$\boldsymbol{\alpha}$，都有V中的元素$\boldsymbol{\beta}$，使得

$$\boldsymbol{\alpha}+\boldsymbol{\beta}=\mathbf{0};$$

（$\boldsymbol{\beta}$称为$\boldsymbol{\alpha}$的负元素）

数乘运算满足下面2条规则：

（5）$1\cdot\boldsymbol{\alpha}=\boldsymbol{\alpha}$;

（6）$(kl)\boldsymbol{\alpha}=k(l\boldsymbol{\alpha})$;

加法和数乘运算满足下面2条规则：

（7）$(k+l)\boldsymbol{\alpha}=k\boldsymbol{\alpha}+l\boldsymbol{\alpha}$;

（8）$k(\boldsymbol{\alpha}+\boldsymbol{\beta})=k\boldsymbol{\alpha}+k\boldsymbol{\beta}$.

在以上规则中，k,l是数域F中的任意数，$\boldsymbol{\alpha},\boldsymbol{\beta},\boldsymbol{\gamma}$是集合$V$中的任意元素.

由定义4.1可知，分量属于数域F的全体n维数组构成数域F的一个线性空间，这个线性空间用F^n表示.当F取实数域$\mathbf{R}$时，这个线性空间就是$\mathbf{R}^n$.

例3 元素属于数域F的$m\times n$矩阵，按矩阵的加法和矩阵与数的数乘运算，构成数域F上的一个线性空间，用$F^{m\times n}$表示.

例4 全体实函数，按函数的加法和数与函数的数量乘法，构成一个实数域上的线性空间.

例5 数域F按照自身的加法和乘法，构成一个自身上的线性空间.

例6 设$V=\{\mathbf{0}\}$只包含一个元素.对任意的数域F，定义$\mathbf{0}+\mathbf{0}=\mathbf{0}, k\mathbf{0}=\mathbf{0}$.可以验证它满足定义4.1的8条规则.$\mathbf{0}$就是$V$的零元素.$V$是数域$F$上的线性空间，称为**零空间**.

线性空间的元素也称为**向量**.这里所谓的向量比几何中向量的含义要广泛得多.线性空间有时也称为向量空间.以下经常用$\boldsymbol{\alpha}, \boldsymbol{\beta}, \boldsymbol{\gamma}, \cdots$代表线性空间$V$中的元素，用$a, b, c, \cdots$代表数域$F$中的数.

下面直接从定义来证明线性空间的一些简单性质.

（1）零元素是唯一的.

证明： 假设$\mathbf{0}_1, \mathbf{0}_2$是线性空间$V$中两个零元素，则

$$\mathbf{0}_1=\mathbf{0}_1+\mathbf{0}_2=\mathbf{0}_2+\mathbf{0}_1=\mathbf{0}_2.$$

（2）负元素是唯一的.

证明： 也就是说适合条件$\boldsymbol{\alpha}+\boldsymbol{\beta}=\mathbf{0}$的元素$\boldsymbol{\beta}$由元素$\boldsymbol{\alpha}$唯一决定.

假设$\boldsymbol{\beta}_1, \boldsymbol{\beta}_2$是$\boldsymbol{\alpha}$的两个负元素，即

$$\boldsymbol{\alpha}+\boldsymbol{\beta}_1=\boldsymbol{\alpha}+\boldsymbol{\beta}_2=\mathbf{0},$$

于是

$$\boldsymbol{\beta}_1=\boldsymbol{\beta}_1+\mathbf{0}=\boldsymbol{\beta}_1+(\boldsymbol{\alpha}+\boldsymbol{\beta}_2)=(\boldsymbol{\beta}_1+\boldsymbol{\alpha})+\boldsymbol{\beta}_2=\mathbf{0}+\boldsymbol{\beta}_2=\boldsymbol{\beta}_2.$$

元素$\boldsymbol{\alpha}$的负元素记为$-\boldsymbol{\alpha}$.

利用负元素定义减法如下：

$$\boldsymbol{\alpha}-\boldsymbol{\beta}=\boldsymbol{\alpha}+(-\boldsymbol{\beta}).$$

（3）$0\boldsymbol{\alpha}=\mathbf{0}$，$(-1)\boldsymbol{\alpha}=-\boldsymbol{\alpha}$，$k\mathbf{0}=\mathbf{0}$.

证明： 先来证明$0\cdot\boldsymbol{\alpha}=\mathbf{0}$.因为

$$\boldsymbol{\alpha}+0\cdot\boldsymbol{\alpha}=1\boldsymbol{\alpha}+0\cdot\boldsymbol{\alpha}=(1+0)\boldsymbol{\alpha}=1\boldsymbol{\alpha}=\boldsymbol{\alpha},$$

两边加上$-\boldsymbol{\alpha}$，即得

$$0\cdot\boldsymbol{\alpha}=\mathbf{0}.$$

再证第二个等式：

$$\boldsymbol{\alpha}+(-1)\boldsymbol{\alpha}=1\boldsymbol{\alpha}+(-1)\boldsymbol{\alpha}=(1-1)\boldsymbol{\alpha}=0\boldsymbol{\alpha}=\mathbf{0},$$

两边加上$-\boldsymbol{\alpha}$，即得

$$(-1)\boldsymbol{\alpha}=-\boldsymbol{\alpha}.$$

最后证第三个等式：

$$k\mathbf{0}=k[\boldsymbol{\alpha}+(-\boldsymbol{\alpha})]=k\boldsymbol{\alpha}+k(-\boldsymbol{\alpha})=k\boldsymbol{\alpha}+k(-1)\boldsymbol{\alpha}=k\boldsymbol{\alpha}+(-k)\boldsymbol{\alpha}=(k-k)\boldsymbol{\alpha}=0\cdot\boldsymbol{\alpha}=\mathbf{0}.$$

（4）若$k\boldsymbol{\alpha}=\mathbf{0}$，则有$k=0$或者$\boldsymbol{\alpha}=\mathbf{0}$.

证明： 假设$k\neq 0$，于是，一方面，

$$k^{-1}(k\boldsymbol{\alpha})=k^{-1}\mathbf{0}=\mathbf{0},$$

而另一方面，

$$k^{-1}(k\boldsymbol{\alpha})=(k^{-1}k)\boldsymbol{\alpha}=1\boldsymbol{\alpha}=\boldsymbol{\alpha},$$

由此即得$\boldsymbol{\alpha}=\mathbf{0}$.

4.2 $\mathbf{R}^n$的基与向量关于基的坐标

为了对线性空间及有关问题进行深入的讨论，需要引入向量的线性组合、线性相关和线性无关等概念.第3章讨论的n维向量的有关定义和定理可以推广到数域F上的线性空间V中来.限于本教材的使用范围，不再重复这些内容.

我们知道，对于几何空间中的向量，线性无关的向量最多是3个，任意4个向量都是线性相关的.对于n元数组组成的向量空间，有n个线性无关的向量，而任意n+1个向量都线性相关.在一个线性空间中，究竟最多能有几个线性无关的向量，是线性空间的一个重要属性.我们引入

4.2.1 线性空间的维数

定义4.2 若数域F上的线性空间V有n个线性无关的向量，且V中任意n+1个向量都线性相关，那么V称为n**维线性空间**.n称为V的**维数**，记为$\dim V=n$. n维线性空间统称为有限维线性空间.如果V中存在任意多个线性无关的向量，则V称为**无限维线性空间**.

按照这个定义，几何空间中的向量组成的线性空间是3维的；在$\mathbf{R}^n$中单位向量$\boldsymbol{\varepsilon}_1=(1,0,\cdots,0)^{\mathrm{T}},\boldsymbol{\varepsilon}_2=(0,1,0,\cdots,0)^{\mathrm{T}},\cdots,\boldsymbol{\varepsilon}_n=(0,\cdots,0,1)^{\mathrm{T}}$线性无关，任意$n$+1个向量都线性相关，因此$\dim\mathbf{R}^n=n$；由所有的实系数多项式所组成的实线性空间是无限维的，因为对于任意的n，都有n个线性无关的向量

$$1,x,\cdots,x^{n-1}.$$

无限维线性空间是一个专门研究的对象，它与有限维线性空间有比较大

的差别.但是第3章提到的向量的线性组合、线性相关、线性无关及线性表示等性质，只要不涉及维数和基，就对无限维线性空间成立.本教材主要讨论有限维线性空间.

一个n阶实矩阵$\boldsymbol{A}=(a_{ij})_{n\times n}$，如果$|\boldsymbol{A}|\neq 0$，则$\boldsymbol{A}$的$n$个行向量和$n$个列向量分别是线性无关的.在第3章还介绍过，$\mathbf{R}^n$中任何$n+1$个向量都是线性相关的，由定理3.10可知，$\mathbf{R}^n$中任一个向量$\boldsymbol{\alpha}$都可以由$\mathbf{R}^n$中$n$个线性无关的向量线性表示，并且表示法唯一.$\mathbf{R}^n$中向量之间的这种关系就是本节接下来要讨论的“基”与“坐标”的概念.

4.2.2　基与坐标

定义4.3　n维线性空间V中n个线性无关的向量$\boldsymbol{\alpha}_1,\boldsymbol{\alpha}_2,\cdots,\boldsymbol{\alpha}_n$称为$V$的一个基.设$\boldsymbol{\beta}$是$V$中任意一个向量，于是$\boldsymbol{\alpha}_1,\boldsymbol{\alpha}_2,\cdots,\boldsymbol{\alpha}_n$，$\boldsymbol{\beta}$线性相关.因此$\boldsymbol{\beta}$可以由$\boldsymbol{\alpha}_1,\boldsymbol{\alpha}_2,\cdots,\boldsymbol{\alpha}_n$线性表示，即

$$\boldsymbol{\beta}=a_1\boldsymbol{\alpha}_1+a_2\boldsymbol{\alpha}_2+\cdots+a_n\boldsymbol{\alpha}_n,$$

其中$a_1,a_2,\cdots,a_n$被向量$\boldsymbol{\beta}$和基$\boldsymbol{\alpha}_1,\boldsymbol{\alpha}_2,\cdots,\boldsymbol{\alpha}_n$唯一确定，这组数就称为$\boldsymbol{\beta}$在基$\boldsymbol{\alpha}_1,\boldsymbol{\alpha}_2,\cdots,\boldsymbol{\alpha}_n$下的**坐标**，记为$(a_1,a_2,\cdots,a_n)^{\mathrm{T}}$或$(a_1,a_2,\cdots,a_n)$.

由定义4.3可以看出，在给出线性空间V的一个基之前，必须先确定线性空间V的维数，实际上，这两个问题经常是同时解决的.

定理4.1　**如果线性空间V中有n个线性无关的向量$\boldsymbol{\alpha}_1,\boldsymbol{\alpha}_2,\cdots,\boldsymbol{\alpha}_n$，且$V$中任意一个向量都可以由$\boldsymbol{\alpha}_1,\boldsymbol{\alpha}_2,\cdots,\boldsymbol{\alpha}_n$线性表示，那么空间$V$是$n$维的，$\boldsymbol{\alpha}_1,\boldsymbol{\alpha}_2,\cdots,\boldsymbol{\alpha}_n$就是$V$的一个基.**

例1　n个单位向量$\boldsymbol{\varepsilon}_1=(1,0,\cdots,0)^{\mathrm{T}},\boldsymbol{\varepsilon}_2=(0,1,0,\cdots,0)^{\mathrm{T}},\cdots,\boldsymbol{\varepsilon}_n=(0,\cdots,0,1)^{\mathrm{T}}$是$\mathbf{R}^n$的一个基，这个基称为**标准基**或**自然基**.任意一个向量$\boldsymbol{\alpha}=(a_1,a_2,\cdots,a_n)^{\mathrm{T}}$关于标准基的坐标显然是$(a_1,a_2,\cdots,a_n)^{\mathrm{T}}$.

例2　证明：$\boldsymbol{\beta}_1=(1,0,0,\cdots,0)^{\mathrm{T}},\boldsymbol{\beta}_2=(1,1,0,\cdots,0)^{\mathrm{T}},\cdots,\boldsymbol{\beta}_n=(1,1,1,\cdots,1)^{\mathrm{T}}$是$\mathbf{R}^n$的一个基，并求$\boldsymbol{\alpha}=(a_1,a_2,\cdots,a_n)^{\mathrm{T}}$在这个基下的坐标.

证明:
$$\left|\boldsymbol{\beta}_1,\boldsymbol{\beta}_2,\cdots,\boldsymbol{\beta}_n\right|=\begin{vmatrix}1&1&1&\cdots&1\\0&1&1&\cdots&1\\0&0&1&\cdots&1\\\vdots&\vdots&\vdots&&\vdots\\0&0&0&\cdots&1\end{vmatrix}=1\neq0,$$

因此$\boldsymbol{\beta}_1,\boldsymbol{\beta}_2,\cdots,\boldsymbol{\beta}_n$线性无关，即$\boldsymbol{\beta}_1,\boldsymbol{\beta}_2,\cdots,\boldsymbol{\beta}_n$是$\mathbf{R}^n$的一个基.

设

$$\begin{aligned}\boldsymbol{\alpha}&=x_1\boldsymbol{\beta}_1+x_2\boldsymbol{\beta}_2+\cdots+x_n\boldsymbol{\beta}_n\\&=\left(\boldsymbol{\beta}_1,\boldsymbol{\beta}_2,\cdots,\boldsymbol{\beta}_n\right)\begin{pmatrix}x_1\\x_2\\\vdots\\x_n\end{pmatrix}=\begin{pmatrix}1&1&\cdots&1\\0&1&\cdots&1\\\vdots&\vdots&&\vdots\\0&0&\cdots&1\end{pmatrix}\begin{pmatrix}x_1\\x_2\\\vdots\\x_n\end{pmatrix},\end{aligned}$$

解该线性方程组，得

$$\begin{cases}x_1=a_1-a_2,\\x_2=a_2-a_3,\\\cdots\cdots\cdots\cdots\\x_{n-1}=a_{n-1}-a_n,\\x_n=a_n.\end{cases}$$

因此$\boldsymbol{\alpha}$在基$\boldsymbol{\beta}_1,\boldsymbol{\beta}_2,\cdots,\boldsymbol{\beta}_n$下的坐标为$\left(a_1-a_2,a_2-a_3,\cdots,a_{n-1}-a_n,a_n\right)^{\mathrm{T}}$.

由定义4.3可知，$\mathbf{R}^n$中任意n个线性无关的向量都可以作为一个基.所以$\mathbf{R}^n$的基不是唯一的.可以证明.

定理4.2 **$\mathbf{R}^n$中任意一组线性无关的向量都可以扩充成$\mathbf{R}^n$的一个基.**

证明略.

任何一个向量$\boldsymbol{\alpha}$关于给定基的坐标是唯一的，同一个向量在不同基下的坐标是不同的.可以证明.

定理4.3 **设$\boldsymbol{\alpha}_1,\boldsymbol{\alpha}_2,\cdots,\boldsymbol{\alpha}_n$是$\mathbf{R}^n$的一个基，且**

$$\begin{cases}\boldsymbol{\beta}_1=a_{11}\boldsymbol{\alpha}_1+a_{21}\boldsymbol{\alpha}_2+\cdots+a_{n1}\boldsymbol{\alpha}_n,\\\boldsymbol{\beta}_2=a_{12}\boldsymbol{\alpha}_1+a_{22}\boldsymbol{\alpha}_2+\cdots+a_{n2}\boldsymbol{\alpha}_n,\\\qquad\cdots\cdots\cdots\cdots\\\boldsymbol{\beta}_n=a_{1n}\boldsymbol{\alpha}_1+a_{2n}\boldsymbol{\alpha}_2+\cdots+a_{nn}\boldsymbol{\alpha}_n,\end{cases}\tag{4.1}$$

则$\boldsymbol{\beta}_1,\boldsymbol{\beta}_2,\cdots,\boldsymbol{\beta}_n$线性无关的充要条件是

$$\begin{vmatrix} a_{11} & a_{12} & \cdots & a_{1n} \\ a_{21} & a_{22} & \cdots & a_{2n} \\ \vdots & \vdots & & \vdots \\ a_{n1} & a_{n2} & \cdots & a_{nn} \end{vmatrix} \neq 0. \tag{4.2}$$

证明：由（4.1）得$\boldsymbol{\beta}_j = \sum_{i=1}^{n} a_{ij}\boldsymbol{\alpha}_i \ (j = 1,2,\cdots,n)$.

$\boldsymbol{\beta}_1, \boldsymbol{\beta}_2, \cdots, \boldsymbol{\beta}_n$线性无关的充要条件是方程组

$$\sum_{j=1}^{n} x_j \boldsymbol{\beta}_j = \sum_{j=1}^{n} x_j \left(\sum_{i=1}^{n} a_{ij}\boldsymbol{\alpha}_i \right) = \sum_{i=1}^{n} \left(\sum_{j=1}^{n} a_{ij} x_j \right) \boldsymbol{\alpha}_i = \mathbf{0} \ (j = 1,2,\cdots,n) \tag{4.3}$$

只有零解$x_j = 0 \ (j = 1,2,\cdots,n)$.

由于$\boldsymbol{\alpha}_1,\boldsymbol{\alpha}_2,\cdots,\boldsymbol{\alpha}_n$线性无关，由（4.3）得

$$\sum_{j=1}^{n} a_{ij} x_j = 0 \ (i = 1,2,\cdots,n), \tag{4.4}$$

因此方程组（4.3）只有零解（即齐次线性方程组（4.4）只有零解的充要条件是（4.4）的系数行列式不为零），即（4.2）成立.

4.2.3 基变换与坐标变换

定义 4.4 设$\boldsymbol{\alpha}_1, \boldsymbol{\alpha}_2, \cdots, \boldsymbol{\alpha}_n$和$\boldsymbol{\beta}_1, \boldsymbol{\beta}_2, \cdots, \boldsymbol{\beta}_n$是$\mathbf{R}^n$的两个基（分别称为旧基和新基），它们之间的关系如（4.1）所示，将（4.1）表示成矩阵形式：

$$(\boldsymbol{\beta}_1, \boldsymbol{\beta}_2, \cdots, \boldsymbol{\beta}_n) = (\boldsymbol{\alpha}_1,\boldsymbol{\alpha}_2,\cdots,\boldsymbol{\alpha}_n) \begin{pmatrix} a_{11} & a_{12} & \cdots & a_{1n} \\ a_{21} & a_{22} & \cdots & a_{2n} \\ \vdots & \vdots & & \vdots \\ a_{n1} & a_{n2} & \cdots & a_{nn} \end{pmatrix}. \tag{4.5}$$

记

$$\boldsymbol{A} = \begin{pmatrix} a_{11} & a_{12} & \cdots & a_{1n} \\ a_{21} & a_{22} & \cdots & a_{2n} \\ \vdots & \vdots & & \vdots \\ a_{n1} & a_{n2} & \cdots & a_{nn} \end{pmatrix},$$

称矩阵$\boldsymbol{A}$为由基$\boldsymbol{\alpha}_1, \boldsymbol{\alpha}_2, \cdots, \boldsymbol{\alpha}_n$到$\boldsymbol{\beta}_1, \boldsymbol{\beta}_2, \cdots, \boldsymbol{\beta}_n$的**过渡矩阵（变换矩阵）**.（4.5）可以写成

$$(\boldsymbol{\beta}_1, \boldsymbol{\beta}_2, \cdots, \boldsymbol{\beta}_n) = (\boldsymbol{\alpha}_1, \boldsymbol{\alpha}_2, \cdots, \boldsymbol{\alpha}_n)\boldsymbol{A}.$$

并称之为由基$\boldsymbol{\alpha}_1, \boldsymbol{\alpha}_2, \cdots, \boldsymbol{\alpha}_n$到$\boldsymbol{\beta}_1, \boldsymbol{\beta}_2, \cdots, \boldsymbol{\beta}_n$的**基变换**.

由定理4.3可知，矩阵$\boldsymbol{A}$是可逆矩阵，并且$(\boldsymbol{\alpha}_1,\boldsymbol{\alpha}_2,\cdots,\boldsymbol{\alpha}_n)=(\boldsymbol{\beta}_1,\boldsymbol{\beta}_2,\cdots,\boldsymbol{\beta}_n)\boldsymbol{A}^{-1}$，即由基$\boldsymbol{\beta}_1,\boldsymbol{\beta}_2,\cdots,\boldsymbol{\beta}_n$到$\boldsymbol{\alpha}_1,\boldsymbol{\alpha}_2,\cdots,\boldsymbol{\alpha}_n$的过渡矩阵为$\boldsymbol{A}^{-1}$. $\boldsymbol{A}$的第j列是新基的基向量$\boldsymbol{\beta}_j$在旧基$\boldsymbol{\alpha}_1,\boldsymbol{\alpha}_2,\cdots,\boldsymbol{\alpha}_n$下的坐标.

例3 求$\mathbf{R}^n$的两个基$\boldsymbol{\varepsilon}_1=(1,0,\cdots,0)^{\mathrm{T}},\boldsymbol{\varepsilon}_2=(0,1,0,\cdots,0)^{\mathrm{T}},\cdots,\boldsymbol{\varepsilon}_n=(0,\cdots,0,1)^{\mathrm{T}}$和$\boldsymbol{\beta}_1=(1,0,0,\cdots,0)^{\mathrm{T}},\boldsymbol{\beta}_2=(1,1,0,\cdots,0)^{\mathrm{T}},\cdots,\boldsymbol{\beta}_n=(1,1,1,\cdots,1)^{\mathrm{T}}$之间的过渡矩阵.

解： 因为

$$\begin{cases}\boldsymbol{\beta}_1=\boldsymbol{\varepsilon}_1+0\cdot\boldsymbol{\varepsilon}_2+\cdots+0\cdot\boldsymbol{\varepsilon}_n,\\ \boldsymbol{\beta}_2=\boldsymbol{\varepsilon}_1+\boldsymbol{\varepsilon}_2+\cdots+0\cdot\boldsymbol{\varepsilon}_n,\\ \quad\cdots\cdots\cdots\cdots\\ \boldsymbol{\beta}_n=\boldsymbol{\varepsilon}_1+\boldsymbol{\varepsilon}_2+\cdots+\boldsymbol{\varepsilon}_n,\end{cases}$$

即

$$(\boldsymbol{\beta}_1,\boldsymbol{\beta}_2,\cdots,\boldsymbol{\beta}_n)=(\boldsymbol{\varepsilon}_1,\boldsymbol{\varepsilon}_2,\cdots,\boldsymbol{\varepsilon}_n)\begin{pmatrix}1&1&\cdots&1\\0&1&\cdots&1\\\vdots&\vdots&&\vdots\\0&0&\cdots&1\end{pmatrix},$$

$$\begin{aligned}(\boldsymbol{\varepsilon}_1,\boldsymbol{\varepsilon}_2,\cdots,\boldsymbol{\varepsilon}_n)&=(\boldsymbol{\beta}_1,\boldsymbol{\beta}_2,\cdots,\boldsymbol{\beta}_n)\begin{pmatrix}1&1&\cdots&1\\0&1&\cdots&1\\\vdots&\vdots&&\vdots\\0&0&\cdots&1\end{pmatrix}^{-1}\\&=(\boldsymbol{\beta}_1,\boldsymbol{\beta}_2,\cdots,\boldsymbol{\beta}_n)\begin{pmatrix}1&-1&0&\cdots&0&0\\0&1&-1&\cdots&0&0\\\vdots&\vdots&\vdots&&\vdots&\vdots\\0&0&0&\cdots&1&-1\\0&0&0&\cdots&0&1\end{pmatrix},\end{aligned}$$

所以由基$\boldsymbol{\varepsilon}_1,\boldsymbol{\varepsilon}_2,\cdots,\boldsymbol{\varepsilon}_n$到$\boldsymbol{\beta}_1,\boldsymbol{\beta}_2,\cdots,\boldsymbol{\beta}_n$的过渡矩阵为

$$\boldsymbol{A}=\begin{pmatrix}1&1&\cdots&1\\0&1&\cdots&1\\\vdots&\vdots&&\vdots\\0&0&\cdots&1\end{pmatrix},$$

由基$\boldsymbol{\beta}_1,\boldsymbol{\beta}_2,\cdots,\boldsymbol{\beta}_n$到$\boldsymbol{\varepsilon}_1,\boldsymbol{\varepsilon}_2,\cdots,\boldsymbol{\varepsilon}_n$的过渡矩阵为

$$\boldsymbol{A}^{-1}=\begin{pmatrix}1&-1&0&\cdots&0&0\\0&1&-1&\cdots&0&0\\\vdots&\vdots&\vdots&&\vdots&\vdots\\0&0&0&\cdots&1&-1\\0&0&0&\cdots&0&1\end{pmatrix}.$$

一般地，如何求$\mathbf{R}^n$的任意两个基$\boldsymbol{\alpha}_1,\boldsymbol{\alpha}_2,\cdots,\boldsymbol{\alpha}_n$和$\boldsymbol{\beta}_1,\boldsymbol{\beta}_2,\cdots,\boldsymbol{\beta}_n$之间的过渡矩阵呢?

设$\mathbf{R}^n$的两个基分别为

$$\boldsymbol{\alpha}_1=\begin{pmatrix}b_{11}\\b_{21}\\\vdots\\b_{n1}\end{pmatrix},\boldsymbol{\alpha}_2=\begin{pmatrix}b_{12}\\b_{22}\\\vdots\\b_{n2}\end{pmatrix},\cdots,\boldsymbol{\alpha}_n=\begin{pmatrix}b_{1n}\\b_{2n}\\\vdots\\b_{nn}\end{pmatrix}$$

和

$$\boldsymbol{\beta}_1=\begin{pmatrix}c_{11}\\c_{21}\\\vdots\\c_{n1}\end{pmatrix},\boldsymbol{\beta}_2=\begin{pmatrix}c_{12}\\c_{22}\\\vdots\\c_{n2}\end{pmatrix},\cdots,\boldsymbol{\beta}_n=\begin{pmatrix}c_{1n}\\c_{2n}\\\vdots\\c_{nn}\end{pmatrix},$$

记矩阵

$$\boldsymbol{B}=\begin{pmatrix}b_{11}&b_{12}&\cdots&b_{1n}\\b_{21}&b_{22}&\cdots&b_{2n}\\\vdots&\vdots&&\vdots\\b_{n1}&b_{n2}&\cdots&b_{nn}\end{pmatrix},\boldsymbol{C}=\begin{pmatrix}c_{11}&c_{12}&\cdots&c_{1n}\\c_{21}&c_{22}&\cdots&c_{2n}\\\vdots&\vdots&&\vdots\\c_{n1}&c_{n2}&\cdots&c_{nn}\end{pmatrix},$$

设由基$\boldsymbol{\alpha}_1,\boldsymbol{\alpha}_2,\cdots,\boldsymbol{\alpha}_n$到$\boldsymbol{\beta}_1,\boldsymbol{\beta}_2,\cdots,\boldsymbol{\beta}_n$的过渡矩阵为$\boldsymbol{A}$，则

$$(\boldsymbol{\beta}_1,\boldsymbol{\beta}_2,\cdots,\boldsymbol{\beta}_n)=(\boldsymbol{\alpha}_1,\boldsymbol{\alpha}_2,\cdots,\boldsymbol{\alpha}_n)\boldsymbol{A},$$

或写成$\boldsymbol{C}=\boldsymbol{BA}$.由于$\boldsymbol{\alpha}_1,\boldsymbol{\alpha}_2,\cdots,\boldsymbol{\alpha}_n$线性无关，所以$\boldsymbol{B}$可逆，因此$\boldsymbol{A}=\boldsymbol{B}^{-1}\boldsymbol{C}$.

于是求过渡矩阵$\boldsymbol{A}$就可以对$n\times 2n$矩阵$(\boldsymbol{B}|\boldsymbol{C})$施以初等行变换，当矩阵$\boldsymbol{B}$化为单位矩阵时，$\boldsymbol{C}$的位置就化为了$\boldsymbol{B}^{-1}\boldsymbol{C}$，即$(\boldsymbol{B}|\boldsymbol{C})\xrightarrow{\text{初等行变换}}(\boldsymbol{E}|\boldsymbol{B}^{-1}\boldsymbol{C})$，就可以求得$\boldsymbol{A}=\boldsymbol{B}^{-1}\boldsymbol{C}$.

下面讨论同一个向量在不同基下的坐标的关系.

定理4.4 设$\boldsymbol{\alpha}_1,\boldsymbol{\alpha}_2,\cdots,\boldsymbol{\alpha}_n$和$\boldsymbol{\beta}_1,\boldsymbol{\beta}_2,\cdots,\boldsymbol{\beta}_n$是$\mathbf{R}^n$的两个基.由基$\boldsymbol{\alpha}_1,\boldsymbol{\alpha}_2,\cdots,\boldsymbol{\alpha}_n$到$\boldsymbol{\beta}_1,\boldsymbol{\beta}_2,\cdots,\boldsymbol{\beta}_n$之间的过渡矩阵为$\boldsymbol{A}$，$\boldsymbol{\alpha}$是$\mathbf{R}^n$的任一个向量，$\boldsymbol{\alpha}$关于基$\boldsymbol{\alpha}_1,\boldsymbol{\alpha}_2,\cdots,\boldsymbol{\alpha}_n$和$\boldsymbol{\beta}_1,\boldsymbol{\beta}_2,\cdots,\boldsymbol{\beta}_n$的坐标分别为$(x_1,x_2,\cdots,x_n)^{\mathrm{T}}$和$(y_1,y_2,\cdots,y_n)^{\mathrm{T}}$，则

$$\begin{pmatrix}x_1\\x_2\\\vdots\\x_n\end{pmatrix}=\boldsymbol{A}\begin{pmatrix}y_1\\y_2\\\vdots\\y_n\end{pmatrix}\text{或}\begin{pmatrix}y_1\\y_2\\\vdots\\y_n\end{pmatrix}=\boldsymbol{A}^{-1}\begin{pmatrix}x_1\\x_2\\\vdots\\x_n\end{pmatrix}.\tag{4.6}$$

证明：因为由基$\boldsymbol{\alpha}_1,\boldsymbol{\alpha}_2,\cdots,\boldsymbol{\alpha}_n$到$\boldsymbol{\beta}_1,\boldsymbol{\beta}_2,\cdots,\boldsymbol{\beta}_n$的过渡矩阵为$\boldsymbol{A}$，所以

$$(\boldsymbol{\beta}_1,\boldsymbol{\beta}_2,\cdots,\boldsymbol{\beta}_n)=(\boldsymbol{\alpha}_1,\boldsymbol{\alpha}_2,\cdots,\boldsymbol{\alpha}_n)\boldsymbol{A}.$$

又因为$\boldsymbol{\alpha}$关于基$\boldsymbol{\alpha}_1,\boldsymbol{\alpha}_2,\cdots,\boldsymbol{\alpha}_n$和$\boldsymbol{\beta}_1,\boldsymbol{\beta}_2,\cdots,\boldsymbol{\beta}_n$的坐标分别为$(x_1,x_2,\cdots,x_n)^{\mathrm{T}}$和$(y_1,y_2,\cdots,y_n)^{\mathrm{T}}$，所以

$$\boldsymbol{\alpha}=(\boldsymbol{\alpha}_1,\boldsymbol{\alpha}_2,\cdots,\boldsymbol{\alpha}_n)\begin{pmatrix}x_1\\x_2\\\vdots\\x_n\end{pmatrix}=(\boldsymbol{\beta}_1,\boldsymbol{\beta}_2,\cdots,\boldsymbol{\beta}_n)\begin{pmatrix}y_1\\y_2\\\vdots\\y_n\end{pmatrix}=(\boldsymbol{\alpha}_1,\boldsymbol{\alpha}_2,\cdots,\boldsymbol{\alpha}_n)\boldsymbol{A}\begin{pmatrix}y_1\\y_2\\\vdots\\y_n\end{pmatrix},$$

根据向量在同一个基下坐标的唯一性，得$\begin{pmatrix}x_1\\x_2\\\vdots\\x_n\end{pmatrix}=\boldsymbol{A}\begin{pmatrix}y_1\\y_2\\\vdots\\y_n\end{pmatrix}$或$\begin{pmatrix}y_1\\y_2\\\vdots\\y_n\end{pmatrix}=\boldsymbol{A}^{-1}\begin{pmatrix}x_1\\x_2\\\vdots\\x_n\end{pmatrix}$.

(4.6) 称为**坐标变换公式**.

注意：当基变换确定之后，坐标变换公式也就随之确定了；反之，如果已知某向量关于两个基的坐标之间的关系，则两个基之间的过渡矩阵也可以从坐标变换公式中得到.

例4 设$\boldsymbol{\alpha}_1,\boldsymbol{\alpha}_2,\boldsymbol{\alpha}_3$是$\mathbf{R}^3$的一个基，已知

$$\begin{cases}\boldsymbol{\beta}_1=3\boldsymbol{\alpha}_1+2\boldsymbol{\alpha}_2+\boldsymbol{\alpha}_3,\\\boldsymbol{\beta}_2=-\boldsymbol{\alpha}_1-4\boldsymbol{\alpha}_2+2\boldsymbol{\alpha}_3,\\\boldsymbol{\beta}_3=\boldsymbol{\alpha}_1-\boldsymbol{\alpha}_2+\boldsymbol{\alpha}_3.\end{cases}$$

证明$\boldsymbol{\beta}_1,\boldsymbol{\beta}_2,\boldsymbol{\beta}_3$是$\mathbf{R}^3$的基.

证明： $(\boldsymbol{\beta}_1,\boldsymbol{\beta}_2,\boldsymbol{\beta}_3)=(\boldsymbol{\alpha}_1,\boldsymbol{\alpha}_2,\boldsymbol{\alpha}_3)\boldsymbol{A}$，其中$\boldsymbol{A}=\begin{pmatrix}3&-1&1\\2&-4&-1\\1&2&1\end{pmatrix}$，求出$|\boldsymbol{A}|=5\neq 0$，所以向量组$\boldsymbol{\beta}_1,\boldsymbol{\beta}_2,\boldsymbol{\beta}_3$线性无关，因此$\boldsymbol{\beta}_1,\boldsymbol{\beta}_2,\boldsymbol{\beta}_3$是$\mathbf{R}^3$的基.

例5 设$\mathbf{R}^3$的两组向量分别为$\boldsymbol{\alpha}_1=(1,0,1)^{\mathrm{T}},\boldsymbol{\alpha}_2=(1,1,0)^{\mathrm{T}},\boldsymbol{\alpha}_3=(0,1,1)^{\mathrm{T}}$和$\boldsymbol{\beta}_1=(1,1,1)^{\mathrm{T}},\boldsymbol{\beta}_2=(1,1,2)^{\mathrm{T}},\boldsymbol{\beta}_3=(1,2,1)^{\mathrm{T}}$. 向量$\boldsymbol{\alpha}=(1,5,2)^{\mathrm{T}}$.

(1) 证明$\boldsymbol{\alpha}_1,\boldsymbol{\alpha}_2,\boldsymbol{\alpha}_3$和$\boldsymbol{\beta}_1,\boldsymbol{\beta}_2,\boldsymbol{\beta}_3$是$\mathbf{R}^3$的两个基；

(2) 求由基$\boldsymbol{\alpha}_1,\boldsymbol{\alpha}_2,\boldsymbol{\alpha}_3$到基$\boldsymbol{\beta}_1,\boldsymbol{\beta}_2,\boldsymbol{\beta}_3$的过渡矩阵；

(3) 求$\boldsymbol{\alpha}$在这两个基下的坐标.

（1）**证明**：记矩阵 $\boldsymbol{B}=\begin{pmatrix}1&1&0\\0&1&1\\1&0&1\end{pmatrix}$，$\boldsymbol{C}=\begin{pmatrix}1&1&1\\1&1&2\\1&2&1\end{pmatrix}$，$|\boldsymbol{B}|=2\neq 0,|\boldsymbol{C}|=-1\neq 0$，因此 $\boldsymbol{\alpha}_1,\boldsymbol{\alpha}_2,\boldsymbol{\alpha}_3$ 线性无关，$\boldsymbol{\beta}_1,\boldsymbol{\beta}_2,\boldsymbol{\beta}_3$ 线性无关，故 $\boldsymbol{\alpha}_1,\boldsymbol{\alpha}_2,\boldsymbol{\alpha}_3$ 和 $\boldsymbol{\beta}_1,\boldsymbol{\beta}_2,\boldsymbol{\beta}_3$ 是 $\mathbf{R}^3$ 的两个基.

（2）**解**：矩阵 $(\boldsymbol{B}|\boldsymbol{C})$ 施以初等行变换：

$$(\boldsymbol{B}|\boldsymbol{C})=\left(\begin{array}{ccc|ccc}1&1&0&1&1&1\\0&1&1&1&1&2\\1&0&1&1&2&1\end{array}\right)\to\left(\begin{array}{ccc|ccc}1&1&0&1&1&1\\0&1&1&1&1&2\\0&0&1&\frac{1}{2}&1&1\end{array}\right)\to\left(\begin{array}{ccc|ccc}1&0&0&\frac{1}{2}&1&0\\0&1&0&\frac{1}{2}&0&1\\0&0&1&\frac{1}{2}&1&1\end{array}\right),$$

由基 $\boldsymbol{\alpha}_1,\boldsymbol{\alpha}_2,\boldsymbol{\alpha}_3$ 到基 $\boldsymbol{\beta}_1,\boldsymbol{\beta}_2,\boldsymbol{\beta}_3$ 的过渡矩阵为

$$\boldsymbol{A}=\boldsymbol{B}^{-1}\boldsymbol{C}=\begin{pmatrix}\frac{1}{2}&1&0\\\frac{1}{2}&0&1\\\frac{1}{2}&1&1\end{pmatrix}.$$

（3）**解**：设 $\boldsymbol{\alpha}$ 关于基 $\boldsymbol{\beta}_1,\boldsymbol{\beta}_2,\boldsymbol{\beta}_3$ 的坐标为 $(y_1,y_2,y_3)^{\mathrm{T}}$，设 $\boldsymbol{\alpha}=y_1\boldsymbol{\beta}_1+y_2\boldsymbol{\beta}_2+y_3\boldsymbol{\beta}_3$，因此得到线性方程组

$$\begin{cases}y_1+\ y_2+\ y_3=1,\\y_1+\ y_2+2y_3=5,\\y_1+2y_2+\ y_3=2.\end{cases}$$

对增广矩阵 $(\boldsymbol{C}|\boldsymbol{\alpha})$ 作初等行变换：

$$(\boldsymbol{C}|\boldsymbol{\alpha})=\left(\begin{array}{ccc|c}1&1&1&1\\1&1&2&5\\1&2&1&2\end{array}\right)\to\left(\begin{array}{ccc|c}1&0&0&-4\\0&1&0&1\\0&0&1&4\end{array}\right),$$

解出 $y_1=-4,y_2=1,y_3=4$，即 $\boldsymbol{\alpha}$ 在基 $\boldsymbol{\beta}_1,\boldsymbol{\beta}_2,\boldsymbol{\beta}_3$ 下的坐标为 $(-4,1,4)^{\mathrm{T}}$.

再由坐标变换公式

$$\begin{pmatrix}x_1\\x_2\\x_3\end{pmatrix}=\boldsymbol{A}\begin{pmatrix}y_1\\y_2\\y_3\end{pmatrix}=\begin{pmatrix}\frac{1}{2}&1&0\\\frac{1}{2}&0&1\\\frac{1}{2}&1&1\end{pmatrix}\begin{pmatrix}-4\\1\\4\end{pmatrix}=\begin{pmatrix}-1\\2\\3\end{pmatrix},$$

得$\boldsymbol{\alpha}$在基$\boldsymbol{\alpha}_1,\boldsymbol{\alpha}_2,\boldsymbol{\alpha}_3$下的坐标为$(-1,2,3)^{\mathrm{T}}$.

本问也可以直接求：$\begin{pmatrix}x_1\\x_2\\x_3\end{pmatrix}=\boldsymbol{B}^{-1}\begin{pmatrix}1\\5\\2\end{pmatrix}=\begin{pmatrix}-1\\2\\3\end{pmatrix}$.

4.3 $\mathbf{R}^n$中向量的内积

4.3.1 向量内积

在前面讨论的n维实向量线性空间中，只定义了向量的线性运算，它不能描述向量的度量性质，如长度、夹角等.现在在n维实向量空间中定义向量的内积，进而定义向量的长度和夹角，使n维实向量空间具有度量性质.

定义4.5 设$\boldsymbol{\alpha}=(a_1,a_2,\cdots,a_n)^{\mathrm{T}}$，$\boldsymbol{\beta}=(b_1,b_2,\cdots,b_n)^{\mathrm{T}}$是$\mathbf{R}^n$中的向量，规定$\boldsymbol{\alpha}$，$\boldsymbol{\beta}$的内积为

$$\left[\boldsymbol{\alpha},\boldsymbol{\beta}\right]=a_1b_1+a_2b_2+\cdots+a_nb_n=\sum_{i=1}^{n}a_ib_i.$$

可见，若$\boldsymbol{\alpha},\boldsymbol{\beta}$为列向量，则$\left[\boldsymbol{\alpha},\boldsymbol{\beta}\right]=\boldsymbol{\alpha}^{\mathrm{T}}\boldsymbol{\beta}=\boldsymbol{\beta}^{\mathrm{T}}\boldsymbol{\alpha}$；若$\boldsymbol{\alpha},\boldsymbol{\beta}$为行向量，则$\left[\boldsymbol{\alpha},\boldsymbol{\beta}\right]=\boldsymbol{\alpha}\boldsymbol{\beta}^{\mathrm{T}}=\boldsymbol{\beta}\boldsymbol{\alpha}^{\mathrm{T}}$.

例1 设$\boldsymbol{\alpha}=(-2,3,6,1)^{\mathrm{T}},\boldsymbol{\beta}=(1,2,5,-1)^{\mathrm{T}}$，求$\left[\boldsymbol{\alpha},\boldsymbol{\beta}\right]$.

解：$\left[\boldsymbol{\alpha},\boldsymbol{\beta}\right]=\boldsymbol{\alpha}^{\mathrm{T}}\boldsymbol{\beta}=(-2)\times1+3\times2+6\times5+1\times(-1)=33.$

根据定义，容易证明内积有下列运算性质：

(1) $\left[\boldsymbol{\alpha},\boldsymbol{\beta}\right]=\left[\boldsymbol{\beta},\boldsymbol{\alpha}\right]$;

(2) $\left[\boldsymbol{\alpha}+\boldsymbol{\beta},\boldsymbol{\gamma}\right]=\left[\boldsymbol{\alpha},\boldsymbol{\gamma}\right]+\left[\boldsymbol{\beta},\boldsymbol{\gamma}\right]$;

(3) $\left[k\boldsymbol{\alpha},\boldsymbol{\beta}\right]=k\left[\boldsymbol{\alpha},\boldsymbol{\beta}\right]$;

(4) $\left[\boldsymbol{\alpha},\boldsymbol{\alpha}\right]\geqslant0$，等号成立当且仅当$\boldsymbol{\alpha}=\mathbf{0}$.

其中$\boldsymbol{\alpha},\boldsymbol{\beta},\boldsymbol{\gamma}$是$n$维向量，$\mathbf{0}$是$n$维零向量，0为数零，$k$为$\mathbf{R}$中的任意数.

4.3.2 向量长度

由于向量$\boldsymbol{\alpha}$与自身的内积为非负数，可以定义向量的长度.

定义4.6 设$\boldsymbol{\alpha}$是$\mathbf{R}^n$中的任意向量，定义向量$\boldsymbol{\alpha}$的**长度**（范数）为$\|\boldsymbol{\alpha}\|=\sqrt{\left[\boldsymbol{\alpha},\boldsymbol{\alpha}\right]}$，也可以表示为$|\boldsymbol{\alpha}|$.

若$\boldsymbol{\alpha}=(a_1,a_2,\cdots,a_n)^{\mathrm{T}}$，则$\|\boldsymbol{\alpha}\|=\sqrt{[\boldsymbol{\alpha},\boldsymbol{\alpha}]}=\sqrt{\sum_{i=1}^{n}a_i^2}$.

例2 设$\boldsymbol{\alpha}=(-3,2,4)^{\mathrm{T}}$，求$\|\boldsymbol{\alpha}\|$.

解：$\|\boldsymbol{\alpha}\|=\sqrt{[\boldsymbol{\alpha},\boldsymbol{\alpha}]}=\sqrt{(-3)^2+2^2+4^2}=\sqrt{29}$.

向量的长度具有下列性质：

性质4.1 $\|\boldsymbol{\alpha}\|\geqslant 0$，等号成立当且仅当$\boldsymbol{\alpha}=\mathbf{0}$；这表明任何非零向量的长度都大于0.

性质4.2 $\|k\boldsymbol{\alpha}\|=|k|\cdot\|\boldsymbol{\alpha}\|$，其中$\boldsymbol{\alpha}$是$n$维向量，$k$为$\mathbf{R}$中的任意数.

事实上，$\|k\boldsymbol{\alpha}\|=\sqrt{[k\boldsymbol{\alpha},k\boldsymbol{\alpha}]}=\sqrt{k^2\boldsymbol{\alpha}^{\mathrm{T}}\boldsymbol{\alpha}}=\sqrt{k^2}\sqrt{\boldsymbol{\alpha}^{\mathrm{T}}\boldsymbol{\alpha}}=|k|\cdot\|\boldsymbol{\alpha}\|$.

长度为1的向量称为**单位向量**（或**标准化向量**）. 若$\boldsymbol{\alpha}$是n维非零向量，则$\boldsymbol{\alpha}_0=\dfrac{\boldsymbol{\alpha}}{\|\boldsymbol{\alpha}\|}$为单位向量. 用向量$\boldsymbol{\alpha}$的长度去除向量$\boldsymbol{\alpha}$，得到一个与$\boldsymbol{\alpha}$成比例的单位向量，称为**把$\boldsymbol{\alpha}$单位化**（或**标准化**）.

4.3.3 向量夹角

定义4.7 非零向量$\boldsymbol{\alpha}$，$\boldsymbol{\beta}$之间的夹角定义为

$$<\boldsymbol{\alpha},\boldsymbol{\beta}>=\arccos\frac{[\boldsymbol{\alpha},\boldsymbol{\beta}]}{\|\boldsymbol{\alpha}\|\|\boldsymbol{\beta}\|},\ 0\leqslant<\boldsymbol{\alpha},\boldsymbol{\beta}>\leqslant\pi.$$

例3 已知$\boldsymbol{\alpha}=(1,2,2,3)^{\mathrm{T}},\boldsymbol{\beta}=(3,1,5,1)^{\mathrm{T}}$，求向量$\boldsymbol{\alpha},\boldsymbol{\beta}$之间的夹角.

解：$<\boldsymbol{\alpha},\boldsymbol{\beta}>=\arccos\dfrac{[\boldsymbol{\alpha},\boldsymbol{\beta}]}{\|\boldsymbol{\alpha}\|\|\boldsymbol{\beta}\|}=\arccos\dfrac{18}{\sqrt{18}\sqrt{36}}=\arccos\dfrac{1}{\sqrt{2}},<\boldsymbol{\alpha},\boldsymbol{\beta}>=\dfrac{\pi}{4}$.

定理4.5 设向量$\boldsymbol{\alpha}=(a_1,a_2,\cdots,a_n)^{\mathrm{T}}$，$\boldsymbol{\beta}=(b_1,b_2,\cdots,b_n)^{\mathrm{T}}$均为$n$维向量，有

$$\left|[\boldsymbol{\alpha},\boldsymbol{\beta}]\right|\leqslant\|\boldsymbol{\alpha}\|\cdot\|\boldsymbol{\beta}\|. \tag{4.7}$$

该不等式称为柯西–施瓦兹不等式［也有称柯西–布尼亚科夫斯基（Cauchy–Буняковский）不等式］.

证明：当$\boldsymbol{\beta}=\mathbf{0}$时，$[\boldsymbol{\alpha},\boldsymbol{\beta}]=0,\|\boldsymbol{\beta}\|=0$，(4.7)显然成立.

当$\boldsymbol{\beta}\neq\mathbf{0}$时，作向量$\boldsymbol{\alpha}+l\boldsymbol{\beta}(l\in\mathbf{R})$，显然，$[\boldsymbol{\alpha}+l\boldsymbol{\beta},\boldsymbol{\alpha}+l\boldsymbol{\beta}]\geqslant 0$，由内积的性质得$[\boldsymbol{\alpha},\boldsymbol{\alpha}]+2l[\boldsymbol{\alpha},\boldsymbol{\beta}]+l^2[\boldsymbol{\beta},\boldsymbol{\beta}]\geqslant 0$，这是关于$l$的二次三项式，$l^2$的系数$[\boldsymbol{\beta},\boldsymbol{\beta}]\geqslant 0$，因此$\varDelta=4[\boldsymbol{\alpha},\boldsymbol{\beta}]^2-4[\boldsymbol{\alpha},\boldsymbol{\alpha}][\boldsymbol{\beta},\boldsymbol{\beta}]<0$，即$[\boldsymbol{\alpha},\boldsymbol{\beta}]^2<[\boldsymbol{\alpha},\boldsymbol{\alpha}][\boldsymbol{\beta},\boldsymbol{\beta}]=$

$\|\boldsymbol{\alpha}\|^2\cdot\|\boldsymbol{\beta}\|^2$，故$\left|[\boldsymbol{\alpha},\boldsymbol{\beta}]\right|\leqslant\|\boldsymbol{\alpha}\|\cdot\|\boldsymbol{\beta}\|$.

关于向量的长度还有

性质4.3 对于任意向量$\boldsymbol{\alpha},\boldsymbol{\beta}$，有三角不等式

$$\|\boldsymbol{\alpha}+\boldsymbol{\beta}\|\leqslant\|\boldsymbol{\alpha}\|+\|\boldsymbol{\beta}\|.$$

证明：根据内积的性质：

$$\|\boldsymbol{\alpha}+\boldsymbol{\beta}\|^2=(\boldsymbol{\alpha}+\boldsymbol{\beta})^{\mathrm{T}}(\boldsymbol{\alpha}+\boldsymbol{\beta})=\boldsymbol{\alpha}^{\mathrm{T}}\boldsymbol{\alpha}+2\boldsymbol{\alpha}^{\mathrm{T}}\boldsymbol{\beta}+\boldsymbol{\beta}^{\mathrm{T}}\boldsymbol{\beta}=\|\boldsymbol{\alpha}\|^2+2\boldsymbol{\alpha}^{\mathrm{T}}\boldsymbol{\beta}+\|\boldsymbol{\beta}\|^2.$$

根据柯西-施瓦兹不等式$|\boldsymbol{\alpha}^{\mathrm{T}}\boldsymbol{\beta}|=\left|[\boldsymbol{\alpha},\boldsymbol{\beta}]\right|\leqslant\|\boldsymbol{\alpha}\|\cdot\|\boldsymbol{\beta}\|$，得

$$\|\boldsymbol{\alpha}+\boldsymbol{\beta}\|^2\leqslant\|\boldsymbol{\alpha}\|^2+2\|\boldsymbol{\alpha}\|\cdot\|\boldsymbol{\beta}\|+\|\boldsymbol{\beta}\|^2=(\|\boldsymbol{\alpha}\|+\|\boldsymbol{\beta}\|)^2.$$

两端开平方，得

$$\|\boldsymbol{\alpha}+\boldsymbol{\beta}\|\leqslant\|\boldsymbol{\alpha}\|+\|\boldsymbol{\beta}\|.$$

4.3.4 向量正交

两个非零向量的内积有可能为零，这就是下面要引入的向量正交的概念.

定义4.8 若向量$\boldsymbol{\alpha},\boldsymbol{\beta}$的内积为零，即$[\boldsymbol{\alpha},\boldsymbol{\beta}]=0$，则称向量$\boldsymbol{\alpha},\boldsymbol{\beta}$**正交**（或垂直），向量$\boldsymbol{\alpha},\boldsymbol{\beta}$正交也可记作$\boldsymbol{\alpha}\perp\boldsymbol{\beta}$.

由定义可以看出，只有零向量才与自己正交.由于零向量与任意向量的内积为零，因此零向量与任意向量正交.显然，这里正交的定义与解析几何中对正交的说法是一致的.两个非零向量正交的充要条件是它们之间的夹角为$\frac{\pi}{2}$.

当向量$\boldsymbol{\alpha},\boldsymbol{\beta}$正交时，$\boldsymbol{\alpha}^{\mathrm{T}}\boldsymbol{\beta}=0$，因此性质4.3的不等式的等号成立，即

$$\|\boldsymbol{\alpha}+\boldsymbol{\beta}\|^2=\|\boldsymbol{\alpha}\|^2+\|\boldsymbol{\beta}\|^2.$$

接下来定义一组向量为正交向量组.

定义4.9 一组非零向量$\boldsymbol{\alpha}_1,\boldsymbol{\alpha}_2,\cdots,\boldsymbol{\alpha}_s$，如果它们两两正交，即

$$[\boldsymbol{\alpha}_i,\boldsymbol{\alpha}_j]=0,\ i\neq j\,(i,j=1,2,\cdots,s),$$

则称该向量组为**正交向量组**.

显然，按定义，由单个非零向量所组成的向量组也是正交向量组.当然，下面讨论的正交向量组都是非空的.

定理4.6 **$\mathbf{R}^n$中的正交向量组是线性无关的.**

证明：设$\boldsymbol{\alpha}_1,\boldsymbol{\alpha}_2,\cdots,\boldsymbol{\alpha}_s$是$\mathbf{R}^n$中的一个正交向量组，设存在数$k_1,k_2,\cdots,k_s$，满足

$$k_1\boldsymbol{\alpha}_1+k_2\boldsymbol{\alpha}_2+\cdots+k_s\boldsymbol{\alpha}_s=\mathbf{0},$$

上式两端同左乘$\boldsymbol{\alpha}_i^{\mathrm{T}}$，得

$$\boldsymbol{\alpha}_i^{\mathrm{T}}(k_1\boldsymbol{\alpha}_1+k_2\boldsymbol{\alpha}_2+\cdots+k_s\boldsymbol{\alpha}_s)=\boldsymbol{\alpha}_i^{\mathrm{T}}\mathbf{0}\,(1\leqslant i\leqslant s),$$

于是，有

$$k_1\boldsymbol{\alpha}_i^{\mathrm{T}}\boldsymbol{\alpha}_1+k_2\boldsymbol{\alpha}_i^{\mathrm{T}}\boldsymbol{\alpha}_2+\cdots+k_i\boldsymbol{\alpha}_i^{\mathrm{T}}\boldsymbol{\alpha}_i+\cdots+k_s\boldsymbol{\alpha}_i^{\mathrm{T}}\boldsymbol{\alpha}_s=0.$$

因为

$$\boldsymbol{\alpha}_i^{\mathrm{T}}\boldsymbol{\alpha}_j=\left[\boldsymbol{\alpha}_i,\boldsymbol{\alpha}_j\right]=0\ \ (i\neq j,i,j=1,2,\cdots,s),$$

所以

$$k_i\boldsymbol{\alpha}_i^{\mathrm{T}}\boldsymbol{\alpha}_i=0\,(i=1,2,\cdots,s).$$

而$\boldsymbol{\alpha}_i\neq\mathbf{0},\boldsymbol{\alpha}_i^{\mathrm{T}}\boldsymbol{\alpha}_i=\left[\boldsymbol{\alpha}_i,\boldsymbol{\alpha}_i\right]>0$，所以$k_i=0\,(i=1,2,\cdots,s)$，因此$\boldsymbol{\alpha}_1,\boldsymbol{\alpha}_2,\cdots,\boldsymbol{\alpha}_s$线性无关.

定理4.6的逆命题不成立.如本节例1中的向量$\boldsymbol{\alpha},\boldsymbol{\beta}$是线性无关的，$\left[\boldsymbol{\alpha},\boldsymbol{\beta}\right]=33$，因此$\boldsymbol{\alpha},\boldsymbol{\beta}$不正交.

由定理4.6可以看出，$\mathbf{R}^n$中的正交向量组所含向量的个数不能超过n.

例4 已知$\mathbf{R}^3$中的两个向量$\boldsymbol{\alpha}_1=(1,1,1)^{\mathrm{T}},\boldsymbol{\alpha}_2=(1,-2,1)^{\mathrm{T}}$正交，试求一个非零向量$\boldsymbol{\alpha}_3$，使$\boldsymbol{\alpha}_1,\boldsymbol{\alpha}_2,\boldsymbol{\alpha}_3$两两正交.

解：设$\boldsymbol{\alpha}_3=(x_1,x_2,x_3)^{\mathrm{T}}$，由于非零向量$\boldsymbol{\alpha}_3$与$\boldsymbol{\alpha}_1,\boldsymbol{\alpha}_2$均正交，有$\left[\boldsymbol{\alpha}_1,\boldsymbol{\alpha}_3\right]=0,\left[\boldsymbol{\alpha}_2,\boldsymbol{\alpha}_3\right]=0$，即

$$\begin{cases}x_1+\ \ x_2+x_3=0,\\x_1-2x_2+x_3=0,\end{cases}$$

解得

$$\begin{cases}x_1=c,\\x_2=0,\ c\text{为非零的任意常数}.\\x_3=-c,\end{cases}$$

则$\boldsymbol{\alpha}_3=(1,0,-1)^{\mathrm{T}}$满足条件.

定义4.10 定义了内积运算的n维实线性空间，称为**n维欧几里得空间**，简称**n维欧氏空间**，仍记作$\mathbf{R}^n$.

4.4 正交矩阵

4.4.1 $\mathbf{R}^n$的标准正交基

在 n 维欧氏空间 $\mathbf{R}^n$ 中，基 $\boldsymbol{\varepsilon}_1=(1,0,\cdots,0)^{\mathrm{T}},\boldsymbol{\varepsilon}_2=(0,1,0,\cdots,0)^{\mathrm{T}},\cdots,\boldsymbol{\varepsilon}_n=(0,\cdots,0,1)^{\mathrm{T}}$是两两正交的，且向量的长度为1，这个向量组称为$\mathbf{R}^n$的一个标准正交基.但标准正交基不是唯一的，下面给出标准正交基的定义.

定义4.11 $\mathbf{R}^n$中的n个向量$\boldsymbol{\alpha}_1,\boldsymbol{\alpha}_2,\cdots,\boldsymbol{\alpha}_n$满足：

（1）两两正交，即$\left[\boldsymbol{\alpha}_i,\boldsymbol{\alpha}_j\right]=0\ ,i\neq j\,(i,j=1,2,\cdots,n)$；

（2）单位向量，即$\|\boldsymbol{\alpha}_i\|=1\,(i=1,2,\cdots,n)$.

则称$\boldsymbol{\alpha}_1,\boldsymbol{\alpha}_2,\cdots,\boldsymbol{\alpha}_n$为$\mathbf{R}^n$的一个标准正交基.

由标准正交基的定义，有

$$\left[\boldsymbol{\alpha}_i,\boldsymbol{\alpha}_j\right]=\begin{cases}0,\ i\neq j,\\1,\ i=j\end{cases}\ (i,j=1,2,\cdots,n).$$

例1 设向量$\boldsymbol{\eta}_1,\boldsymbol{\eta}_2,\cdots,\boldsymbol{\eta}_n$是$\mathbf{R}^n$的一个标准正交基，求$\mathbf{R}^n$中的向量$\boldsymbol{\alpha}$在这个基下的坐标.

解：设$\boldsymbol{\alpha}$在这个基下的坐标为$(x_1,x_2,\cdots,x_n)^{\mathrm{T}}$，即$\boldsymbol{\alpha}=x_1\boldsymbol{\eta}_1+x_2\boldsymbol{\eta}_2+\cdots+x_n\boldsymbol{\eta}_n$，则

$$\left[\boldsymbol{\alpha},\boldsymbol{\eta}_i\right]=\left[x_1\boldsymbol{\eta}_1+x_2\boldsymbol{\eta}_2+\cdots+x_n\boldsymbol{\eta}_n,\boldsymbol{\eta}_i\right]=\left[x_i\boldsymbol{\eta}_i,\boldsymbol{\eta}_i\right]=x_i\,(i=1,2,\cdots,n),$$

因此坐标为$\left(\left[\boldsymbol{\alpha},\boldsymbol{\eta}_1\right],\left[\boldsymbol{\alpha},\boldsymbol{\eta}_2\right],\cdots,\left[\boldsymbol{\alpha},\boldsymbol{\eta}_n\right]\right)^{\mathrm{T}}$.

4.4.2 正交矩阵的概念与性质

定义4.12 设实数域$\mathbf{R}$上的n阶矩阵$\boldsymbol{Q}$满足$\boldsymbol{Q}^{\mathrm{T}}\boldsymbol{Q}=\boldsymbol{E}$，则称$\boldsymbol{Q}$为正交矩阵.

由定义可知，若$\boldsymbol{Q}$为正交矩阵，则$\boldsymbol{Q}$必可逆.

例2 单位矩阵$\boldsymbol{E}$是正交矩阵.

例3 设$Q=\begin{pmatrix} \frac{1}{2} & -\frac{1}{2} & \frac{1}{2} & -\frac{1}{2} \\ \frac{1}{2} & -\frac{1}{2} & -\frac{1}{2} & \frac{1}{2} \\ \frac{1}{\sqrt{2}} & \frac{1}{\sqrt{2}} & 0 & 0 \\ 0 & 0 & \frac{1}{\sqrt{2}} & \frac{1}{\sqrt{2}} \end{pmatrix}$，可以验证$Q^{\mathrm{T}}Q=E$，因此$Q$为正交矩阵.

正交矩阵有以下性质：

（1）若Q为正交矩阵，则Q的行列式为1或-1.

（2）若Q为正交矩阵，则Q可逆，且$Q^{-1}=Q^{\mathrm{T}}$.

（3）若Q为正交矩阵，则$Q^{\mathrm{T}}(Q^{-1})$也是正交矩阵.

（4）若P，Q为同阶正交矩阵，则PQ也是正交矩阵.

（5）n阶矩阵Q为正交矩阵的充要条件是$Q^{-1}=Q^{\mathrm{T}}$.

证明：（1）若Q为正交矩阵，则$Q^{\mathrm{T}}Q=E$，$|Q^{\mathrm{T}}Q|=|E|=1$，$|Q|^2=1$，因此$|Q|=\pm1$.

（2）若$Q^{\mathrm{T}}Q=E$，由可逆矩阵的定义可知Q可逆，且$Q^{-1}=Q^{\mathrm{T}}$.

（3）因为$(Q^{\mathrm{T}})^{\mathrm{T}}Q^{\mathrm{T}}=(QQ^{\mathrm{T}})^{\mathrm{T}}=E$，因此$Q^{\mathrm{T}}(Q^{-1})$也是正交矩阵.

（4）若P，Q为同阶正交矩阵，则$P^{\mathrm{T}}P=E$，$Q^{\mathrm{T}}Q=E$，因此

$$(PQ)(PQ)^{\mathrm{T}}=PQQ^{\mathrm{T}}P^{\mathrm{T}}=P(QQ^{\mathrm{T}})P^{\mathrm{T}}=PEP^{\mathrm{T}}=PP^{\mathrm{T}}=E,$$

即PQ也是正交矩阵.

（5）必要性：（2）已证.充分性：已知$Q^{-1}=Q^{\mathrm{T}}$，由可逆矩阵的定义可知$Q^{-1}Q=Q^{\mathrm{T}}Q$，即$Q^{\mathrm{T}}Q=E$，Q为正交矩阵.

定理4.7 A为n阶正交矩阵的充分必要条件是A的列向量组是$\mathbf{R}^n$的一个标准正交基.

证明：（必要性）设$A=\begin{pmatrix} a_{11} & a_{12} & \cdots & a_{1n} \\ a_{21} & a_{22} & \cdots & a_{2n} \\ \vdots & \vdots & & \vdots \\ a_{n1} & a_{n2} & \cdots & a_{nn} \end{pmatrix}$，将矩阵$A$按列分块为$A=(\boldsymbol{\eta}_1,\boldsymbol{\eta}_2,\cdots,\boldsymbol{\eta}_n)$，于是

$$A^{\mathrm{T}}A=\begin{pmatrix}\eta_1^{\mathrm{T}}\\\eta_2^{\mathrm{T}}\\\vdots\\\eta_n^{\mathrm{T}}\end{pmatrix}(\eta_1,\eta_2,\cdots,\eta_n)=\begin{pmatrix}\eta_1^{\mathrm{T}}\eta_1 & \eta_1^{\mathrm{T}}\eta_2 & \cdots & \eta_1^{\mathrm{T}}\eta_n\\\eta_2^{\mathrm{T}}\eta_1 & \eta_2^{\mathrm{T}}\eta_2 & \cdots & \eta_2^{\mathrm{T}}\eta_n\\\vdots & \vdots & & \vdots\\\eta_n^{\mathrm{T}}\eta_1 & \eta_n^{\mathrm{T}}\eta_2 & \cdots & \eta_n^{\mathrm{T}}\eta_n\end{pmatrix},$$

由于A为正交矩阵，有$A^{\mathrm{T}}A=E$，因此

$$\eta_i^{\mathrm{T}}\eta_j=\left[\eta_i,\eta_j\right]=\begin{cases}0, & i\neq j,\\1, & i=j\end{cases}\ (i,j=1,2,\cdots,n),$$

即向量$\eta_1,\eta_2,\cdots,\eta_n$是$\mathbf{R}^n$的一个标准正交基.

（充分性）若向量$\eta_1,\eta_2,\cdots,\eta_n$是$\mathbf{R}^n$的一个标准正交基，$A=(\eta_1,\eta_2,\cdots,\eta_n)$，则

$$A^{\mathrm{T}}A=\begin{pmatrix}\eta_1^{\mathrm{T}}\eta_1 & \eta_1^{\mathrm{T}}\eta_2 & \cdots & \eta_1^{\mathrm{T}}\eta_n\\\eta_2^{\mathrm{T}}\eta_1 & \eta_2^{\mathrm{T}}\eta_2 & \cdots & \eta_2^{\mathrm{T}}\eta_n\\\vdots & \vdots & & \vdots\\\eta_n^{\mathrm{T}}\eta_1 & \eta_n^{\mathrm{T}}\eta_2 & \cdots & \eta_n^{\mathrm{T}}\eta_n\end{pmatrix}=\begin{pmatrix}1 & 0 & \cdots & 0\\0 & 1 & \cdots & 0\\\vdots & \vdots & & \vdots\\0 & 0 & \cdots & 1\end{pmatrix}=E.$$

由此可见A为正交矩阵.

类似地，可以证明：A为n阶正交矩阵的充分必要条件是A的行向量组是$\mathbf{R}^n$的一个标准正交基.

下面讨论两个标准正交基之间的过渡矩阵的特点.

定理4.8 设$\alpha_1,\alpha_2,\cdots,\alpha_n$和$\beta_1,\beta_2,\cdots,\beta_n$是$\mathbf{R}^n$的两个标准正交基，$Q$是它们之间的过渡矩阵，即$\left(\beta_1,\beta_2,\cdots,\beta_n\right)=\left(\alpha_1,\alpha_2,\cdots,\alpha_n\right)Q$，则$Q$是正交矩阵.

证明：设$A=(\alpha_1,\alpha_2,\cdots,\alpha_n)$，$B=\left(\beta_1,\beta_2,\cdots,\beta_n\right)$，则$B=AQ$.因此

$$B^{\mathrm{T}}B=(AQ)^{\mathrm{T}}AQ=Q^{\mathrm{T}}A^{\mathrm{T}}AQ=Q^{\mathrm{T}}(A^{\mathrm{T}}A)Q,$$

因为$\alpha_1,\alpha_2,\cdots,\alpha_n$和$\beta_1,\beta_2,\cdots,\beta_n$是标准正交基，由定理4.7可知$A^{\mathrm{T}}A=E,B^{\mathrm{T}}B=E$，由此得$E=Q^{\mathrm{T}}Q$，即$Q$是正交矩阵.

定理4.8表明，由标准正交基到标准正交基的过渡矩阵是正交矩阵；反过来，如果第一个基是标准正交基，同时过渡矩阵是正交矩阵，那么第二个基一定也是标准正交基.

下面结合内积的特点，讨论标准正交基的求法.

4.4.3 标准正交基的求法

定理4.9 $\mathbf{R}^n$中任何一个正交向量组都能扩充成一个正交基.

证明: 设$\boldsymbol{\alpha}_1,\boldsymbol{\alpha}_2,\cdots,\boldsymbol{\alpha}_s$是$\mathbf{R}^n$的一个正交向量组，对$n-s$做数学归纳法.

当$n-s=0$时，$\boldsymbol{\alpha}_1,\boldsymbol{\alpha}_2,\cdots,\boldsymbol{\alpha}_s$就是正交基了.

假设$n-s=k$时定理成立.也就是说，可以找到$\boldsymbol{\beta}_1,\boldsymbol{\beta}_2,\cdots,\boldsymbol{\beta}_k$，使得

$$\boldsymbol{\alpha}_1,\boldsymbol{\alpha}_2,\cdots,\boldsymbol{\alpha}_s,\boldsymbol{\beta}_1,\boldsymbol{\beta}_2,\cdots,\boldsymbol{\beta}_k$$

成为一个正交基.

现在看$n-s=k+1$时的情形.因为$s<n$，因此一定有向量$\boldsymbol{\beta}$不能被$\boldsymbol{\alpha}_1,\boldsymbol{\alpha}_2,\cdots,\boldsymbol{\alpha}_s$线性表示，构造向量

$$\boldsymbol{\alpha}_{s+1}=\boldsymbol{\beta}-k_1\boldsymbol{\alpha}_1-k_2\boldsymbol{\alpha}_2-\cdots-k_s\boldsymbol{\alpha}_s,$$

其中$k_1,k_2,\cdots,k_s$是待定系数.做$\boldsymbol{\alpha}_i,\boldsymbol{\alpha}_{s+1}$的内积，得

$$\left[\boldsymbol{\alpha}_i,\boldsymbol{\alpha}_{s+1}\right]=\left[\boldsymbol{\alpha}_i,\boldsymbol{\beta}-k_1\boldsymbol{\alpha}_1-k_2\boldsymbol{\alpha}_2-\cdots-k_s\boldsymbol{\alpha}_s\right]=\left[\boldsymbol{\alpha}_i,\boldsymbol{\beta}\right]-k_i\left[\boldsymbol{\alpha}_i,\boldsymbol{\alpha}_i\right],$$

其中$i=1,2,\cdots,s$.

取

$$k_i=\frac{\left[\boldsymbol{\alpha}_i,\boldsymbol{\beta}\right]}{\left[\boldsymbol{\alpha}_i,\boldsymbol{\alpha}_i\right]},i=1,2,\cdots,s,$$

有

$$\left[\boldsymbol{\alpha}_i,\boldsymbol{\alpha}_{s+1}\right]=0,i=1,2,\cdots,s.$$

由$\boldsymbol{\beta}$的选择可知，$\boldsymbol{\alpha}_{s+1}\neq\mathbf{0}$.因此$\boldsymbol{\alpha}_1,\boldsymbol{\alpha}_2,\cdots,\boldsymbol{\alpha}_s,\boldsymbol{\alpha}_{s+1}$是一个正交向量组，根据归纳假设，$\boldsymbol{\alpha}_1,\boldsymbol{\alpha}_2,\cdots,\boldsymbol{\alpha}_s,\boldsymbol{\alpha}_{s+1}$可以扩充成正交基.

定理4.9的证明实际上也就给出了一个具体的扩充正交向量组的方法.如果从任何一个非零向量出发，按照证明中的步骤逐个扩充，最后就得到一个正交基.再单位化，就得到了一个标准正交基.

在求$\mathbf{R}^n$的正交基时，常常是已经有了空间的一个基.对于这种情形，常用**施密特（Schmidt）正交化方法**构造标准正交基.

设$\boldsymbol{\alpha}_1,\boldsymbol{\alpha}_2,\cdots,\boldsymbol{\alpha}_s$是线性无关的向量组，由$\boldsymbol{\alpha}_1,\boldsymbol{\alpha}_2,\cdots,\boldsymbol{\alpha}_s$可以构造出一个正交向量组$\boldsymbol{\beta}_1,\boldsymbol{\beta}_2,\cdots,\boldsymbol{\beta}_s$.步骤如下:

取$\boldsymbol{\beta}_1=\boldsymbol{\alpha}_1$;

$$\boldsymbol{\beta}_2 = \boldsymbol{\alpha}_2 - \frac{[\boldsymbol{\alpha}_2, \boldsymbol{\beta}_1]}{[\boldsymbol{\beta}_1, \boldsymbol{\beta}_1]}\boldsymbol{\beta}_1;$$

$$\boldsymbol{\beta}_3 = \boldsymbol{\alpha}_3 - \frac{[\boldsymbol{\alpha}_3, \boldsymbol{\beta}_1]}{[\boldsymbol{\beta}_1, \boldsymbol{\beta}_1]}\boldsymbol{\beta}_1 - \frac{[\boldsymbol{\alpha}_3, \boldsymbol{\beta}_2]}{[\boldsymbol{\beta}_2, \boldsymbol{\beta}_2]}\boldsymbol{\beta}_2;$$

…………

$$\boldsymbol{\beta}_s = \boldsymbol{\alpha}_s - \frac{[\boldsymbol{\alpha}_s, \boldsymbol{\beta}_1]}{[\boldsymbol{\beta}_1, \boldsymbol{\beta}_1]}\boldsymbol{\beta}_1 - \frac{[\boldsymbol{\alpha}_s, \boldsymbol{\beta}_2]}{[\boldsymbol{\beta}_2, \boldsymbol{\beta}_2]}\boldsymbol{\beta}_2 - \cdots - \frac{[\boldsymbol{\alpha}_s, \boldsymbol{\beta}_{s-1}]}{[\boldsymbol{\beta}_{s-1}, \boldsymbol{\beta}_{s-1}]}\boldsymbol{\beta}_{s-1}.$$

由向量组$\boldsymbol{\beta}_1, \boldsymbol{\beta}_2, \cdots, \boldsymbol{\beta}_s$的构造过程易见，$\boldsymbol{\alpha}_1, \boldsymbol{\alpha}_2, \cdots, \boldsymbol{\alpha}_s$与$\boldsymbol{\beta}_1, \boldsymbol{\beta}_2, \cdots, \boldsymbol{\beta}_s$等价.

下面证明$\boldsymbol{\beta}_1, \boldsymbol{\beta}_2, \cdots, \boldsymbol{\beta}_s$为正交向量组.

证明：对s做数学归纳法.

当$s=2$时，

$$[\boldsymbol{\beta}_1, \boldsymbol{\beta}_2] = [\boldsymbol{\beta}_1, \boldsymbol{\alpha}_2] - \frac{[\boldsymbol{\alpha}_2, \boldsymbol{\beta}_1]}{[\boldsymbol{\beta}_1, \boldsymbol{\beta}_1]}[\boldsymbol{\beta}_1, \boldsymbol{\beta}_1] = [\boldsymbol{\beta}_1, \boldsymbol{\alpha}_2] - [\boldsymbol{\alpha}_2, \boldsymbol{\beta}_1] = 0,$$

即$\boldsymbol{\beta}_1, \boldsymbol{\beta}_2$正交.

假设$s=k-1$时结论成立，即$\boldsymbol{\beta}_1, \boldsymbol{\beta}_2, \cdots, \boldsymbol{\beta}_{k-1}$两两正交.

要证$s=k$时结论也成立.只要证明$\boldsymbol{\beta}_k$分别与$\boldsymbol{\beta}_1, \boldsymbol{\beta}_2, \cdots, \boldsymbol{\beta}_{k-1}$正交.事实上，

$$\begin{aligned}[\boldsymbol{\beta}_j, \boldsymbol{\beta}_k] &= [\boldsymbol{\beta}_j, \boldsymbol{\alpha}_k] - \frac{[\boldsymbol{\alpha}_k, \boldsymbol{\beta}_1]}{[\boldsymbol{\beta}_1, \boldsymbol{\beta}_1]}[\boldsymbol{\beta}_j, \boldsymbol{\beta}_1] - \frac{[\boldsymbol{\alpha}_k, \boldsymbol{\beta}_2]}{[\boldsymbol{\beta}_2, \boldsymbol{\beta}_2]}[\boldsymbol{\beta}_j, \boldsymbol{\beta}_2] - \cdots - \\ &\quad \frac{[\boldsymbol{\alpha}_k, \boldsymbol{\beta}_{k-1}]}{[\boldsymbol{\beta}_{k-1}, \boldsymbol{\beta}_{k-1}]}[\boldsymbol{\beta}_j, \boldsymbol{\beta}_{k-1}] \\ &= [\boldsymbol{\beta}_j, \boldsymbol{\alpha}_k] - \frac{[\boldsymbol{\alpha}_k, \boldsymbol{\beta}_j]}{[\boldsymbol{\beta}_j, \boldsymbol{\beta}_j]}[\boldsymbol{\beta}_j, \boldsymbol{\beta}_j] = [\boldsymbol{\beta}_j, \boldsymbol{\alpha}_k] - [\boldsymbol{\alpha}_k, \boldsymbol{\beta}_j] = 0,\end{aligned}$$

其中$j = 1,2,\cdots,k-1$,即$\boldsymbol{\beta}_k$分别与$\boldsymbol{\beta}_1, \boldsymbol{\beta}_2, \cdots, \boldsymbol{\beta}_{k-1}$正交.

由归纳法可知，$\boldsymbol{\beta}_1, \boldsymbol{\beta}_2, \cdots, \boldsymbol{\beta}_s$是正交向量组.

将正交向量组$\boldsymbol{\beta}_1, \boldsymbol{\beta}_2, \cdots, \boldsymbol{\beta}_s$单位化，取$\boldsymbol{\eta}_i = \dfrac{\boldsymbol{\beta}_i}{\|\boldsymbol{\beta}_i\|}, i = 1,2,\cdots,s,$得到标准正交向量组$\boldsymbol{\eta}_1, \boldsymbol{\eta}_2, \cdots, \boldsymbol{\eta}_s$.

例 4 已知向量组$\boldsymbol{\alpha}_1 = (1,-2,2)^{\mathrm{T}}, \boldsymbol{\alpha}_2 = (-1,0,-1)^{\mathrm{T}}, \boldsymbol{\alpha}_3 = (5,-3,-7)^{\mathrm{T}}$，验证$\boldsymbol{\alpha}_1, \boldsymbol{\alpha}_2, \boldsymbol{\alpha}_3$是$\mathbf{R}^3$的一个基，将其化为标准正交基.

证明： 因为$\begin{vmatrix} 1 & -1 & 5 \\ -2 & 0 & -3 \\ 2 & -1 & -7 \end{vmatrix} = 27 \neq 0$，所以$\boldsymbol{\alpha}_1, \boldsymbol{\alpha}_2, \boldsymbol{\alpha}_3$线性无关，故$\boldsymbol{\alpha}_1, \boldsymbol{\alpha}_2, \boldsymbol{\alpha}_3$是$\mathbf{R}^3$的一个基．

取$\boldsymbol{\beta}_1 = \boldsymbol{\alpha}_1$；

计算$[\boldsymbol{\beta}_1, \boldsymbol{\beta}_1] = 9, [\boldsymbol{\alpha}_2, \boldsymbol{\beta}_1] = -3$，

$$\boldsymbol{\beta}_2 = \boldsymbol{\alpha}_2 - \frac{[\boldsymbol{\alpha}_2, \boldsymbol{\beta}_1]}{[\boldsymbol{\beta}_1, \boldsymbol{\beta}_1]}\boldsymbol{\beta}_1 = \begin{pmatrix} -1 \\ 0 \\ -1 \end{pmatrix} + \frac{1}{3}\begin{pmatrix} 1 \\ -2 \\ 2 \end{pmatrix} = -\frac{1}{3}\begin{pmatrix} 2 \\ 2 \\ 1 \end{pmatrix};$$

$$[\boldsymbol{\alpha}_3, \boldsymbol{\beta}_1] = -3, [\boldsymbol{\beta}_2, \boldsymbol{\beta}_2] = 1, [\boldsymbol{\alpha}_3, \boldsymbol{\beta}_2] = 1,$$

$$\boldsymbol{\beta}_3 = \boldsymbol{\alpha}_3 - \frac{[\boldsymbol{\alpha}_3, \boldsymbol{\beta}_1]}{[\boldsymbol{\beta}_1, \boldsymbol{\beta}_1]}\boldsymbol{\beta}_1 - \frac{[\boldsymbol{\alpha}_3, \boldsymbol{\beta}_2]}{[\boldsymbol{\beta}_2, \boldsymbol{\beta}_2]}\boldsymbol{\beta}_2 = \begin{pmatrix} 5 \\ -3 \\ -7 \end{pmatrix} + \frac{1}{3}\begin{pmatrix} 1 \\ -2 \\ 2 \end{pmatrix} + \frac{1}{3}\begin{pmatrix} 2 \\ 2 \\ 1 \end{pmatrix} = \begin{pmatrix} 6 \\ -3 \\ -6 \end{pmatrix}.$$

再单位化，得

$$\boldsymbol{\eta}_1 = \frac{\boldsymbol{\beta}_1}{\|\boldsymbol{\beta}_1\|} = \frac{1}{3}\begin{pmatrix} 1 \\ -2 \\ 2 \end{pmatrix}, \boldsymbol{\eta}_2 = \frac{\boldsymbol{\beta}_2}{\|\boldsymbol{\beta}_2\|} = -\frac{1}{3}\begin{pmatrix} 2 \\ 2 \\ 1 \end{pmatrix}, \boldsymbol{\eta}_3 = \frac{\boldsymbol{\beta}_3}{\|\boldsymbol{\beta}_3\|} = \frac{1}{3}\begin{pmatrix} 2 \\ -1 \\ -2 \end{pmatrix}.$$

$\boldsymbol{\eta}_1, \boldsymbol{\eta}_2, \boldsymbol{\eta}_3$是由$\boldsymbol{\alpha}_1, \boldsymbol{\alpha}_2, \boldsymbol{\alpha}_3$化出的标准正交基．

例5 已知$\boldsymbol{\alpha}_1 = (1,1,1,1)^{\mathrm{T}}, \boldsymbol{\alpha}_2 = (2,0,6,-8)^{\mathrm{T}}$，试求一组非零向量$\boldsymbol{\alpha}_3, \boldsymbol{\alpha}_4$，使$\boldsymbol{\alpha}_1, \boldsymbol{\alpha}_2, \boldsymbol{\alpha}_3, \boldsymbol{\alpha}_4$是正交向量组．

解： $\boldsymbol{\alpha}_3, \boldsymbol{\alpha}_4$应满足$\boldsymbol{\alpha}_i^{\mathrm{T}}\boldsymbol{\alpha}_1 = 0, \boldsymbol{\alpha}_i^{\mathrm{T}}\boldsymbol{\alpha}_2 = 0 (i = 3,4)$，即

$$\begin{cases} x_1 + x_2 + x_3 + x_4 = 0, \\ 2x_1 + 6x_3 - 8x_4 = 0. \end{cases}$$

对系数矩阵施以初等行变换，有

$$\begin{pmatrix} 1 & 1 & 1 & 1 \\ 2 & 0 & 6 & -8 \end{pmatrix} \to \begin{pmatrix} 1 & 1 & 1 & 1 \\ 0 & -2 & 4 & -10 \end{pmatrix} \to \begin{pmatrix} 1 & 0 & 3 & -4 \\ 0 & 1 & -2 & 5 \end{pmatrix},$$

行最简形对应的齐次线性方程组为

$$\begin{cases} x_1 = -3x_3 + 4x_4, \\ x_2 = 2x_3 - 5x_4, \end{cases}$$

基础解系含有2个向量．分别取$\begin{pmatrix} x_3 \\ x_4 \end{pmatrix}$为$\begin{pmatrix} 1 \\ 0 \end{pmatrix}, \begin{pmatrix} 0 \\ 1 \end{pmatrix}$，得到

$$\xi_1=\begin{pmatrix}-3\\2\\1\\0\end{pmatrix},\xi_2=\begin{pmatrix}4\\-5\\0\\1\end{pmatrix},$$

将ξ_1,ξ_2正交化.取

$$\boldsymbol{\alpha}_3=\xi_1,\boldsymbol{\alpha}_4=\xi_2-\frac{[\xi_2,\boldsymbol{\alpha}_3]}{[\boldsymbol{\alpha}_3,\boldsymbol{\alpha}_3]}\boldsymbol{\alpha}_3=\begin{pmatrix}4\\-5\\0\\1\end{pmatrix}+\frac{22}{14}\begin{pmatrix}-3\\2\\1\\0\end{pmatrix}=\frac{1}{7}\begin{pmatrix}-5\\-13\\11\\7\end{pmatrix},$$

$\boldsymbol{\alpha}_3,\boldsymbol{\alpha}_4$满足条件.

习　题　四

1. 证明：若X为实函数域$\mathbf{R}$的非空子集，定义域为X的所有实值函数组成的集合记作$\mathbf{R}^X$，按函数的加法和数与函数的数量乘法，构成一个实数域上的线性空间.

*2. 判断下列集合对于指定的线性运算是否构成实数域$\mathbf{R}$上的线性空间.

（1）次数等于n（$n>1$）的实系数多项式的全体，对于多项式的加法和数乘运算；

（2）全体n阶实对称矩阵，对于矩阵的加法和数乘运算；

（3）闭区间［a, b］上全体连续函数构成的集合对于函数的加法和实数的乘法运算；

（4）所有发散数列的集合，按照数列的加法运算和实数的乘法运算；

（5）全体正实数$\mathbf{R}^2$，定义加法与数乘运算为：$a\oplus b=ab$，$k\circ a=a^k$.

3. 证明：$\boldsymbol{\eta}_1=(1,-1,0,\cdots,0,0)^{\mathrm{T}},\boldsymbol{\eta}_2=(0,1,-1,\cdots,0,0)^{\mathrm{T}},\cdots,\boldsymbol{\eta}_{n-1}=(0,0,0,\cdots,1,-1)^{\mathrm{T}}$，$\boldsymbol{\eta}_n=(0,0,0,\cdots,0,1)^{\mathrm{T}}$是$\mathbf{R}^n$的一个基，并求$\boldsymbol{\alpha}=(a_1,a_2,\cdots,a_n)^{\mathrm{T}}$在这个基下的坐标.

4. 在$\mathbf{R}^4$中，求向量$\boldsymbol{\alpha}$在基$\boldsymbol{\eta}_1,\boldsymbol{\eta}_2,\boldsymbol{\eta}_3,\boldsymbol{\eta}_4$下的坐标：

（1）$\boldsymbol{\eta}_1=(1,1,1,1)^{\mathrm{T}},\boldsymbol{\eta}_2=(1,1,-1,-1)^{\mathrm{T}},\boldsymbol{\eta}_3=(1,-1,1,-1)^{\mathrm{T}},\boldsymbol{\eta}_4=(1,-1,-1,1)^{\mathrm{T}},\boldsymbol{\alpha}=(2,-1,5,-3)^{\mathrm{T}}$；

（2）$\boldsymbol{\eta}_1=(1,1,0,1)^{\mathrm{T}},\boldsymbol{\eta}_2=(2,1,3,1)^{\mathrm{T}},\boldsymbol{\eta}_3=(1,1,0,0)^{\mathrm{T}},\boldsymbol{\eta}_4=(0,1,-1,-1)^{\mathrm{T}},\boldsymbol{\alpha}=(3,-2,4,1)^{\mathrm{T}}$.

5. 设$\boldsymbol{\eta}_1,\boldsymbol{\eta}_2,\boldsymbol{\eta}_3$为$\mathbf{R}^3$的一个基，向量$\boldsymbol{\alpha}$在这个基下的坐标为$(a,b,c)^{\mathrm{T}}$，求向量$\boldsymbol{\alpha}$关于下列基的坐标：（1）$\boldsymbol{\eta}_3,\boldsymbol{\eta}_1,\boldsymbol{\eta}_2$；（2）$\boldsymbol{\eta}_1,\boldsymbol{\eta}_2,k\boldsymbol{\eta}_3$；（3）$\boldsymbol{\eta}_1+k\boldsymbol{\eta}_2,\boldsymbol{\eta}_2,\boldsymbol{\eta}_3$.

6. 在$\mathbf{R}^3$中，设$\boldsymbol{\alpha}_1=(1,0,-1)^{\mathrm{T}},\boldsymbol{\alpha}_2=(2,1,1)^{\mathrm{T}},\boldsymbol{\alpha}_3=(1,1,1)^{\mathrm{T}}$，$\boldsymbol{\beta}_1=(0,1,1)^{\mathrm{T}},\boldsymbol{\beta}_2=(-1,1,0)^{\mathrm{T}},\boldsymbol{\beta}_3=(1,2,1)^{\mathrm{T}}$；$\boldsymbol{\alpha}=(2,5,3)^{\mathrm{T}}$.

（1）证明：$\boldsymbol{\alpha}_1,\boldsymbol{\alpha}_2,\boldsymbol{\alpha}_3$和$\boldsymbol{\beta}_1,\boldsymbol{\beta}_2,\boldsymbol{\beta}_3$均为$\mathbf{R}^3$的基；

（2）求$\boldsymbol{\alpha}_1,\boldsymbol{\alpha}_2,\boldsymbol{\alpha}_3$到$\boldsymbol{\beta}_1,\boldsymbol{\beta}_2,\boldsymbol{\beta}_3$的过渡矩阵；

（3）求$\boldsymbol{\alpha}$在这两个基下的坐标.

7. 证明：$\boldsymbol{\alpha}_1=(1,1,1)^{\mathrm{T}},\boldsymbol{\alpha}_2=(0,1,1)^{\mathrm{T}},\boldsymbol{\alpha}_3=(0,0,1)^{\mathrm{T}}$和$\boldsymbol{\beta}_1=(1,0,1)^{\mathrm{T}}$，$\boldsymbol{\beta}_2=(0,1,-1)^{\mathrm{T}}$，$\boldsymbol{\beta}_3=(1,2,0)^{\mathrm{T}}$为$\mathbf{R}^3$的两个基；若向量$\boldsymbol{\alpha}$在$\boldsymbol{\alpha}_1,\boldsymbol{\alpha}_2,\boldsymbol{\alpha}_3$下的坐标为$(1,-2,-1)^{\mathrm{T}}$，求$\boldsymbol{\alpha}$在$\boldsymbol{\beta}_1,\boldsymbol{\beta}_2,\boldsymbol{\beta}_3$下的坐标.

8. 设$\boldsymbol{\alpha}_1,\boldsymbol{\alpha}_2,\boldsymbol{\alpha}_3$是$\mathbf{R}^3$的一个基，已知$\begin{cases}\boldsymbol{\beta}_1=\boldsymbol{\alpha}_1+2\boldsymbol{\alpha}_2+\boldsymbol{\alpha}_3,\\ \boldsymbol{\beta}_2=\boldsymbol{\alpha}_1+\boldsymbol{\alpha}_2+\boldsymbol{\alpha}_3,\\ \boldsymbol{\beta}_3=\boldsymbol{\alpha}_1+\boldsymbol{\alpha}_2,\end{cases}$ $\begin{cases}\boldsymbol{\gamma}_1=\boldsymbol{\alpha}_1+\boldsymbol{\alpha}_2+\boldsymbol{\alpha}_3,\\ \boldsymbol{\gamma}_2=2\boldsymbol{\alpha}_1+\boldsymbol{\alpha}_2+\boldsymbol{\alpha}_3,\\ \boldsymbol{\gamma}_3=\boldsymbol{\alpha}_1-\boldsymbol{\alpha}_2.\end{cases}$

（1）证明$\boldsymbol{\beta}_1,\boldsymbol{\beta}_2,\boldsymbol{\beta}_3$和$\boldsymbol{\gamma}_1,\boldsymbol{\gamma}_2,\boldsymbol{\gamma}_3$都是$\mathbf{R}^3$的基；

（2）求由基$\boldsymbol{\beta}_1,\boldsymbol{\beta}_2,\boldsymbol{\beta}_3$到$\boldsymbol{\gamma}_1,\boldsymbol{\gamma}_2,\boldsymbol{\gamma}_3$的过渡矩阵；

（3）求由基$\boldsymbol{\beta}_1,\boldsymbol{\beta}_2,\boldsymbol{\beta}_3$到$\boldsymbol{\gamma}_1,\boldsymbol{\gamma}_2,\boldsymbol{\gamma}_3$的坐标变换.

9. 在$\mathbf{R}^4$中，求由基$\boldsymbol{\alpha}_1,\boldsymbol{\alpha}_2,\boldsymbol{\alpha}_3,\boldsymbol{\alpha}_4$到$\boldsymbol{\beta}_1,\boldsymbol{\beta}_2,\boldsymbol{\beta}_3,\boldsymbol{\beta}_4$的过渡矩阵，并求向量$\boldsymbol{\alpha}$在指定基下的坐标.

（1）$\boldsymbol{\alpha}_1=(1,1,1,1)^{\mathrm{T}},\boldsymbol{\alpha}_2=(1,1,-1,-1)^{\mathrm{T}},\boldsymbol{\alpha}_3=(1,-1,1,-1)^{\mathrm{T}},\boldsymbol{\alpha}_4=(1,-1,-1,1)^{\mathrm{T}}$；

$\boldsymbol{\beta}_1=(1,1,0,1)^{\mathrm{T}},\boldsymbol{\beta}_2=(2,1,3,1)^{\mathrm{T}},\boldsymbol{\beta}_3=(1,1,0,0)^{\mathrm{T}},\boldsymbol{\beta}_4=(0,1,-1,-1)^{\mathrm{T}}$；

$\boldsymbol{\alpha}=(1,0,1,-2)^{\mathrm{T}}$在$\boldsymbol{\beta}_1,\boldsymbol{\beta}_2,\boldsymbol{\beta}_3,\boldsymbol{\beta}_4$下的坐标；

（2）$\boldsymbol{\alpha}_1=(1,2,-1,0)^{\mathrm{T}},\boldsymbol{\alpha}_2=(1,-1,1,1)^{\mathrm{T}},\boldsymbol{\alpha}_3=(-1,-1,0,1)^{\mathrm{T}},\boldsymbol{\alpha}_4=(1,-2,-1,-1)^{\mathrm{T}}$；

$\boldsymbol{\beta}_1=(-2,1,1,2)^{\mathrm{T}},\boldsymbol{\beta}_2=(1,3,1,2)^{\mathrm{T}},\boldsymbol{\beta}_3=(2,1,0,1)^{\mathrm{T}},\boldsymbol{\beta}_4=(0,1,2,2)^{\mathrm{T}}$；

$\boldsymbol{\alpha}=(-1,3,2,0)^{\mathrm{T}}$在$\boldsymbol{\alpha}_1,\boldsymbol{\alpha}_2,\boldsymbol{\alpha}_3,\boldsymbol{\alpha}_4$下的坐标.

10. $\boldsymbol{\varepsilon}_1=(1,0,0,0)^{\mathrm{T}},\boldsymbol{\varepsilon}_2=(0,1,0,0)^{\mathrm{T}},\boldsymbol{\varepsilon}_3=(0,0,1,0)^{\mathrm{T}},\boldsymbol{\varepsilon}_4=(0,0,0,1)^{\mathrm{T}}$ 和 $\boldsymbol{\eta}_1=(2,1,-1,1)^{\mathrm{T}},\boldsymbol{\eta}_2=(0,3,1,0)^{\mathrm{T}},\boldsymbol{\eta}_3=(5,3,2,1)^{\mathrm{T}},\boldsymbol{\eta}_4=(6,6,1,3)^{\mathrm{T}}$是$\mathbf{R}^4$的两个基，求

一个非零列向量$\boldsymbol{\beta}$，它在这两个基下有相同的坐标.

11.求向量$\boldsymbol{\alpha},\boldsymbol{\beta}$的内积.

（1）$\boldsymbol{\alpha}=(-3,2,4,5)^{\mathrm{T}},\boldsymbol{\beta}=(1,-3,1,0)^{\mathrm{T}}$;

（2）$\boldsymbol{\alpha}=(3,-4,0,2)^{\mathrm{T}},\boldsymbol{\beta}=(7,-1,6,2)^{\mathrm{T}}$.

12.把下列向量单位化.

（1）$\boldsymbol{\alpha}=(3,2,4,5)^{\mathrm{T}}$;（2）$\boldsymbol{\beta}=(1,-1,2,0)^{\mathrm{T}}$.

13.求向量$\boldsymbol{\alpha},\boldsymbol{\beta}$之间的夹角.

（1）$\boldsymbol{\alpha}=(1,1,1,2)^{\mathrm{T}},\boldsymbol{\beta}=(1,3,-1,0)^{\mathrm{T}}$;

（2）$\boldsymbol{\alpha}=(2,1,3,1)^{\mathrm{T}},\boldsymbol{\beta}=(2,1,-2,1)^{\mathrm{T}}$;

（3）$\boldsymbol{\alpha}=(1,-1,2)^{\mathrm{T}},\boldsymbol{\beta}=(-1,1,2)^{\mathrm{T}}$;

（4）$\boldsymbol{\alpha}=(3,1,2,2)^{\mathrm{T}},\boldsymbol{\beta}=(1,3,5,1)^{\mathrm{T}}$.

14.求一个与$(1,1,1,2)^{\mathrm{T}},(1,3,-1,0)^{\mathrm{T}},(2,1,-1,3)^{\mathrm{T}}$均正交的单位向量.

15.已知$\boldsymbol{\alpha}_1=(1,1,1)^{\mathrm{T}}$，试求一组非零列向量$\boldsymbol{\alpha}_2,\boldsymbol{\alpha}_3$，使$\boldsymbol{\alpha}_1,\boldsymbol{\alpha}_2,\boldsymbol{\alpha}_3$两两正交.

16.设$\boldsymbol{\alpha}_1,\boldsymbol{\alpha}_2,\boldsymbol{\alpha}_3$是$\mathbf{R}^3$的一个标准正交基，证明：$\boldsymbol{\eta}_1=\frac{1}{3}(2\boldsymbol{\alpha}_1+2\boldsymbol{\alpha}_2-\boldsymbol{\alpha}_3)$，$\boldsymbol{\eta}_2=\frac{1}{3}(2\boldsymbol{\alpha}_1-\boldsymbol{\alpha}_2+2\boldsymbol{\alpha}_3)$，$\boldsymbol{\eta}_3=\frac{1}{3}(\boldsymbol{\alpha}_1-2\boldsymbol{\alpha}_2-2\boldsymbol{\alpha}_3)$也是一个标准正交基.

17.若向量$\boldsymbol{\alpha},\boldsymbol{\beta}$正交，证明：对于任意实数$k$和$l$，$k\boldsymbol{\alpha}$与$l\boldsymbol{\beta}$也正交.

18.若向量$\boldsymbol{\beta}$与向量$\boldsymbol{\alpha}_1,\boldsymbol{\alpha}_2$都正交，证明：$\boldsymbol{\beta}$与$\boldsymbol{\alpha}_1,\boldsymbol{\alpha}_2$的任意线性组合都正交.

19.判断下列矩阵是否是正交矩阵.

（1）$\begin{pmatrix}\frac{1}{\sqrt{2}} & \frac{1}{\sqrt{6}} & -\frac{1}{\sqrt{3}}\\ \frac{1}{\sqrt{2}} & -\frac{1}{\sqrt{6}} & \frac{1}{\sqrt{3}}\\ 0 & \frac{2}{\sqrt{6}} & \frac{1}{\sqrt{3}}\end{pmatrix}$;（2）$\begin{pmatrix}\frac{1}{3} & \frac{2}{3} & \frac{2}{3}\\ \frac{2}{3} & \frac{1}{3} & -\frac{2}{3}\\ \frac{2}{3} & -\frac{2}{3} & \frac{1}{3}\end{pmatrix}$;（3）$\begin{pmatrix}\frac{\sqrt{3}}{2} & \frac{1}{2}\\ \frac{1}{2} & \frac{\sqrt{3}}{2}\end{pmatrix}$.

20.设$\boldsymbol{\alpha}$为n维列向量，$\boldsymbol{A}$为n阶正交矩阵，证明：$\|\boldsymbol{A\alpha}\|=\|\boldsymbol{\alpha}\|$.

21.设$\boldsymbol{\eta}_1,\boldsymbol{\eta}_2,\cdots,\boldsymbol{\eta}_n$是$\mathbf{R}^n$的一个标准正交基，$\boldsymbol{A}$为$n$阶正交矩阵，证明：$\boldsymbol{A\eta}_1,\boldsymbol{A\eta}_2,\cdots,\boldsymbol{A\eta}_n$也是一个标准正交基.

22.将下列向量组化为与之等价的标准正交向量组.

（1）$\boldsymbol{\alpha}_1=(1,0,-1)^{\mathrm{T}},\boldsymbol{\alpha}_2=(1,1,0)^{\mathrm{T}},\boldsymbol{\alpha}_3=(0,1,1)^{\mathrm{T}}$;

（2）$\boldsymbol{\alpha}_1=(1,2,-1)^{\mathrm{T}},\boldsymbol{\alpha}_2=(-1,3,1)^{\mathrm{T}},\boldsymbol{\alpha}_3=(4,-1,0)^{\mathrm{T}}$;

（3）$\boldsymbol{\alpha}_1=(0,1,1,0,1)^{\mathrm{T}},\boldsymbol{\alpha}_2=(-1,1,0,1,0)^{\mathrm{T}},\boldsymbol{\alpha}_3=(4,-5,0,0,1)^{\mathrm{T}}$.

第5章 矩阵的特征值与特征向量

对于一个n阶矩阵$\boldsymbol{A}$，我们还有一个问题比较感兴趣：能不能找到一个n阶可逆矩阵$\boldsymbol{U}$，使得$\boldsymbol{U}^{-1}\boldsymbol{A}\boldsymbol{U}$为对角矩阵.这个问题的关键是能不能找到$n$个线性无关的$n$维列向量$\boldsymbol{\alpha}_1,\boldsymbol{\alpha}_2,\cdots,\boldsymbol{\alpha}_n$，满足

$$\boldsymbol{A}\boldsymbol{\alpha}_1=\lambda_1\boldsymbol{\alpha}_1,\boldsymbol{A}\boldsymbol{\alpha}_2=\lambda_2\boldsymbol{\alpha}_2,\cdots,\boldsymbol{A}\boldsymbol{\alpha}_n=\lambda_n\boldsymbol{\alpha}_n.$$

在几何中，以及物理学、化学、生物学和经济学中，都会提出是否有向量$\boldsymbol{\alpha}$满足$\boldsymbol{A}\boldsymbol{\alpha}=\lambda\boldsymbol{\alpha}$的问题，抽象出下面的概念.

本章主要介绍矩阵的特征值和特征向量的概念及求法；矩阵在相似意义下化为对角矩阵；实对称矩阵的对角化.

5.1 特征值与特征向量的概念及求法

5.1.1 基本概念

定义5.1 设$\boldsymbol{A}$为数域F上的n阶矩阵，如果存在数域F上的数λ和F^n上的非零n维列向量$\boldsymbol{\alpha}$，满足

$$\boldsymbol{A}\boldsymbol{\alpha}=\lambda\boldsymbol{\alpha},$$

则称λ为矩阵$\boldsymbol{A}$的**特征值**，$\boldsymbol{\alpha}$为矩阵$\boldsymbol{A}$的属于特征值λ的**特征向量**.

例如：设$\boldsymbol{A}=\begin{pmatrix}1&3\\2&2\end{pmatrix}$，$\boldsymbol{\alpha}=\begin{pmatrix}1\\1\end{pmatrix}$，由于$\boldsymbol{A}\boldsymbol{\alpha}=\begin{pmatrix}1&3\\2&2\end{pmatrix}\begin{pmatrix}1\\1\end{pmatrix}=\begin{pmatrix}4\\4\end{pmatrix}=4\begin{pmatrix}1\\1\end{pmatrix}=4\boldsymbol{\alpha}$，因此4是矩阵$\boldsymbol{A}$的一个特征值，$\boldsymbol{\alpha}=\begin{pmatrix}1\\1\end{pmatrix}$是$\boldsymbol{A}$的属于特征值4的一个特征向量.

由定义5.1可以看出：

1. 在讨论矩阵$\boldsymbol{A}$的特征值问题时，$\boldsymbol{A}$必须是方阵，本章的矩阵如不加说明，均指方阵.

2. 如果$\boldsymbol{\alpha}$为矩阵$\boldsymbol{A}$的属于特征值λ的特征向量，则$\boldsymbol{\alpha}$一定为非零向量，即

$\boldsymbol{\alpha} \neq \boldsymbol{0}$. 并且对于$F$上的任意非零常数$k$，$k\boldsymbol{\alpha} \neq \boldsymbol{0}$，有

$$\boldsymbol{A}(k\boldsymbol{\alpha}) = k(\boldsymbol{A}\boldsymbol{\alpha}) = k(\lambda\boldsymbol{\alpha}) = \lambda(k\boldsymbol{\alpha}),$$

即$k\boldsymbol{\alpha}$也是矩阵$\boldsymbol{A}$的属于特征值λ的特征向量，在常数倍意义下，认为是同一个向量.

3. 矩阵$\boldsymbol{A}$的一个特征向量只能属于一个特征值.

证明： 若λ_1,λ_2是矩阵$\boldsymbol{A}$的两个特征值，非零向量$\boldsymbol{\alpha}$满足：$\boldsymbol{A}\boldsymbol{\alpha} = \lambda_1\boldsymbol{\alpha}$及$\boldsymbol{A}\boldsymbol{\alpha} = \lambda_2\boldsymbol{\alpha}$，则$\boldsymbol{0} = \boldsymbol{A}\boldsymbol{\alpha} - \boldsymbol{A}\boldsymbol{\alpha} = \lambda_1\boldsymbol{\alpha} - \lambda_2\boldsymbol{\alpha} = (\lambda_1 - \lambda_2)\boldsymbol{\alpha}$，由$\boldsymbol{\alpha} \neq \boldsymbol{0}$，可知$\lambda_1 = \lambda_2$.

4. 若$\boldsymbol{\alpha}_1,\boldsymbol{\alpha}_2$均为矩阵$\boldsymbol{A}$的属于特征值$\lambda$的特征向量，则当$k_1\boldsymbol{\alpha}_1 + k_2\boldsymbol{\alpha}_2 \neq \boldsymbol{0}$时，$k_1\boldsymbol{\alpha}_1 + k_2\boldsymbol{\alpha}_2$也是属于特征值$\lambda$的特征向量.

因为

$$\boldsymbol{A}(k_1\boldsymbol{\alpha}_1 + k_2\boldsymbol{\alpha}_2) = k_1(\boldsymbol{A}\boldsymbol{\alpha}_1) + k_2(\boldsymbol{A}\boldsymbol{\alpha}_2) = k_1(\lambda\boldsymbol{\alpha}_1) + k_2(\lambda\boldsymbol{\alpha}_2) = \lambda(k_1\boldsymbol{\alpha}_1 + k_2\boldsymbol{\alpha}_2),$$

其中$k_1,k_2 \in F$.

设$\boldsymbol{A} = \begin{pmatrix} 1 & -\sqrt{3} \\ \sqrt{3} & 1 \end{pmatrix}$，在$\mathbf{R}^2$上没有非零向量$\boldsymbol{\alpha}$满足$\boldsymbol{A}\boldsymbol{\alpha} = \lambda\boldsymbol{\alpha}$，从而在$\mathbf{R}^2$上矩阵$\boldsymbol{A}$没有特征值，也没有特征向量.

事实上，若存在λ和非零向量$\boldsymbol{\alpha} = \begin{pmatrix} k_1 \\ k_2 \end{pmatrix}$，满足$\boldsymbol{A}\boldsymbol{\alpha} = \lambda\boldsymbol{\alpha}$，则

$$\boldsymbol{A}\boldsymbol{\alpha} = \begin{pmatrix} 1 & -\sqrt{3} \\ \sqrt{3} & 1 \end{pmatrix}\begin{pmatrix} k_1 \\ k_2 \end{pmatrix} = \begin{pmatrix} \lambda k_1 \\ \lambda k_2 \end{pmatrix},$$

转化为以k_1，k_2为未知数的齐次线性方程组

$$\begin{cases} (1-\lambda)k_1 - \sqrt{3}\,k_2 = 0, \\ \sqrt{3}\,k_1 + (1-\lambda)k_2 = 0, \end{cases}$$

$\boldsymbol{\alpha} = \begin{pmatrix} k_1 \\ k_2 \end{pmatrix}$是该向量组的非零解，因此$\begin{vmatrix} 1-\lambda & -\sqrt{3} \\ \sqrt{3} & 1-\lambda \end{vmatrix} = 0$，另一方面，在实数范围内$\begin{vmatrix} 1-\lambda & -\sqrt{3} \\ \sqrt{3} & 1-\lambda \end{vmatrix} = (1-\lambda)^2 + 3 > 0$，矛盾！

5. 在本教材后面的章节中，不注明数域时，默认是对实数域$\mathbf{R}$上的n阶矩阵$\boldsymbol{A}$，考虑$\mathbf{R}$上的特征值和$\mathbf{R}^n$上的特征向量，在其他数域上讨论时，会特别说明.

5.1.2 特征值与特征向量的计算方法

设$\boldsymbol{A}$是n阶矩阵，如何判断$\boldsymbol{A}$是否有特征值和特征向量？如果有的话，如何求$\boldsymbol{A}$的全部特征值和特征向量？

设$\boldsymbol{A}$是n阶矩阵，如果λ_0是$\boldsymbol{A}$的特征值，$\boldsymbol{\alpha}$为$\boldsymbol{A}$的属于λ_0的特征向量，则$\boldsymbol{A\alpha} = \lambda_0\boldsymbol{\alpha}$，有

$$\lambda_0\boldsymbol{\alpha} - \boldsymbol{A\alpha} = \boldsymbol{0},$$

$$(\lambda_0\boldsymbol{E} - \boldsymbol{A})\boldsymbol{\alpha} = \boldsymbol{0},$$

由于$\boldsymbol{\alpha} \neq \boldsymbol{0}$，因此$\boldsymbol{\alpha}$是齐次线性方程组$(\lambda_0\boldsymbol{E} - \boldsymbol{A})\boldsymbol{x} = \boldsymbol{0}$的非零解.齐次线性方程组有非零解的充要条件是其系数矩阵$\lambda_0\boldsymbol{E} - \boldsymbol{A}$的行列式等于零.即$|\lambda_0\boldsymbol{E} - \boldsymbol{A}|=0$.

定义5.2 设矩阵$\boldsymbol{A}=\left(a_{ij}\right)_{n\times n}$，$\lambda$是数，

$$f(\lambda) = |\lambda\boldsymbol{E} - \boldsymbol{A}| = \begin{vmatrix} \lambda - a_{11} & -a_{12} & \cdots & -a_{1n} \\ -a_{21} & \lambda - a_{22} & \cdots & -a_{2n} \\ \vdots & \vdots & & \vdots \\ -a_{n1} & -a_{n2} & \cdots & \lambda - a_{nn} \end{vmatrix} \tag{5.1}$$

称为$\boldsymbol{A}$的特征多项式，$|\lambda\boldsymbol{E} - \boldsymbol{A}| = 0$称为$\boldsymbol{A}$的特征方程.

由上面的分析可知：

定理5.1 **设$\boldsymbol{A}$是n阶矩阵，则**

（1）λ_0是$\boldsymbol{A}$的特征值当且仅当λ_0是$\boldsymbol{A}$的特征方程$|\lambda\boldsymbol{E} - \boldsymbol{A}| = 0$的一个根；

（2）$\boldsymbol{\alpha}$为$\boldsymbol{A}$的属于λ_0的特征向量当且仅当$\boldsymbol{\alpha}$是齐次线性方程组$(\lambda_0\boldsymbol{E} - \boldsymbol{A})\boldsymbol{x} = \boldsymbol{0}$的一个非零解.

利用（5.1）可以判断n阶矩阵$\boldsymbol{A}$是否有特征值和特征向量.如果有的话，求$\boldsymbol{A}$的全部特征值和特征向量的步骤如下：

第一步，计算$\boldsymbol{A}$的特征多项式$|\lambda\boldsymbol{E} - \boldsymbol{A}|$.

第二步，判断特征方程$|\lambda\boldsymbol{E} - \boldsymbol{A}| = 0$有没有根，如果它没有根，则$\boldsymbol{A}$没有特征值，也没有特征向量；如果$|\lambda\boldsymbol{E} - \boldsymbol{A}| = 0$有根，则它的全部根就是$\boldsymbol{A}$的全部特征值.

第三步，对于$\boldsymbol{A}$的每一个特征值λ_j，求齐次线性方程组$(\lambda_j\boldsymbol{E} - \boldsymbol{A})\boldsymbol{x} = \boldsymbol{0}$的一个基础解系：$\boldsymbol{\eta}_1$，$\boldsymbol{\eta}_2$，$\cdots$，$\boldsymbol{\eta}_{n-r}$.于是$\boldsymbol{A}$的属于特征值$\lambda_j$的全部特征向量组成

的集合为

$$\{c_1\boldsymbol{\eta}_1 + c_2\boldsymbol{\eta}_2 + \cdots + c_{n-r}\boldsymbol{\eta}_{n-r} \mid c_1, c_2, \cdots, c_{n-r}\text{是数,且不全为}0\},$$

其中$r(\lambda_j\boldsymbol{E} - \boldsymbol{A}) = r$.

设λ_j是$\boldsymbol{A}$的一个特征值，齐次线性方程组$(\lambda_j\boldsymbol{E} - \boldsymbol{A})\boldsymbol{x} = \boldsymbol{0}$的全部非零解就是$\boldsymbol{A}$的属于$\lambda_j$的全部特征向量. 注意：零向量不是特征向量.

例1 求矩阵$\boldsymbol{A} = \begin{pmatrix} 3 & -3 \\ 2 & -4 \end{pmatrix}$的特征值和特征向量.

解:
$$|\lambda\boldsymbol{E} - \boldsymbol{A}| = \begin{vmatrix} \lambda - 3 & 3 \\ -2 & \lambda + 4 \end{vmatrix} = (\lambda - 2)(\lambda + 3),$$

矩阵$\boldsymbol{A}$的全部特征值为$\lambda_1 = -3$，$\lambda_2 = 2$.

对于特征值-3，解齐次线性方程组$(-3\boldsymbol{E} - \boldsymbol{A})\boldsymbol{x} = \boldsymbol{0}$，

$$-3\boldsymbol{E} - \boldsymbol{A} = \begin{pmatrix} -6 & 3 \\ -2 & 1 \end{pmatrix} \to \begin{pmatrix} 1 & -\frac{1}{2} \\ 0 & 0 \end{pmatrix},$$

它的一般解为$x_1 = \frac{1}{2}x_2$，其中x_2是自由未知量. 它的一个基础解系为

$$\boldsymbol{\alpha}_1 = \begin{pmatrix} 1 \\ 2 \end{pmatrix},$$

矩阵$\boldsymbol{A}$的属于特征值-3的全部特征向量为$c\begin{pmatrix} 1 \\ 2 \end{pmatrix}$，$c \neq 0$.

对于特征值2，解齐次线性方程组$(2\boldsymbol{E} - \boldsymbol{A})\boldsymbol{x} = \boldsymbol{0}$，

$$2\boldsymbol{E} - \boldsymbol{A} = \begin{pmatrix} -1 & 3 \\ -2 & 6 \end{pmatrix} \to \begin{pmatrix} 1 & -3 \\ 0 & 0 \end{pmatrix},$$

它的一般解为$x_1 = 3x_2$，其中x_2是自由未知量. 它的一个基础解系为

$$\boldsymbol{\alpha}_2 = \begin{pmatrix} 3 \\ 1 \end{pmatrix},$$

矩阵$\boldsymbol{A}$的属于特征值2的全部特征向量为$c\begin{pmatrix} 3 \\ 1 \end{pmatrix}$，$c \neq 0$.

例2 求矩阵$\boldsymbol{A} = \begin{pmatrix} -1 & 1 & 0 \\ -4 & 3 & 0 \\ 1 & 0 & 2 \end{pmatrix}$的特征值和特征向量.

解:
$$|\lambda\boldsymbol{E} - \boldsymbol{A}| = \begin{vmatrix} \lambda + 1 & -1 & 0 \\ 4 & \lambda - 3 & 0 \\ -1 & 0 & \lambda - 2 \end{vmatrix} = (\lambda - 2)(\lambda - 1)^2,$$

矩阵A的全部特征值为$\lambda_1=\lambda_2=1$(二重)，$\lambda_3=2$.

对于特征值1，解齐次线性方程组$(E-A)x=0$,

$$E-A=\begin{pmatrix}2&-1&0\\4&-2&0\\-1&0&-1\end{pmatrix}\to\begin{pmatrix}1&0&1\\0&1&2\\0&0&0\end{pmatrix},$$

它的一般解为

$$\begin{cases}x_1=-x_3,\\x_2=-2x_3,\end{cases}\text{其中}x_3\text{是自由未知量},$$

从而它的一个基础解系为

$$\alpha_1=\begin{pmatrix}1\\2\\-1\end{pmatrix},$$

矩阵A的属于特征值1的全部特征向量为$c\alpha_1$，$c\neq0$.

对于特征值2，解齐次线性方程组$(2E-A)x=0$,

$$2E-A=\begin{pmatrix}3&-1&0\\4&-1&0\\-1&0&0\end{pmatrix}\to\begin{pmatrix}1&0&0\\0&1&0\\0&0&0\end{pmatrix},$$

它的一般解为$\begin{cases}x_1=0x_3,\\x_2=0x_3,\end{cases}$ 其中x_3是自由未知量.

从而它的一个基础解系为

$$\alpha_2=\begin{pmatrix}0\\0\\1\end{pmatrix},$$

矩阵A的属于特征值2的全部特征向量为$c\alpha_2$，$c\neq0$.

本例中3阶矩阵A的特征值1是二重根，只有1个线性无关的特征向量.

例3 求矩阵$A=\begin{pmatrix}1&-1&1\\2&4&-2\\-3&-3&5\end{pmatrix}$的特征值和特征向量.

解: $$|\lambda E-A|=\begin{vmatrix}\lambda-1&1&-1\\-2&\lambda-4&2\\3&3&\lambda-5\end{vmatrix}=(\lambda-2)^2(\lambda-6),$$

矩阵A的全部特征值为$\lambda_1=\lambda_2=2$(二重)，$\lambda_3=6$.

对于特征值2，解齐次线性方程组$(2E-A)x=0$,

$$2\boldsymbol{E}-\boldsymbol{A}=\begin{pmatrix}1&1&-1\\-2&-2&2\\3&3&-3\end{pmatrix}\to\begin{pmatrix}1&1&-1\\0&0&0\\0&0&0\end{pmatrix},$$

它的一般解为$x_1=-x_2+x_3$，其中x_2，x_3是自由未知量.

它的一个基础解系为

$$\boldsymbol{\alpha}_1=\begin{pmatrix}1\\-1\\0\end{pmatrix},\boldsymbol{\alpha}_2=\begin{pmatrix}1\\0\\1\end{pmatrix},$$

矩阵$\boldsymbol{A}$的属于特征值2的全部特征向量为$c_1\boldsymbol{\alpha}_1+c_2\boldsymbol{\alpha}_2$，$c_1^2+c_2^2\neq 0$.

对于特征值6，解齐次线性方程组$(6\boldsymbol{E}-\boldsymbol{A})\boldsymbol{x}=\boldsymbol{0}$，

$$6\boldsymbol{E}-\boldsymbol{A}=\begin{pmatrix}5&1&-1\\-2&2&2\\3&3&1\end{pmatrix}\to\begin{pmatrix}1&0&-\dfrac{1}{3}\\0&1&\dfrac{2}{3}\\0&0&0\end{pmatrix},$$

它的一个基础解系为

$$\boldsymbol{\alpha}_3=\begin{pmatrix}1\\-2\\3\end{pmatrix},$$

矩阵$\boldsymbol{A}$的属于特征值6的全部特征向量为$c\boldsymbol{\alpha}_3$，$c\neq 0$.

本例中3阶矩阵$\boldsymbol{A}$的特征值2是二重根，有2个线性无关的特征向量.

例4　求矩阵$\boldsymbol{A}=\begin{pmatrix}1&-1\\1&1\end{pmatrix}$在复数域$\mathbf{C}$上的特征值和特征向量.

解：

$$|\lambda\boldsymbol{E}-\boldsymbol{A}|=\begin{vmatrix}\lambda-1&1\\-1&\lambda-1\end{vmatrix}=\lambda^2-2\lambda+2,$$

矩阵$\boldsymbol{A}$在复数域$\mathbf{C}$上的全部特征值为$\lambda_1=1+\mathrm{i}$，$\lambda_2=1-\mathrm{i}$.

对于特征值$1+\mathrm{i}$，解齐次线性方程组$[(1+\mathrm{i})\boldsymbol{E}-\boldsymbol{A}]\boldsymbol{x}=\boldsymbol{0}$，

$$(1+\mathrm{i})\boldsymbol{E}-\boldsymbol{A}=\begin{pmatrix}\mathrm{i}&1\\-1&\mathrm{i}\end{pmatrix}\to\begin{pmatrix}\mathrm{i}&1\\0&0\end{pmatrix},$$

它的一个基础解系为

$$\boldsymbol{\alpha}_1=\begin{pmatrix}\mathrm{i}\\1\end{pmatrix},$$

矩阵$\boldsymbol{A}$的属于特征值$1+\mathrm{i}$的全部特征向量为$c\boldsymbol{\alpha}_1,c\neq 0$.

对于特征值$1-\mathrm{i}$，解齐次线性方程组$[(1-\mathrm{i})\boldsymbol{E}-\boldsymbol{A}]\boldsymbol{x}=\boldsymbol{0}$，

$$(1-\mathrm{i})\boldsymbol{E}-\boldsymbol{A}=\begin{pmatrix}-\mathrm{i} & 1\\ -1 & -\mathrm{i}\end{pmatrix}\to\begin{pmatrix}1 & \mathrm{i}\\ 0 & 0\end{pmatrix},$$

它的一个基础解系为

$$\boldsymbol{\alpha}_2=\begin{pmatrix}-\mathrm{i}\\ 1\end{pmatrix},$$

矩阵$\boldsymbol{A}$的属于特征值$1-\mathrm{i}$的全部特征向量为$c\boldsymbol{\alpha}_2, c\neq 0$.

注意：例4中由于$\lambda^2-2\lambda+2=0$没有实数根，从而在实数域上矩阵$\boldsymbol{A}$没有特征值.

例5 试证：n阶矩阵$\boldsymbol{A}$是奇异矩阵的充要条件是$\boldsymbol{A}$有一个特征值为零.

证明：（必要性）若矩阵$\boldsymbol{A}$是奇异矩阵，则$|\boldsymbol{A}|=0$，因此$|0\boldsymbol{E}-\boldsymbol{A}|=|-\boldsymbol{A}|=(-1)^n|\boldsymbol{A}|=0$，所以0是矩阵$\boldsymbol{A}$的一个特征值.

（充分性）若$\boldsymbol{A}$有一个特征值为零，对应的特征向量为$\boldsymbol{\alpha}$，则$\boldsymbol{A\alpha}=0\boldsymbol{\alpha}=\boldsymbol{0}$，由特征向量的定义可知$\boldsymbol{\alpha}\neq\boldsymbol{0}$，故齐次线性方程组$\boldsymbol{Ax}=\boldsymbol{0}$有非零解$\boldsymbol{\alpha}$，因此$|\boldsymbol{A}|=0$，故$\boldsymbol{A}$是奇异矩阵.

5.1.3 矩阵的迹

定义5.3 设$\boldsymbol{A}=\left(a_{ij}\right)_{n\times n}$为$n$阶方阵，$\boldsymbol{A}$的主对角线上元素之和称为$\boldsymbol{A}$的迹，记作$\mathrm{tr}(\boldsymbol{A})$，即$\mathrm{tr}(\boldsymbol{A})=a_{11}+a_{22}+\cdots+a_{nn}=\sum\limits_{i=1}^{n}a_{ii}$.

矩阵的迹有下列性质：

1. $\mathrm{tr}(\boldsymbol{A}+\boldsymbol{B})=\mathrm{tr}(\boldsymbol{A})+\mathrm{tr}(\boldsymbol{B})$;

2. $\mathrm{tr}(k\boldsymbol{A})=k\mathrm{tr}(\boldsymbol{A})$;

3. $\mathrm{tr}(\boldsymbol{A}^{\mathrm{T}})=\mathrm{tr}(\boldsymbol{A})$;

4. $\mathrm{tr}(\boldsymbol{AB})=\mathrm{tr}(\boldsymbol{BA})$;

5. 设$\boldsymbol{A}$，$\boldsymbol{B}$均为n阶矩阵，且$\boldsymbol{B}=\boldsymbol{U}^{-1}\boldsymbol{AU}$（$\boldsymbol{U}$为$n$阶可逆矩阵），则$\mathrm{tr}(\boldsymbol{A})=\mathrm{tr}(\boldsymbol{B})$.

证明：性质1~3是显然的.性质4，5证明如下：

设$\boldsymbol{A}=\left(a_{ij}\right)_{n\times n}$, $\boldsymbol{B}=\left(b_{ij}\right)_{n\times n}$, $(\boldsymbol{AB})(i,i)$表示$\boldsymbol{AB}$的主对角线上第i个元素，$(\boldsymbol{BA})(k,k)$表示$\boldsymbol{BA}$的主对角线上第k个元素，则

$$\mathrm{tr}(\boldsymbol{AB})=\sum_{i=1}^{n}(\boldsymbol{AB})(i,i)=\sum_{i=1}^{n}\left(\sum_{k=1}^{n}a_{ik}b_{ki}\right);$$

$$\mathrm{tr}(\boldsymbol{BA})=\sum_{k=1}^{n}(\boldsymbol{BA})(k,k)=\sum_{k=1}^{n}\left(\sum_{i=1}^{n}b_{ki}a_{ik}\right)=\sum_{i=1}^{n}\left(\sum_{k=1}^{n}a_{ik}b_{ki}\right).$$

因此$\mathrm{tr}(\boldsymbol{AB})=\mathrm{tr}(\boldsymbol{BA})$.

若存在可逆矩阵$\boldsymbol{U}$，满足$\boldsymbol{U}^{-1}\boldsymbol{AU}=\boldsymbol{B}$，则

$$\mathrm{tr}(\boldsymbol{B})=\mathrm{tr}(\boldsymbol{U}^{-1}\boldsymbol{AU})=\mathrm{tr}(\boldsymbol{AUU}^{-1})=\mathrm{tr}(\boldsymbol{A}).$$

5.1.4　特征值与特征向量的性质

性质5.1　若λ为矩阵$\boldsymbol{A}$的特征值，$\boldsymbol{\alpha}$为矩阵$\boldsymbol{A}$的属于特征值λ的特征向量，则

（1）$k\lambda$为矩阵$k\boldsymbol{A}$的特征值（k为任意常数）；

（2）λ^m为矩阵$\boldsymbol{A}^m$的特征值（m为正整数）；

（3）当矩阵$\boldsymbol{A}$可逆时，λ^{-1}为矩阵$\boldsymbol{A}^{-1}$的特征值，$\dfrac{|\boldsymbol{A}|}{\lambda}$为矩阵$\boldsymbol{A}^*$的特征值；

（4）设$f(x)=a_0x^m+a_1x^{m-1}+\cdots+a_{m-1}x+a_m$，则$f(\boldsymbol{A})=a_0\boldsymbol{A}^m+a_1\boldsymbol{A}^{m-1}+\cdots+a_{m-1}\boldsymbol{A}+a_m\boldsymbol{E}$的特征值为$f(\lambda)$（$a_0\neq 0$，$m$为正整数），且$\boldsymbol{\alpha}$仍然是矩阵$k\boldsymbol{A},\boldsymbol{A}^m,\boldsymbol{A}^{-1},\boldsymbol{A}^*$及$f(\boldsymbol{A})$的属于特征值$k\lambda,\lambda^m,\lambda^{-1}$，$\dfrac{|\boldsymbol{A}|}{\lambda}$及$f(\lambda)$的特征向量.

证明：λ为$\boldsymbol{A}$的特征值，$\boldsymbol{\alpha}$为特征值λ对应的特征向量，有$\boldsymbol{A\alpha}=\lambda\boldsymbol{\alpha}$.

（1）$(k\boldsymbol{A})\boldsymbol{\alpha}=k(\boldsymbol{A\alpha})=k(\lambda\boldsymbol{\alpha})=(k\lambda)\boldsymbol{\alpha}$，即$k\lambda$为$k\boldsymbol{A}$的特征值.

（2）$\boldsymbol{A}^2\boldsymbol{\alpha}=\boldsymbol{A}(\boldsymbol{A\alpha})=\boldsymbol{A}(\lambda\boldsymbol{\alpha})=\lambda(\boldsymbol{A\alpha})=\lambda^2\boldsymbol{\alpha}$，再做$m-2$次上述步骤的运算，得$\boldsymbol{A}^m\boldsymbol{\alpha}=\lambda^m\boldsymbol{\alpha}$.

（3）$\boldsymbol{A}^{-1}\boldsymbol{A\alpha}=\boldsymbol{A}^{-1}\lambda\boldsymbol{\alpha}$，由本节例5可知，矩阵$\boldsymbol{A}$可逆时，特征值$\lambda\neq 0$，故$\boldsymbol{A}^{-1}\boldsymbol{\alpha}=\lambda^{-1}\boldsymbol{\alpha}$；$\boldsymbol{A}^*\boldsymbol{\alpha}=|\boldsymbol{A}|\boldsymbol{A}^{-1}\boldsymbol{\alpha}=|\boldsymbol{A}|\lambda^{-1}\boldsymbol{\alpha}$，因此$\dfrac{|\boldsymbol{A}|}{\lambda}$为矩阵$\boldsymbol{A}^*$的特征值.

（4）由性质5.1的（1），（2）可知

$$\begin{aligned}&(a_0\boldsymbol{A}^m+a_1\boldsymbol{A}^{m-1}+\cdots+a_{m-1}\boldsymbol{A}+a_m\boldsymbol{E})\boldsymbol{\alpha}\\=&a_0\boldsymbol{A}^m\boldsymbol{\alpha}+a_1\boldsymbol{A}^{m-1}\boldsymbol{\alpha}+\cdots+a_{m-1}\boldsymbol{A\alpha}+a_m\boldsymbol{E\alpha}\\=&a_0\lambda^m\boldsymbol{\alpha}+a_1\lambda^{m-1}\boldsymbol{\alpha}+\cdots+a_{m-1}\lambda\boldsymbol{\alpha}+a_m\boldsymbol{\alpha}\\=&(a_0\lambda^m+a_1\lambda^{m-1}+\cdots+a_{m-1}\lambda+a_m)\boldsymbol{\alpha}\\=&f(\lambda)\boldsymbol{\alpha}.\end{aligned}$$

性质5.2　矩阵$\boldsymbol{A}$和$\boldsymbol{A}^{\mathrm{T}}$有相同的特征值.

证明： $|\lambda \boldsymbol{E}-\boldsymbol{A}|=|(\lambda \boldsymbol{E}-\boldsymbol{A})^{\mathrm{T}}|=|\lambda \boldsymbol{E}^{\mathrm{T}}-\boldsymbol{A}^{\mathrm{T}}|=|\lambda \boldsymbol{E}-\boldsymbol{A}^{\mathrm{T}}|$，故$\boldsymbol{A}$和$\boldsymbol{A}^{\mathrm{T}}$有相同的特征值.

例6 设4阶矩阵$\boldsymbol{A}$满足：$|3\boldsymbol{E}+\boldsymbol{A}|=0$，$\boldsymbol{A}\boldsymbol{A}^{\mathrm{T}}=2\boldsymbol{E}$，$|\boldsymbol{A}|<0$，求$\boldsymbol{A}^*$的一个特征值.

解： 因为$|\boldsymbol{A}|<0$，所以矩阵$\boldsymbol{A}$可逆，由$|3\boldsymbol{E}+\boldsymbol{A}|=0$可知$-3$是矩阵$\boldsymbol{A}$的一个特征值.又$\boldsymbol{A}\boldsymbol{A}^{\mathrm{T}}=2\boldsymbol{E}$，得$|\boldsymbol{A}\boldsymbol{A}^{\mathrm{T}}|=|2\boldsymbol{E}|=16$，$|\boldsymbol{A}|=\pm 4$，由$|\boldsymbol{A}|<0$得$|\boldsymbol{A}|=-4$，$\boldsymbol{A}^*$的一个特征值为$\dfrac{|\boldsymbol{A}|}{-3}=\dfrac{4}{3}$.

定理5.2 设n阶矩阵$\boldsymbol{A}=(a_{ij})_{n\times n}$的$n$个特征值为$\lambda_1,\lambda_2,\cdots,\lambda_n$，则

（1）$\sum_{i=1}^{n}\lambda_i=\sum_{i=1}^{n}a_{ii}=\operatorname{tr}(\boldsymbol{A})$；

（2）$\prod_{i=1}^{n}\lambda_i=|\boldsymbol{A}|$.

证明：
$$|\lambda \boldsymbol{E}-\boldsymbol{A}|=\begin{vmatrix}\lambda-a_{11} & -a_{12} & \cdots & -a_{1n}\\ -a_{21} & \lambda-a_{22} & \cdots & -a_{2n}\\ \vdots & \vdots & & \vdots\\ -a_{n1} & -a_{n2} & \cdots & \lambda-a_{nn}\end{vmatrix},$$

$|\lambda \boldsymbol{E}-\boldsymbol{A}|$中含有一项：

$$(\lambda-a_{11})(\lambda-a_{22})\cdots(\lambda-a_{nn}),\tag{5.2}$$

现在考虑$|\lambda \boldsymbol{E}-\boldsymbol{A}|$中与项（5.2）不同的任意一项，这样的项至少包含一个因子$-a_{ij}$，因而此项不能包含$(\lambda-a_{ii})$（因为它与$-a_{ij}$位于同一行），也不能包含$(\lambda-a_{jj})$（因为它与$-a_{ij}$位于同一列），因此该项不含λ^n，也不含λ^{n-1}，于是$|\lambda \boldsymbol{E}-\boldsymbol{A}|$的$\lambda^n$的系数为1，$\lambda^{n-1}$的系数为$-(a_{11}+a_{22}+\cdots+a_{nn})$，从而

$$|\lambda \boldsymbol{E}-\boldsymbol{A}|=\lambda^n-(a_{11}+a_{22}+\cdots+a_{nn})\lambda^{n-1}+\cdots+c_1\lambda+c_0.\tag{5.3}$$

在（5.3）两边用$\lambda=0$代入，得$c_0=|0\boldsymbol{E}-\boldsymbol{A}|=|-\boldsymbol{A}|=(-1)^n|\boldsymbol{A}|$.

由于$\boldsymbol{A}$的n个特征值为$\lambda_1,\lambda_2,\cdots,\lambda_n$，根据$n$次多项式根与系数的关系，特征值的和为$\sum_{i=1}^{n}\lambda_i=\sum_{i=1}^{n}a_{ii}$，特征值的乘积$(-1)^n\prod_{i=1}^{n}\lambda_i=c_0=(-1)^n|\boldsymbol{A}|$，即$\prod_{i=1}^{n}\lambda_i=|\boldsymbol{A}|$.

例7 设3阶矩阵$\boldsymbol{A}$的特征值为$1,2,3$，求$\boldsymbol{B}=\boldsymbol{A}^2-3\boldsymbol{A}+\boldsymbol{E}$的特征值和$|\boldsymbol{B}|$.

解： 设$f(x)=x^2-3x+1$，则$f(\boldsymbol{A})=\boldsymbol{A}^2-3\boldsymbol{A}+\boldsymbol{E}$，由性质5.1可知$\boldsymbol{B}$的

特征值为$f(\lambda)$，即$-1,-1,1$.由定理5.2知$|\boldsymbol{B}|=(-1)\times(-1)\times 1=1$.

定理5.3　设$\boldsymbol{A}=\left(a_{ij}\right)_{n\times n}$为$n$阶实矩阵，如果

(1) $\sum_{j=1}^{n}\left|a_{ij}\right|<1\ (i=1,2,\cdots,n)$，

(2) $\sum_{i=1}^{n}\left|a_{ij}\right|<1\ (j=1,2,\cdots,n)$

有一个成立，则$\boldsymbol{A}$的所有特征值$\lambda_k(k=1,2,\cdots,n)$的绝对值$|\lambda_k|$小于1.

证明：设λ为$\boldsymbol{A}$的任意一个特征值，$\boldsymbol{x}=(x_1,x_2,\cdots,x_n)^{\mathrm{T}}$为特征值$\lambda$对应的特征向量，有$\boldsymbol{Ax}=\lambda\boldsymbol{x}$，即

$$\sum_{j=1}^{n}a_{ij}x_j=\lambda x_i\ (i=1,2,\cdots,n).$$

设$\max\limits_{j}|x_j|=|x_k|$，有

$$|\lambda|=\left|\frac{\lambda x_k}{x_k}\right|=\left|\frac{\sum\limits_{j=1}^{n}a_{kj}x_j}{x_k}\right|\leqslant\sum_{j=1}^{n}\left|a_{kj}\right|\left|\frac{x_j}{x_k}\right|\leqslant\sum_{j=1}^{n}\left|a_{kj}\right|<1.$$

由此可见，若（1）成立，则$|\lambda|<1$.由λ的任意性可得$|\lambda_k|<1(k=1,2,\cdots,n)$.同理可证，若（2）成立，则对$\boldsymbol{A}^{\mathrm{T}}$的所有特征值，定理成立，再由$\boldsymbol{A}^{\mathrm{T}}$与$\boldsymbol{A}$有相同的特征值，因此对$\boldsymbol{A}$的所有特征值$\lambda_k$，也有$|\lambda_k|<1(k=1,2,\cdots,n)$.

5.2　矩阵可对角化的条件

设$\boldsymbol{A}$为n阶矩阵，你能求出$\boldsymbol{A}^m$吗？如果有可逆矩阵$\boldsymbol{U}$，使得$\boldsymbol{U}^{-1}\boldsymbol{AU}=\boldsymbol{D}$，并且$\boldsymbol{D}^m$容易计算，那么

$$\boldsymbol{A}^m=(\boldsymbol{UDU}^{-1})^m=(\boldsymbol{UDU}^{-1})(\boldsymbol{UDU}^{-1})\cdots(\boldsymbol{UDU}^{-1})=\boldsymbol{UD}^m\boldsymbol{U}^{-1}.$$

于是$\boldsymbol{A}^m$就比较容易计算了.为了寻找较为简单的矩阵$\boldsymbol{D}$（$\boldsymbol{D}^m$容易计算），就需要研究形如$\boldsymbol{U}^{-1}\boldsymbol{AU}$的矩阵.为此，引入下面的概念.

5.2.1 矩阵的相似

定义5.4 设$\boldsymbol{A}$和$\boldsymbol{B}$均为n阶矩阵，若存在可逆矩阵$\boldsymbol{P}$，使$\boldsymbol{P}^{-1}\boldsymbol{AP}=\boldsymbol{B}$，则称矩阵$\boldsymbol{A}$与矩阵$\boldsymbol{B}$相似，记作$\boldsymbol{A}\sim\boldsymbol{B}$.

设$\boldsymbol{A}=\begin{pmatrix}3&4\\5&2\end{pmatrix},\boldsymbol{B}=\begin{pmatrix}1&9\\2&4\end{pmatrix},\boldsymbol{C}=\begin{pmatrix}-2&0\\0&7\end{pmatrix},\boldsymbol{P}=\begin{pmatrix}1&-1\\-1&2\end{pmatrix},\boldsymbol{Q}=\begin{pmatrix}4&1\\-5&1\end{pmatrix}$，由于

$$\boldsymbol{P}^{-1}\boldsymbol{AP}=\begin{pmatrix}1&-1\\-1&2\end{pmatrix}^{-1}\begin{pmatrix}3&4\\5&2\end{pmatrix}\begin{pmatrix}1&-1\\-1&2\end{pmatrix}=\begin{pmatrix}1&9\\2&4\end{pmatrix},$$

可知$\boldsymbol{A}\sim\boldsymbol{B}$，

$$\boldsymbol{Q}^{-1}\boldsymbol{AQ}=\begin{pmatrix}4&1\\-5&1\end{pmatrix}^{-1}\begin{pmatrix}3&4\\5&2\end{pmatrix}\begin{pmatrix}4&1\\-5&1\end{pmatrix}=\begin{pmatrix}-2&0\\0&7\end{pmatrix},$$

因此$\boldsymbol{A}\sim\boldsymbol{C}$.

由此可以看出，与$\boldsymbol{A}$相似的矩阵不是唯一的，也未必是对角矩阵.然而，对于某些矩阵，如果适当选取可逆矩阵$\boldsymbol{P}$，就有可能使$\boldsymbol{P}^{-1}\boldsymbol{AP}$成为对角矩阵.

矩阵的相似关系是一种等价关系，有以下三条性质：

1.反身性：$\boldsymbol{A}\sim\boldsymbol{A}$；

2.对称性：若$\boldsymbol{A}\sim\boldsymbol{B}$，则$\boldsymbol{B}\sim\boldsymbol{A}$；

3.传递性：若$\boldsymbol{A}\sim\boldsymbol{B}$，$\boldsymbol{B}\sim\boldsymbol{C}$，则$\boldsymbol{A}\sim\boldsymbol{C}$.

矩阵的相似对矩阵的运算有下面的性质：

性质5.3 如果n阶矩阵$\boldsymbol{A}$和$\boldsymbol{B}$相似，则

（1）$\boldsymbol{A}$和$\boldsymbol{B}$有相同的行列式；

（2）$\boldsymbol{A}$和$\boldsymbol{B}$都可逆，或者都不可逆，当它们可逆时，逆矩阵也相似；

（3）$\boldsymbol{A}$和$\boldsymbol{B}$有相同的迹；

（4）$\boldsymbol{A}$和$\boldsymbol{B}$有相同的秩；

（5）$\boldsymbol{A}$和$\boldsymbol{B}$有相同的特征值.

证明： 若$\boldsymbol{A}\sim\boldsymbol{B}$，则存在可逆矩阵$\boldsymbol{P}$，满足$\boldsymbol{P}^{-1}\boldsymbol{AP}=\boldsymbol{B}$，因此

（1）$|\boldsymbol{B}|=|\boldsymbol{P}^{-1}\boldsymbol{AP}|=|\boldsymbol{P}^{-1}|\cdot|\boldsymbol{A}|\cdot|\boldsymbol{P}|=|\boldsymbol{P}^{-1}|\cdot|\boldsymbol{P}|\cdot|\boldsymbol{A}|=|\boldsymbol{P}^{-1}\boldsymbol{P}|\cdot|\boldsymbol{A}|=|\boldsymbol{E}|\cdot|\boldsymbol{A}|=|\boldsymbol{A}|$.

（2）由（1）可知$\boldsymbol{A}$和$\boldsymbol{B}$有相同的行列式，故$\boldsymbol{A}$和$\boldsymbol{B}$都可逆，或者都不可逆；若$\boldsymbol{A}$和$\boldsymbol{B}$可逆，则$\left(\boldsymbol{P}^{-1}\boldsymbol{AP}\right)^{-1}=\boldsymbol{B}^{-1}$，因此$\boldsymbol{P}^{-1}\boldsymbol{A}^{-1}\left(\boldsymbol{P}^{-1}\right)^{-1}=\boldsymbol{B}^{-1}$，即$\boldsymbol{P}^{-1}\boldsymbol{A}^{-1}\boldsymbol{P}=\boldsymbol{B}^{-1}$，因此$\boldsymbol{A}^{-1}\sim\boldsymbol{B}^{-1}$.

（3）$\mathrm{tr}(\boldsymbol{B})=\mathrm{tr}(\boldsymbol{P}^{-1}\boldsymbol{AP})=\mathrm{tr}(\boldsymbol{APP}^{-1})=\mathrm{tr}(\boldsymbol{A})$.

（4）因为矩阵$\boldsymbol{P}$和$\boldsymbol{P}^{-1}$均可逆，由秩的性质可知：$r(\boldsymbol{B})=r(\boldsymbol{P}^{-1}\boldsymbol{AP})=r(\boldsymbol{AP})=r(\boldsymbol{A})$.

（5）$$\begin{aligned}|\lambda\boldsymbol{E}-\boldsymbol{B}|&=|\lambda\boldsymbol{E}-\boldsymbol{P}^{-1}\boldsymbol{AP}|=|\lambda\boldsymbol{P}^{-1}\boldsymbol{P}-\boldsymbol{P}^{-1}\boldsymbol{AP}|=|\boldsymbol{P}^{-1}(\lambda\boldsymbol{E}-\boldsymbol{A})\boldsymbol{P}|\\&=|\boldsymbol{P}^{-1}|\cdot|\lambda\boldsymbol{E}-\boldsymbol{A}|\cdot|\boldsymbol{P}|=|\lambda\boldsymbol{E}-\boldsymbol{A}|.\end{aligned}$$

注意：

1.特征多项式相同的矩阵不一定相似.如：

$\boldsymbol{A}=\begin{pmatrix}1&1\\0&1\end{pmatrix}$，$\boldsymbol{B}=\begin{pmatrix}1&0\\0&1\end{pmatrix}$，两个矩阵的特征多项式均为$(\lambda-1)^2$，但矩阵$\boldsymbol{A}$和$\boldsymbol{B}$不相似.

事实上，若存在可逆矩阵$\boldsymbol{P}$，满足$\boldsymbol{P}^{-1}\boldsymbol{AP}=\boldsymbol{B}$，则$\boldsymbol{A}=\boldsymbol{PBP}^{-1}=\boldsymbol{E}$，矛盾.

2.与单位矩阵相似的n阶矩阵只有单位矩阵$\boldsymbol{E}$本身，与数量矩阵$k\boldsymbol{E}$相似的n阶矩阵只有数量矩阵$k\boldsymbol{E}$本身.

3.两个矩阵的特征值相同，或迹相同，或行列式相同，它们不一定相似.

例1　已知矩阵$\boldsymbol{A}=\begin{pmatrix}2&0&0\\0&x&1\\0&1&0\end{pmatrix}$，$\boldsymbol{B}=\begin{pmatrix}2&0&0\\0&3&4\\0&-2&y\end{pmatrix}$，如果$\boldsymbol{A}$和$\boldsymbol{B}$相似，求$x,y$的值.

解：因为$\boldsymbol{A}$和$\boldsymbol{B}$相似，则$\boldsymbol{A}$和$\boldsymbol{B}$有相同的迹和相同的行列式，有

$$\begin{cases}2+x+0=2+3+y,\\-2=2(3y+8),\end{cases}$$

求出$x=0,y=-3$.

例2　设$\boldsymbol{A}$为3阶矩阵，$\boldsymbol{\alpha}_1,\boldsymbol{\alpha}_2,\boldsymbol{\alpha}_3$为3维列向量，若$\boldsymbol{\alpha}_1,\boldsymbol{\alpha}_2,\boldsymbol{\alpha}_3$线性无关，且$\boldsymbol{A\alpha}_1=-\boldsymbol{\alpha}_1+2\boldsymbol{\alpha}_2+2\boldsymbol{\alpha}_3,\boldsymbol{A\alpha}_2=2\boldsymbol{\alpha}_1-\boldsymbol{\alpha}_2-2\boldsymbol{\alpha}_3,\boldsymbol{A\alpha}_3=2\boldsymbol{\alpha}_1-2\boldsymbol{\alpha}_2-\boldsymbol{\alpha}_3$.

（1）求矩阵$\boldsymbol{A}$的特征值；

（2）设矩阵$\boldsymbol{B}=2\boldsymbol{A}^*-\boldsymbol{E}$，求矩阵$\boldsymbol{B}$的行列式.

解：（1）由已知得$\boldsymbol{A}(\boldsymbol{\alpha}_1,\boldsymbol{\alpha}_2,\boldsymbol{\alpha}_3)=(\boldsymbol{\alpha}_1,\boldsymbol{\alpha}_2,\boldsymbol{\alpha}_3)\begin{pmatrix}-1&2&2\\2&-1&-2\\2&-2&-1\end{pmatrix}$，令$\boldsymbol{C}=$

$\begin{pmatrix}-1 & 2 & 2\\ 2 & -1 & -2\\ 2 & -2 & -1\end{pmatrix}$，由于3维列向量组$\boldsymbol{\alpha}_1, \boldsymbol{\alpha}_2, \boldsymbol{\alpha}_3$线性无关，故$(\boldsymbol{\alpha}_1, \boldsymbol{\alpha}_2, \boldsymbol{\alpha}_3)$可逆，$(\boldsymbol{\alpha}_1, \boldsymbol{\alpha}_2, \boldsymbol{\alpha}_3)^{-1}\boldsymbol{A}(\boldsymbol{\alpha}_1, \boldsymbol{\alpha}_2, \boldsymbol{\alpha}_3) = \boldsymbol{C}$，因此$\boldsymbol{A}\sim\boldsymbol{C}$，矩阵$\boldsymbol{A}$与$\boldsymbol{C}$有相同的特征值.

下面求$\boldsymbol{C}$的特征值：

$$|\lambda\boldsymbol{E} - \boldsymbol{C}| = \begin{vmatrix}\lambda + 1 & -2 & -2\\ -2 & \lambda + 1 & 2\\ -2 & 2 & \lambda + 1\end{vmatrix} = (\lambda - 1)^2(\lambda + 5),$$

矩阵$\boldsymbol{C}$的特征值为$\lambda_1 = \lambda_2 = 1, \lambda_3 = -5$.

矩阵$\boldsymbol{A}$的特征值也是$\lambda_1 = \lambda_2 = 1, \lambda_3 = -5$.

（2）$|\boldsymbol{A}| = 1 \times 1 \times (-5) = -5 \neq 0$，矩阵$\boldsymbol{A}$可逆，$\boldsymbol{A}^*$的特征值为$-5, -5, 1$，$\boldsymbol{B} = 2\boldsymbol{A}^* - \boldsymbol{E}$的特征值为$-11, -11, 1$，$|\boldsymbol{B}| = (-11) \times (-11) \times 1 = 121$.

5.2.2 矩阵可对角化的相关定理

如果矩阵$\boldsymbol{A}$相似于对角矩阵$\boldsymbol{\Lambda}$，即存在可逆矩阵$\boldsymbol{U}$，使得$\boldsymbol{U}^{-1}\boldsymbol{A}\boldsymbol{U} = \boldsymbol{\Lambda}$，由于$\boldsymbol{\Lambda}^m$容易计算，故$\boldsymbol{A}^m = \boldsymbol{U}\boldsymbol{\Lambda}^m\boldsymbol{U}^{-1}$也容易计算.是不是任何一个$n$阶矩阵都可以相似于一个对角矩阵?当矩阵$\boldsymbol{A}$相似于对角矩阵时，如何找到可逆矩阵$\boldsymbol{U}$?

定理5.4　n阶矩阵$\boldsymbol{A}$与对角矩阵相似的充要条件是$\boldsymbol{A}$有n个线性无关的特征向量.

证明：（必要性）若$\boldsymbol{A}$与对角矩阵$\boldsymbol{\Lambda}$相似，设$\boldsymbol{\Lambda} = \mathrm{diag}(\lambda_1, \lambda_2, \cdots, \lambda_n)$，则存在可逆矩阵$\boldsymbol{U}$，满足$\boldsymbol{U}^{-1}\boldsymbol{A}\boldsymbol{U} = \mathrm{diag}(\lambda_1, \lambda_2, \cdots, \lambda_n)$，即$\boldsymbol{A}\boldsymbol{U} = \boldsymbol{U}\mathrm{diag}(\lambda_1, \lambda_2, \cdots, \lambda_n)$，将矩阵$\boldsymbol{U}$按列分块：$\boldsymbol{U} = (\boldsymbol{\alpha}_1, \boldsymbol{\alpha}_2, \cdots, \boldsymbol{\alpha}_n)$，则

$$\boldsymbol{A}(\boldsymbol{\alpha}_1, \boldsymbol{\alpha}_2, \cdots, \boldsymbol{\alpha}_n) = (\boldsymbol{\alpha}_1, \boldsymbol{\alpha}_2, \cdots, \boldsymbol{\alpha}_n)\begin{pmatrix}\lambda_1 & & & \\ & \lambda_2 & & \\ & & \ddots & \\ & & & \lambda_n\end{pmatrix},$$

即$(\boldsymbol{A}\boldsymbol{\alpha}_1, \boldsymbol{A}\boldsymbol{\alpha}_2, \cdots, \boldsymbol{A}\boldsymbol{\alpha}_n) = (\lambda_1\boldsymbol{\alpha}_1, \lambda_2\boldsymbol{\alpha}_2, \cdots, \lambda_n\boldsymbol{\alpha}_n)$,因此$\boldsymbol{A}\boldsymbol{\alpha}_i = \lambda_i\boldsymbol{\alpha}_i\,(i = 1,2,\cdots,n)$，故$\boldsymbol{\alpha}_1, \boldsymbol{\alpha}_2, \cdots, \boldsymbol{\alpha}_n$是矩阵$\boldsymbol{A}$分别对应于特征值$\lambda_1, \lambda_2, \cdots, \lambda_n$的特征向量.由于矩阵$\boldsymbol{U}$可逆，故$\boldsymbol{\alpha}_1, \boldsymbol{\alpha}_2, \cdots, \boldsymbol{\alpha}_n$线性无关.

上述证明步骤显然是可逆的，所以充分性也成立.

由定理5.4的证明可知：

1. 若n阶矩阵$\boldsymbol{A}$与对角矩阵$\boldsymbol{\Lambda}$相似，则$\boldsymbol{\Lambda}$的主对角线上的元素都是$\boldsymbol{A}$的特征值，若不计λ_j的排列次序，$\boldsymbol{\Lambda}$是唯一确定的，对角矩阵$\boldsymbol{\Lambda}$称为$\boldsymbol{A}$的相似标准形；

2. 此时的可逆矩阵$\boldsymbol{P}$由矩阵$\boldsymbol{A}$的n个线性无关的特征向量作列向量构成；

3. 可逆矩阵$\boldsymbol{P}$的列向量排列顺序必须与对角矩阵$\boldsymbol{\Lambda}$的对角线元素排列顺序一致.

定义5.5　如果n阶矩阵$\boldsymbol{A}$与对角矩阵$\boldsymbol{\Lambda}$相似，则称$\boldsymbol{A}$可对角化.

如何判断给定的n阶矩阵$\boldsymbol{A}$有没有n个线性无关的特征向量?

首先，求出n阶矩阵$\boldsymbol{A}$的全部特征值，设矩阵$\boldsymbol{A}$的所有不同特征值为$\lambda_1,\lambda_2,\cdots,\lambda_m$；然后，对每一个特征值$\lambda_j$，求出齐次线性方程组$(\lambda_j\boldsymbol{E}-\boldsymbol{A})\boldsymbol{x}=\boldsymbol{0}$的一个基础解系：$\boldsymbol{\alpha}_{j1},\boldsymbol{\alpha}_{j2},\cdots,\boldsymbol{\alpha}_{jr_j}(j=1,2,\cdots,m)$，它们是$\boldsymbol{A}$的线性无关的特征向量.那么，把这$m$组向量合在一起是否仍线性无关?

定理5.5　设λ_1,λ_2是矩阵$\boldsymbol{A}$的不同的特征值，$\boldsymbol{\alpha}_1,\boldsymbol{\alpha}_2,\cdots,\boldsymbol{\alpha}_s$与$\boldsymbol{\beta}_1,\boldsymbol{\beta}_2,\cdots,\boldsymbol{\beta}_r$分别是$\boldsymbol{A}$的属于$\lambda_1,\lambda_2$的线性无关的特征向量，则$\boldsymbol{\alpha}_1,\boldsymbol{\alpha}_2,\cdots,\boldsymbol{\alpha}_s,\boldsymbol{\beta}_1,\boldsymbol{\beta}_2,\cdots,\boldsymbol{\beta}_r$线性无关.

证明：设存在$k_1,k_2,\cdots,k_s,l_1,l_2,\cdots,l_r$，满足

$$k_1\boldsymbol{\alpha}_1+k_2\boldsymbol{\alpha}_2+\cdots+k_s\boldsymbol{\alpha}_s+l_1\boldsymbol{\beta}_1+l_2\boldsymbol{\beta}_2+\cdots+l_r\boldsymbol{\beta}_r=\boldsymbol{0}.\tag{5.4}$$

（5.4）两边左乘$\boldsymbol{A}$，得

$$k_1\boldsymbol{A}\boldsymbol{\alpha}_1+k_2\boldsymbol{A}\boldsymbol{\alpha}_2+\cdots+k_s\boldsymbol{A}\boldsymbol{\alpha}_s+l_1\boldsymbol{A}\boldsymbol{\beta}_1+l_2\boldsymbol{A}\boldsymbol{\beta}_2+\cdots+l_r\boldsymbol{A}\boldsymbol{\beta}_r=\boldsymbol{0},$$

从而有

$$k_1\lambda_1\boldsymbol{\alpha}_1+k_2\lambda_1\boldsymbol{\alpha}_2+\cdots+k_s\lambda_1\boldsymbol{\alpha}_s+l_1\lambda_2\boldsymbol{\beta}_1+l_2\lambda_2\boldsymbol{\beta}_2+\cdots+l_r\lambda_2\boldsymbol{\beta}_r=\boldsymbol{0},\tag{5.5}$$

已知$\lambda_1\neq\lambda_2$，因此λ_1，λ_2不全为0，不妨设$\lambda_2\neq 0$，在（5.4）两边乘以λ_2，得

$$k_1\lambda_2\boldsymbol{\alpha}_1+k_2\lambda_2\boldsymbol{\alpha}_2+\cdots+k_s\lambda_2\boldsymbol{\alpha}_s+l_1\lambda_2\boldsymbol{\beta}_1+l_2\lambda_2\boldsymbol{\beta}_2+\cdots+l_r\lambda_2\boldsymbol{\beta}_r=\boldsymbol{0},\tag{5.6}$$

（5.5）减去（5.6），得

$$k_1(\lambda_1-\lambda_2)\boldsymbol{\alpha}_1+k_2(\lambda_1-\lambda_2)\boldsymbol{\alpha}_2+\cdots+k_s(\lambda_1-\lambda_2)\boldsymbol{\alpha}_s=\boldsymbol{0},\tag{5.7}$$

由于$\lambda_1\neq\lambda_2$，（5.7）化简得

$$k_1\boldsymbol{\alpha}_1+k_2\boldsymbol{\alpha}_2+\cdots+k_s\boldsymbol{\alpha}_s=\boldsymbol{0},$$

由于$\boldsymbol{\alpha}_1,\boldsymbol{\alpha}_2,\cdots,\boldsymbol{\alpha}_s$线性无关，有

$$k_1 = k_2 = \cdots = k_s = 0, \tag{5.8}$$

把（5.8）代入（5.4），得

$$l_1\boldsymbol{\beta}_1 + l_2\boldsymbol{\beta}_2 + \cdots + l_r\boldsymbol{\beta}_r = \mathbf{0}. \tag{5.9}$$

由于 $\boldsymbol{\beta}_1,\boldsymbol{\beta}_2,\cdots,\boldsymbol{\beta}_r$ 线性无关，由（5.9）有 $l_1 = l_2 = \cdots = l_r = 0$. 从而 $\boldsymbol{\alpha}_1,\boldsymbol{\alpha}_2,\cdots,\boldsymbol{\alpha}_s,\boldsymbol{\beta}_1,\boldsymbol{\beta}_2,\cdots,\boldsymbol{\beta}_r$ 线性无关.

对于$\boldsymbol{A}$的不同特征值的个数作数学归纳法，可以得到：

定理5.6 **设$\lambda_1,\lambda_2,\cdots,\lambda_m$是$n$阶矩阵$\boldsymbol{A}$的$m$个不同的特征值，$\boldsymbol{\alpha}_{j1},\boldsymbol{\alpha}_{j2},\cdots,\boldsymbol{\alpha}_{jr_j}$是$\boldsymbol{A}$的属于特征值$\lambda_j$的线性无关的特征向量$(j = 1,2,\cdots,m)$，则向量组**

$$\boldsymbol{\alpha}_{11},\boldsymbol{\alpha}_{12},\cdots,\boldsymbol{\alpha}_{1r_1},\boldsymbol{\alpha}_{21},\boldsymbol{\alpha}_{22},\cdots,\boldsymbol{\alpha}_{2r_2},\cdots,\boldsymbol{\alpha}_{m1},\boldsymbol{\alpha}_{m2},\cdots,\boldsymbol{\alpha}_{mr_m}$$

线性无关.

推论1 n阶矩阵$\boldsymbol{A}$的属于不同特征值的特征向量是线性无关的.

推论2 n阶矩阵$\boldsymbol{A}$有n个不同的特征值，则$\boldsymbol{A}$可以对角化.

注意：$\boldsymbol{A}$有n个不同的特征值是$\boldsymbol{A}$可以对角化的充分而非必要条件.

推论3 设$\lambda_1,\lambda_2,\cdots,\lambda_m$是$n$阶矩阵$\boldsymbol{A}$的$m$个不同的特征值，$\boldsymbol{\alpha}_{j1},\boldsymbol{\alpha}_{j2},\cdots,\boldsymbol{\alpha}_{jr_j}$是齐次线性方程组$(\lambda_j\boldsymbol{E} - \boldsymbol{A})\boldsymbol{x} = \mathbf{0}$的一个基础解系$(j = 1,2,\cdots,m)$，若$r_1 + r_2 + \cdots + r_m = n$，则$\boldsymbol{A}$可以对角化；若$r_1 + r_2 + \cdots + r_m < n$，则$\boldsymbol{A}$不能对角化.

证明：由于$\boldsymbol{\alpha}_{j1},\boldsymbol{\alpha}_{j2},\cdots,\boldsymbol{\alpha}_{jr_j}$是齐次线性方程组$(\lambda_j\boldsymbol{E} - \boldsymbol{A})\boldsymbol{x} = \mathbf{0}$的一个基础解系，线性无关$(j = 1,2,\cdots,m)$，由定理5.6可知向量组

$$\boldsymbol{\alpha}_{11},\boldsymbol{\alpha}_{12},\cdots,\boldsymbol{\alpha}_{1r_1},\boldsymbol{\alpha}_{21},\boldsymbol{\alpha}_{22},\cdots,\boldsymbol{\alpha}_{2r_2},\cdots,\boldsymbol{\alpha}_{m1},\boldsymbol{\alpha}_{m2},\cdots,\boldsymbol{\alpha}_{mr_m}$$

线性无关.

如果$r_1 + r_2 + \cdots + r_m = n$，则$\boldsymbol{A}$有$n$个线性无关的特征向量，从而$\boldsymbol{A}$可以对角化；如果$r_1 + r_2 + \cdots + r_m < n$，则$\boldsymbol{A}$没有$n$个线性无关的特征向量，从而$\boldsymbol{A}$不能对角化.

推论3可以写成定理：

定理5.7 **n阶矩阵$\boldsymbol{A}$与对角矩阵相似的充要条件是对于每一个n_j重特征值λ_j，矩阵$r(\lambda_j\boldsymbol{E} - \boldsymbol{A}) = n - n_j$.**

定理5.7的等价说法是：

n阶矩阵$\boldsymbol{A}$与对角矩阵相似的充要条件是对于每一个n_j重特征值λ_j，矩阵

$(\lambda_j\boldsymbol{E}-\boldsymbol{A})\boldsymbol{x}=\boldsymbol{0}$的基础解系含有$n_j$个向量.

例3　判断本章第1节的例1~例3的矩阵$\boldsymbol{A}$是否可以对角化.

解：（1）本章第1节的例1的矩阵$\boldsymbol{A}=\begin{pmatrix}3&-3\\2&-4\end{pmatrix}$有2个不同的特征值$\lambda_1=-3,\lambda_2=2$，由定理5.6推论2可知$\boldsymbol{A}$可以对角化.

（2）例2的矩阵$\boldsymbol{A}=\begin{pmatrix}-1&1&0\\-4&3&0\\1&0&2\end{pmatrix}$的全部特征值为$\lambda_1=\lambda_2=1,\lambda_3=2.$

对于二重特征值1，求出齐次线性方程组$(\boldsymbol{E}-\boldsymbol{A})\boldsymbol{x}=\boldsymbol{0}$的一个基础解系为$\boldsymbol{\alpha}_1=\begin{pmatrix}1\\2\\-1\end{pmatrix}$. 对于二重特征值1，矩阵$(\boldsymbol{E}-\boldsymbol{A})\boldsymbol{x}=\boldsymbol{0}$的基础解系含有1个向量.
由定理5.7可知$\boldsymbol{A}$不能对角化.

（3）例3的矩阵$\boldsymbol{A}=\begin{pmatrix}1&-1&1\\2&4&-2\\-3&-3&5\end{pmatrix}$的全部特征值为$\lambda_1=\lambda_2=2,\lambda_3=6.$

对于二重特征值2，齐次线性方程组$(2\boldsymbol{E}-\boldsymbol{A})\boldsymbol{x}=\boldsymbol{0}$的一个基础解系为$\boldsymbol{\alpha}_1=\begin{pmatrix}1\\-1\\0\end{pmatrix}$，$\boldsymbol{\alpha}_2=\begin{pmatrix}1\\0\\1\end{pmatrix}$；对于特征值6，齐次线性方程组$(6\boldsymbol{E}-\boldsymbol{A})\boldsymbol{x}=\boldsymbol{0}$的一个基础解系为$\boldsymbol{\alpha}_3=\begin{pmatrix}1\\-2\\3\end{pmatrix}$，合起来是2+1=3个线性无关的特征向量，由定理5.6推论3可知$\boldsymbol{A}$可以对角化.

例4　判断矩阵$\boldsymbol{A}=\begin{pmatrix}1&-1&-1&-1\\-1&1&-1&-1\\-1&-1&1&-1\\-1&-1&-1&1\end{pmatrix}$是否与对角矩阵相似？若与对角矩阵相似，求与$\boldsymbol{A}$相似的对角矩阵$\boldsymbol{\Lambda}$及可逆矩阵$\boldsymbol{P}$，使得$\boldsymbol{P}^{-1}\boldsymbol{AP}=\boldsymbol{\Lambda}$，并求$\boldsymbol{A}^k$（$k$为正整数）.

解：先求矩阵$\boldsymbol{A}$的特征值.

$$|\lambda\boldsymbol{E}-\boldsymbol{A}|=\begin{vmatrix}\lambda-1&1&1&1\\1&\lambda-1&1&1\\1&1&\lambda-1&1\\1&1&1&\lambda-1\end{vmatrix}=(\lambda+2)(\lambda-2)^3,$$

$\boldsymbol{A}$的特征值为$\lambda_1=-2$，$\lambda_2=\lambda_3=\lambda_4=2$.

对于特征值-2，由$(-2\boldsymbol{E}-\boldsymbol{A})\boldsymbol{x}=\boldsymbol{0}$，有

$$-2\boldsymbol{E}-\boldsymbol{A}=\begin{pmatrix}-3&1&1&1\\1&-3&1&1\\1&1&-3&1\\1&1&1&-3\end{pmatrix}\rightarrow\begin{pmatrix}1&0&0&-1\\0&1&0&-1\\0&0&1&-1\\0&0&0&0\end{pmatrix},$$

求出一个基础解系为$\boldsymbol{\alpha}_1=\begin{pmatrix}1\\1\\1\\1\end{pmatrix}$.

对于特征值2，由$(2\boldsymbol{E}-\boldsymbol{A})\boldsymbol{x}=\boldsymbol{0}$，有

$$2\boldsymbol{E}-\boldsymbol{A}=\begin{pmatrix}1&1&1&1\\1&1&1&1\\1&1&1&1\\1&1&1&1\end{pmatrix}\rightarrow\begin{pmatrix}1&1&1&1\\0&0&0&0\\0&0&0&0\\0&0&0&0\end{pmatrix},$$

求出一个基础解系为$\boldsymbol{\alpha}_2=\begin{pmatrix}1\\-1\\0\\0\end{pmatrix}$，$\boldsymbol{\alpha}_3=\begin{pmatrix}1\\0\\-1\\0\end{pmatrix}$，$\boldsymbol{\alpha}_4=\begin{pmatrix}1\\0\\0\\-1\end{pmatrix}$.

$\boldsymbol{A}$有4个线性无关的特征向量，可以对角化.

令$\boldsymbol{\Lambda}=\begin{pmatrix}-2&&&\\&2&&\\&&2&\\&&&2\end{pmatrix}$，$\boldsymbol{P}=\begin{pmatrix}1&1&1&1\\1&-1&0&0\\1&0&-1&0\\1&0&0&-1\end{pmatrix}$，则$\boldsymbol{P}^{-1}\boldsymbol{A}\boldsymbol{P}=\boldsymbol{\Lambda}$.

求出$\boldsymbol{P}^{-1}=\dfrac{1}{4}\begin{pmatrix}1&1&1&1\\1&-3&1&1\\1&1&-3&1\\1&1&1&-3\end{pmatrix}$.由$\boldsymbol{P}^{-1}\boldsymbol{A}\boldsymbol{P}=\boldsymbol{\Lambda}$可知$\boldsymbol{A}=\boldsymbol{P}\boldsymbol{\Lambda}\boldsymbol{P}^{-1}$，因此$\boldsymbol{A}^k=(\boldsymbol{P}\boldsymbol{\Lambda}\boldsymbol{P}^{-1})(\boldsymbol{P}\boldsymbol{\Lambda}\boldsymbol{P}^{-1})\cdots(\boldsymbol{P}\boldsymbol{\Lambda}\boldsymbol{P}^{-1})=\boldsymbol{P}\boldsymbol{\Lambda}^k\boldsymbol{P}^{-1}$，则

$$\boldsymbol{A}^k=\begin{pmatrix}1&1&1&1\\1&-1&0&0\\1&0&-1&0\\1&0&0&-1\end{pmatrix}\begin{pmatrix}(-2)^k&&&\\&2^k&&\\&&2^k&\\&&&2^k\end{pmatrix}\cdot\frac{1}{4}\begin{pmatrix}1&1&1&1\\1&-3&1&1\\1&1&-3&1\\1&1&1&-3\end{pmatrix}$$
$$=\begin{cases}2^k\boldsymbol{E}_4, & k\text{为偶数},\\2^{k-1}\boldsymbol{A}, & k\text{为奇数}.\end{cases}$$

例5 设矩阵$\boldsymbol{A}=\left(a_{ij}\right)_{n\times n}$是主对角线上的元素都是3的下三角矩阵，且存

在$a_{ij} \neq 0(i>j)$，问矩阵$\boldsymbol{A}$是否可以对角化?

解：设$\boldsymbol{A}=\begin{pmatrix} 3 & 0 & \cdots & 0 \\ * & 3 & \cdots & 0 \\ \vdots & \vdots & & \vdots \\ * & * & \cdots & 3 \end{pmatrix}$，其中*是不全为零的任意常数，由

$$|\lambda \boldsymbol{E}-\boldsymbol{A}|=(\lambda-3)^n,$$

求出$\lambda=3$是矩阵$\boldsymbol{A}$的n重特征值.

$3\boldsymbol{E}-\boldsymbol{A} \neq \boldsymbol{O}$，$r(3\boldsymbol{E}-\boldsymbol{A}) \geqslant 1$，因此$(3\boldsymbol{E}-\boldsymbol{A})\boldsymbol{x}=\boldsymbol{0}$的基础解系所含向量的个数不超过$n-1$个，即矩阵$\boldsymbol{A}$的线性无关的特征向量的个数不超过$n-1$个，矩阵$\boldsymbol{A}$不能对角化.

例6　设矩阵$\boldsymbol{A}=\begin{pmatrix} 1 & 2 & -3 \\ -1 & 4 & -3 \\ 1 & a & 5 \end{pmatrix}$的特征方程有一个二重根，求$a$的值，并讨论$\boldsymbol{A}$是否可相似对角化.

解：$|\lambda \boldsymbol{E}-\boldsymbol{A}|=\begin{vmatrix} \lambda-1 & -2 & 3 \\ 1 & \lambda-4 & 3 \\ -1 & -a & \lambda-5 \end{vmatrix}=(\lambda-2)(\lambda^2-8\lambda+18+3a)$，

已知$\boldsymbol{A}$有一个二重特征值，分两种情况：

(1) 若$\lambda=2$是二重根，则$2^2-16+18+3a=0$，解得$a=-2$. 由

$$|\lambda \boldsymbol{E}-\boldsymbol{A}|=(\lambda-2)(\lambda^2-8\lambda+18+3a)=(\lambda-2)^2(\lambda-6),$$

得$\boldsymbol{A}$的特征值为2,2,6. 由

$$2\boldsymbol{E}-\boldsymbol{A}=\begin{pmatrix} 1 & -2 & 3 \\ 1 & -2 & 3 \\ -1 & 2 & -3 \end{pmatrix} \rightarrow \begin{pmatrix} 1 & -2 & 3 \\ 0 & 0 & 0 \\ 0 & 0 & 0 \end{pmatrix},$$

得$r(2\boldsymbol{E}-\boldsymbol{A})=1$. 同理求出$r(6\boldsymbol{E}-\boldsymbol{A})=2$，由定理5.7可知$\boldsymbol{A}$可以相似对角化.

(2) 若$\lambda=2$不是二重根，则$\lambda^2-8\lambda+18+3a$为完全平方，从而$18+3a=16$，解得$a=-\frac{2}{3}$. 此时$|\lambda \boldsymbol{E}-\boldsymbol{A}|=(\lambda-2)(\lambda^2-8\lambda+18+3a)=(\lambda-2)(\lambda-4)^2$，求得$\boldsymbol{A}$的特征值为2,4,4. 由

$$4E-A=\begin{pmatrix}3&-2&3\\1&0&3\\-1&\frac{2}{3}&-1\end{pmatrix}\to\begin{pmatrix}3&-2&3\\1&0&3\\0&0&0\end{pmatrix},$$

得$r(4E-A)=2$，同理求出$r(2E-A)=2$，由定理5.7可知A不能相似对角化.

例7 设λ_1,λ_2是矩阵A的两个不同特征值，α_1,α_2是分别属于λ_1,λ_2的特征向量，证明$\mu_1\alpha_1+\mu_2\alpha_2(\mu_i\neq 0,i=1,2)$不是$A$的特征向量.

证明：反证法.若$\mu_1\alpha_1+\mu_2\alpha_2$是$A$的特征向量，则存在$\lambda$，满足

$$A(\mu_1\alpha_1+\mu_2\alpha_2)=\lambda(\mu_1\alpha_1+\mu_2\alpha_2).$$

由条件有$A\alpha_i=\lambda_i\alpha_i(i=1,2),A(\mu_1\alpha_1+\mu_2\alpha_2)=\mu_1\lambda_1\alpha_1+\mu_2\lambda_2\alpha_2$，故

$$\lambda(\mu_1\alpha_1+\mu_2\alpha_2)=\mu_1\lambda_1\alpha_1+\mu_2\lambda_2\alpha_2,$$

因此$\mu_1(\lambda-\lambda_1)\alpha_1+\mu_2(\lambda-\lambda_2)\alpha_2=\mathbf{0}$，$\lambda_1$，$\lambda_2$是矩阵$A$的两个不同特征值，故$\alpha_1,\alpha_2$线性无关，因此$\mu_1(\lambda-\lambda_1)=0,\mu_2(\lambda-\lambda_2)=0$，$\mu_i\neq 0(i=1,2)$，有$\lambda=\lambda_1=\lambda_2$，矛盾!

故$\mu_1\alpha_1+\mu_2\alpha_2$不是$A$的特征向量.

例8 已知矩阵A的特征值是$\lambda_1=0,\lambda_2=1,\lambda_3=3$，对应的特征向量分别为

$$\alpha_1=\begin{pmatrix}1\\1\\1\end{pmatrix},\alpha_2=\begin{pmatrix}1\\0\\-1\end{pmatrix},\alpha_3=\begin{pmatrix}1\\-2\\1\end{pmatrix},$$

求矩阵A.

解：由已知条件，矩阵A的特征向量是3维列向量，可知矩阵A是3阶矩阵，由于A有3个不同的特征值，可知A可以对角化.取$\Lambda=\begin{pmatrix}0&&\\&1&\\&&3\end{pmatrix}$，$P=\begin{pmatrix}1&1&1\\1&0&-2\\1&-1&1\end{pmatrix}$，有$P^{-1}AP=\Lambda$.求出

$$P^{-1}=\begin{pmatrix}\frac{1}{3}&\frac{1}{3}&\frac{1}{3}\\ \frac{1}{2}&0&-\frac{1}{2}\\ \frac{1}{6}&-\frac{1}{3}&\frac{1}{6}\end{pmatrix},$$

$$A=P\Lambda P^{-1}=\begin{pmatrix}1&1&1\\1&0&-2\\1&-1&1\end{pmatrix}\begin{pmatrix}0&&\\&1&\\&&3\end{pmatrix}\begin{pmatrix}\frac{1}{3}&\frac{1}{3}&\frac{1}{3}\\ \frac{1}{2}&0&-\frac{1}{2}\\ \frac{1}{6}&-\frac{1}{3}&\frac{1}{6}\end{pmatrix}=\begin{pmatrix}1&-1&0\\-1&2&-1\\0&-1&1\end{pmatrix}.$$

5.2.3　约当矩阵的概念

由定理5.4可知，不是所有的n阶矩阵都可以对角化.但是所有的n阶矩阵都可以与一种极简单的矩阵——约当矩阵相似.下面介绍有关约当矩阵的概念和一些定理，但对于这些定理将不予证明.

定义5.6　一个n阶矩阵形如

$$J_n(\lambda)=\begin{pmatrix}\lambda&1&0&\cdots&0&0\\0&\lambda&1&\cdots&0&0\\0&0&\lambda&\cdots&0&0\\\vdots&\vdots&\vdots&&\vdots&\vdots\\0&0&0&\cdots&\lambda&1\\0&0&0&\cdots&0&\lambda\end{pmatrix},$$

称为n阶约当（Jordan）块，记作$J_n(\lambda)$，其中λ为主对角线上的元素，n为矩阵的阶数.

1阶约当块就是1阶矩阵(λ).

由一些约当块组成的分块对角矩阵称为约当矩阵，即

$$J=\begin{pmatrix}J_{k_1}(\lambda_1)&O&\cdots&O\\O&J_{k_2}(\lambda_2)&\cdots&O\\\vdots&\vdots&&\vdots\\O&O&\cdots&J_{k_s}(\lambda_s)\end{pmatrix}.$$

如：$J_3(1)=\begin{pmatrix}1&1&0\\0&1&1\\0&0&1\end{pmatrix}$，$A=\begin{pmatrix}J_3(1)&O\\O&J_2(4)\end{pmatrix}=\begin{pmatrix}1&1&0&0&0\\0&1&1&0&0\\0&0&1&0&0\\0&0&0&4&1\\0&0&0&0&4\end{pmatrix}$都是约当矩阵.

对角矩阵可以看成是由1阶约当块组成的约当矩阵.

***定理5.8　复数域上任意一个n阶矩阵A一定相似于一个约当矩阵J.这个约当矩阵除去约当块的排列顺序外由A唯一决定，称为A的约当标准形.**

约当矩阵的结构是：若n阶矩阵A的特征多项式为$f(\lambda)=(\lambda-\lambda_1)^{k_1}(\lambda-\lambda_2)^{k_2}\cdots(\lambda-\lambda_s)^{k_s}$，$k_1+k_2+\cdots+k_s=n$，则约当矩阵

$$J=\begin{pmatrix}J_{k_1}(\lambda_1)&O&\cdots&O\\O&J_{k_2}(\lambda_2)&\cdots&O\\\vdots&\vdots&&\vdots\\O&O&\cdots&J_{k_s}(\lambda_s)\end{pmatrix},$$

即

$$J=\begin{pmatrix}\underbrace{\begin{matrix}\lambda_1&1&&\\&\lambda_1&\ddots&\\&&\ddots&1\\&&&\lambda_1\end{matrix}}_{k_1}&&&\\&\underbrace{\begin{matrix}\lambda_2&1&&\\&\lambda_2&\ddots&\\&&\ddots&1\\&&&\lambda_2\end{matrix}}_{k_2}&&\\&&\ddots&\\&&&\underbrace{\begin{matrix}\lambda_s&1&&\\&\lambda_s&\ddots&\\&&\ddots&1\\&&&\lambda_s\end{matrix}}_{k_s}\end{pmatrix}.$$

（证明略.）

例9 求本章第1节例2给出的矩阵$A=\begin{pmatrix}-1&1&0\\-4&3&0\\1&0&2\end{pmatrix}$的约当标准形.

解：由本章第1节例2的求解过程可知矩阵A的全部特征值为$\lambda_1=\lambda_2=1$，$\lambda_3=2$，因此由定理5.8可知，约当标准形为

$$J=\begin{pmatrix}1&1&0\\0&1&0\\0&0&2\end{pmatrix}.$$

5.3 实对称矩阵的对角化

实数域上的对称矩阵简称为实对称矩阵.由本章第2节可知，不是任何矩阵都与对角矩阵相似，然而实际中，实对称矩阵一定可以对角化，其特征值全为实数.而且对于实对称矩阵A，存在正交矩阵T，使得$T^{-1}AT$为对角矩阵.

5.3.1 实对称矩阵的特征值和特征向量

定理5.9 实对称矩阵的特征值都是实数.

证明：设A为n阶实对称矩阵，称λ为矩阵A的特征值，设$\lambda=a+bi(i^2=-1)$，$\alpha+i\beta$为矩阵A的属于特征值λ的复特征向量，则

$$A(\alpha+i\beta)=A\alpha+iA\beta=(a+ib)(\alpha+i\beta)=(a\alpha-b\beta)+i(a\beta+b\alpha),$$

由复数的相等：

$$A\alpha=a\alpha-b\beta,A\beta=a\beta+b\alpha,$$

$$\beta^{T}A\alpha=a\beta^{T}\alpha-b\beta^{T}\beta,\alpha^{T}A\beta=a\alpha^{T}\beta+b\alpha^{T}\alpha,$$

由于A为实对称矩阵，且$\beta^{T}A\alpha$是数，因此$\beta^{T}A\alpha=(\beta^{T}A\alpha)^{T}=\alpha^{T}A\beta$，故$a\beta^{T}\alpha-b\beta^{T}\beta=a\alpha^{T}\beta+b\alpha^{T}\alpha$，化简得$b(\alpha^{T}\alpha+\beta^{T}\beta)=0$，由$\alpha+i\beta$为特征向量，必有$\alpha^{T}\alpha+\beta^{T}\beta>0$，因此$b=0$，即$\lambda$为实数.

定理5.10 实对称矩阵属于不同特征值的特征向量是正交的.

证明：设λ_1,λ_2是实对称矩阵A的不同特征值，α_1,α_2是分别属于λ_1,λ_2的特征向量，有$A\alpha_i=\lambda_i\alpha_i(i=1,2)$，$A=A^{T}$，则

$$\lambda_1[\alpha_1,\alpha_2]=[\lambda_1\alpha_1,\alpha_2]=[A\alpha_1,\alpha_2]=(A\alpha_1)^{T}\alpha_2=\alpha_1^{T}A^{T}\alpha_2=\alpha_1^{T}A\alpha_2;$$

$$\lambda_2[\boldsymbol{\alpha}_1,\boldsymbol{\alpha}_2]=[\boldsymbol{\alpha}_1,\lambda_2\boldsymbol{\alpha}_2]=[\boldsymbol{\alpha}_1,\boldsymbol{A}\boldsymbol{\alpha}_2]=\boldsymbol{\alpha}_1^{\mathrm{T}}\boldsymbol{A}\boldsymbol{\alpha}_2,$$

因此 $\lambda_1[\boldsymbol{\alpha}_1,\boldsymbol{\alpha}_2]=\lambda_2[\boldsymbol{\alpha}_1,\boldsymbol{\alpha}_2]$，于是 $(\lambda_1-\lambda_2)[\boldsymbol{\alpha}_1,\boldsymbol{\alpha}_2]=0$，由于 $\lambda_1\neq\lambda_2$，因此 $[\boldsymbol{\alpha}_1,\boldsymbol{\alpha}_2]=0$，即 $\boldsymbol{\alpha}_1,\boldsymbol{\alpha}_2$ 正交.

5.3.2 实对称矩阵的对角化的相关结论

定义 5.7 对于 n 阶矩阵 $\boldsymbol{A}$ 与 $\boldsymbol{B}$，如果存在一个正交矩阵 $\boldsymbol{T}$，使得 $\boldsymbol{T}^{-1}\boldsymbol{A}\boldsymbol{T}=\boldsymbol{B}$，则称 $\boldsymbol{A}$ 正交相似于 $\boldsymbol{B}$.

定理 5.11 实对称矩阵一定正交相似于对角矩阵.

证明： 对实对称矩阵的阶数 n 作数学归纳法.

当 n=1 时，(a) 已经是对角矩阵，且 $\boldsymbol{E}_1^{-1}(a)\boldsymbol{E}_1=(a)$.

假设任意 n–1 阶实对称矩阵都能正交相似于对角矩阵.现在看 n 阶实对称矩阵 $\boldsymbol{A}$.

取 $\boldsymbol{A}$ 的一个特征值 λ_1（由定理 5.8 知肯定可以取到），取 $\boldsymbol{A}$ 的属于特征值 λ_1 的一个特征向量 $\boldsymbol{\eta}_1$，且 $\|\boldsymbol{\eta}_1\|=1$.$\boldsymbol{\eta}_1$ 可以扩充成 $\mathbf{R}^n$ 的一个正交基（定理 4.9），再经过标准化，可以得到 $\mathbf{R}^n$ 的一个标准正交基 $\boldsymbol{\eta}_1,\boldsymbol{\eta}_2,\cdots,\boldsymbol{\eta}_n$（其中 $\boldsymbol{\eta}_2,\cdots,\boldsymbol{\eta}_n$ 不一定是矩阵 $\boldsymbol{A}$ 的特征向量），令

$$\boldsymbol{T}_1=(\boldsymbol{\eta}_1,\boldsymbol{\eta}_2,\cdots,\boldsymbol{\eta}_n),$$

则 $\boldsymbol{T}_1$ 是 n 阶正交矩阵.有

$$\boldsymbol{T}_1^{-1}\boldsymbol{A}\boldsymbol{T}_1=\boldsymbol{T}_1^{-1}(\boldsymbol{A}\boldsymbol{\eta}_1,\boldsymbol{A}\boldsymbol{\eta}_2,\cdots,\boldsymbol{A}\boldsymbol{\eta}_n)=(\boldsymbol{T}_1^{-1}\lambda_1\boldsymbol{\eta}_1,\boldsymbol{T}_1^{-1}\boldsymbol{A}\boldsymbol{\eta}_2,\cdots,\boldsymbol{T}_1^{-1}\boldsymbol{A}\boldsymbol{\eta}_n),$$

因为 $\boldsymbol{T}_1^{-1}\boldsymbol{T}_1=\boldsymbol{E}_n$，所以

$$\boldsymbol{T}_1^{-1}\boldsymbol{T}_1=\boldsymbol{T}_1^{-1}(\boldsymbol{\eta}_1,\boldsymbol{\eta}_2,\cdots,\boldsymbol{\eta}_n)=(\boldsymbol{\varepsilon}_1,\boldsymbol{\varepsilon}_2,\cdots,\boldsymbol{\varepsilon}_n).$$

于是 $\boldsymbol{T}_1^{-1}\boldsymbol{\eta}_1=\boldsymbol{\varepsilon}_1$，所以 $\boldsymbol{T}_1^{-1}\boldsymbol{A}\boldsymbol{T}_1$ 的第 1 列是 $\lambda_1\boldsymbol{\varepsilon}_1$.因此可以设

$$\boldsymbol{T}_1^{-1}\boldsymbol{A}\boldsymbol{T}_1=\begin{pmatrix}\lambda_1 & a\\ \mathbf{0} & \boldsymbol{B}\end{pmatrix}.$$

由于 $\boldsymbol{T}_1$ 是正交矩阵，$\boldsymbol{A}$ 为实对称矩阵，因此 $\boldsymbol{T}_1^{-1}\boldsymbol{A}\boldsymbol{T}_1$ 也是实对称矩阵，因此 $a=0$，且矩阵 $\boldsymbol{B}$ 为 n–1 阶实对称矩阵，根据归纳假设，有 n–1 阶正交矩阵 $\boldsymbol{T}_2$，使得

$$\boldsymbol{T}_2^{-1}\boldsymbol{B}\boldsymbol{T}_2=\mathrm{diag}(\lambda_2,\cdots,\lambda_n),$$

令
$$\boldsymbol{T}=\boldsymbol{T}_1\begin{pmatrix}1&\boldsymbol{0}\\\boldsymbol{0}&\boldsymbol{T}_2\end{pmatrix},$$
由于$\boldsymbol{T}_1$和$\begin{pmatrix}1&\boldsymbol{0}\\\boldsymbol{0}&\boldsymbol{T}_2\end{pmatrix}$都是正交矩阵，因此$\boldsymbol{T}$是$n$阶正交矩阵，并且有
$$\begin{aligned}\boldsymbol{T}^{-1}\boldsymbol{A}\boldsymbol{T}&=\begin{pmatrix}1&\boldsymbol{0}\\\boldsymbol{0}&\boldsymbol{T}_2\end{pmatrix}^{-1}\boldsymbol{T}_1^{-1}\boldsymbol{A}\boldsymbol{T}_1\begin{pmatrix}1&\boldsymbol{0}\\\boldsymbol{0}&\boldsymbol{T}_2\end{pmatrix}=\begin{pmatrix}1&\boldsymbol{0}\\\boldsymbol{0}&\boldsymbol{T}_2^{-1}\end{pmatrix}\begin{pmatrix}\lambda_1&\boldsymbol{0}\\\boldsymbol{0}&\boldsymbol{B}\end{pmatrix}\begin{pmatrix}1&\boldsymbol{0}\\\boldsymbol{0}&\boldsymbol{T}_2\end{pmatrix}\\&=\begin{pmatrix}\lambda_1&\boldsymbol{0}\\\boldsymbol{0}&\boldsymbol{T}_2^{-1}\boldsymbol{B}\boldsymbol{T}_2\end{pmatrix}=\operatorname{diag}(\lambda_1,\lambda_2,\cdots,\lambda_n).\end{aligned}$$

由数学归纳法，对任意正整数n，任一个n阶实对称矩阵都正交相似于对角矩阵.

由定理5.11可知，对于n阶实对称矩阵$\boldsymbol{A}$，一定能找到一个正交矩阵$\boldsymbol{T}$，使得$\boldsymbol{T}^{-1}\boldsymbol{A}\boldsymbol{T}$为对角矩阵.具体做法如下：

第一步，计算$\boldsymbol{A}$的特征多项式$|\lambda\boldsymbol{E}-\boldsymbol{A}|$，求出它的全部不同特征值$\lambda_1,\lambda_2,\cdots,\lambda_m$.

第二步，对于$\boldsymbol{A}$的每一个特征值$\lambda_j(j=1,2,\cdots,m)$，求齐次线性方程组$(\lambda_j\boldsymbol{E}-\boldsymbol{A})\boldsymbol{x}=\boldsymbol{0}$的一个基础解系：$\boldsymbol{\alpha}_{j1},\boldsymbol{\alpha}_{j2},\cdots,\boldsymbol{\alpha}_{jr_j}$；然后把$\boldsymbol{\alpha}_{j1},\boldsymbol{\alpha}_{j2},\cdots,\boldsymbol{\alpha}_{jr_j}$进行施密特正交化和单位化，得$\boldsymbol{\eta}_{j1},\boldsymbol{\eta}_{j2},\cdots,\boldsymbol{\eta}_{jr_j}$.它们与$\boldsymbol{\alpha}_{j1},\boldsymbol{\alpha}_{j2},\cdots,\boldsymbol{\alpha}_{jr_j}$等价，也是$\boldsymbol{A}$的属于特征值$\lambda_j$的特征向量，并且它们是正交单位向量组.

第三步，令
$$\boldsymbol{T}=(\boldsymbol{\eta}_{11},\boldsymbol{\eta}_{12},\cdots,\boldsymbol{\eta}_{1r_1},\cdots,\boldsymbol{\eta}_{m1},\boldsymbol{\eta}_{m2},\cdots,\boldsymbol{\eta}_{mr_m}),$$
由于矩阵$\boldsymbol{A}$可以对角化，因此$r_1+r_2+\cdots+r_m=n$.从而$\boldsymbol{T}$为n阶矩阵.

由定理5.10可知，$\boldsymbol{T}$的列向量组是正交单位向量组，从而$\boldsymbol{T}$为n阶正交矩阵.因为$\boldsymbol{T}$的列向量都是$\boldsymbol{A}$的特征向量，因此
$$\boldsymbol{T}^{-1}\boldsymbol{A}\boldsymbol{T}=\operatorname{diag}(\underbrace{\lambda_1,\lambda_1,\cdots,\lambda_1}_{r_1},\cdots,\underbrace{\lambda_m,\lambda_m,\cdots,\lambda_m}_{r_m}).$$

例1　设矩阵$\boldsymbol{A}=\begin{pmatrix}1&-2&2\\-2&-2&4\\2&4&-2\end{pmatrix}$，求正交矩阵$\boldsymbol{T}$，使得$\boldsymbol{T}^{-1}\boldsymbol{A}\boldsymbol{T}$为对角矩阵.

解：
$$|\lambda\boldsymbol{E}-\boldsymbol{A}|=\begin{vmatrix}\lambda-1&2&-2\\2&\lambda+2&-4\\-2&-4&\lambda+2\end{vmatrix}=(\lambda-2)^2(\lambda+7),$$
矩阵$\boldsymbol{A}$的全部特征值为$\lambda_1=\lambda_2=2$(二重)，$\lambda_3=-7$.

对于特征值2，解齐次线性方程组$(2\boldsymbol{E}-\boldsymbol{A})\boldsymbol{x}=\boldsymbol{0}$，

$$2E - A = \begin{pmatrix} 1 & 2 & -2 \\ 2 & 4 & -4 \\ -2 & -4 & 4 \end{pmatrix} \to \begin{pmatrix} 1 & 2 & -2 \\ 0 & 0 & 0 \\ 0 & 0 & 0 \end{pmatrix},$$

得到线性无关的特征向量

$$\boldsymbol{\alpha}_1 = \begin{pmatrix} 2 \\ -1 \\ 0 \end{pmatrix}, \boldsymbol{\alpha}_2 = \begin{pmatrix} 2 \\ 0 \\ 1 \end{pmatrix},$$

用施密特正交化方法，先正交化，取

$$\boldsymbol{\beta}_1 = \boldsymbol{\alpha}_1, \boldsymbol{\beta}_2 = \boldsymbol{\alpha}_2 - \frac{[\boldsymbol{\alpha}_2, \boldsymbol{\beta}_1]}{[\boldsymbol{\beta}_1, \boldsymbol{\beta}_1]}\boldsymbol{\beta}_1 = \begin{pmatrix} 2 \\ 0 \\ 1 \end{pmatrix} - \frac{4}{5}\begin{pmatrix} 2 \\ -1 \\ 0 \end{pmatrix} = \frac{1}{5}\begin{pmatrix} 2 \\ 4 \\ 5 \end{pmatrix}.$$

再将正交向量$\boldsymbol{\beta}_1, \boldsymbol{\beta}_2$单位化，$\boldsymbol{\eta}_1 = \dfrac{\boldsymbol{\beta}_1}{\|\boldsymbol{\beta}_1\|} = \begin{pmatrix} \frac{2\sqrt{5}}{5} \\ -\frac{\sqrt{5}}{5} \\ 0 \end{pmatrix}$，$\boldsymbol{\eta}_2 = \dfrac{\boldsymbol{\beta}_2}{\|\boldsymbol{\beta}_2\|} = \begin{pmatrix} \frac{2\sqrt{5}}{15} \\ \frac{4\sqrt{5}}{15} \\ \frac{\sqrt{5}}{3} \end{pmatrix}$.

对于特征值-7，解齐次线性方程组$(-7\boldsymbol{E} - \boldsymbol{A})\boldsymbol{x} = \boldsymbol{0}$，

$$-7E - A = \begin{pmatrix} -8 & 2 & -2 \\ 2 & -5 & -4 \\ -2 & -4 & -5 \end{pmatrix} \to \begin{pmatrix} 1 & 0 & \frac{1}{2} \\ 0 & 1 & 1 \\ 0 & 0 & 0 \end{pmatrix},$$

得特征向量为$\boldsymbol{\alpha}_3 = \begin{pmatrix} 1 \\ 2 \\ -2 \end{pmatrix}$，单位化得$\boldsymbol{\eta}_3 = \dfrac{\boldsymbol{\alpha}_3}{\|\boldsymbol{\alpha}_3\|} = \begin{pmatrix} \frac{1}{3} \\ \frac{2}{3} \\ -\frac{2}{3} \end{pmatrix}$.

取正交矩阵$\boldsymbol{T} = \begin{pmatrix} \frac{2\sqrt{5}}{5} & \frac{2\sqrt{5}}{15} & \frac{1}{3} \\ -\frac{\sqrt{5}}{5} & \frac{4\sqrt{5}}{15} & \frac{2}{3} \\ 0 & \frac{\sqrt{5}}{3} & -\frac{2}{3} \end{pmatrix}$，则

$$\boldsymbol{T}^{-1}\boldsymbol{A}\boldsymbol{T} = \mathrm{diag}(\lambda_1, \lambda_2, \lambda_3) = \mathrm{diag}(2,2,-7).$$

例2　设A为3阶实对称矩阵，且存在可逆矩阵$P=\begin{pmatrix}1&b&-2\\a&a+1&-5\\2&1&1\end{pmatrix}$，使得$P^{-1}AP=\begin{pmatrix}1&&\\&2&\\&&-1\end{pmatrix}$. A^*有特征值λ_0，λ_0对应的特征向量为$\alpha=\begin{pmatrix}2\\5\\-1\end{pmatrix}$.

求：(1) λ_0的值；(2) $(A^*)^{-1}$；(3) $|A^*+E|$.

解: (1) 令$\alpha_1=\begin{pmatrix}1\\a\\2\end{pmatrix},\alpha_2=\begin{pmatrix}b\\a+1\\1\end{pmatrix},\alpha_3=\begin{pmatrix}-2\\-5\\1\end{pmatrix}$, $P=(\alpha_1,\alpha_2,\alpha_3)$, $\Lambda=\mathrm{diag}(1,2,-1)$.

由已知条件有$AP=P\Lambda$，因此

$$A(\alpha_1,\alpha_2,\alpha_3)=(1\cdot\alpha_1,2\cdot\alpha_2,-1\cdot\alpha_3),$$

即$\alpha_1,\alpha_2,\alpha_3$分别是属于特征值$\lambda_1=1,\lambda_2=2,\lambda_3=-1$的特征向量. A为3阶实对称矩阵，由定理5.10，$\alpha_1^{\mathrm{T}}\cdot\alpha_3=0$，$\alpha_2^{\mathrm{T}}\cdot\alpha_3=0$，即

$$\begin{cases}-2-5a+2=0,\\-2b-5(a+1)+1=0,\end{cases}$$

解出$a=0,b=-2$.

又因为$A^*\alpha=\lambda_0\alpha$，$\alpha=-\alpha_3$，于是有$A^*(-\alpha_3)=\lambda_0(-\alpha_3)$，即$A^*\alpha_3=\lambda_0\alpha_3$，从而$AA^*\alpha_3=\lambda_0A\alpha_3,|A|\alpha_3=\lambda_0A\alpha_3,$可见$A\alpha_3=\dfrac{|A|}{\lambda_0}\alpha_3=-\dfrac{2}{\lambda_0}\alpha_3$，由此得$-\dfrac{2}{\lambda_0}=\lambda_3=-1$，求出$\lambda_0=2$.

(2) 由已知有$A=P\Lambda P^{-1}$，因此

$$A=\begin{pmatrix}1&-2&-2\\0&1&-5\\2&1&1\end{pmatrix}\begin{pmatrix}1&&\\&2&\\&&-1\end{pmatrix}\begin{pmatrix}1&-2&-2\\0&1&-5\\2&1&1\end{pmatrix}^{-1}=\begin{pmatrix}\frac{7}{5}&-1&-\frac{1}{5}\\-1&-\frac{1}{2}&\frac{1}{2}\\-\frac{1}{5}&\frac{1}{2}&\frac{11}{10}\end{pmatrix},$$

又$|A|=1\times2\times(-1)=-2$，因此

$$(A^*)^{-1}=\frac{1}{|A|}A=-\frac{1}{2}A=\begin{pmatrix}-\frac{7}{10}&\frac{1}{2}&\frac{1}{10}\\\frac{1}{2}&\frac{1}{4}&-\frac{1}{4}\\\frac{1}{10}&-\frac{1}{4}&-\frac{11}{20}\end{pmatrix}.$$

(3) 由$A\boldsymbol{\alpha}_i=\lambda_i\boldsymbol{\alpha}_i, i=1,2,3$，有$A^*\boldsymbol{\alpha}_i=\frac{|A|}{\lambda_i}\boldsymbol{\alpha}_i$,进而有$\left(A^*+E\right)\boldsymbol{\alpha}_i=\left(\frac{|A|}{\lambda_i}+1\right)\boldsymbol{\alpha}_i$，可见$A^*+E$的特征值为$\mu_i=\frac{|A|}{\lambda_i}+1=\frac{-2}{\lambda_i}+1$，即$\mu_1=-1,\mu_2=0,\mu_3=3$, 故$\left|A^*+E\right|=\mu_1\mu_2\mu_3=0$.

例3 设n阶矩阵A满足$A^2=2A$，证明A可以对角化.

证明： 由第3章第5节例2可知

$$n=r(2E)=r(2E-A+A)\leqslant r(2E-A)+r(A);$$

由$A^2=2A$得$(2E-A)A=O$，由第3章第5节例2可知

$$r[(2E-A)A]\leqslant r(2E-A)+r(A)\leqslant n,$$

因此$r(2E-A)+r(A)=n$. (5.10)

设$r(A)=r$，有$r(2E-A)=n-r$；$A=(\boldsymbol{\alpha}_1,\cdots,\boldsymbol{\alpha}_n)$，$\boldsymbol{\alpha}_{i_1},\cdots,\boldsymbol{\alpha}_{i_r}$是列向量组$\boldsymbol{\alpha}_1,\cdots,\boldsymbol{\alpha}_n$的极大无关组，$2E-A=(\boldsymbol{\beta}_1,\cdots,\boldsymbol{\beta}_n)$,$\boldsymbol{\beta}_{j_1},\cdots,\boldsymbol{\beta}_{j_{n-r}}$是列向量组$\boldsymbol{\beta}_1,\cdots,\boldsymbol{\beta}_n$的极大无关组.

下面证明A有n个线性无关的特征向量.

设λ是A的特征值，$\boldsymbol{\alpha}$是对应的特征向量. 由$A^2=2A$，$A^2\boldsymbol{\alpha}=\lambda^2\boldsymbol{\alpha}=2\lambda\boldsymbol{\alpha}$，故$\lambda^2-2\lambda=0$，因此$\lambda=0$或$\lambda=2$.

由$A(2E-A)=O$可知，$2E-A$的列向量$\boldsymbol{\beta}_1,\cdots,\boldsymbol{\beta}_n$是$A\boldsymbol{x}=\boldsymbol{0}$的解，由(5.10)可知，$\boldsymbol{\beta}_{j_1},\cdots,\boldsymbol{\beta}_{j_{n-r}}$是$A\boldsymbol{x}=\boldsymbol{0}$的一个基础解系.

同理，$\boldsymbol{\alpha}_{i_1},\cdots,\boldsymbol{\alpha}_{i_r}$是$(2E-A)\boldsymbol{x}=\boldsymbol{0}$的一个基础解系.

再由定理5.6可知，$\boldsymbol{\alpha}_{i_1},\cdots,\boldsymbol{\alpha}_{i_r},\boldsymbol{\beta}_{j_1},\cdots,\boldsymbol{\beta}_{j_{n-r}}$构成$A$的$n$个线性无关的特征向量.

因此A可以对角化.

例4 设A为n阶实对称矩阵，$\lambda_1\geqslant\lambda_2\geqslant\cdots\geqslant\lambda_n$是$A$的$n$个特征值，$\boldsymbol{\alpha}_i$是特征值$\lambda_i$对应的特征向量$(i=1,2,\cdots,n)$，且满足$\boldsymbol{\alpha}_i^{\mathrm{T}}\cdot\boldsymbol{\alpha}_j=\begin{cases}0, & i\neq j,\\ 1, & i=j,\end{cases}$$\boldsymbol{\alpha}$是任意一个非零$n$维列向量，证明：$\lambda_n\leqslant\frac{\boldsymbol{\alpha}^{\mathrm{T}}A\boldsymbol{\alpha}}{\boldsymbol{\alpha}^{\mathrm{T}}\boldsymbol{\alpha}}\leqslant\lambda_1$.

证明： 设$\Lambda=\operatorname{diag}(\lambda_1,\lambda_2,\cdots,\lambda_n)$，$P=\left(\boldsymbol{\alpha}_1,\boldsymbol{\alpha}_2,\cdots,\boldsymbol{\alpha}_n\right)$，则由已知条件知，$P$为正交矩阵，且

$$A = P\mathrm{diag}(\lambda_1,\lambda_2,\cdots,\lambda_n)P^{\mathrm{T}}.$$

对于任一个n维列向量$\boldsymbol{\alpha} \neq \mathbf{0}$，令

$$\boldsymbol{\eta} = \frac{P^{\mathrm{T}}\boldsymbol{\alpha}}{\sqrt{\boldsymbol{\alpha}^{\mathrm{T}}\boldsymbol{\alpha}}} = (y_1, y_2, \cdots, y_n)^{\mathrm{T}},$$

则$\boldsymbol{\eta}^{\mathrm{T}}\boldsymbol{\eta} = 1$，并且

$$\begin{aligned}\frac{\boldsymbol{\alpha}^{\mathrm{T}}A\boldsymbol{\alpha}}{\boldsymbol{\alpha}^{\mathrm{T}}\boldsymbol{\alpha}} &= \frac{(P^{\mathrm{T}}\boldsymbol{\alpha})^{\mathrm{T}}}{\sqrt{\boldsymbol{\alpha}^{\mathrm{T}}\boldsymbol{\alpha}}}\mathrm{diag}(\lambda_1, \lambda_2, \cdots, \lambda_n)\frac{P^{\mathrm{T}}\boldsymbol{\alpha}}{\sqrt{\boldsymbol{\alpha}^{\mathrm{T}}\boldsymbol{\alpha}}}, \\ &= \boldsymbol{\eta}^{\mathrm{T}}\mathrm{diag}(\lambda_1, \lambda_2, \cdots, \lambda_n)\boldsymbol{\eta} = \sum_{i=1}^{n}\lambda_i y_i^2,\end{aligned}$$

于是

$$\lambda_n = \lambda_n\sum_{i=1}^{n}y_i^2 \leqslant \sum_{i=1}^{n}\lambda_i y_i^2 \leqslant \lambda_1\sum_{i=1}^{n}y_i^2 = \lambda_1.$$

习　题　五

1. 若矩阵$A=\begin{pmatrix}2 & 0 & x\\0 & 4 & 0\\1 & 0 & 1\end{pmatrix}$，且$A$有一个特征值为0，求$x$及$A$的其他特征值.

2. 已知矩阵$A=\begin{pmatrix}3 & 2 & -1\\-2 & -2 & a\\b & 6 & -1\end{pmatrix}$，如果$A$的特征值$\lambda_1$对应的特征向量为$(1, -2, -3)^{\mathrm{T}}$，求$a, b$和$\lambda_1$的值.

3. 求矩阵A的特征值和特征向量.

（1）$A=\begin{pmatrix}3 & 4\\5 & 2\end{pmatrix}$；　（2）$A=\begin{pmatrix}2 & -2 & 0\\-2 & 1 & -2\\0 & -2 & 0\end{pmatrix}$；　（3）$A=\begin{pmatrix}5 & -1 & -1\\3 & 1 & -1\\4 & -2 & 1\end{pmatrix}$；

（4）$A=\begin{pmatrix}2 & 0 & 0\\1 & 1 & 1\\1 & -1 & 3\end{pmatrix}$；（5）$A=\begin{pmatrix}0 & 0 & 1\\0 & 1 & 0\\1 & 0 & 0\end{pmatrix}$；　（6）$A=\begin{pmatrix}1 & 2 & 3 & 4\\0 & 1 & 2 & 3\\0 & 0 & 1 & 2\\0 & 0 & 0 & 1\end{pmatrix}$；

（7）$A=\begin{pmatrix}5 & 6 & -3\\-1 & 0 & 1\\1 & 2 & -1\end{pmatrix}$；（8）$A=\begin{pmatrix}1 & 1 & 1 & 1\\1 & 1 & -1 & -1\\1 & -1 & 1 & -1\\1 & -1 & -1 & 1\end{pmatrix}$；（9）$A=\begin{pmatrix}1 & 3 & 1 & 2\\0 & -1 & 1 & 3\\0 & 0 & 2 & 5\\0 & 0 & 0 & 2\end{pmatrix}$.

4. 已知3阶矩阵$\boldsymbol{A}$的特征值为1,2,3, $\boldsymbol{B}=\boldsymbol{A}^3-5\boldsymbol{A}^2+7\boldsymbol{E}$，求矩阵$\boldsymbol{B}$的特征值和$|\boldsymbol{B}|$.

5. 设3阶矩阵$\boldsymbol{A}$的特征值为−2,1,2, $\boldsymbol{B}=\boldsymbol{A}^2-\boldsymbol{A}+\boldsymbol{E}$，求$|\boldsymbol{B}|$的值.

6. 设4阶矩阵$\boldsymbol{A}$满足$\left|\sqrt{2}\,\boldsymbol{E}+\boldsymbol{A}\right|=0$，$\boldsymbol{A}\boldsymbol{A}^{\mathrm{T}}=2\boldsymbol{E}$，$|\boldsymbol{A}|<0$. 求$\boldsymbol{A}^*$的一个特征值.

7. 设$\boldsymbol{A}$为2阶矩阵，$\boldsymbol{\alpha}_1,\boldsymbol{\alpha}_2$是两个线性无关的2维列向量，$\boldsymbol{A}\boldsymbol{\alpha}_1=\boldsymbol{0}, \boldsymbol{A}\boldsymbol{\alpha}_2=2\boldsymbol{\alpha}_1+\boldsymbol{\alpha}_2$，求$\boldsymbol{A}$的非零特征值.

8. 已知3阶矩阵$\boldsymbol{A}$的特征值为$-1,1,\dfrac{1}{3}$，对应的特征向量是$\boldsymbol{\alpha}_1,\boldsymbol{\alpha}_2,\boldsymbol{\alpha}_3$，矩阵$\boldsymbol{P}=(2\boldsymbol{\alpha}_2,\boldsymbol{\alpha}_1,2\boldsymbol{\alpha}_3)$，求$\boldsymbol{P}^{-1}\boldsymbol{A}^{-1}\boldsymbol{P}$.

9. 已知4阶矩阵$\boldsymbol{A}$与$\boldsymbol{B}$相似，$\boldsymbol{B}^*$的特征值为1,−1,2,4，求$\left||\boldsymbol{A}|\boldsymbol{A}^{\mathrm{T}}\right|$.

10. 证明：方阵$\boldsymbol{A}$满足$\boldsymbol{A}^2=\boldsymbol{A}$，则$\boldsymbol{A}$的特征值只有0或1.

11. 若n阶正交矩阵$\boldsymbol{A}$满足$|\boldsymbol{A}|=-1$，证明：−1是$\boldsymbol{A}$的一个特征值.

12. 已知n阶方阵$\boldsymbol{A}$可逆，证明：$\boldsymbol{A}$的特征值不等于0.

13. 已知矩阵$\boldsymbol{A}=\begin{pmatrix}2&0&0\\0&0&1\\0&1&x\end{pmatrix}$, $\boldsymbol{B}=\begin{pmatrix}2&0&0\\0&y&0\\0&0&-1\end{pmatrix}$, 如果$\boldsymbol{A}$和$\boldsymbol{B}$相似，求$x,y$的值.

14. $\boldsymbol{A}$是3阶矩阵，有三个互不相等的正特征值，且$\boldsymbol{B}=(\boldsymbol{A}^*)^2-4\boldsymbol{E}$的特征值为0,5,32, 证明：$\boldsymbol{A}$可逆，且$\boldsymbol{A}^{-1}$可对角化，并求与$\boldsymbol{A}^{-1}$相似的对角矩阵.

15. 设$\boldsymbol{A},\boldsymbol{B}$分别为$m\times n$，$n\times m$矩阵，证明：$\boldsymbol{AB}$与$\boldsymbol{BA}$有相同的非零特征值.

16. 设n阶矩阵$\boldsymbol{A}$和$\boldsymbol{B}$相似，证明：$k\boldsymbol{A}$和$k\boldsymbol{B}$相似（其中k为任意常数）；$\boldsymbol{A}^m$与$\boldsymbol{B}^m$相似（其中m为正整数）.

17. 如果n阶矩阵$\boldsymbol{A}$和$\boldsymbol{B}$相似，设$f(x)=a_0x^m+a_1x^{m-1}+\cdots+a_{m-1}x+a_m$，证明：$f(\boldsymbol{A})\sim f(\boldsymbol{B})$.

18. 设$\boldsymbol{A}$，$\boldsymbol{B}$均为n阶矩阵，如果矩阵$\boldsymbol{A}$可逆，证明：$\boldsymbol{AB}\sim\boldsymbol{BA}$.

19. 证明：如果矩阵$\boldsymbol{A}_1\sim\boldsymbol{B}_1$，$\boldsymbol{A}_2\sim\boldsymbol{B}_2$，则$\begin{pmatrix}\boldsymbol{A}_1&\boldsymbol{O}\\\boldsymbol{O}&\boldsymbol{A}_2\end{pmatrix}\sim\begin{pmatrix}\boldsymbol{B}_1&\boldsymbol{O}\\\boldsymbol{O}&\boldsymbol{B}_2\end{pmatrix}$.

20. 证明：不为零的幂零矩阵$\boldsymbol{A}$不能对角化（存在正整数k，满足$\boldsymbol{A}^k=\boldsymbol{O}$）.

21. 判断第3题的矩阵$\boldsymbol{A}$是否与对角矩阵相似，若与对角矩阵相似，请写出满足$\boldsymbol{P}^{-1}\boldsymbol{AP}=\boldsymbol{\Lambda}$的可逆矩阵$\boldsymbol{P}$及对角矩阵$\boldsymbol{\Lambda}$.

22. 设3阶矩阵$\boldsymbol{A}=\begin{pmatrix}1 & -1 & 1\\ 2 & 4 & -2\\ -3 & -3 & a\end{pmatrix}$，$\boldsymbol{B}=\begin{pmatrix}b & & \\ & 2 & \\ & & 2\end{pmatrix}$，如果$\boldsymbol{A},\boldsymbol{B}$相似，求$a$，$b$和可逆矩阵$\boldsymbol{P}$，使$\boldsymbol{P}^{-1}\boldsymbol{AP}=\boldsymbol{B}$.

23. 设$\boldsymbol{A}=\begin{pmatrix}a_{11} & a_{12} & a_{13} & a_{14}\\ 0 & a_{22} & a_{23} & a_{24}\\ 0 & 0 & a_{33} & a_{34}\\ 0 & 0 & 0 & a_{44}\end{pmatrix}$，其中$a_{ii}(i=1,2,3,4)$两两不同，判断$\boldsymbol{A}$是否可对角化?

24. 证明：如果任意非零列向量都是n阶矩阵$\boldsymbol{A}$的特征向量，则$\boldsymbol{A}$为数量矩阵.

25. n阶方阵$\boldsymbol{A}$称为幂零矩阵：如果$\boldsymbol{A}$的某个正整数次幂等于零矩阵，即存在一个正整数l，使得$\boldsymbol{A}^{l}=\boldsymbol{O}$.证明：(1) 与幂零矩阵相似的矩阵仍是幂零矩阵；(2) 非零幂零矩阵的特征值为0.

26. 设$\lambda_1,\lambda_2,\lambda_3$是3阶矩阵$\boldsymbol{A}$的三个不同特征值，$\boldsymbol{\alpha}_1,\boldsymbol{\alpha}_2,\boldsymbol{\alpha}_3$是分别属于$\lambda_1,\lambda_2,\lambda_3$的特征向量，令$\boldsymbol{\beta}=\boldsymbol{\alpha}_1+\boldsymbol{\alpha}_2+\boldsymbol{\alpha}_3$，证明：$\boldsymbol{\beta},\boldsymbol{A\beta},\boldsymbol{A}^2\boldsymbol{\beta}$线性无关.

27. 设$\lambda_1=12$是矩阵$\boldsymbol{A}=\begin{pmatrix}7 & 4 & -1\\ 4 & 7 & -1\\ -4 & a & 4\end{pmatrix}$的一个特征值，求$a$的值和矩阵$\boldsymbol{A}$的其他特征值.

28. 已知矩阵$\boldsymbol{A}=\begin{pmatrix}1 & a & 1\\ a & 1 & b\\ 1 & b & 1\end{pmatrix}$的秩为1，$(0,1,-1)^{\mathrm{T}}$是$\boldsymbol{A}$的一个特征向量.

(1) 求参数a，b；(2) 求可逆矩阵$\boldsymbol{P}$和对角矩阵$\boldsymbol{\Lambda}$，使得$\boldsymbol{P}^{-1}\boldsymbol{AP}=\boldsymbol{\Lambda}$.

29. 设3阶矩阵$\boldsymbol{A}=\begin{pmatrix}a & -2 & 0\\ b & 1 & -2\\ c & -2 & 0\end{pmatrix}$的三个特征值为4,1,−2，求$a,b,c$的值.

30. 设$\boldsymbol{\alpha}=(1,k,1)^{\mathrm{T}}$是矩阵$\boldsymbol{A}=\begin{pmatrix}2 & 1 & 1\\ 1 & 2 & 1\\ 1 & 1 & 2\end{pmatrix}$的逆矩阵$\boldsymbol{A}^{-1}$的一个特征向量，求$k$的值和矩阵$\boldsymbol{A}^{-1}$的特征值.

31. 已知3阶矩阵$\boldsymbol{A}$的三个特征值为2,1,−1，对应的特征向量为$(1,0,-1)^{\mathrm{T}}$，$(1,-1,0)^{\mathrm{T}},(1,0,1)^{\mathrm{T}}$，求矩阵$\boldsymbol{A}$.

32. 设矩阵 $A=\begin{pmatrix} a & -1 & c \\ 5 & b & 3 \\ 1-c & 0 & -a \end{pmatrix}$，已知 $|A|=1$，且 A^* 有一个特征值 λ_0 对应的特征向量为 $\alpha=(-1,-1,1)^{\mathrm{T}}$，求 a,b,c 的值和 λ_0.

33. 设矩阵 $A=\begin{pmatrix} 1 & -1 & 1 \\ x & 4 & y \\ -3 & -3 & 5 \end{pmatrix}$，已知 A 有3个线性无关的特征向量，且 $\lambda=2$ 是二重特征值.求 x,y 的值，并求可逆矩阵 P 和对角矩阵 Λ，使得 $P^{-1}AP=\Lambda$.

34. 已知矩阵 $A=\begin{pmatrix} 1 & 2 \\ -1 & 4 \end{pmatrix}$，求 A^m（m 是正整数）.

35. 已知矩阵 $A=\begin{pmatrix} -3 & 2 \\ -2 & 2 \end{pmatrix}$.

（1）求 A^4, A^5, A^m 及 $A^m\begin{pmatrix} 1 \\ 3 \end{pmatrix}$（$m$ 是正整数）；

（2）若 $f(x)=\begin{vmatrix} x^4-1 & x \\ x^3 & x^6+1 \end{vmatrix}$，求 $f(A)$.

36. 已知4阶矩阵 A 的特征值为 $1,1,1,-3$，特征值1对应的特征向量为 $(1,-1,0,0)^{\mathrm{T}},(-1,1,-1,0)^{\mathrm{T}},(0,-1,1,-1)^{\mathrm{T}}$，特征值 -3 对应的特征向量为 $(0,0,-1,1)^{\mathrm{T}}$，问矩阵 A 是否可以对角化？若能对角化，求 A 及 A^m（m 是正整数）.

37. 已知矩阵 $A=\begin{pmatrix} 3 & 4 & 0 & 0 \\ 4 & -3 & 0 & 0 \\ 0 & 0 & 2 & 4 \\ 0 & 0 & 0 & 2 \end{pmatrix}$，求 A^m（m 是正整数）.

38. 已知3阶矩阵 A 有二重特征值 λ_1，$(1,0,1)^{\mathrm{T}}$，$(-1,0,-1)^{\mathrm{T}},(1,1,0)^{\mathrm{T}},(0,1,-1)^{\mathrm{T}}$ 都是特征值 λ_1 对应的特征向量，问矩阵 A 是否可以对角化？为什么？

39. 设矩阵 $A=\begin{pmatrix} 2 & 1 & 0 \\ 1 & 2 & 0 \\ 1 & a & b \end{pmatrix}$ 仅有两个不同的特征值.若 A 相似于对角矩阵，求 a,b 的值，并求可逆矩阵 P 及对角矩阵 Λ，使得 $P^{-1}AP=\Lambda$.

40. 设 $B=AA^{\mathrm{T}}$，其中 $A^{\mathrm{T}}=(a_1,a_2,\cdots,a_n)$，$a_i(i=1,2,\cdots,n)$ 为非零实数.

（1）证明 $B^k=lB$，并求常数 l（k 为正整数）；

（2）求可逆矩阵 P，使 $P^{-1}BP$ 为对角矩阵，并写出该对角矩阵.

41. 已知n阶矩阵$\boldsymbol{A}=\begin{pmatrix} 1 & b & \cdots & b \\ b & 1 & \cdots & b \\ \vdots & \vdots & & \vdots \\ b & b & \cdots & 1 \end{pmatrix}$.

（1）求$\boldsymbol{A}$的特征值和特征向量；（2）求可逆矩阵$\boldsymbol{P}$，使得$\boldsymbol{P}^{-1}\boldsymbol{AP}$为对角矩阵.

42. 设$\boldsymbol{\alpha}=(a_1,\cdots,a_n)^{\mathrm{T}},\boldsymbol{\beta}=(b_1,\cdots,b_n)^{\mathrm{T}}$都是非零$n$维列向量，且满足条件$\boldsymbol{\alpha}^{\mathrm{T}}\boldsymbol{\beta}=0$. 记$\boldsymbol{A}=\boldsymbol{\alpha}\boldsymbol{\beta}^{\mathrm{T}}$. 求：（1）$\boldsymbol{A}^2$；（2）$\boldsymbol{A}$的特征值和特征向量.

43. 设$\boldsymbol{A}$为n阶实对称矩阵，$\boldsymbol{P}$是可逆矩阵. 已知$\boldsymbol{\alpha}$是$\boldsymbol{A}$的属于特征值λ的特征向量，求$\left(\boldsymbol{P}^{-1}\boldsymbol{AP}\right)^{\mathrm{T}}$属于特征值$\lambda$的一个特征向量.

44. 已知矩阵$\boldsymbol{A}=\begin{pmatrix} 1 & b & 1 \\ b & a & 1 \\ 1 & 1 & 1 \end{pmatrix}$，$\boldsymbol{\Lambda}=\begin{pmatrix} 0 & & \\ & 1 & \\ & & 4 \end{pmatrix}$，求$a$，$b$的值与正交矩阵$\boldsymbol{T}$，使得$\boldsymbol{T}^{-1}\boldsymbol{AT}=\boldsymbol{\Lambda}$.

*45. 求下列矩阵的若当标准形.

（1）$\boldsymbol{A}=\begin{pmatrix} 2 & 3 & 2 \\ 1 & 8 & 2 \\ -2 & -14 & -3 \end{pmatrix}$；　　（2）$\boldsymbol{A}=\begin{pmatrix} 4 & 2 & 1 \\ -2 & 0 & -1 \\ 1 & 1 & 0 \end{pmatrix}$.

46. 设3阶实对称矩阵$\boldsymbol{A}$有三个不同的特征值$\lambda_1,\lambda_2,\lambda_3$，其中$\lambda_1,\lambda_2$所对应的特征向量为$\boldsymbol{\alpha}_1=(1,a,1)^{\mathrm{T}},\boldsymbol{\alpha}_2=(a,a+1,1)^{\mathrm{T}}$，求$\lambda_3$所对应的特征向量$\boldsymbol{\alpha}_3$.

47. 设$\boldsymbol{A}$为4阶实对称矩阵，$\boldsymbol{A}^2+\boldsymbol{A}=\boldsymbol{O}$，且$r(\boldsymbol{A})=3$，求与$\boldsymbol{A}$相似的对角矩阵.

48. 对下列实对称矩阵$\boldsymbol{A}$，求正交矩阵$\boldsymbol{T}$和对角矩阵$\boldsymbol{\Lambda}$，使得$\boldsymbol{T}^{-1}\boldsymbol{AT}=\boldsymbol{\Lambda}$.

（1）$\boldsymbol{A}=\begin{pmatrix} 3 & 2 & 4 \\ 2 & 0 & 2 \\ 4 & 2 & 3 \end{pmatrix}$；（2）$\boldsymbol{A}=\begin{pmatrix} 1 & 0 & 1 \\ 0 & 2 & 0 \\ 1 & 0 & 1 \end{pmatrix}$；　（3）$\boldsymbol{A}=\begin{pmatrix} 4 & 2 & 2 \\ 2 & 4 & 2 \\ 2 & 2 & 4 \end{pmatrix}$；

(4) $\boldsymbol{A}=\begin{pmatrix} 1 & 0 & 2 \\ 0 & 1 & 2 \\ 2 & 2 & -1 \end{pmatrix}$；　(5) $\boldsymbol{A}=\begin{pmatrix} 0 & 0 & 4 & 1 \\ 0 & 0 & 1 & 4 \\ 4 & 1 & 0 & 0 \\ 1 & 4 & 0 & 0 \end{pmatrix}$；　(6) $\boldsymbol{A}=\begin{pmatrix} -1 & -3 & 3 & -3 \\ -3 & -1 & -3 & 3 \\ 3 & -3 & -1 & -3 \\ -3 & 3 & -3 & -1 \end{pmatrix}$.

49. 已知$\boldsymbol{A}=\begin{pmatrix} a & 1 & -1 \\ 1 & a & -1 \\ -1 & -1 & a \end{pmatrix}$.

（1）求正交矩阵$\boldsymbol{T}$和对角矩阵$\boldsymbol{\Lambda}$，使得$\boldsymbol{T}^{-1}\boldsymbol{A}\boldsymbol{T}=\boldsymbol{\Lambda}$；

（2）求正交矩阵$\boldsymbol{C}$，使得$\boldsymbol{C}^2=(a+3)\boldsymbol{E}-\boldsymbol{A}$.

50. 已知3阶实对称矩阵$\boldsymbol{A}$的特征值为1,2,3，特征值1和2对应的特征向量为$\boldsymbol{\alpha}_1=(-1,-1,1)^{\mathrm{T}}$, $\boldsymbol{\alpha}_2=(1,-2,-1)^{\mathrm{T}}$，求特征值3对应的特征向量$\boldsymbol{\alpha}_3$及矩阵$\boldsymbol{A}$.

51. 设$\boldsymbol{A}$是n阶实对称矩阵，且满足$\boldsymbol{A}^2=\boldsymbol{A}$，证明：存在正交矩阵$\boldsymbol{T}$，使得

$$\boldsymbol{T}^{-1}\boldsymbol{A}\boldsymbol{T}=\mathrm{diag}(1,\cdots,1,0,\cdots,0).$$

52. 设$\boldsymbol{A}$是n阶实对称矩阵，满足$\boldsymbol{A}^2=\boldsymbol{A}$，且$r(\boldsymbol{A})=r$，试求$|\boldsymbol{A}-2\boldsymbol{E}|$.

53. 设n阶实对称矩阵$\boldsymbol{A}$的特征值$\lambda_i\geqslant 0(i=1,\cdots,n)$，证明：存在特征值非负的实对称矩阵$\boldsymbol{B}$，使得$\boldsymbol{A}=\boldsymbol{B}^2$.

第6章 二 次 型

二次型就是二次齐次多项式，在解析几何中讨论的有心的二次曲线，当中心与坐标原点重合时，一般方程是

$$ax^2 + 2bxy + cy^2 = d, \tag{6.1}$$

方程的左端是x,y的二次齐次多项式.为了便于研究这个二次曲线的几何性质，可以通过坐标变换，把方程（6.1）化为不含x,y交叉项的标准方程

$$a'x'^2 + c'y'^2 = d'. \tag{6.2}$$

二次齐次多项式不仅在几何问题中会遇到，在工程技术、网络计算机和经济的许多问题中也经常会遇到.

本章以矩阵工具研究二次型.首先重点讨论如何将中心在原点的一般二次曲线方程化为标准方程.此外，还将讨论正定二次型的性质和判定等.

6.1 二次型及其矩阵

6.1.1 二次型及其矩阵的概念

定义6.1 含有n元变量$x_1,x_2,\cdots,x_n$的二次齐次多项式

$$\begin{aligned} f(x_1,x_2,\cdots,x_n) = a_{11}x_1^2 &+ 2a_{12}x_1x_2 + 2a_{13}x_1x_3 + \cdots + 2a_{1n}x_1x_n \\ &+a_{22}x_2^2 + 2a_{23}x_2x_3 + \cdots + 2a_{2n}x_2x_n \\ &+\cdots\cdots\cdots\cdots \\ &+a_{nn}x_n^2, \end{aligned} \tag{6.3}$$

当系数属于数域F时，称为数域F上的n元二次型，简称**二次型**.若是实数域**R**上的二次型，称为**实二次型**，本章重点研究实二次型.

由于$x_ix_j = x_jx_i$，具有对称性，若令$a_{ji} = a_{ij}(i<j)$，则$2a_{ij}x_ix_j = a_{ij}x_ix_j + a_{ji}x_jx_i(i<j)$，于是（6.3）可以写成对称形式：

$$
\begin{aligned}
f(x_1,x_2,\cdots,x_n) = & a_{11}x_1^2 + a_{12}x_1x_2 + \cdots + a_{1n}x_1x_n + \\
& a_{21}x_2x_1 + a_{22}x_2^2 + \cdots + a_{2n}x_2x_n + \\
& \cdots\cdots\cdots\cdots + \\
& a_{n1}x_nx_1 + a_{n2}x_nx_2 + \cdots + a_{nn}x_n^2 \\
= & \sum_{i=1}^{n}\sum_{j=1}^{n} a_{ij}x_ix_j .
\end{aligned} \tag{6.4}
$$

把（6.4）的系数排成一个n阶矩阵$\boldsymbol{A}$，这里$a_{ji}=a_{ij}(i<j)$，

$$
\boldsymbol{A}=\begin{pmatrix} a_{11} & a_{12} & \cdots & a_{1n} \\ a_{21} & a_{22} & \cdots & a_{2n} \\ \vdots & \vdots & & \vdots \\ a_{n1} & a_{n2} & \cdots & a_{nn} \end{pmatrix}.
$$

$\boldsymbol{A}$称为**二次型**$f(x_1,x_2,\cdots,x_n)$**的矩阵**，它是对称矩阵.它的主对角线元素依次是$x_1^2,x_2^2,\cdots,x_n^2$的系数，它的第i行第j列的元素是x_ix_j（$i\neq j$）的系数的一半，因此二次型和它的矩阵是相互唯一决定的.令$\boldsymbol{x}^{\mathrm{T}}=(x_1,x_2,\cdots,x_n)$，则二次型$f(x_1,x_2,\cdots,x_n)$可以写成：

$$
f(x_1,x_2,\cdots,x_n)=\boldsymbol{x}^{\mathrm{T}}\boldsymbol{A}\boldsymbol{x}.
$$

若$f(x_1,x_2,\cdots,x_n)=\boldsymbol{x}^{\mathrm{T}}\boldsymbol{A}\boldsymbol{x}=\boldsymbol{x}^{\mathrm{T}}\boldsymbol{B}\boldsymbol{x}$，且$\boldsymbol{A}^{\mathrm{T}}=\boldsymbol{A},\boldsymbol{B}^{\mathrm{T}}=\boldsymbol{B}$，则$\boldsymbol{A}=\boldsymbol{B}$.

本章在不作特殊说明情况下，均用$\boldsymbol{x}^{\mathrm{T}}$表示$n$元行向量$(x_1,x_2,\cdots,x_n)$，$\boldsymbol{x}^{\mathrm{T}}\boldsymbol{A}\boldsymbol{x}$表示$n$元二次型，$\boldsymbol{A}$为二次型的矩阵.在上下文意思明确时，也用$\boldsymbol{x}^{\mathrm{T}}\boldsymbol{A}\boldsymbol{x}$或$f$表示二次型.二次型矩阵的秩称为**二次型的秩**，简记为$r(\boldsymbol{x}^{\mathrm{T}}\boldsymbol{A}\boldsymbol{x})$或$r(f)$.

例1　设$f(x_1,x_2,x_3)=2x_1^2+x_1x_2+3x_1x_3+4x_2x_3-3x_3^2$，求二次型的矩阵及二次型$f$的秩.

解：由题意，有

$$
f(x_1,x_2,x_3)=2x_1^2+\frac{1}{2}x_1x_2+\frac{3}{2}x_1x_3+\frac{1}{2}x_2x_1+0x_2^2+2x_2x_3+\frac{3}{2}x_3x_1+2x_3x_2-3x_3^2,
$$

二次型的矩阵为$\boldsymbol{A}=\begin{pmatrix} 2 & \frac{1}{2} & \frac{3}{2} \\ \frac{1}{2} & 0 & 2 \\ \frac{3}{2} & 2 & -3 \end{pmatrix}$，由于$\begin{vmatrix} 2 & \frac{1}{2} & \frac{3}{2} \\ \frac{1}{2} & 0 & 2 \\ \frac{3}{2} & 2 & -3 \end{vmatrix}=-\frac{17}{4}\neq 0$，有$r(\boldsymbol{A})=3$，

故二次型的秩为3.

6.1.2 线性变换

在解析几何中，把二次曲线$ax^2+2bxy+cy^2=d$通过坐标变换

$$\begin{cases} x = x'\cos\theta - y'\sin\theta, \\ y = x'\sin\theta + y'\cos\theta, \end{cases} \tag{6.5}$$

选择适当的θ，可以化为$a'x'^2+c'y'^2=d'$.

在（6.5）中，θ选定后，$\cos\theta$，$\sin\theta$是常数.x,y由x',y'的线性表达式给出，这一线性表达式称为**线性变换**.一般地，

定义 6.2 设$c_{ij}(i=1,2,\cdots,n;\ j=1,2,\cdots,n)$为数域$F$上的数，两组变量$x_1,x_2,\cdots,x_n$；$y_1,y_2,\cdots,y_n$具有如下关系式

$$\begin{cases} x_1 = c_{11}y_1 + c_{12}y_2 + \cdots + c_{1n}y_n, \\ x_2 = c_{21}y_1 + c_{22}y_2 + \cdots + c_{2n}y_n, \\ \cdots\cdots\cdots\cdots \\ x_n = c_{n1}y_1 + c_{n2}y_2 + \cdots + c_{nn}y_n, \end{cases} \tag{6.6}$$

称为由$x_1,x_2,\cdots,x_n$到$y_1,y_2,\cdots,y_n$的一个**线性变换**.如果系数矩阵$\boldsymbol{C}$可逆，也就是$\boldsymbol{C}$的行列式

$$|\boldsymbol{C}| = \begin{vmatrix} c_{11} & c_{12} & \cdots & c_{1n} \\ c_{21} & c_{22} & \cdots & c_{2n} \\ \vdots & \vdots & & \vdots \\ c_{n1} & c_{n2} & \cdots & c_{nn} \end{vmatrix} \neq 0,$$

则称线性变换为**可逆线性变换**，或**非退化的线性变换**，$\boldsymbol{C}$简称为可逆变换矩阵.如果线性变换的系数矩阵$\boldsymbol{C}$是正交矩阵，则（6.6）称为**正交变换**，$\boldsymbol{C}$简称为正交变换矩阵.

（6.6）也可以用矩阵写成$\boldsymbol{x}=\boldsymbol{C}\boldsymbol{y}$.若矩阵$\boldsymbol{C}$可逆，则$\boldsymbol{y}=\boldsymbol{C}^{-1}\boldsymbol{x}$称为（6.6）的逆变换.

由定义6.2分析线性变换（6.5），设$\boldsymbol{C}=\begin{pmatrix} \cos\theta & -\sin\theta \\ \sin\theta & \cos\theta \end{pmatrix}$，由于$|\boldsymbol{C}|=1\neq 0$，因此（6.5）是可逆线性变换.由于$\boldsymbol{C}$还是正交矩阵，故（6.5）也是正交变换.

6.1.3 矩阵的合同

n元二次型$f(x_1,x_2,\cdots,x_n)=\boldsymbol{x}^{\mathrm{T}}\boldsymbol{A}\boldsymbol{x}$经过可逆线性变换$\boldsymbol{x}=\boldsymbol{C}\boldsymbol{y}$变成

$$(\boldsymbol{Cy})^{\mathrm{T}}\boldsymbol{A}(\boldsymbol{Cy})=\boldsymbol{y}^{\mathrm{T}}(\boldsymbol{C}^{\mathrm{T}}\boldsymbol{AC})\boldsymbol{y}, \tag{6.7}$$

记$\boldsymbol{B}=\boldsymbol{C}^{\mathrm{T}}\boldsymbol{AC}$，（6.7）可以写成$\boldsymbol{y}^{\mathrm{T}}\boldsymbol{By}$，这是关于$y_1,y_2,\cdots,y_n$的二次型.由于

$$\boldsymbol{B}^{\mathrm{T}}=(\boldsymbol{C}^{\mathrm{T}}\boldsymbol{AC})^{\mathrm{T}}=\boldsymbol{C}^{\mathrm{T}}\boldsymbol{A}^{\mathrm{T}}(\boldsymbol{C}^{\mathrm{T}})^{\mathrm{T}}=\boldsymbol{C}^{\mathrm{T}}\boldsymbol{AC}, \tag{6.8}$$

因此$\boldsymbol{B}$也是对称矩阵，于是二次型$\boldsymbol{y}^{\mathrm{T}}\boldsymbol{By}$的矩阵正好是$\boldsymbol{B}$.

定义6.3 对于两个矩阵$\boldsymbol{A},\boldsymbol{B}$，如果存在可逆矩阵$\boldsymbol{C}$，使得$\boldsymbol{B}=\boldsymbol{C}^{\mathrm{T}}\boldsymbol{AC}$，则称$\boldsymbol{A}$合同于$\boldsymbol{B}$，记作$\boldsymbol{A}\simeq\boldsymbol{B}$.

由定义6.3容易证明，矩阵之间的合同关系满足：

1.反身性：$\boldsymbol{A}=\boldsymbol{E}^{\mathrm{T}}\boldsymbol{AE}$；

2.对称性：由$\boldsymbol{B}=\boldsymbol{C}^{\mathrm{T}}\boldsymbol{AC}$，可得$\boldsymbol{A}=(\boldsymbol{C}^{-1})^{\mathrm{T}}\boldsymbol{BC}^{-1}$；

3.传递性：由$\boldsymbol{A}_1=\boldsymbol{C}_1^{\mathrm{T}}\boldsymbol{AC}_1$，$\boldsymbol{A}_2=\boldsymbol{C}_2^{\mathrm{T}}\boldsymbol{A}_1\boldsymbol{C}_2$，可得$\boldsymbol{A}_2=(\boldsymbol{C}_1\boldsymbol{C}_2)^{\mathrm{T}}\boldsymbol{A}(\boldsymbol{C}_1\boldsymbol{C}_2)$.

易见，经过可逆线性变换，新二次型的矩阵与原二次型的矩阵是合同的.

定义6.4 两个n元二次型$\boldsymbol{x}^{\mathrm{T}}\boldsymbol{Ax}$和$\boldsymbol{y}^{\mathrm{T}}\boldsymbol{By}$，若存在一个**可逆线性变换**$\boldsymbol{x}=\boldsymbol{Cy}$，把$\boldsymbol{x}^{\mathrm{T}}\boldsymbol{Ax}$变成$\boldsymbol{y}^{\mathrm{T}}\boldsymbol{By}$，则称$\boldsymbol{x}^{\mathrm{T}}\boldsymbol{Ax}$与$\boldsymbol{y}^{\mathrm{T}}\boldsymbol{By}$等价，记作$\boldsymbol{x}^{\mathrm{T}}\boldsymbol{Ax}\cong\boldsymbol{y}^{\mathrm{T}}\boldsymbol{By}$.

由（6.8）容易看出

命题1 两个n元二次型$\boldsymbol{x}^{\mathrm{T}}\boldsymbol{Ax}$和$\boldsymbol{y}^{\mathrm{T}}\boldsymbol{By}$等价当且仅当$n$阶对称矩阵$\boldsymbol{A}$与$\boldsymbol{B}$合同.

容易验证，n元二次型的等价满足反身性、对称性和传递性.

命题2 若两个实对称矩阵相似，则这两个矩阵一定合同.

证明：若实对称矩阵$\boldsymbol{A},\boldsymbol{B}$相似，则$\boldsymbol{A},\boldsymbol{B}$有相同的特征值$\lambda_1,\lambda_2,\cdots,\lambda_n$，设$\boldsymbol{\Lambda}=\mathrm{diag}(\lambda_1,\lambda_2,\cdots,\lambda_n)$，并且存在正交矩阵$\boldsymbol{Q}_1,\boldsymbol{Q}_2$，满足$\boldsymbol{Q}_1^{\mathrm{T}}\boldsymbol{AQ}_1=\boldsymbol{\Lambda}=\boldsymbol{Q}_2^{\mathrm{T}}\boldsymbol{BQ}_2$.从而有$\boldsymbol{B}=\boldsymbol{Q}_2\boldsymbol{Q}_1^{\mathrm{T}}\boldsymbol{AQ}_1\boldsymbol{Q}_2^{\mathrm{T}}=(\boldsymbol{Q}_1\boldsymbol{Q}_2^{\mathrm{T}})^{\mathrm{T}}\boldsymbol{A}(\boldsymbol{Q}_1\boldsymbol{Q}_2^{\mathrm{T}})$，令$\boldsymbol{C}=\boldsymbol{Q}_1\boldsymbol{Q}_2^{\mathrm{T}}$，显然$\boldsymbol{C}$可逆，且$\boldsymbol{B}=\boldsymbol{C}^{\mathrm{T}}\boldsymbol{AC}$.

命题2的逆命题不成立.也就是说：**两个合同的实对称矩阵不一定相似**.

如：$\boldsymbol{A}=\begin{pmatrix}1&0\\0&2\end{pmatrix}$，$\boldsymbol{C}=\begin{pmatrix}1&0\\0&\sqrt{2}\end{pmatrix}$，则$\boldsymbol{A}=\boldsymbol{C}^{\mathrm{T}}\boldsymbol{EC}$，故$\boldsymbol{A}\simeq\boldsymbol{E}$，但$\boldsymbol{E}$的两个特征值均为1；$\boldsymbol{A}$的特征值为1和2，两个矩阵的特征值不同，因此$\boldsymbol{A}$与$\boldsymbol{E}$不相似.

本章研究的基本问题是：n元二次型能不能等价于一个只含平方项的二次型？容易看出，二次型只含平方项当且仅当它的矩阵是对角矩阵.因此，从

矩阵的角度，研究的基本问题就是：n阶对称矩阵能不能合同于一个对角矩阵？

6.2　化二次型为标准形

本节讨论如何通过坐标变换$\boldsymbol{x}=\boldsymbol{C}\boldsymbol{y}$，把二次型$f(x_1,x_2,\cdots,x_n)=\boldsymbol{x}^{\mathrm{T}}\boldsymbol{A}\boldsymbol{x}$化为$y_1,y_2,\cdots,y_n$的平方和$d_1y_1^2+d_2y_2^2+\cdots+d_ny_n^2$.首先看下面的定义.

定义6.5　二次型$f(x_1,x_2,\cdots,x_n)=\boldsymbol{x}^{\mathrm{T}}\boldsymbol{A}\boldsymbol{x}$经过可逆线性变换$\boldsymbol{x}=\boldsymbol{C}\boldsymbol{y}$化成只含平方项的二次型$d_1y_1^2+d_2y_2^2+\cdots+d_ny_n^2$，则这个只含平方项的二次型称为$\boldsymbol{x}^{\mathrm{T}}\boldsymbol{A}\boldsymbol{x}$的一个标准形.

6.2.1　用配方法化二次型为标准形

现在讨论用可逆线性变换化简二次型的问题.

可以认为，二次型中最简单的一种是只包含平方项的二次型

$$d_1x_1^2+d_2x_2^2+\cdots+d_nx_n^2.$$

对于数域F上的二次型，能不能通过可逆线性变换化为标准形？下面的定理回答了这个问题.

定理6.1　**数域F上的任意一个二次型都可以通过可逆线性变换化为标准形.**

证明：定理的证明实际上是一个具体的把二次型化为平方和的方法，就是中学里学过的“配方法”.

对变量的个数n作归纳法.

对于n=1，二次型为

$$f(x_1)=a_{11}x_1^2,$$

这已经是平方和了.

现假设对n−1元二次型，定理结论成立.再设

$$f(x_1,x_2,\cdots,x_n)=\sum_{i=1}^{n}\sum_{j=1}^{n}a_{ij}x_ix_j,\ a_{ij}=a_{ji}.$$

分三种情况进行讨论：

（1）$a_{ii}(i=1,2,\cdots,n)$中至少有一个不是零，不妨设$a_{11}\neq0$.这时

$$f(x_1,x_2,\cdots,x_n)=a_{11}x_1^2+\sum_{j=2}^{n}a_{1j}x_1x_j+\sum_{i=2}^{n}a_{i1}x_ix_1+\sum_{i=2}^{n}\sum_{j=2}^{n}a_{ij}x_ix_j$$
$$=a_{11}x_1^2+2\sum_{j=2}^{n}a_{1j}x_1x_j+\sum_{i=2}^{n}\sum_{j=2}^{n}a_{ij}x_ix_j$$
$$=a_{11}\left(x_1+\sum_{j=2}^{n}a_{11}^{-1}a_{1j}x_j\right)^2-a_{11}^{-1}\left(\sum_{j=2}^{n}a_{1j}x_j\right)^2+\sum_{i=2}^{n}\sum_{j=2}^{n}a_{ij}x_ix_j$$
$$=a_{11}\left(x_1+\sum_{j=2}^{n}a_{11}^{-1}a_{1j}x_j\right)^2+\sum_{i=2}^{n}\sum_{j=2}^{n}b_{ij}x_ix_j,$$

其中

$$\sum_{i=2}^{n}\sum_{j=2}^{n}b_{ij}x_ix_j=-a_{11}^{-1}\left(\sum_{j=2}^{n}a_{1j}x_j\right)^2+\sum_{i=2}^{n}\sum_{j=2}^{n}a_{ij}x_ix_j$$

是关于$x_2,x_3,\cdots,x_n$的二次型.令

$$\begin{cases}y_1=x_1+\sum_{j=2}^{n}a_{11}^{-1}a_{1j}x_j,\\ y_2=x_2,\\ \cdots\cdots\cdots\cdots\\ y_n=x_n,\end{cases}$$

即

$$\begin{cases}x_1=y_1-\sum_{j=2}^{n}a_{11}^{-1}a_{1j}y_j,\\ x_2=y_2,\\ \cdots\cdots\cdots\cdots\\ x_n=y_n,\end{cases}$$

这是一个可逆线性变换，它使

$$f(x_1,x_2\cdots,x_n)=a_{11}y_1^2+\sum_{i=2}^{n}\sum_{j=2}^{n}b_{ij}y_iy_j,$$

由归纳法假设，对$\sum_{i=2}^{n}\sum_{j=2}^{n}b_{ij}y_iy_j$有可逆线性变换：

$$\begin{cases}z_2=c_{22}y_2+c_{23}y_3+\cdots+c_{2n}y_n,\\ z_3=c_{32}y_2+c_{33}y_3+\cdots+c_{3n}y_n,\\ \qquad\cdots\cdots\cdots\cdots\\ z_n=c_{n2}y_2+c_{n3}y_3+\cdots+c_{nn}y_n,\end{cases}$$

使它化成平方和

$$d_2z_2^2+d_3z_3^2+\cdots+d_nz_n^2.$$

于是有可逆线性变换

$$\begin{cases} z_1=y_1, \\ z_2=c_{22}y_2+c_{23}y_3+\cdots+c_{2n}y_n, \\ \cdots\cdots\cdots\cdots \\ z_n=c_{n2}y_2+c_{n3}y_3+\cdots+c_{nn}y_n, \end{cases}$$

使

$$f(x_1,x_2,\cdots,x_n)=a_{11}z_1^2+d_2z_2^2+\cdots+d_nz_n^2,$$

即化成平方和了.

令 $C_1=\begin{pmatrix} 1 & \frac{a_{12}}{a_{11}} & \cdots & \frac{a_{1n}}{a_{11}} \\ 0 & 1 & \cdots & 0 \\ \vdots & \vdots & & \vdots \\ 0 & 0 & \cdots & 1 \end{pmatrix}$，$C_2=\begin{pmatrix} 1 & 0 & \cdots & 0 \\ 0 & c_{22} & \cdots & c_{2n} \\ \vdots & \vdots & & \vdots \\ 0 & c_{n2} & \cdots & c_{nn} \end{pmatrix}$，由定义可知 C_1,C_2 均可逆，因此 $(C_2C_1)^{-1}$ 可逆，即化成平方和的变换是可逆线性变换.根据归纳法原理，定理得证.

（2）所有的 $a_{ii}=0$，但至少有一个 $a_{1j}\neq 0(j>1)$，不失一般性，设 $a_{12}\neq 0$.令

$$\begin{cases} x_1=z_1+z_2, \\ x_2=z_1-z_2, \\ x_3=z_3, \\ \cdots\cdots\cdots\cdots \\ x_n=z_n, \end{cases}$$

这是一个可逆线性变换，使得

$$\begin{aligned} f(x_1,x_2,\cdots,x_n) &= 2a_{12}x_1x_2+\cdots+2a_{n-1,n}x_{n-1}x_n \\ &= 2a_{12}(z_1+z_2)(z_1-z_2)+\cdots+2a_{n-1,n}z_{n-1}z_n \\ &= 2a_{12}z_1^2-2a_{12}z_2^2+\cdots+2a_{n-1,n}z_{n-1}z_n, \end{aligned} \tag{6.9}$$

这时，(6.9) 右端是 $z_1,z_2,\cdots,z_n$ 的二次型，且 z_1^2 的系数不为零，属于（1）的情况，定理成立.

（3）$a_{11}=a_{12}=\cdots=a_{1n}=0$.由对称性，有 $a_{21}=a_{31}=\cdots=a_{n1}=0$.这时，

$$f(x_1,x_2,\cdots,x_n)=\sum_{i=2}^{n}\sum_{j=2}^{n}a_{ij}x_ix_j$$

是 $n-1$ 元二次型，根据归纳假设，它能用可逆线性变换化为平方和.

定理得证.

不难看出，二次型$d_1x_1^2+d_2x_2^2+\cdots+d_nx_n^2$的矩阵是对角矩阵，即

$$d_1x_1^2+d_2x_2^2+\cdots+d_nx_n^2=(x_1,x_2,\cdots,x_n)\begin{pmatrix} d_1 & 0 & \cdots & 0 \\ 0 & d_2 & \cdots & 0 \\ \vdots & \vdots & & \vdots \\ 0 & 0 & \cdots & d_n \end{pmatrix}\begin{pmatrix} x_1 \\ x_2 \\ \vdots \\ x_n \end{pmatrix}.$$

反过来，矩阵为对角形的二次型就只含平方项，根据上一节的讨论，经过可逆线性变换，二次型的矩阵变为合同的矩阵，因此，用矩阵的语言，定理6.1可以叙述为

定理6.1' **数域F上任意一个对称矩阵都合同于一个对角矩阵.**

例1 用配方法将二次型$f(x_1,x_2,x_3)=x_1^2+2x_2^2+5x_3^2+2x_1x_2+2x_1x_3+6x_2x_3$化为标准形，并写出线性变换矩阵.

解：$f(x_1,x_2,x_3)=\left[x_1^2+2x_1(x_2+x_3)+(x_2+x_3)^2\right]-(x_2+x_3)^2+2x_2^2+5x_3^2+6x_2x_3$

$$=(x_1+x_2+x_3)^2+x_2^2+4x_2x_3+4x_3^2$$

$$=(x_1+x_2+x_3)^2+(x_2+2x_3)^2,$$

令$\begin{cases} y_1=x_1+x_2+x_3, \\ y_2=x_2+2x_3, \\ y_3=x_3, \end{cases}$ 得$\begin{cases} x_1=y_1-y_2+y_3, \\ x_2=y_2-2y_3, \\ x_3=y_3, \end{cases}$ 令$\boldsymbol{C}=\begin{pmatrix} 1 & -1 & 1 \\ 0 & 1 & -2 \\ 0 & 0 & 1 \end{pmatrix}$，通过$\boldsymbol{x}=\boldsymbol{C}\boldsymbol{y}$二次型化为标准形

$$f(x_1,x_2,x_3)=y_1^2+y_2^2.$$

例2 用配方法将二次型$f(x_1,x_2,x_3)=2x_1x_2+2x_1x_3-6x_2x_3$化为标准形，并写出线性变换的矩阵.

解：作可逆线性变换

$$\begin{cases} x_1=y_1+y_2, \\ x_2=y_1-y_2, \\ x_3=y_3, \end{cases}$$

则$f(x_1,x_2,x_3)=2(y_1+y_2)(y_1-y_2)+2(y_1+y_2)y_3-6(y_1-y_2)y_3$

$$=2(y_1^2-2y_1y_3)-2(y_2^2-4y_2y_3)$$

$$=2(y_1-y_3)^2-2y_3^2-2(y_2-2y_3)^2+8y_3^2$$

$$=2(y_1-y_3)^2-2(y_2-2y_3)^2+6y_3^2.$$

令$\begin{cases} z_1 = y_1 - y_3, \\ z_2 = y_2 - 2y_3, \\ z_3 = y_3, \end{cases}$求出$\begin{cases} y_1 = z_1 + z_3, \\ y_2 = z_2 + 2z_3, \\ y_3 = z_3, \end{cases}$标准形为

$$f(x_1, x_2, x_3) = 2z_1^2 - 2z_2^2 + 6z_3^2,$$

相应的可逆线性变换为$\begin{pmatrix} x_1 \\ x_2 \\ x_3 \end{pmatrix} = \begin{pmatrix} 1 & 1 & 0 \\ 1 & -1 & 0 \\ 0 & 0 & 1 \end{pmatrix} \begin{pmatrix} 1 & 0 & 1 \\ 0 & 1 & 2 \\ 0 & 0 & 1 \end{pmatrix} \begin{pmatrix} z_1 \\ z_2 \\ z_3 \end{pmatrix} = \begin{pmatrix} 1 & 1 & 3 \\ 1 & -1 & -1 \\ 0 & 0 & 1 \end{pmatrix} \begin{pmatrix} z_1 \\ z_2 \\ z_3 \end{pmatrix}$,

线性变换的矩阵为$\boldsymbol{C} = \begin{pmatrix} 1 & 1 & 3 \\ 1 & -1 & -1 \\ 0 & 0 & 1 \end{pmatrix}$.

6.2.2 用初等变换法化二次型为标准形

任一个n阶实对称矩阵$\boldsymbol{A}$，都可以经过一系列相同类型的初等行、列变换化为对角矩阵.

定义6.6 对n阶实对称矩阵$\boldsymbol{A}$实施同类型的初等行、列变换是指:

(1) 如果用第一种初等矩阵$\boldsymbol{E}(i,j)$右乘$\boldsymbol{A}$（即交换$\boldsymbol{A}$的第i列和第j列），相应地，也用$\boldsymbol{E}^{\mathrm{T}}(i,j) = \boldsymbol{E}(i,j)$左乘$\boldsymbol{A}$（即交换$\boldsymbol{A}$的第$i$行和第$j$行），变换后的矩阵$\boldsymbol{E}^{\mathrm{T}}(i,j)\boldsymbol{A}\boldsymbol{E}(i,j)$仍是对称矩阵.

(2) 如果用第二种初等矩阵$\boldsymbol{E}(i(k))$右乘$\boldsymbol{A}$，相应地，也用$\boldsymbol{E}^{\mathrm{T}}(i(k)) = \boldsymbol{E}(i(k))$左乘$\boldsymbol{A}$，即将$\boldsymbol{A}$的第$i$列和第$i$行均乘以$k$（$a_{ii}$乘以$k^2$），变换后的矩阵$\boldsymbol{E}^{\mathrm{T}}(i(k))\boldsymbol{A}\boldsymbol{E}(i(k))$仍是对称矩阵.

(3) 如果用第三种初等矩阵$\boldsymbol{E}(i,j(k))$右乘$\boldsymbol{A}$（即将$\boldsymbol{A}$的第i列乘以k加到第j列），相应地，用$\boldsymbol{E}^{\mathrm{T}}(i,j(k)) = \boldsymbol{E}(j,i(k))$左乘$\boldsymbol{A}$（即将$\boldsymbol{A}$的第$i$行乘以$k$加到第$j$行上），变换后的矩阵$\boldsymbol{E}^{\mathrm{T}}(i,j(k))\boldsymbol{A}\boldsymbol{E}(i,j(k))$仍是对称矩阵.

对于一个n阶实对称矩阵$\boldsymbol{A} = (a_{ij})_{n \times n}$:

(1) 如果$a_{11} \neq 0$，由于$a_{1j} = a_{j1}(j = 2,3,\cdots,n)$，因此对$\boldsymbol{A}$作同类型的初等行、列变换，可以将第1行与第1列的其他元素全化为0，得

$$\boldsymbol{A} = \begin{pmatrix} a_{11} & \boldsymbol{0} \\ \boldsymbol{0} & \boldsymbol{A}_1 \end{pmatrix},$$

其中$\boldsymbol{A}_1$是$n-1$阶的实对称矩阵.

(2) 如果$a_{11} = 0$，但存在$a_{ii} \neq 0$，先将$\boldsymbol{A}$的第1列与第i列对换，再将$\boldsymbol{A}$

的第1行与第i行对换，这样a_{ii}就换到了第1行、第1列的位置，如此就化为（1）的情况．

（3）如果主对角线上的元素a_{ii}全部为零$(i=1,2,3,\cdots,n)$，但存在$a_{ij}\neq 0(i\neq j)$，此时先将第j列加到第i列，再将第j行加到第i行，这样第i行、第i列的元素就化为$2a_{ij}\neq 0$，这就化为（2）的情况．

这样就可以用数学归纳法证明下面的定理（完整的证明留给读者做练习）．

定理6.2 对n阶实对称矩阵$\boldsymbol{A}$，都存在可逆矩阵$\boldsymbol{C}$，使得

$$\boldsymbol{C}^{\mathrm{T}}\boldsymbol{A}\boldsymbol{C}=\begin{pmatrix} d_1 & & & \\ & d_2 & & \\ & & \ddots & \\ & & & d_n \end{pmatrix}.$$

例3 用初等变换法将二次型$f(x_1,x_2,x_3)=2x_1^2+5x_2^2+5x_3^2+4x_1x_2-4x_1x_3-8x_2x_3$化为标准形，并求出线性变换．

解：二次型的矩阵为$\begin{pmatrix} 2 & 2 & -2 \\ 2 & 5 & -4 \\ -2 & -4 & 5 \end{pmatrix}$.

将矩阵$\boldsymbol{A}$和3阶单位矩阵$\boldsymbol{E}$按列摆放构成$\begin{pmatrix} \boldsymbol{A} \\ \boldsymbol{E} \end{pmatrix}$，先将第1列的$-1$倍加到第2列，再将第1列的1倍加到第3列；同样将第1行的-1倍加到第2行；将第1行的1倍加到第3行；再将得到的矩阵第2列的$\frac{2}{3}$倍加到第3列，将得到的矩阵第2行的$\frac{2}{3}$倍加到第3行，过程如下：

$$\begin{pmatrix} \boldsymbol{A} \\ \hline \boldsymbol{E} \end{pmatrix}=\begin{pmatrix} 2 & 2 & -2 \\ 2 & 5 & -4 \\ -2 & -4 & 5 \\ \hline 1 & 0 & 0 \\ 0 & 1 & 0 \\ 0 & 0 & 1 \end{pmatrix}\rightarrow\begin{pmatrix} 2 & 0 & 0 \\ 0 & 3 & -2 \\ 0 & -2 & 3 \\ \hline 1 & -1 & 1 \\ 0 & 1 & 0 \\ 0 & 0 & 1 \end{pmatrix}\rightarrow\begin{pmatrix} 2 & 0 & 0 \\ 0 & 3 & 0 \\ 0 & 0 & \frac{5}{3} \\ \hline 1 & -1 & \frac{1}{3} \\ 0 & 1 & \frac{2}{3} \\ 0 & 0 & 1 \end{pmatrix}=\begin{pmatrix} \boldsymbol{\Lambda} \\ \hline \boldsymbol{C} \end{pmatrix},$$

标准形为$f(x_1,x_2,x_3)=2y_1^2+3y_2^2+\frac{5}{3}y_3^2$，相应的线性变换为

$$\begin{pmatrix}x_1\\x_2\\x_3\end{pmatrix}=\begin{pmatrix}1&-1&\frac{1}{3}\\0&1&\frac{2}{3}\\0&0&1\end{pmatrix}\begin{pmatrix}y_1\\y_2\\y_3\end{pmatrix}.$$

6.2.3 用正交变换法化二次型为标准形

如果二次型的矩阵是实对称矩阵，由第5章定理5.11可知，二次型一定可以通过正交变换化为标准形.

定理6.3 对于实二次型$f(x_1,x_2,\cdots,x_n)=\boldsymbol{x}^{\mathrm{T}}\boldsymbol{A}\boldsymbol{x}$，一定存在正交矩阵$\boldsymbol{C}$，使得经过正交变换

$$\boldsymbol{x}=\boldsymbol{C}\boldsymbol{y},$$

化成一个标准形：

$$f(x_1,x_2,\cdots,x_n)=\lambda_1y_1^2+\lambda_2y_2^2+\cdots+\lambda_ny_n^2,$$

其中$\lambda_1,\lambda_2,\cdots,\lambda_n$为矩阵$\boldsymbol{A}$的全部特征值.

证明： 因为$\boldsymbol{A}$为实对称矩阵，由第5章定理5.11可知，存在一个正交矩阵$\boldsymbol{C}$，使得$\boldsymbol{C}^{-1}\boldsymbol{A}\boldsymbol{C}=\begin{pmatrix}\lambda_1&&&\\&\lambda_2&&\\&&\ddots&\\&&&\lambda_n\end{pmatrix}$，其中$\lambda_1,\lambda_2,\cdots,\lambda_n$为矩阵$\boldsymbol{A}$的全部特征值.

正交矩阵$\boldsymbol{C}^{-1}=\boldsymbol{C}^{\mathrm{T}}$.

作正交变换

$$\boldsymbol{x}=\boldsymbol{C}\boldsymbol{y},$$

有$\boldsymbol{x}^{\mathrm{T}}\boldsymbol{A}\boldsymbol{x}=(\boldsymbol{C}\boldsymbol{y})^{\mathrm{T}}\boldsymbol{A}(\boldsymbol{C}\boldsymbol{y})=\boldsymbol{y}^{\mathrm{T}}(\boldsymbol{C}^{\mathrm{T}}\boldsymbol{A}\boldsymbol{C})\boldsymbol{y}$，因此$f(x_1,x_2,\cdots,x_n)$化成一个标准形：

$$f(x_1,x_2,\cdots,x_n)=\lambda_1y_1^2+\lambda_2y_2^2+\cdots+\lambda_ny_n^2.$$

例4 用正交变换法将二次型$f(x_1,x_2,x_3)=17x_1^2+14x_2^2+14x_3^2-4x_1x_2-4x_1x_3-8x_2x_3$化为标准形.

解： 二次型对应的矩阵为$\boldsymbol{A}=\begin{pmatrix}17&-2&-2\\-2&14&-4\\-2&-4&14\end{pmatrix}$，其特征多项式为

$$|\lambda \boldsymbol{E}-\boldsymbol{A}|=\begin{vmatrix}\lambda-17 & 2 & 2\\ 2 & \lambda-14 & 4\\ 2 & 4 & \lambda-14\end{vmatrix}=(\lambda-9)(\lambda-18)^2.$$

矩阵$\boldsymbol{A}$的全部特征值为$\lambda_1=9$，$\lambda_2=\lambda_3=18$.

对于特征值9，解齐次线性方程组$(9\boldsymbol{E}-\boldsymbol{A})\boldsymbol{x}=\boldsymbol{0}$，

$$9\boldsymbol{E}-\boldsymbol{A}=\begin{pmatrix}-8 & 2 & 2\\ 2 & -5 & 4\\ 2 & 4 & -5\end{pmatrix}\to\begin{pmatrix}2 & -5 & 4\\ 0 & 1 & -1\\ 0 & 0 & 0\end{pmatrix}\to\begin{pmatrix}2 & 0 & -1\\ 0 & 1 & -1\\ 0 & 0 & 0\end{pmatrix},$$

得到特征向量$\boldsymbol{\alpha}_1=\begin{pmatrix}1\\2\\2\end{pmatrix}$.

对于特征值18，解齐次线性方程组$(18\boldsymbol{E}-\boldsymbol{A})\boldsymbol{x}=\boldsymbol{0}$，

$$18\boldsymbol{E}-\boldsymbol{A}=\begin{pmatrix}1 & 2 & 2\\ 2 & 4 & 4\\ 2 & 4 & 4\end{pmatrix}\to\begin{pmatrix}1 & 2 & 2\\ 0 & 0 & 0\\ 0 & 0 & 0\end{pmatrix},$$

得到线性无关的特征向量$\boldsymbol{\alpha}_2=\begin{pmatrix}-2\\1\\0\end{pmatrix}$，$\boldsymbol{\alpha}_3=\begin{pmatrix}-2\\0\\1\end{pmatrix}$.

用施密特正交化方法将$\boldsymbol{\alpha}_2,\boldsymbol{\alpha}_3$正交化：

$$\boldsymbol{\beta}_1=\boldsymbol{\alpha}_2,\boldsymbol{\beta}_2=\begin{pmatrix}-2\\0\\1\end{pmatrix}-\frac{4}{5}\begin{pmatrix}-2\\1\\0\end{pmatrix}=\frac{1}{5}\begin{pmatrix}-2\\-4\\5\end{pmatrix}.$$

再单位化，得正交矩阵$\boldsymbol{C}=\begin{pmatrix}\frac{1}{3} & -\frac{2}{\sqrt{5}} & -\frac{2}{\sqrt{45}}\\ \frac{2}{3} & \frac{1}{\sqrt{5}} & -\frac{4}{\sqrt{45}}\\ \frac{2}{3} & 0 & \frac{5}{\sqrt{45}}\end{pmatrix}$.

作正交变换$\boldsymbol{x}=\boldsymbol{C}\boldsymbol{y}$，即$\begin{cases}x_1=\frac{1}{3}y_1-\frac{2}{\sqrt{5}}y_2-\frac{2}{\sqrt{45}}y_3,\\ x_2=\frac{2}{3}y_1+\frac{1}{\sqrt{5}}y_2-\frac{4}{\sqrt{45}}y_3,\\ x_3=\frac{2}{3}y_1+\frac{5}{\sqrt{45}}y_3,\end{cases}$得

$$f(x_1,x_2,x_3)=9y_1^2+18y_2^2+18y_3^2.$$

例5 已知矩阵$\boldsymbol{A}=\begin{pmatrix}0&1&1\\1&2&1\\1&1&0\end{pmatrix}$，$\boldsymbol{B}=\begin{pmatrix}2&1&1\\1&0&1\\1&1&0\end{pmatrix}$，若存在可逆矩阵$\boldsymbol{C}$，满足$\boldsymbol{C}^{\mathrm{T}}\boldsymbol{AC}=\boldsymbol{B}$，写出一个满足条件的矩阵$\boldsymbol{C}$.

解：方法1：由观察可知，该矩阵$\boldsymbol{B}$是由矩阵$\boldsymbol{A}$经过交换第1列与第2列，然后交换第1行与第2行得到，即$\boldsymbol{E}^{\mathrm{T}}(1,2)\boldsymbol{AE}(1,2)=\boldsymbol{B}$，故$\boldsymbol{C}=\begin{pmatrix}0&1&0\\1&0&0\\0&0&1\end{pmatrix}$满足条件.

方法2：由于矩阵$\boldsymbol{A}$和$\boldsymbol{B}$均为实对称矩阵，故均可对角化.若两个矩阵的特征值相同，则可以通过正交变换法求解.

首先求矩阵$\boldsymbol{A}$和$\boldsymbol{B}$的特征值.

$$|\lambda\boldsymbol{E}-\boldsymbol{A}|=\begin{vmatrix}\lambda&-1&-1\\-1&\lambda-2&-1\\-1&-1&\lambda\end{vmatrix}=\lambda(\lambda+1)(\lambda-3),$$

$$|\lambda\boldsymbol{E}-\boldsymbol{B}|=\begin{vmatrix}\lambda-2&-1&-1\\-1&\lambda&-1\\-1&-1&\lambda\end{vmatrix}=\lambda(\lambda+1)(\lambda-3),$$

矩阵$\boldsymbol{A}$和$\boldsymbol{B}$的特征值相等，均为$\lambda_1=-1,\lambda_2=0,\lambda_3=3$.

求矩阵$\boldsymbol{A}$的特征向量.

对于特征值-1，解齐次线性方程组$(-\boldsymbol{E}-\boldsymbol{A})\boldsymbol{x}=\boldsymbol{0}$，

$$-\boldsymbol{E}-\boldsymbol{A}=\begin{pmatrix}-1&-1&-1\\-1&-3&-1\\-1&-1&-1\end{pmatrix}\to\begin{pmatrix}1&0&1\\0&1&0\\0&0&0\end{pmatrix},$$

得到特征向量$\boldsymbol{\alpha}_1=\begin{pmatrix}\frac{1}{\sqrt{2}}\\0\\-\frac{1}{\sqrt{2}}\end{pmatrix}$；

对于特征值0，解齐次线性方程组$\boldsymbol{Ax}=\boldsymbol{0}$，

$$\boldsymbol{A}=\begin{pmatrix}0&1&1\\1&2&1\\1&1&0\end{pmatrix}\to\begin{pmatrix}1&0&-1\\0&1&1\\0&0&0\end{pmatrix},$$

得到特征向量$\boldsymbol{\alpha}_2=\begin{pmatrix}\frac{1}{\sqrt{3}}\\-\frac{1}{\sqrt{3}}\\\frac{1}{\sqrt{3}}\end{pmatrix}$;

对于特征值3，解齐次线性方程组$(3\boldsymbol{E}-\boldsymbol{A})\boldsymbol{x}=\boldsymbol{0}$,

$$3\boldsymbol{E}-\boldsymbol{A}=\begin{pmatrix}3&-1&-1\\-1&1&-1\\-1&-1&3\end{pmatrix}\to\begin{pmatrix}1&0&-1\\0&1&-2\\0&0&0\end{pmatrix},$$

得到特征向量$\boldsymbol{\alpha}_3=\begin{pmatrix}\frac{1}{\sqrt{6}}\\\frac{2}{\sqrt{6}}\\\frac{1}{\sqrt{6}}\end{pmatrix}$.

令$\boldsymbol{C}_1=\begin{pmatrix}\frac{1}{\sqrt{2}}&\frac{1}{\sqrt{3}}&\frac{1}{\sqrt{6}}\\0&-\frac{1}{\sqrt{3}}&\frac{2}{\sqrt{6}}\\-\frac{1}{\sqrt{2}}&\frac{1}{\sqrt{3}}&\frac{1}{\sqrt{6}}\end{pmatrix}$.

再求矩阵$\boldsymbol{B}$的特征向量.

对于特征值-1，对应的特征向量为$\boldsymbol{\beta}_1=\begin{pmatrix}0\\\frac{1}{\sqrt{2}}\\-\frac{1}{\sqrt{2}}\end{pmatrix}$;

对于特征值0，对应的特征向量为$\boldsymbol{\beta}_2=\begin{pmatrix}\frac{1}{\sqrt{3}}\\-\frac{1}{\sqrt{3}}\\-\frac{1}{\sqrt{3}}\end{pmatrix}$;

对于特征值3，对应的特征向量为$\beta_3=\begin{pmatrix}-\dfrac{2}{\sqrt{6}}\\-\dfrac{1}{\sqrt{6}}\\-\dfrac{1}{\sqrt{6}}\end{pmatrix}$.

令$C_2=\begin{pmatrix}0&\dfrac{1}{\sqrt{3}}&-\dfrac{2}{\sqrt{6}}\\\dfrac{1}{\sqrt{2}}&-\dfrac{1}{\sqrt{3}}&-\dfrac{1}{\sqrt{6}}\\-\dfrac{1}{\sqrt{2}}&-\dfrac{1}{\sqrt{3}}&-\dfrac{1}{\sqrt{6}}\end{pmatrix}$.

令$\Lambda=\mathrm{diag}(-1,0,3)$，可知$C_1^{\mathrm{T}}AC_1=\Lambda=C_2^{\mathrm{T}}BC_2$，则$C=C_1C_2^{\mathrm{T}}=\begin{pmatrix}0&0&-1\\-1&0&0\\0&-1&0\end{pmatrix}$即为所求.

本题也可用初等变换法求解.由上述两种方法可以看出，不同的方法求解本题的复杂程度不同.

例6 二次型$f(x_1,x_2)=x_1^2-4x_1x_2+4x_2^2$经过正交变换$\begin{pmatrix}x_1\\x_2\end{pmatrix}=Q\begin{pmatrix}y_1\\y_2\end{pmatrix}$化为二次型$g(y_1,y_2)=ay_1^2+4y_1y_2+by_2^2(a\geqslant b)$.（1）求$a$，$b$；（2）求正交变换矩阵$Q$.

解：（1）设$A=\begin{pmatrix}1&-2\\-2&4\end{pmatrix}$，$B=\begin{pmatrix}a&2\\2&b\end{pmatrix}$，由题设可知存在正交矩阵$Q$，使得$Q^{\mathrm{T}}AQ=B$.可知$A$与$B$相似，有$|A|=|B|$，并且$\mathrm{tr}(A)=\mathrm{tr}(B)$，由此$\begin{cases}ab-4=0,\\a+b=5,\end{cases}$求出$\begin{cases}a=4,\\b=1,\end{cases}$或$\begin{cases}a=1,\\b=4,\end{cases}$由$a\geqslant b$，可知$\begin{cases}a=4,\\b=1.\end{cases}$

（2）$|\lambda E-A|=\begin{vmatrix}\lambda-1&2\\2&\lambda-4\end{vmatrix}=(\lambda-1)(\lambda-4)-4=0$，求出特征值为$\lambda_1=0,\lambda_2=5$.

当$\lambda_1=0$时，求解$Ax=0$，得到特征向量$\alpha_1=\begin{pmatrix}\dfrac{2}{\sqrt{5}}\\\dfrac{1}{\sqrt{5}}\end{pmatrix}$；

当$\lambda_2 = 5$时，求解$(5\boldsymbol{E} - \boldsymbol{A})\boldsymbol{x} = \boldsymbol{0}$，得到特征向量$\boldsymbol{\alpha}_2 = \begin{pmatrix} -\frac{1}{\sqrt{5}} \\ \frac{2}{\sqrt{5}} \end{pmatrix}$.

令$\boldsymbol{P}_1 = \begin{pmatrix} \frac{2}{\sqrt{5}} & -\frac{1}{\sqrt{5}} \\ \frac{1}{\sqrt{5}} & \frac{2}{\sqrt{5}} \end{pmatrix}$，则$\boldsymbol{P}_1^{\mathrm{T}}\boldsymbol{A}\boldsymbol{P}_1 = \begin{pmatrix} 0 & \\ & 5 \end{pmatrix}$.

由$\boldsymbol{A}$与$\boldsymbol{B}$相似，故矩阵$\boldsymbol{B}$的特征值也是$\lambda_1 = 0, \lambda_2 = 5$.

类似地，当$\lambda_1 = 0$时，求解$\boldsymbol{B}\boldsymbol{x} = \boldsymbol{0}$，得到特征向量$\boldsymbol{\beta}_1 = \begin{pmatrix} -\frac{1}{\sqrt{5}} \\ \frac{2}{\sqrt{5}} \end{pmatrix}$;

当$\lambda_2 = 5$时，求解$(5\boldsymbol{E} - \boldsymbol{B})\boldsymbol{x} = \boldsymbol{0}$，得到特征向量$\boldsymbol{\beta}_2 = \begin{pmatrix} \frac{2}{\sqrt{5}} \\ \frac{1}{\sqrt{5}} \end{pmatrix}$.

令$\boldsymbol{P}_2 = \begin{pmatrix} -\frac{1}{\sqrt{5}} & \frac{2}{\sqrt{5}} \\ \frac{2}{\sqrt{5}} & \frac{1}{\sqrt{5}} \end{pmatrix}$，则$\boldsymbol{P}_2^{\mathrm{T}}\boldsymbol{B}\boldsymbol{P}_2 = \begin{pmatrix} 0 & \\ & 5 \end{pmatrix}$.

由$\boldsymbol{P}_1^{\mathrm{T}}\boldsymbol{A}\boldsymbol{P}_1 = \boldsymbol{P}_2^{\mathrm{T}}\boldsymbol{B}\boldsymbol{P}_2$，有$(\boldsymbol{P}_1\boldsymbol{P}_2^{\mathrm{T}})^{\mathrm{T}}\boldsymbol{A}(\boldsymbol{P}_1\boldsymbol{P}_2^{\mathrm{T}}) = \boldsymbol{B}$，令$\boldsymbol{Q} = \boldsymbol{P}_1\boldsymbol{P}_2^{\mathrm{T}}$，知$\boldsymbol{Q} = \begin{pmatrix} -\frac{4}{5} & \frac{3}{5} \\ \frac{3}{5} & \frac{4}{5} \end{pmatrix}$.

例7 已知二次型$f(x_1, x_2, x_3) = 3x_1^2 + 4x_2^2 + 3x_3^2 + 2x_1x_3$.

（1）求正交变换$\boldsymbol{x} = \boldsymbol{Q}\boldsymbol{y}$，化二次型为标准形；

（2）证明$\min\limits_{\boldsymbol{x} \neq \boldsymbol{0}} \dfrac{f(x_1, x_2, x_3)}{\boldsymbol{x}^{\mathrm{T}}\boldsymbol{x}} = 2$.

（1）**解：** $f(x_1, x_2, x_3) = (x_1, x_2, x_3)\begin{pmatrix} 3 & 0 & 1 \\ 0 & 4 & 0 \\ 1 & 0 & 3 \end{pmatrix}\begin{pmatrix} x_1 \\ x_2 \\ x_3 \end{pmatrix}$，$\boldsymbol{A} = \begin{pmatrix} 3 & 0 & 1 \\ 0 & 4 & 0 \\ 1 & 0 & 3 \end{pmatrix}$.

$$|\lambda\boldsymbol{E} - \boldsymbol{A}| = \begin{vmatrix} \lambda - 3 & 0 & -1 \\ 0 & \lambda - 4 & 0 \\ -1 & 0 & \lambda - 3 \end{vmatrix} = (\lambda - 2)(\lambda - 4)^2,$$

矩阵$\boldsymbol{A}$的全部特征值为$\lambda_1=2,\lambda_2=\lambda_3=4$.

对于特征值2，解齐次线性方程组$(2\boldsymbol{E}-\boldsymbol{A})\boldsymbol{x}=\boldsymbol{0}$，

$$2\boldsymbol{E}-\boldsymbol{A}=\begin{pmatrix}-1&0&-1\\0&-2&0\\-1&0&-1\end{pmatrix}\to\begin{pmatrix}1&0&1\\0&1&0\\0&0&0\end{pmatrix},$$

得到特征向量$\boldsymbol{\alpha}_1=\begin{pmatrix}-\frac{1}{\sqrt{2}}\\0\\\frac{1}{\sqrt{2}}\end{pmatrix}$；

对于特征值4，解齐次线性方程组$(4\boldsymbol{E}-\boldsymbol{A})\boldsymbol{x}=\boldsymbol{0}$，

$$4\boldsymbol{E}-\boldsymbol{A}=\begin{pmatrix}1&0&-1\\0&0&0\\-1&0&1\end{pmatrix}\to\begin{pmatrix}1&0&-1\\0&0&0\\0&0&0\end{pmatrix},$$

得到特征向量$\boldsymbol{\alpha}_2=\begin{pmatrix}0\\1\\0\end{pmatrix}$，$\boldsymbol{\alpha}_3=\begin{pmatrix}\frac{1}{\sqrt{2}}\\0\\\frac{1}{\sqrt{2}}\end{pmatrix}$.

令$\boldsymbol{Q}=\begin{pmatrix}-\frac{1}{\sqrt{2}}&0&\frac{1}{\sqrt{2}}\\0&1&0\\\frac{1}{\sqrt{2}}&0&\frac{1}{\sqrt{2}}\end{pmatrix}$，显然$\boldsymbol{Q}$为正交矩阵.

由正交变换$\begin{cases}x_1=-\frac{1}{\sqrt{2}}y_1+\frac{1}{\sqrt{2}}y_3,\\x_2=y_2,\\x_3=\frac{1}{\sqrt{2}}y_1+\frac{1}{\sqrt{2}}y_3,\end{cases}$ 得标准形为$f(x_1,x_2,x_3)=2y_1^2+4y_2^2+4y_3^2$.

(2) **证明**：由于$\boldsymbol{x}^{\mathrm{T}}\boldsymbol{x}=(\boldsymbol{Q}\boldsymbol{y})^{\mathrm{T}}\boldsymbol{Q}\boldsymbol{y}=\boldsymbol{y}^{\mathrm{T}}(\boldsymbol{Q}^{\mathrm{T}}\boldsymbol{Q})\boldsymbol{y}=\boldsymbol{y}^{\mathrm{T}}\boldsymbol{y}$，因此

$$\min_{\boldsymbol{x}\neq\boldsymbol{0}}\frac{f(x_1,x_2,x_3)}{\boldsymbol{x}^{\mathrm{T}}\boldsymbol{x}}=\frac{2y_1^2+4y_2^2+4y_3^2}{y_1^2+y_2^2+y_3^2}=2+\frac{2y_2^2+2y_3^2}{y_1^2+y_2^2+y_3^2}\geqslant 2.$$

当$y_1\neq0$，$y_2=y_3=0$时，取到最小值2.

因此存在非零向量$\boldsymbol{y}$，也就是存在非零向量$\boldsymbol{x}$，使得$\min\limits_{\boldsymbol{x}\neq\boldsymbol{0}}\frac{f(x_1,x_2,x_3)}{\boldsymbol{x}^{\mathrm{T}}\boldsymbol{x}}=2$.

6.3 化二次型为规范形

可以看到，经过可逆线性变换，二次型的矩阵变成一个与之合同的矩阵．由于合同的矩阵有相同的秩，也就是说，经过可逆的线性变换之后，二次型矩阵的秩是不变的．标准形矩阵是对角矩阵，而对角矩阵的秩就等于它对角线上不为零的元素的个数．因此，在一个二次型的标准形中，系数不为零的平方项的个数是唯一确定的，与所作的可逆线性变换无关．故二次型化为标准形以后秩不变．

至于标准形的系数，就不是唯一确定的．比如第6.2节的例2的二次型$f(x_1,x_2,x_3)=2x_1x_2+2x_1x_3-6x_2x_3$经过线性变换

$$\begin{pmatrix}x_1\\x_2\\x_3\end{pmatrix}=\begin{pmatrix}1&1&3\\1&-1&-1\\0&0&1\end{pmatrix}\begin{pmatrix}z_1\\z_2\\z_3\end{pmatrix},$$

得到标准形：

$$2z_1^2-2z_2^2+6z_3^2,$$

若作线性变换

$$\begin{pmatrix}x_1\\x_2\\x_3\end{pmatrix}=\begin{pmatrix}1&-\frac{1}{2}&1\\1&\frac{1}{2}&-\frac{1}{3}\\0&0&\frac{1}{3}\end{pmatrix}\begin{pmatrix}w_1\\w_2\\w_3\end{pmatrix},$$

则可以得到另一个标准形：$2w_1^2-\frac{1}{2}w_2^2+\frac{2}{3}w_3^2$.

这说明，在一般的数域内，二次型的标准形不是唯一的，而与所作的可逆线性变换有关．在实数域上的二次型经过适当的可逆线性变换，再适当排列次序，可以变成规范形．

定义 6.7 二次型$f(x_1,x_2,\cdots,x_n)=\boldsymbol{x}^{\mathrm{T}}\boldsymbol{A}\boldsymbol{x}$经过可逆线性变换$\boldsymbol{x}=\boldsymbol{C}\boldsymbol{z}$变成

$$z_1^2+\cdots+z_p^2-z_{p+1}^2-\cdots-z_r^2\ (r\leqslant n),$$

则称它为$\boldsymbol{x}^{\mathrm{T}}\boldsymbol{A}\boldsymbol{x}$在实数域$\mathbf{R}$上的规范形．

下面仅就实数域和复数域的情形来进一步讨论唯一性的问题．

6.3.1 实二次型的规范形

定理6.4 （惯性定理）任意一个实二次型，经过一个适当的可逆线性变换可以变成规范形，并且规范形是唯一的.

证明：设$f(x_1,x_2,\cdots,x_n)=\boldsymbol{x}^{\mathrm{T}}\boldsymbol{A}\boldsymbol{x}$是一个实二次型，由定理6.1可知，经过一个适当的可逆线性变换，再适当排列$x_i(i=1,2,\cdots,n)$的次序，可以使$f(x_1,x_2,\cdots,x_n)$变成标准形

$$d_1y_1^2+\cdots+d_py_p^2-d_{p+1}y_{p+1}^2-\cdots-d_ry_r^2, \tag{6.10}$$

其中$d_i>0(i=1,2,\cdots,r)$，$r(\boldsymbol{A})=r$是二次型矩阵的秩.因为在实数域中，正实数总可以开平方，再作可逆线性变换

$$\begin{cases} y_1=\dfrac{1}{\sqrt{d_1}}z_1, \\ \cdots\cdots\cdots\cdots \\ y_r=\dfrac{1}{\sqrt{d_r}}z_r, \\ y_{r+1}=z_{r+1}, \\ \cdots\cdots\cdots\cdots \\ y_n=z_n, \end{cases}$$

（6.10）就变成了

$$z_1^2+\cdots+z_p^2-z_{p+1}^2-\cdots-z_r^2. \tag{6.11}$$

下面证明唯一性.

设实二次型$f(x_1,x_2,\cdots,x_n)$经过可逆线性变换

$$\boldsymbol{x}=\boldsymbol{B}\boldsymbol{y}$$

化为规范形

$$f(x_1,x_2,\cdots,x_n)=y_1^2+\cdots+y_p^2-y_{p+1}^2-\cdots-y_r^2,$$

而经过可逆线性变换

$$\boldsymbol{x}=\boldsymbol{C}\boldsymbol{z}$$

化为规范形

$$f(x_1,x_2,\cdots,x_n)=z_1^2+\cdots+z_q^2-z_{q+1}^2-\cdots-z_r^2.$$

下面证明$p=q$.

用反证法.假设$p > q$.

由上面的假设，有

$$y_1^2 + \cdots + y_p^2 - y_{p+1}^2 - \cdots - y_r^2 = z_1^2 + \cdots + z_q^2 - z_{q+1}^2 - \cdots - z_r^2, \quad (6.12)$$

其中

$$\boldsymbol{z} = \boldsymbol{C}^{-1}\boldsymbol{B}\boldsymbol{y}.$$

令

$$\boldsymbol{C}^{-1}\boldsymbol{B} = \boldsymbol{T} = \begin{pmatrix} t_{11} & t_{12} & \cdots & t_{1n} \\ t_{21} & t_{22} & \cdots & t_{2n} \\ \vdots & \vdots & & \vdots \\ t_{n1} & t_{n2} & \cdots & t_{nn} \end{pmatrix},$$

写出来为

$$\begin{cases} z_1 = t_{11}y_1 + t_{12}y_2 + \cdots + t_{1n}y_n, \\ z_2 = t_{21}y_1 + t_{22}y_2 + \cdots + t_{2n}y_n, \\ \cdots\cdots\cdots\cdots \\ z_n = t_{n1}y_1 + t_{n2}y_2 + \cdots + t_{nn}y_n. \end{cases} \quad (6.13)$$

考虑齐次线性方程组

$$\begin{cases} t_{11}y_1 + t_{12}y_2 + \cdots + t_{1n}y_n = 0, \\ t_{21}y_1 + t_{22}y_2 + \cdots + t_{2n}y_n = 0, \\ \cdots\cdots\cdots\cdots \\ t_{q1}y_1 + t_{q2}y_2 + \cdots + t_{qn}y_n = 0, \\ y_{p+1} = 0, \\ \cdots\cdots\cdots\cdots \\ y_n = 0. \end{cases} \quad (6.14)$$

方程组（6.14）含有n个未知数，含有$q + (n - p) = n - (p - q) < n$个方程，必有非零解.令

$$\boldsymbol{\eta} = (k_1, k_2, \cdots, k_p, k_{p+1} \cdots, k_n)^{\mathrm{T}}$$

是（6.14）的一个非零解，显然

$$k_{p+1} = \cdots = k_n = 0,$$

代入（6.12）左端，得

$$k_1^2 + \cdots + k_p^2 > 0,$$

将非零解$\boldsymbol{\eta}$通过（6.13）代入（6.12）右端，因为它是（6.14）的解，所以有

$$z_1 = \cdots = z_q = 0.$$

所以得到

$$-z_{q+1}^2 - \cdots - z_r^2 \leqslant 0,$$

这是一个矛盾，它说明假设$p > q$错误，因此$p \leqslant q$，同理可以证明$p \geqslant q$，从而$p = q$.这就证明了规范形的唯一性.

定义6.8 在实二次型$f(x_1, x_2, \cdots, x_n)$的规范形中，正平方项的个数p称为f的**正惯性指数**；负平方项的个数$r-p$称为f的负惯性指数；$p-(r-p)=2p-r$称为f的符号差.

实际上，虽然实二次型的标准形不是唯一的，但由上面化规范形的过程可以看出，标准形中系数为正的平方项的个数与规范形中正平方项的个数是一致的.因此，惯性定理也可以叙述为：

实二次型的标准形中系数为正的平方项的个数是唯一确定的，它等于正惯性指数，而系数为负的平方项的个数等于负惯性指数.

即对于一个实二次型$f(x_1, x_2, \cdots, x_n)$，无论作怎样的可逆线性变换$\boldsymbol{x} = \boldsymbol{C}\boldsymbol{y}$，都可以化为标准形：

$$f(x_1, x_2, \cdots, x_n) = d_1 y_1^2 + \cdots + d_p y_p^2 - d_{p+1} y_{p+1}^2 - \cdots - d_r y_r^2,$$

其中的正惯性指数p和负惯性指数$r-p$都唯一确定，$d_i > 0 (i = 1, 2, \cdots, r)$.

由上述知，实二次型$f(x_1, x_2, \cdots, x_n)$的规范形被它的秩和正惯性指数决定，利用二次型等价的传递性和对称性可知下列命题等价：

1. 两个n元实二次型等价；
2. 两个n元实二次型的规范形相同；
3. 两个n元实二次型的秩相等，并且正惯性指数也相等.

由惯性定理还可以得出：

推论1 任一个n阶实对称矩阵$\boldsymbol{A}$合同于一个主对角线元素只有1，-1，0的对角矩阵，其中1的个数等于$\boldsymbol{x}^{\mathrm{T}}\boldsymbol{A}\boldsymbol{x}$的正惯性指数，-1的个数等于$\boldsymbol{x}^{\mathrm{T}}\boldsymbol{A}\boldsymbol{x}$的负惯性指数，即，设$\boldsymbol{A}$为$n$阶实对称矩阵，$\boldsymbol{x}^{\mathrm{T}}\boldsymbol{A}\boldsymbol{x}$的正惯性指数为$p$，$r(\boldsymbol{A}) = r$，

$$\Lambda=\begin{pmatrix}\underbrace{\begin{matrix}1&&\\&\ddots&\\&&1\end{matrix}}_{p}&&\\&\underbrace{\begin{matrix}-1&&\\&\ddots&\\&&-1\end{matrix}}_{r-p}&\\&&\underbrace{\begin{matrix}0&&\\&\ddots&\\&&0\end{matrix}}_{n-r}\end{pmatrix},$$

则$\boldsymbol{A}\simeq\boldsymbol{\Lambda}$.

对角矩阵$\boldsymbol{\Lambda}$称为$\boldsymbol{A}$的合同规范形.

推论2 两个n阶实对称矩阵合同的充要条件是它们的秩相等，并且正惯性指数也相等.

例1 2阶实对称矩阵组成的集合按照合同关系来分类，可以分成多少类？写出每一类的合同规范形.

解： 2阶实对称矩阵的秩只有3种可能：0,1,2.

秩为0的矩阵只有零矩阵：$\begin{pmatrix}0&0\\0&0\end{pmatrix}$.

秩为1的2阶实对称矩阵的正惯性指数有0，1两种可能，它们各成一类，合同规范形分别为$\begin{pmatrix}-1&0\\0&0\end{pmatrix}$,$\begin{pmatrix}1&0\\0&0\end{pmatrix}$.

秩为2的2阶实对称矩阵的正惯性指数有0，1，2三种可能，它们各成一类，合同规范形分别为$\begin{pmatrix}-1&0\\0&-1\end{pmatrix}$,$\begin{pmatrix}1&0\\0&-1\end{pmatrix}$,$\begin{pmatrix}1&0\\0&1\end{pmatrix}$.

综上，总共可以分成6类.

一般地，全体n阶实对称矩阵，按其合同规范形（不考虑1,–1,0的排列次序）分类，共有$\dfrac{(n+1)(n+2)}{2}$类.

例2 求二次型$f(x_1,x_2,x_3)=(x_1+x_2)^2+(x_2+x_3)^2-(x_3-x_1)^2$的正惯性指数和负惯性指数.

解： $f(x_1,x_2,x_3)=(x_1+x_2)^2+(x_2+x_3)^2-(x_3-x_1)^2$

$$=2x_2^2+2x_1x_2+2x_2x_3+2x_1x_3,$$

设$A=\begin{pmatrix}0&1&1\\1&2&1\\1&1&0\end{pmatrix}$，$|\lambda E-A|=\begin{vmatrix}\lambda&-1&-1\\-1&\lambda-2&-1\\-1&-1&\lambda\end{vmatrix}=\lambda(\lambda+1)(\lambda-3)$，

$$A\simeq\Lambda=\begin{pmatrix}1&&\\&-1&\\&&0\end{pmatrix}.$$

因此正惯性指数和负惯性指数依次是1，1.

例3 设二次型

$$f(x_1,x_2,x_3,x_4)=x_1^2+x_2^2+x_3^2-2x_4^2-2x_1x_2+2x_1x_3-2x_1x_4+2x_2x_3-4x_2x_4,$$

将其在实数域上化为规范形，并写出相应的可逆线性变换.

解：
$$\begin{pmatrix}A\\E\end{pmatrix}=\begin{pmatrix}1&-1&1&-1\\-1&1&1&-2\\1&1&1&0\\-1&-2&0&-2\\\hline 1&0&0&0\\0&1&0&0\\0&0&1&0\\0&0&0&1\end{pmatrix}\to\begin{pmatrix}1&0&0&0\\0&-3&0&0\\0&0&\frac{1}{3}&0\\0&0&0&0\\\hline 1&1&-\frac{2}{3}&2\\0&0&0&1\\0&0&1&-3\\0&1&\frac{1}{3}&-2\end{pmatrix}=\begin{pmatrix}\Lambda\\C\end{pmatrix},$$

得到的标准形为$f(x_1,x_2,x_3,x_4)=y_1^2-3y_2^2+\frac{1}{3}y_3^2$，相应的线性变换为

$$\begin{pmatrix}x_1\\x_2\\x_3\\x_4\end{pmatrix}=\begin{pmatrix}1&1&-\frac{2}{3}&2\\0&0&0&1\\0&0&1&-3\\0&1&\frac{1}{3}&-2\end{pmatrix}\begin{pmatrix}y_1\\y_2\\y_3\\y_4\end{pmatrix}.$$

作变换

$$\begin{cases}y_1=z_1,\\y_2=\frac{1}{\sqrt{3}}z_3,\\y_3=\sqrt{3}z_2,\\y_4=z_4,\end{cases}\begin{pmatrix}y_1\\y_2\\y_3\\y_4\end{pmatrix}=\begin{pmatrix}1&0&0&0\\0&0&\frac{1}{\sqrt{3}}&0\\0&\sqrt{3}&0&0\\0&0&0&1\end{pmatrix}\begin{pmatrix}z_1\\z_2\\z_3\\z_4\end{pmatrix},$$

$$\begin{pmatrix} x_1 \\ x_2 \\ x_3 \\ x_4 \end{pmatrix} = \begin{pmatrix} 1 & 1 & -\frac{2}{3} & 2 \\ 0 & 0 & 0 & 1 \\ 0 & 0 & 1 & -3 \\ 0 & 1 & \frac{1}{3} & -2 \end{pmatrix} \begin{pmatrix} 1 & 0 & 0 & 0 \\ 0 & 0 & \frac{1}{\sqrt{3}} & 0 \\ 0 & \sqrt{3} & 0 & 0 \\ 0 & 0 & 0 & 1 \end{pmatrix} \begin{pmatrix} z_1 \\ z_2 \\ z_3 \\ z_4 \end{pmatrix}$$

$$= \begin{pmatrix} 1 & -\frac{2}{\sqrt{3}} & \frac{1}{\sqrt{3}} & 2 \\ 0 & 0 & 0 & 1 \\ 0 & \sqrt{3} & 0 & -3 \\ 0 & \frac{1}{\sqrt{3}} & \frac{1}{\sqrt{3}} & -2 \end{pmatrix} \begin{pmatrix} z_1 \\ z_2 \\ z_3 \\ z_4 \end{pmatrix},$$

故其在实数域上的规范形为$f(x_1, x_2, x_3, x_4) = z_1^2 + z_2^2 - z_3^2$.

6.3.2 复二次型的规范形

与实二次型的惯性定理类似，关于复二次型有如下定理.

定理6.5 任意一个复二次型，经过一个适当的可逆线性变换可以变成规范形，并且规范形是唯一的.

证明： 设$f(x_1, x_2, \cdots, x_n) = \boldsymbol{x}^{\mathrm{T}}\boldsymbol{A}\boldsymbol{x}$是一个复二次型，由定理6.4可知，经过一个适当的可逆线性变换，再适当排列$x_i (i = 1,2,\cdots, n)$的次序，可以将$f(x_1, x_2,\cdots, x_n)$变成标准形

$$d_1 y_1^2 + \cdots + d_r y_r^2, \tag{6.15}$$

其中$d_i \neq 0 (i = 1,2,\cdots, r)$，$r(\boldsymbol{A}) = r$是二次型矩阵的秩.因为任何复数都可以开平方，所以作可逆线性变换

$$\begin{cases} y_1 = \dfrac{1}{\sqrt{d_1}} z_1, \\ \cdots\cdots\cdots\cdots \\ y_r = \dfrac{1}{\sqrt{d_r}} z_r, \\ y_{r+1} = z_{r+1}, \\ \cdots\cdots\cdots\cdots \\ y_n = z_n, \end{cases}$$

（6.15）就变成了

$$z_1^2+\cdots+z_r^2. \tag{6.16}$$

（6.16）是复二次型$f(x_1,x_2,\cdots,x_n)$的规范形.

显然，规范形完全被二次型矩阵的秩r所决定，因此必唯一.

定理6.5换一个说法就是：任一个n阶复对称矩阵$\boldsymbol{A}$合同于一个主对角线元素只有1，0的对角矩阵

$$\boldsymbol{\Lambda}=\begin{pmatrix} \underbrace{\begin{matrix}1 & & \\ & \ddots & \\ & & 1\end{matrix}}_{r个} & \\ & \underbrace{\begin{matrix}0 & & \\ & \ddots & \\ & & 0\end{matrix}}_{n-r个} \end{pmatrix},$$

其中1的个数等于$\boldsymbol{A}$的秩.

两个复对称矩阵合同的充要条件是它们的秩相等.

本节例3，如果继续作变换$\begin{cases} z_1=w_1, \\ z_2=w_2, \\ z_3=\mathrm{i}w_3, \\ z_4=w_4, \end{cases}$其中$\mathrm{i}^2=-1$，则$f(x_1,x_2,x_3,x_4)=w_1^2+w_2^2+w_3^2$为复数域上的规范形.

例4　已知$\boldsymbol{x}^{\mathrm{T}}\boldsymbol{A}\boldsymbol{x}$为一个$n$元实二次型，存在两个非零列向量$\boldsymbol{\alpha}_1,\boldsymbol{\alpha}_2$，满足$\boldsymbol{\alpha}_1^{\mathrm{T}}\boldsymbol{A}\boldsymbol{\alpha}_1>0$，$\boldsymbol{\alpha}_2^{\mathrm{T}}\boldsymbol{A}\boldsymbol{\alpha}_2<0$，证明：存在非零列向量$\boldsymbol{\alpha}_3$，使得$\boldsymbol{\alpha}_3^{\mathrm{T}}\boldsymbol{A}\boldsymbol{\alpha}_3=0$.

证明：设实二次型$\boldsymbol{x}^{\mathrm{T}}\boldsymbol{A}\boldsymbol{x}$的秩为$r$，正惯性指数为$p$.由于$\boldsymbol{x}^{\mathrm{T}}\boldsymbol{A}\boldsymbol{x}$为实二次型，必存在可逆矩阵$\boldsymbol{C}$，使得$\boldsymbol{C}^{\mathrm{T}}\boldsymbol{A}\boldsymbol{C}=\boldsymbol{\Lambda}=\mathrm{diag}(\underbrace{1,\cdots,1}_{p个},\underbrace{-1,\cdots,-1}_{r-p个},\underbrace{0,\cdots,0}_{n-r个})$.

存在非零列向量$\boldsymbol{\alpha}_1$，满足$\boldsymbol{\alpha}_1^{\mathrm{T}}\boldsymbol{A}\boldsymbol{\alpha}_1>0$，可知$p>0$.

反证法：若$p=0$，设$\boldsymbol{C}^{-1}\boldsymbol{\alpha}_1=(t_1,t_2,\cdots,t_n)^{\mathrm{T}}$，有

$$\boldsymbol{\alpha}_1^{\mathrm{T}}\boldsymbol{A}\boldsymbol{\alpha}_1=\boldsymbol{\alpha}_1^{\mathrm{T}}\left(\boldsymbol{C}^{-1}\right)^{\mathrm{T}}\boldsymbol{\Lambda}\boldsymbol{C}^{-1}\boldsymbol{\alpha}_1=\left(\boldsymbol{C}^{-1}\boldsymbol{\alpha}_1\right)^{\mathrm{T}}\boldsymbol{\Lambda}\left(\boldsymbol{C}^{-1}\boldsymbol{\alpha}_1\right)=-t_1^2-t_2^2-\cdots-t_r^2\leqslant 0,$$

矛盾.因此$p>0$.

存在非零列向量$\boldsymbol{\alpha}_2$，满足$\boldsymbol{\alpha}_2^{\mathrm{T}}\boldsymbol{A}\boldsymbol{\alpha}_2<0$，可知$p<r$.

反证法：若$p=r$.设$\boldsymbol{C}^{-1}\boldsymbol{\alpha}_2=(l_1,l_2,\cdots,l_n)^{\mathrm{T}}$，有

$$\boldsymbol{\alpha}_2^{\mathrm{T}}\boldsymbol{A}\boldsymbol{\alpha}_2=\boldsymbol{\alpha}_2^{\mathrm{T}}\left(\boldsymbol{C}^{-1}\right)^{\mathrm{T}}\boldsymbol{\Lambda}\boldsymbol{C}^{-1}\boldsymbol{\alpha}_2=\left(\boldsymbol{C}^{-1}\boldsymbol{\alpha}_2\right)^{\mathrm{T}}\boldsymbol{\Lambda}\left(\boldsymbol{C}^{-1}\boldsymbol{\alpha}_2\right)=l_1^2+l_2^2+\cdots+l_r^2<0,$$

矛盾. 因此$p<r$.

令 $\boldsymbol{\beta}=(\underbrace{1,0,\cdots,0}_{p个},1,\underbrace{0,\cdots,0}_{n-p-1个})^{\mathrm{T}}$， 取 $\boldsymbol{\alpha}_3=\boldsymbol{C\beta}$， 则 $\boldsymbol{\alpha}_3^{\mathrm{T}}\boldsymbol{A}\boldsymbol{\alpha}_3=\left(\boldsymbol{\beta}^{\mathrm{T}}\boldsymbol{C}^{\mathrm{T}}\right)\boldsymbol{A}\left(\boldsymbol{C\beta}\right)=$ $\boldsymbol{\beta}^{\mathrm{T}}\boldsymbol{\Lambda\beta}=0$.

6.4 正定二次型和正定矩阵

在实二次型中，正定二次型占有特殊的地位. 正定二次型可以用来描述社会及经济等不同领域的现象，如生产经济学中的投入产出模型；劳动经济学中的薪资曲线；市场经济学中的需求曲线；生物学中的植物生长曲线都可以用正定二次型进行研究. 本节给出正定二次型的定义、判别条件和性质. 当本节不作特殊说明时，二次型均指实二次型.

6.4.1 正定二次型的定义

定义 6.9 实二次型$f(x_1,x_2,\cdots,x_n)=\boldsymbol{x}^{\mathrm{T}}\boldsymbol{Ax}$称为正定的，如果对于任意非零列向量$\boldsymbol{\alpha}$，都有$\boldsymbol{\alpha}^{\mathrm{T}}\boldsymbol{A\alpha}>0$.

例如，3元二次型$f(x_1,x_2,x_3)=x_1^2+2x_2^2+x_3^2$是正定的.

3元二次型$f(x_1,x_2,x_3)=x_1^2+x_3^2$不是正定的，因为对于$\boldsymbol{\alpha}=(0,\ 1,\ 0)^{\mathrm{T}}$，$f(x_1,x_2,x_3)=0$.

3元二次型$f(x_1,x_2,x_3)=x_1^2-2x_2^2+x_3^2$不是正定的，因为对于$\boldsymbol{\alpha}=(0,1,0)^{\mathrm{T}}$，$f(x_1,x_2,x_3)=-2<0$；对于$\boldsymbol{\beta}=(1,0,0)^{\mathrm{T}}$，$f(x_1,x_2,x_3)=1>0$.

由上述3个例子猜想，一个二次型的正定可能与该二次型的正惯性指数有关，这就是下面的定理.

6.4.2 正定二次型的判定

定理 6.6 n元二次型正定的充要条件是它的正惯性指数等于n.

证明：（必要性） 设$f(x_1,x_2,\cdots,x_n)=\boldsymbol{x}^{\mathrm{T}}\boldsymbol{Ax}$是正定的，作可逆线性变换$\boldsymbol{x}=\boldsymbol{Cy}$，化为规范形，即

$$\boldsymbol{x}^{\mathrm{T}}\boldsymbol{Ax}=y_1^2+\cdots+y_p^2-y_{p+1}^2-\cdots-y_r^2,$$

如果$p < n$，则y_n^2的系数为0或-1.取$\boldsymbol{\beta} = (0,\cdots,0,1)^{\mathrm{T}}$，令$\boldsymbol{\alpha} = \boldsymbol{C\beta}$，显然$\boldsymbol{\alpha} \neq \boldsymbol{0}$，并且$\boldsymbol{\alpha}^{\mathrm{T}}\boldsymbol{A\alpha} = 0$或$\boldsymbol{\alpha}^{\mathrm{T}}\boldsymbol{A\alpha} = -1$.矛盾，因此$p = n$.

（充分性）设二次型的正惯性指数等于n，则作可逆线性变换$\boldsymbol{x} = \boldsymbol{Cy}$，化为规范形，即

$$\boldsymbol{x}^{\mathrm{T}}\boldsymbol{Ax} = y_1^2 + y_2^2 + \cdots + y_n^2,$$

任取非零列向量$\boldsymbol{\alpha}$，令$\boldsymbol{\beta} = \boldsymbol{C}^{-1}\boldsymbol{\alpha} = (b_1, b_2,\cdots, b_n)^{\mathrm{T}}$，则$\boldsymbol{\beta} \neq \boldsymbol{0}$，从而有

$$\boldsymbol{\alpha}^{\mathrm{T}}\boldsymbol{A\alpha} = b_1^2 + b_2^2 + \cdots + b_n^2 > 0,$$

因此$\boldsymbol{x}^{\mathrm{T}}\boldsymbol{Ax}$是正定的.

由定理6.6立即可以得出

推论1 n元二次型正定的充要条件是它的规范形为$y_1^2 + y_2^2 + \cdots + y_n^2$.

推论2 n元二次型正定的充要条件是它的标准形$d_1y_1^2 + \cdots + d_ny_n^2$中系数$d_i(i = 1,\cdots, n)$均大于0.

由正定二次型的定义还可知：

定理6.7 n元二次型$\boldsymbol{x}^{\mathrm{T}}\boldsymbol{Ax}$经过可逆线性变换$\boldsymbol{x} = \boldsymbol{Cy}$，化为$\boldsymbol{y}^{\mathrm{T}}(\boldsymbol{C}^{\mathrm{T}}\boldsymbol{AC})\boldsymbol{y}$，保持正定性不变.

证明： 对于任意非零列向量$\boldsymbol{\alpha} = (y_1, y_2,\cdots, y_n)^{\mathrm{T}}$，若$\boldsymbol{\alpha}^{\mathrm{T}}(\boldsymbol{C}^{\mathrm{T}}\boldsymbol{AC})\boldsymbol{\alpha} > 0$，由于$\boldsymbol{x} = \boldsymbol{Cy}$是可逆线性变换，矩阵$\boldsymbol{C}$可逆，因此$\boldsymbol{\beta} = \boldsymbol{C\alpha} \neq \boldsymbol{0}$.若$\boldsymbol{x}^{\mathrm{T}}\boldsymbol{Ax}$正定，则$\boldsymbol{\beta}^{\mathrm{T}}\boldsymbol{A\beta} > 0$，由此，对任意$\boldsymbol{\alpha} \neq \boldsymbol{0}$，

$$\boldsymbol{\alpha}^{\mathrm{T}}(\boldsymbol{C}^{\mathrm{T}}\boldsymbol{AC})\boldsymbol{\alpha} = (\boldsymbol{C\alpha})^{\mathrm{T}}\boldsymbol{A}(\boldsymbol{C\alpha}) = \boldsymbol{\beta}^{\mathrm{T}}\boldsymbol{A\beta} > 0,$$

故$\boldsymbol{y}^{\mathrm{T}}(\boldsymbol{C}^{\mathrm{T}}\boldsymbol{AC})\boldsymbol{y}$是正定二次型.反之亦然.

定义6.10 实对称矩阵$\boldsymbol{A}$称为正定的，如果实二次型$\boldsymbol{x}^{\mathrm{T}}\boldsymbol{Ax}$是正定的，即对于任意非零列向量$\boldsymbol{\alpha}$，都有$\boldsymbol{\alpha}^{\mathrm{T}}\boldsymbol{A\alpha} > 0$.

正定的实对称矩阵简称**正定矩阵**.

由定义6.10，定理6.6及其推论立即可以得出下面的重要结果.

定理6.8 **若$\boldsymbol{A}$是n阶实对称矩阵，则下列命题等价：**

（1）$\boldsymbol{x}^{\mathrm{T}}\boldsymbol{Ax}$是正定二次型（或$\boldsymbol{A}$是正定矩阵）；

（2）$\boldsymbol{x}^{\mathrm{T}}\boldsymbol{Ax}$的正惯性指数等于$n$；

（3）存在可逆矩阵$\boldsymbol{C}$，使得$\boldsymbol{A} = \boldsymbol{C}^{\mathrm{T}}\boldsymbol{C}$，即$\boldsymbol{A} \simeq \boldsymbol{E}_n$；

（4）$\boldsymbol{A}$的n个特征值$\lambda_1, \lambda_2,\cdots, \lambda_n$全大于零.

证明：（1）⇒（2）. 因为$\boldsymbol{A}$是n阶实对称矩阵，所以存在可逆矩阵$\boldsymbol{P}$，满足$\boldsymbol{P}^{\mathrm{T}}\boldsymbol{A}\boldsymbol{P}=\mathrm{diag}(\lambda_1,\lambda_2,\cdots,\lambda_n)$，其中$\lambda_1,\lambda_2,\cdots,\lambda_n$是$\boldsymbol{A}$的全部特征值. 假设$\boldsymbol{x}^{\mathrm{T}}\boldsymbol{A}\boldsymbol{x}$的正惯性指数小于$n$，则至少存在一个$\lambda_i\leqslant 0$. 作变换$\boldsymbol{x}=\boldsymbol{P}\boldsymbol{y}$，则

$$\boldsymbol{x}^{\mathrm{T}}\boldsymbol{A}\boldsymbol{x}=\boldsymbol{y}^{\mathrm{T}}(\boldsymbol{P}^{\mathrm{T}}\boldsymbol{A}\boldsymbol{P})\boldsymbol{y}=\lambda_1 y_1^2+\cdots+\lambda_n y_n^2. \tag{6.17}$$

取$y_i=1,y_j=0(j\neq i)$代入（6.17），得$\boldsymbol{x}^{\mathrm{T}}\boldsymbol{A}\boldsymbol{x}=\lambda_i y_i^2=\lambda_i<0$，与$\boldsymbol{x}^{\mathrm{T}}\boldsymbol{A}\boldsymbol{x}$是正定二次型矛盾，故$\boldsymbol{x}^{\mathrm{T}}\boldsymbol{A}\boldsymbol{x}$的正惯性指数等于$n$.

（2）⇒（3）. $\boldsymbol{x}^{\mathrm{T}}\boldsymbol{A}\boldsymbol{x}$的正惯性指数等于$n$，因此，规范形为

$$y_1^2+\cdots+y_n^2,$$

也就是存在可逆矩阵$\boldsymbol{P}$，使得$\boldsymbol{P}^{\mathrm{T}}\boldsymbol{A}\boldsymbol{P}=\boldsymbol{E}_n,\boldsymbol{A}=(\boldsymbol{P}^{\mathrm{T}})^{-1}\boldsymbol{E}_n\boldsymbol{P}^{-1}=(\boldsymbol{P}^{-1})^{\mathrm{T}}\boldsymbol{P}^{-1}$，令$\boldsymbol{P}^{-1}=\boldsymbol{C}$，则$\boldsymbol{A}=\boldsymbol{C}^{\mathrm{T}}\boldsymbol{C}$，即$\boldsymbol{A}\simeq\boldsymbol{E}_n$.

（3）⇒（4）. 设$\boldsymbol{A}\boldsymbol{\alpha}=\lambda\boldsymbol{\alpha}$，则$(\boldsymbol{C}^{\mathrm{T}}\boldsymbol{C})\boldsymbol{\alpha}=\lambda\boldsymbol{\alpha}$，于是$\boldsymbol{\alpha}^{\mathrm{T}}(\boldsymbol{C}^{\mathrm{T}}\boldsymbol{C})\boldsymbol{\alpha}=(\boldsymbol{C}\boldsymbol{\alpha})^{\mathrm{T}}(\boldsymbol{C}\boldsymbol{\alpha})=\lambda\boldsymbol{\alpha}^{\mathrm{T}}\boldsymbol{\alpha}$，即$[\boldsymbol{C}\boldsymbol{\alpha},\boldsymbol{C}\boldsymbol{\alpha}]=\lambda[\boldsymbol{\alpha},\boldsymbol{\alpha}]$，由于特征向量$\boldsymbol{\alpha}\neq\boldsymbol{0}$，矩阵$\boldsymbol{C}$可逆，因此$\boldsymbol{C}\boldsymbol{\alpha}\neq\boldsymbol{0}$，于是$\lambda=\dfrac{[\boldsymbol{C}\boldsymbol{\alpha},\boldsymbol{C}\boldsymbol{\alpha}]}{[\boldsymbol{\alpha},\boldsymbol{\alpha}]}>0$.

（4）⇒（1）. 对于n阶实对称矩阵$\boldsymbol{A}$，存在正交矩阵$\boldsymbol{Q}$，满足$\boldsymbol{Q}^{\mathrm{T}}\boldsymbol{A}\boldsymbol{Q}=\mathrm{diag}(\lambda_1,\lambda_2,\cdots,\lambda_n)$，其中$\lambda_1,\lambda_2,\cdots,\lambda_n$是$\boldsymbol{A}$的全部特征值，作正交变换$\boldsymbol{x}=\boldsymbol{Q}\boldsymbol{y}$，得$\boldsymbol{x}^{\mathrm{T}}\boldsymbol{A}\boldsymbol{x}$的一个等价标准形：$\lambda_1 y_1^2+\cdots+\lambda_n y_n^2$，由于$\lambda_i>0(i=1,\cdots,n)$，则$\lambda_1 y_1^2+\cdots+\lambda_n y_n^2>0$，故$\boldsymbol{x}^{\mathrm{T}}\boldsymbol{A}\boldsymbol{x}$正定.

例1　判断本章第3节的例3的二次型

$$f(x_1,x_2,x_3,x_4)=x_1^2+x_2^2+x_3^2-2x_4^2-2x_1x_2+2x_1x_3-2x_1x_4+2x_2x_3-4x_2x_4$$

是否为正定二次型.

解：由于二次型的标准形为$f(x_1,x_2,x_3,x_4)=y_1^2-3y_2^2+\dfrac{1}{3}y_3^2$，标准形中有1个系数为0，1个系数小于0，由定理6.6的推论2可知该二次型不是正定二次型.

例2　判断二次型

$$f(x_1,x_2,x_3)=3x_1^2+x_2^2+3x_3^2-4x_1x_2-4x_1x_3+4x_2x_3$$

是否为正定二次型.

解：二次型对应的矩阵为$A=\begin{pmatrix}3&-2&-2\\-2&1&2\\-2&2&3\end{pmatrix}$，由

$$|\lambda E-A|=\begin{vmatrix}\lambda-3&2&2\\2&\lambda-1&-2\\2&-2&\lambda-3\end{vmatrix}=\begin{vmatrix}\lambda-1&2&2\\0&\lambda-1&-2\\\lambda-1&-2&\lambda-3\end{vmatrix}=\begin{vmatrix}\lambda-1&2&2\\0&\lambda-1&-2\\0&-4&\lambda-5\end{vmatrix}$$
$$=(\lambda-1)(\lambda^2-6\lambda-3)=0,$$

得A的特征值为$\lambda_1=1,\lambda_2=3+2\sqrt{3},\lambda_3=3-2\sqrt{3}<0$，因此$A$不是正定矩阵，故二次型也不是正定二次型．

定义6.11 设n阶矩阵$A=(a_{ij})_{n\times n}$，子式

$$\begin{vmatrix}a_{11}&a_{12}&\cdots&a_{1i}\\a_{21}&a_{22}&\cdots&a_{2i}\\\vdots&\vdots&&\vdots\\a_{i1}&a_{i2}&\cdots&a_{ii}\end{vmatrix},i=1,2,\cdots,n$$

称为A的i阶顺序主子式．

定理6.9 **实二次型$f(x_1,x_2,\cdots,x_n)=x^{\mathrm{T}}Ax$是正定的充要条件是$A$的所有顺序主子式全大于零．**

证明：（必要性）设二次型$f(x_1,x_2,\cdots,x_n)=x^{\mathrm{T}}Ax$正定，$A=(a_{ij})_{n\times n}$，$|A_k|=|(a_{ij})_{k\times k}|$是$A$的$k$阶顺序主子式，对于每个$k\,(k=1,2,\cdots,n)$，令

$$f_k(x_1,x_2,\cdots,x_k)=\sum_{i=1}^{k}\sum_{j=1}^{k}a_{ij}x_ix_j.$$

下面证明$f_k(x_1,x_2,\cdots,x_k)$是k元正定二次型．

对于任意一个非零向量$\alpha=(c_1,c_2,\cdots,c_k)^{\mathrm{T}}$，令$\beta=(c_1,c_2,\cdots,c_k,0,\cdots,0)^{\mathrm{T}}$，

$$f(c_1,c_2,\cdots,c_k,0,\cdots,0)=\beta^{\mathrm{T}}A\beta=\sum_{i=1}^{k}\sum_{j=1}^{k}a_{ij}x_ix_j=f_k(c_1,c_2,\cdots,c_k)>0,$$

因此$f_k(x_1,x_2,\cdots,x_k)$是正定的，由定理6.8可知矩阵A_k的特征值$\lambda_1,\lambda_2,\cdots,\lambda_k$均大于零，行列式

$$\begin{vmatrix}a_{11}&a_{12}&\cdots&a_{1k}\\a_{21}&a_{22}&\cdots&a_{2k}\\\vdots&\vdots&&\vdots\\a_{k1}&a_{k2}&\cdots&a_{kk}\end{vmatrix}=\prod_{i=1}^{k}\lambda_i>0,k=1,2,\cdots,n.$$

这就证明了矩阵A的所有顺序主子式全大于零．

（充分性）对n作数学归纳法．

当n=1时，

$$f(x_1)=a_{11}x_1^2,$$

由条件$a_{11}>0$，显然有$f(x_1)$是正定的.

假设对于n−1阶实对称矩阵命题为真.现在来看n阶实对称矩阵的情形.令

$$\boldsymbol{A}_1=\begin{pmatrix} a_{11} & a_{12} & \cdots & a_{1,n-1} \\ a_{21} & a_{22} & \cdots & a_{2,n-1} \\ \vdots & \vdots & & \vdots \\ a_{n-1,1} & a_{n-1,2} & \cdots & a_{n-1,n-1} \end{pmatrix},\boldsymbol{\alpha}=\begin{pmatrix} a_{1n} \\ a_{2n} \\ \vdots \\ a_{n-1,n} \end{pmatrix},$$

于是矩阵$\boldsymbol{A}$可以分块写成

$$\boldsymbol{A}=\begin{pmatrix} \boldsymbol{A}_1 & \boldsymbol{\alpha} \\ \boldsymbol{\alpha}^{\mathrm{T}} & a_{nn} \end{pmatrix}.$$

由于$\boldsymbol{A}$的所有顺序主子式全大于零，当然$\boldsymbol{A}_1$的顺序主子式也全大于零.由归纳假设，$\boldsymbol{A}_1$是正定矩阵，即有n−1阶可逆矩阵$\boldsymbol{G}$，满足

$$\boldsymbol{G}^{\mathrm{T}}\boldsymbol{A}_1\boldsymbol{G}=\boldsymbol{E}_{n-1},$$

其中$\boldsymbol{E}_{n-1}$表示n−1阶单位矩阵.令

$$\boldsymbol{C}_1=\begin{pmatrix} \boldsymbol{G} & \boldsymbol{0} \\ \boldsymbol{0} & 1 \end{pmatrix},$$

于是

$$\boldsymbol{C}_1^{\mathrm{T}}\boldsymbol{A}\boldsymbol{C}_1=\begin{pmatrix} \boldsymbol{G}^{\mathrm{T}} & \boldsymbol{0} \\ \boldsymbol{0} & 1 \end{pmatrix}\begin{pmatrix} \boldsymbol{A}_1 & \boldsymbol{\alpha} \\ \boldsymbol{\alpha}^{\mathrm{T}} & a_{nn} \end{pmatrix}\begin{pmatrix} \boldsymbol{G} & \boldsymbol{0} \\ \boldsymbol{0} & 1 \end{pmatrix}=\begin{pmatrix} \boldsymbol{E}_{n-1} & \boldsymbol{G}^{\mathrm{T}}\boldsymbol{\alpha} \\ \boldsymbol{\alpha}^{\mathrm{T}}\boldsymbol{G} & a_{nn} \end{pmatrix},$$

$$\boldsymbol{C}_2=\begin{pmatrix} \boldsymbol{E}_{n-1} & -\boldsymbol{G}^{\mathrm{T}}\boldsymbol{\alpha} \\ \boldsymbol{0} & 1 \end{pmatrix},$$

有

$$\boldsymbol{C}_2^{\mathrm{T}}\boldsymbol{C}_1^{\mathrm{T}}\boldsymbol{A}\boldsymbol{C}_1\boldsymbol{C}_2=\begin{pmatrix} \boldsymbol{E}_{n-1} & \boldsymbol{0} \\ -\boldsymbol{\alpha}^{\mathrm{T}}\boldsymbol{G} & 1 \end{pmatrix}\begin{pmatrix} \boldsymbol{E}_{n-1} & \boldsymbol{G}^{\mathrm{T}}\boldsymbol{\alpha} \\ \boldsymbol{\alpha}^{\mathrm{T}}\boldsymbol{G} & a_{nn} \end{pmatrix}\begin{pmatrix} \boldsymbol{E}_{n-1} & -\boldsymbol{G}^{\mathrm{T}}\boldsymbol{\alpha} \\ \boldsymbol{0} & 1 \end{pmatrix}=\begin{pmatrix} \boldsymbol{E}_{n-1} & \boldsymbol{0} \\ \boldsymbol{0} & a_{nn}-\boldsymbol{\alpha}^{\mathrm{T}}\boldsymbol{G}\boldsymbol{G}^{\mathrm{T}}\boldsymbol{\alpha} \end{pmatrix}.$$

令$\boldsymbol{C}=\boldsymbol{C}_1\boldsymbol{C}_2, a=a_{nn}-\boldsymbol{\alpha}^{\mathrm{T}}\boldsymbol{G}\boldsymbol{G}^{\mathrm{T}}\boldsymbol{\alpha}$，有

$$\boldsymbol{C}^{\mathrm{T}}\boldsymbol{A}\boldsymbol{C}=\begin{pmatrix} 1 & & & \\ & \ddots & & \\ & & 1 & \\ & & & a \end{pmatrix},$$

两边取行列式得$|\boldsymbol{C}|^2|\boldsymbol{A}|=a$.

由条件有$|\boldsymbol{A}|>0$，因此$a>0$.显然

$$\begin{pmatrix}1&&&\\&\ddots&&\\&&1&\\&&&a\end{pmatrix}=\begin{pmatrix}1&&&\\&\ddots&&\\&&1&\\&&&\sqrt{a}\end{pmatrix}\begin{pmatrix}1&&&\\&\ddots&&\\&&1&\\&&&1\end{pmatrix}\begin{pmatrix}1&&&\\&\ddots&&\\&&1&\\&&&\sqrt{a}\end{pmatrix}.$$

这就是说，矩阵$\boldsymbol{A}$与单位矩阵合同.因此，矩阵$\boldsymbol{A}$是正定矩阵.或者说二次型是正定的.

由归纳假设原理，充分性得证.

例3 判断二次型$f(x_1,x_2,x_3)=6x_1^2+5x_2^2+7x_3^2-4x_1x_2+4x_1x_3$是否为正定二次型.

解： $|\boldsymbol{A}_1|=6>0,|\boldsymbol{A}_2|=\begin{vmatrix}6&-2\\-2&5\end{vmatrix}=26>0,|\boldsymbol{A}_3|=\begin{vmatrix}6&-2&2\\-2&5&0\\2&0&7\end{vmatrix}=162>0$，

由定理6.9可知，该二次型正定.

6.4.3 正定矩阵的性质

性质6.1 正定矩阵$\boldsymbol{A}$的行列式大于零.

性质6.1可以利用定理6.8直接得出.

反之，如果实对称矩阵$\boldsymbol{A}$的行列式大于零，$\boldsymbol{A}$不一定是正定矩阵.例如，设$\boldsymbol{A}=\begin{pmatrix}-1&0\\0&-2\end{pmatrix}$，显然$|\boldsymbol{A}|=2>0$，但$\boldsymbol{A}$的正惯性指数为0，因此$\boldsymbol{A}$不是正定的.

由性质6.1可知，正定矩阵必是可逆矩阵.

性质6.2 若$\boldsymbol{A}$为正定矩阵，则$\boldsymbol{A}^{-1}$也是正定矩阵.

证明： 因为$\boldsymbol{A}$为正定矩阵，由定理6.8可知$\boldsymbol{A}$的全部特征值$\lambda_1,\lambda_2,\cdots,\lambda_n$均为正，因此$\boldsymbol{A}^{-1}$的全部特征值$\dfrac{1}{\lambda_1},\dfrac{1}{\lambda_2},\cdots,\dfrac{1}{\lambda_n}$也均为正，再由定理6.8可知$\boldsymbol{A}^{-1}$为正定矩阵.

性质6.3 正定矩阵$\boldsymbol{A}$的主对角线元素为正值，即$a_{ii}>0,i=1,2,\cdots,n.$

证明： 设矩阵$\boldsymbol{A}=(a_{ij})_{n\times n}$正定，取$\boldsymbol{\varepsilon}_i=(0,\cdots,0,1,0,\cdots,0)^{\mathrm{T}}$，$\boldsymbol{\varepsilon}_i$是只有第$i$个分量为1，其他分量均为0的$n$维列向量，有$\boldsymbol{\varepsilon}_i^{\mathrm{T}}\boldsymbol{A}\boldsymbol{\varepsilon}_i=a_{ii}>0$，$i=1,2,\cdots,n.$

性质6.4 与正定矩阵合同的实对称矩阵是正定矩阵.

性质6.5 若$\boldsymbol{A}$为正定矩阵，则$\boldsymbol{A}^k$是正定矩阵，其中k为正整数.

性质6.6 若$\boldsymbol{A},\boldsymbol{B}$均为$n$阶正定矩阵，则$\boldsymbol{A}+\boldsymbol{B}$是正定矩阵.

性质6.4~性质6.6的证明留给读者.

例4 将二次型$f(x_1,x_2,x_3)=x_1^2+x_2^2+5x_3^2+2ax_1x_2-2x_1x_3+4x_2x_3$化为标准形，若该二次型正定，求参数$a$的取值范围.

解：通过配方法将二次型化为标准形：

$$\begin{aligned}f(x_1,x_2,x_3)&=x_1^2+x_2^2+5x_3^2+2ax_1x_2-2x_1x_3+4x_2x_3\\&=(x_1+ax_2-x_3)^2+\left[2x_3+\left(1+\frac{a}{2}\right)x_2\right]^2-\left(\frac{5}{4}a+1\right)ax_2^2.\end{aligned}$$

令

$$\begin{cases}y_1=x_1+ax_2-x_3,\\y_2=\left(1+\dfrac{a}{2}\right)x_2+2x_3,\\y_3=x_2,\end{cases}$$

二次型化为$f(x_1,x_2,x_3)=y_1^2+y_2^2-\left(\frac{5}{4}a+1\right)ay_3^2$.

由定理6.6的推论2可知，当$-\frac{4}{5}<a<0$时，$y_1^2+y_2^2-\left(\frac{5}{4}a+1\right)ay_3^2$正定.

令$\boldsymbol{C}=\begin{pmatrix}1&a&-1\\0&1+\dfrac{a}{2}&2\\0&1&0\end{pmatrix}$，$|\boldsymbol{C}|=-2\neq0$，故$\boldsymbol{C}$是可逆矩阵，由正定矩阵的性质可知，当$-\frac{4}{5}<a<0$时，原二次型正定.

注意：本例若仅确定参数a的取值范围，利用定理6.9更简单.

即$|\boldsymbol{A}_2|=\begin{vmatrix}1&a\\a&1\end{vmatrix}=1-a^2>0$，$|\boldsymbol{A}_3|=\begin{vmatrix}1&a&-1\\a&1&2\\-1&2&5\end{vmatrix}=-5a^2-4a>0$，求出$-\frac{4}{5}<a<0$.

6.4.4 其他定义

定义6.12 实二次型$f(x_1,x_2,\cdots,x_n)=\boldsymbol{x}^{\mathrm{T}}\boldsymbol{A}\boldsymbol{x}$称为半正定（负定，半负定）的，如果对于任意非零列向量$\boldsymbol{\alpha}$，都有$\boldsymbol{\alpha}^{\mathrm{T}}\boldsymbol{A}\boldsymbol{\alpha}\geqslant0$（$\boldsymbol{\alpha}^{\mathrm{T}}\boldsymbol{A}\boldsymbol{\alpha}<0$，$\boldsymbol{\alpha}^{\mathrm{T}}\boldsymbol{A}\boldsymbol{\alpha}\leqslant0$）.

定义6.13 如果对于某些非零列向量$\boldsymbol{\alpha}$，实二次型$\boldsymbol{\alpha}^{\mathrm{T}}\boldsymbol{A}\boldsymbol{\alpha}>0$，对于另外

的一些非零列向量α，有$\alpha^{\mathrm{T}}A\alpha<0$，称二次型是不定的.

定义6.14 实对称矩阵A称为半正定（负定，半负定，不定）的，如果实二次型$f(x_1,x_2,\cdots,x_n)=x^{\mathrm{T}}Ax$是半正定（负定，半负定，不定）的.

例5 判断下列3元实二次型属于哪种类型：

（1）$2x_1^2+x_2^2+3x_3^2$； （2）$2x_1^2-x_2^2+3x_3^2$； （3）$2x_1^2+x_2^2$；

（4）$-2x_1^2-x_2^2-3x_3^2$； （5）$-2x_1^2-x_2^2$.

解：（1）正定；（2）不定；（3）半正定；（4）负定；（5）半负定.

例6 设$D=\begin{pmatrix}A & C\\ C^{\mathrm{T}} & B\end{pmatrix}$为正定矩阵，其中$A$，$B$分别为$m$阶和$n$阶实对称矩阵，$C$为$m\times n$矩阵.

（1）证明：A，B分别为m阶和n阶正定矩阵；

（2）计算$P^{\mathrm{T}}DP$，其中$P=\begin{pmatrix}E_m & -A^{-1}C\\ O & E_n\end{pmatrix}$；

（3）利用（2）的结果判断$B-C^{\mathrm{T}}A^{-1}C$是否为正定矩阵，证明得到的结论.

（1）**证明：**因为A的k阶顺序主子式$|A_k|$也是矩阵D的k阶顺序主子式$(k=1,2,\cdots,m)$，由$D=\begin{pmatrix}A & C\\ C^{\mathrm{T}} & B\end{pmatrix}$为正定矩阵，因此$D$的各阶顺序主子式均大于0，故$|A_k|>0\,(k=1,2,\cdots,m)$，因此$A$为$m$阶正定矩阵.

用反证法证明矩阵B为正定矩阵.

假设B不是正定矩阵，则存在n维非零列向量$\alpha=(a_1,a_2,\cdots,a_n)^{\mathrm{T}}$，满足$\alpha^{\mathrm{T}}B\alpha\leqslant 0$. 取$m+n$维列向量$\beta=(0,\cdots,0,a_1,a_2,\cdots,a_n)^{\mathrm{T}}$，有$\beta^{\mathrm{T}}D\beta=\alpha^{\mathrm{T}}B\alpha\leqslant 0$，与$D$为正定矩阵矛盾，因此$B$为正定矩阵.

（2）**解：**由已知条件可知：

$$\begin{aligned}P^{\mathrm{T}}DP&=\begin{pmatrix}E_m & O\\ -C^{\mathrm{T}}A^{-1} & E_n\end{pmatrix}\begin{pmatrix}A & C\\ C^{\mathrm{T}} & B\end{pmatrix}\begin{pmatrix}E_m & -A^{-1}C\\ O & E_n\end{pmatrix}\\&=\begin{pmatrix}A & C\\ O & B-C^{\mathrm{T}}A^{-1}C\end{pmatrix}\begin{pmatrix}E_m & -A^{-1}C\\ O & E_n\end{pmatrix}=\begin{pmatrix}A & O\\ O & B-C^{\mathrm{T}}A^{-1}C\end{pmatrix}.\end{aligned}$$

（3）**解：**设$M=\begin{pmatrix}A & O\\ O & B-C^{\mathrm{T}}A^{-1}C\end{pmatrix}$，$|P|=\begin{vmatrix}E_m & -A^{-1}C\\ O & E_n\end{vmatrix}=1\neq 0$，因此矩阵$P$可逆，由（2）可知$P^{\mathrm{T}}DP=M$，因此$D$与$M$合同.由正定矩阵的性质6.4

可知，矩阵$\boldsymbol{M}$正定. 由于矩阵$\boldsymbol{M}$是对称矩阵，可知$\boldsymbol{B}-\boldsymbol{C}^{\mathrm{T}}\boldsymbol{A}^{-1}\boldsymbol{C}$是对称矩阵. 对任意的$\boldsymbol{\gamma}=(c_1,c_2,\cdots,c_n)^{\mathrm{T}}\neq\boldsymbol{0}$及$m+n$维列向量$\boldsymbol{\delta}=(0,\cdots,0,c_1,c_2,\cdots,c_n)^{\mathrm{T}}$，有

$$\boldsymbol{\delta}^{\mathrm{T}}\boldsymbol{M}\boldsymbol{\delta}=\boldsymbol{\delta}^{\mathrm{T}}\begin{pmatrix}\boldsymbol{A} & \boldsymbol{O}\\ \boldsymbol{O} & \boldsymbol{B}-\boldsymbol{C}^{\mathrm{T}}\boldsymbol{A}^{-1}\boldsymbol{C}\end{pmatrix}\boldsymbol{\delta}=\boldsymbol{\gamma}^{\mathrm{T}}(\boldsymbol{B}-\boldsymbol{C}^{\mathrm{T}}\boldsymbol{A}^{-1}\boldsymbol{C})\boldsymbol{\gamma}>0,$$

因此$\boldsymbol{B}-\boldsymbol{C}^{\mathrm{T}}\boldsymbol{A}^{-1}\boldsymbol{C}$是正定矩阵.

习 题 六

1. 求下列二次型f的矩阵$\boldsymbol{A}$及二次型的秩.

（1）$f(x_1,x_2,x_3,x_4)=(x_1,x_2,x_3,x_4)\begin{pmatrix}2 & \frac{1}{2} & 2 & -1\\ 0 & 5 & 0 & 0\\ 1 & 0 & 0 & 2\\ 0 & 0 & 2 & -3\end{pmatrix}\begin{pmatrix}x_1\\ x_2\\ x_3\\ x_4\end{pmatrix}$；

（2）$f(x_1,x_2,x_3)=x_1^2+x_2^2-2x_1x_2-3x_3^2$；

（3）$f(x_1,x_2,x_3,x_4)=x_1x_2-x_1x_3+2x_2x_3+x_4^2$；

（4）$f(x_1,x_2,x_3)=(x_1+x_2)^2+(x_2-x_3)^2+(x_3+x_1)^2$；

（5）$f(x_1,\cdots,x_n)=x_1x_2+x_2x_3+\cdots+x_{n-1}x_n$.

2. 求下列矩阵所对应的二次型.

（1）$\begin{pmatrix}-2 & \sqrt{3} & \frac{1}{2}\\ \sqrt{3} & 1 & 0\\ \frac{1}{2} & 0 & -1\end{pmatrix}$；　　（2）$\begin{pmatrix}1 & -1 & 3 & -1\\ -1 & 5 & -2 & 0\\ 3 & -2 & 0 & 2\\ -1 & 0 & 2 & -3\end{pmatrix}$；

（3）$\begin{pmatrix}1 & -1 & 0 & \cdots & 0 & 0\\ -1 & 1 & -1 & \cdots & 0 & 0\\ 0 & -1 & 1 & \cdots & 0 & 0\\ \vdots & \vdots & \vdots & & \vdots & \vdots\\ 0 & 0 & 0 & \cdots & 1 & -1\\ 0 & 0 & 0 & \cdots & -1 & 1\end{pmatrix}$.

3. 已知二次型$f(x_1,x_2,x_3)=5x_1^2+5x_2^2+cx_3^2-2x_1x_2+6x_1x_3-6x_2x_3$的秩为2，求参数$c$.

4. 设$\boldsymbol{A},\boldsymbol{B},\boldsymbol{C},\boldsymbol{D}$均为$n$阶实对称矩阵，$\boldsymbol{A}\simeq\boldsymbol{B},\boldsymbol{C}\simeq\boldsymbol{D}$，下列结论是否成立?

成立的请证明，不成立的举反例.

(1) $(A+C)\simeq(B+D)$； (2) $\begin{pmatrix} A & O \\ O & C \end{pmatrix}\simeq\begin{pmatrix} B & O \\ O & D \end{pmatrix}$.

5.设A为n阶实对称矩阵，证明：$A\simeq A^{-1}$.

6.证明矩阵A和B合同.

(1) $A=\begin{pmatrix} a_1 & & \\ & a_2 & \\ & & a_3 \end{pmatrix}$，$B=\begin{pmatrix} a_2 & & \\ & a_3 & \\ & & a_1 \end{pmatrix}$；(2) $A=\begin{pmatrix} 0 & 1 & 1 \\ 1 & 2 & 1 \\ 1 & 1 & 0 \end{pmatrix}$，$B=\begin{pmatrix} 2 & 1 & 1 \\ 1 & 0 & 1 \\ 1 & 1 & 0 \end{pmatrix}$.

*7.证明：秩等于r的实对称矩阵可以表示成r个秩等于1的对称矩阵之和.

8.设n元实二次型$x^{T}Ax$的矩阵A有一个特征值为λ，证明：存在一个非零特征向量$\alpha=(a_1,a_2,\cdots,a_n)^{T}$，满足$\alpha^{T}A\alpha=\lambda(a_1^2+a_2^2+\cdots+a_n^2)$.

9.用配方法和初等变换法将下列二次型化为标准形和规范形，并写出化为规范形的线性变换.

(1) $f(x_1,x_2,x_3)=x_1^2+5x_2^2-4x_3^2+2x_1x_2-4x_1x_3$；

(2) $f(x_1,x_2,x_3)=x_1x_2-4x_1x_3+6x_2x_3$；

(3) $f(x_1,x_2,x_3)=2x_1^2+5x_2^2+4x_3^2+4x_1x_2-4x_1x_3-8x_2x_3$；

(4) $f(x_1,x_2,x_3)=x_1x_2+x_1x_3-3x_2x_3$.

10.用正交变换法将下列二次型化为标准形，并写出化为标准形的线性变换.

(1) $f(x_1,x_2,x_3)=2x_1^2+5x_2^2+5x_3^2+4x_1x_2-4x_1x_3-8x_2x_3$；

(2) $f(x_1,x_2,x_3,x_4)=2x_1x_2-2x_3x_4$；

(3) $f(x_1,x_2,x_3)=(x_1+x_2)^2+(x_1-x_3)^2+(x_2+x_3)^2$；

(4) $f(x_1,x_2,x_3)=2x_1^2+3x_2^2+3x_3^2+4x_2x_3$.

11.设$A=\begin{pmatrix} 4 & -2 & 0 & 0 & 0 \\ -2 & 1 & 0 & 0 & 0 \\ 0 & 0 & 5 & 0 & 0 \\ 0 & 0 & 0 & -4 & 6 \\ 0 & 0 & 0 & 6 & 1 \end{pmatrix}$，求正交矩阵$C$及对角矩阵$\Lambda$，使$C^{T}AC=\Lambda$.

12.求可逆矩阵C及对角矩阵Λ，使$C^{T}AC=\Lambda$.

(1) $\boldsymbol{A}=\begin{pmatrix}1&2&0\\2&0&1\\0&1&3\end{pmatrix}$；　(2) $\boldsymbol{A}=\begin{pmatrix}0&1&-2\\1&0&-1\\-2&-1&0\end{pmatrix}$.

13. 设矩阵$\boldsymbol{A}=\begin{pmatrix}1&0&2\\0&1&2\\2&2&-1\end{pmatrix}$，$\boldsymbol{B}=\begin{pmatrix}-3&0&0\\0&2&-1\\0&-1&2\end{pmatrix}$，若存在可逆矩阵$\boldsymbol{C}$，满足$\boldsymbol{C}^{\mathrm{T}}\boldsymbol{AC}=\boldsymbol{B}$，求一个满足条件的矩阵$\boldsymbol{C}$.

14. 二次型$f(x_1,x_2,x_3)=x_1^2+x_2^2+x_3^2+2ax_1x_2+2ax_1x_3+2ax_2x_3$经过可逆线性变换$\begin{pmatrix}x_1\\x_2\\x_3\end{pmatrix}=\boldsymbol{P}\begin{pmatrix}y_1\\y_2\\y_3\end{pmatrix}$化为$g(y_1,y_2,y_3)=y_1^2+y_2^2+4y_3^2+2y_1y_2$.

(1) 求a的值；(2) 求可逆矩阵$\boldsymbol{P}$.

15. 设二次型$f(x_1,x_2,x_3)=2x_1^2+3x_2^2+3x_3^2+2ax_2x_3\,(a>0)$. 已知1是该二次型矩阵$\boldsymbol{A}$的一个特征值.

(1) 求a的值；

(2) 求在$x_1^2+x_2^2+x_3^2=1$的条件下，$f(x_1,x_2,x_3)$的最大值.

16. 已知二次型$f(x_1,x_2,x_3)=\sum\limits_{i=1}^{3}\sum\limits_{j=1}^{3}ij\,x_ix_j$.

(1) 写出$f(x_1,x_2,x_3)$对应的矩阵；

(2) 求正交变换$\boldsymbol{x}=\boldsymbol{Qy}$，将$f(x_1,x_2,x_3)$化为标准形；

(3) 求$f(x_1,x_2,x_3)=0$的解.

17. 3阶实对称矩阵组成的集合按照合同关系来分类，可以分成多少类？写出每一类的合同规范形.

18. 判断下列矩阵是否是正定矩阵.

(1) $\begin{pmatrix}1&-1\\-1&3\end{pmatrix}$；(2) $\begin{pmatrix}1&2&3\\2&-1&4\\3&4&-1\end{pmatrix}$；(3) $\begin{pmatrix}1&0&2\\0&0&1\\2&1&3\end{pmatrix}$；　(4) $\begin{pmatrix}2&1&2\\1&1&1\\2&1&5\end{pmatrix}$.

19. 判断下列二次型f是否是正定二次型.

(1) $f(x_1,x_2,x_3)=99x_1^2+130x_2^2+71x_3^2-12x_1x_2+48x_1x_3-60x_2x_3$；

(2) $f(x_1,x_2,x_3)=4x_1^2+9x_2^2+2x_3^2+6x_1x_2+6x_1x_3+8x_2x_3$.

20. 求参数a的取值范围，使二次型f为正定的.

(1) $f(x_1,x_2,x_3)=x_1^2+2x_2^2+ax_3^2+2x_1x_2+4x_1x_3+6x_2x_3$；

（2）$f(x_1,x_2,x_3)=5x_1^2+x_2^2+ax_3^2+4x_1x_2-2x_1x_3-2x_2x_3$；

（3）$f(x_1,x_2,x_3)=2x_1^2+x_2^2+5x_3^2+2x_1x_2-2ax_1x_3+4x_2x_3$.

21. 通过正交变换法将$f(x_1,x_2,x_3)=a(x_1^2+x_2^2+x_3^2)+2x_1x_2+2x_1x_3-2x_2x_3$化为标准形，写出正交变换矩阵$\boldsymbol{Q}$；若二次型$f$为正定的，求参数$a$的取值范围.

22. 判断下列实二次型是否是正定二次型：

（1）$5x_1^2+6x_2^2+4x_3^2-4x_1x_2-4x_2x_3$；

（2）$10x_1^2+2x_2^2+x_3^2+8x_1x_2+24x_1x_3-28x_2x_3$；

（3）$3x_1^2+4x_2^2+5x_3^2+4x_1x_2-4x_2x_3$.

23. 证明：若矩阵$\boldsymbol{A}$正定，则其伴随矩阵$\boldsymbol{A}^*$也正定.

24. 若$\boldsymbol{A}$为n阶正定矩阵，$\boldsymbol{B}$为n阶半正定矩阵，证明：$\boldsymbol{A}+\boldsymbol{B}$是正定矩阵.

25. 若$\boldsymbol{A}$为n阶实对称矩阵，满足$\boldsymbol{A}^3-2\boldsymbol{A}^2+4\boldsymbol{A}-3\boldsymbol{E}=\boldsymbol{O}$，证明：$\boldsymbol{A}$是正定矩阵.

26. 若n阶实对称矩阵$\boldsymbol{A}$正定，证明：$\boldsymbol{A}+\boldsymbol{E}$也正定.

27. 若$\boldsymbol{A}$为n阶实对称矩阵，且满足$|\boldsymbol{A}|<0$，证明：必存在非零列向量$\boldsymbol{\alpha}$，使得$\boldsymbol{\alpha}^{\mathrm{T}}\boldsymbol{A}\boldsymbol{\alpha}<0$.

28. 设$\boldsymbol{U}$为n阶可逆矩阵，满足$\boldsymbol{A}=\boldsymbol{U}^{\mathrm{T}}\boldsymbol{U}$，证明：$\boldsymbol{x}^{\mathrm{T}}\boldsymbol{A}\boldsymbol{x}$为正定二次型.

29. 设n阶实对称矩阵$\boldsymbol{A}$为正定矩阵，证明：存在可逆矩阵$\boldsymbol{U}$，使$\boldsymbol{A}=\boldsymbol{U}^{\mathrm{T}}\boldsymbol{U}$.

习题答案

习 题 一

1.（1）23；（2）$\cos 2x$；（3）0；（4）$xy(x-y)$；（5）5；（6）38；（7）6；（8）$2bc-4a-ab^2+2c^2+abc$；（9）105；（10）$2a^3-6a^2+6$.

2.（1）$x=0$ 或 $x=2$；（2）$k=1$ 或 $k=3$；（3）$x=\frac{1}{2}$ 或 $x=2$；（4）$x=-2$ 或 $x=1$.

3.（1）$x_1=\frac{1}{3}$，$x_2=\frac{2}{9}$；（2）$x_1=a+b$，$x_2=-ab$；

（3）$x_1=2$，$x_2=-1$，$x_3=0$；（4）$x_1=1$，$x_2=1$，$x_3=1$.

4.（1）9，奇排列；（2）12，偶排列；（3）$n(n-1)$，偶排列；

（4）$\frac{n(n-1)}{2}$，$\begin{cases}\text{偶排列}, n=4k,\\ \text{偶排列}, n=4k+1,\\ \text{奇排列}, n=4k+2,\\ \text{奇排列}, n=4k+3\end{cases}$ $k=0,1,2,\cdots$.

5.（1）$i=5,k=1$；（2）$i=4,k=5$；（3）$i=3,k=4$；（4）$i=5,k=2$.

6. $a_{11}a_{23}a_{32}a_{44}$，$a_{12}a_{23}a_{34}a_{41}$，$a_{14}a_{23}a_{31}a_{42}$ 三项.

7.第1项带正号，第2项带正号.

8.$f(x)$ 的展开式中 x 的四次项只有一项：$2x\cdot x\cdot x\cdot x$，故 x^4 的系数为2；x 的三次项也只有一项：$(-1)^{\tau(2134)}x\cdot 1\cdot x\cdot x$，故 x^3 的系数为-1.

9. -5.

10.（1）-30；（2）-21；（3）$acfh-adeh-bcfg+bdeg$；

（4）$-(ad-bc)^2$；（5）-1；（6）32；

（7）0；（8）$(-1)^{n+1}n!$；（9）$(-1)^{\frac{(n-1)(n-2)}{2}}n!$；

（10）$(-1)^{\frac{(n-1)(n-2)}{2}}n!$.

11.提示：行列式非零元至多只有n−1个，由行列式定义可证.

12.（1）1870；（2）$ab(b-a)$；（3）$-2(a^3+b^3)$；（4）48；（5）−9；

（6）11；（7）177；（8）$\frac{3}{8}$；（9）a^4-4a^2；（10）80；

（11）x^2y^2；（12）0；（13）a^4.

13.略.

14.（1）$[x+(n-2)a](x-2a)^{n-1}$；（2）$(-1)^{n-1}(n-1)$；

（3）$(a_1-\sum_{i=2}^{n}\frac{1}{a_i})a_2\cdots a_n$；（4）$(x+\sum_{i=1}^{n}a_i)x^{n-1}$；

（5）$(-1)^{n-1}a_1a_2\cdots a_n(\sum_{i=1}^{n}\frac{x_i}{a_i}-1)$；（6）$\left(1-\sum_{i=1}^{n-1}\frac{a_i}{b_i}\right)\prod_{i=1}^{n-1}b_i$.

15.（1）$x=\pm1$或$x=\pm3$；（2）$x_1=a_1,x_2=a_2,\cdots,x_n=a_n$；

（3）$x_1=2,x_2=3,\cdots,x_n=n+1$.

16.元素1的余子式和代数余子式：−3,3；元素−1的余子式和代数余子式：2,2.

17.（1）$A_{11}=7,A_{12}=-12,A_{13}=3$；

$A_{21}=6,A_{22}=4,A_{23}=-1$；

$A_{31}=-5,A_{32}=5,A_{33}=5$.

（2）$A_{11}=-6,A_{12}=A_{13}=A_{14}=0$；

$A_{21}=-12,A_{22}=6,A_{23}=A_{24}=0$；

$A_{31}=15,A_{32}=-6,A_{33}=-3,A_{34}=0$；

$A_{41}=7,A_{42}=0,A_{43}=1,A_{44}=-2$.

18.$A_{11}=-2,A_{12}=-2,A_{13}=-4,A_{14}=6,D=-20$.

19.29.

20.$$A_{11}+A_{12}+A_{13}+A_{14}=\begin{vmatrix}1&1&1&1\\1&1&0&-5\\-1&3&1&3\\2&-4&-1&-3\end{vmatrix}=4,$$

$$M_{11}+M_{21}+M_{31}+M_{41}=\begin{vmatrix}1&-5&2&1\\-1&1&0&-5\\1&3&1&3\\-1&-4&-1&-3\end{vmatrix}=0.$$

21. 0.（与20题类似，构造新的行列式）

22. 提示：$A_{11}+A_{21}+A_{31}+A_{41}+A_{51}$刚好是一个新的行列式，行列式第1列元素均为1，其他各列元素与原行列式元素相同.

23.（1）a^n-a^{n-2}；（2）$a^n+(-1)^{n+1}b^n$；

（3）$(-1)^{n-1}\frac{1}{2}(n+1)!$ ；（将第2列到最后一列都加到第1列上，再按照第1列展开.）

（4）$(-1)^{n-1}n^2(n!)$；（将第2列到最后一列都加到第1列上，再按照第1列展开.）

（5）$D_2=\left(x_2-x_1\right)\left(y_2-2y_1\right)$； $n\geqslant3$时，$D_n=0$.

（6）$(-1)^{n+1}na_1a_2\cdots a_{n-1}$；（都加到第1行，再按照最后一列展开.）

（7）$a_0x^{n-1}+a_1x^{n-2}+\cdots+a_{n-1}$；（第2列乘以$a_0$加到第1列；第3列乘以$a_0x+a_1$加到第1列；……；最后一列乘以$a_0x^{n-2}+a_1x^{n-3}+\cdots+a_{n-2}$加到第1列，再按照第1列进行展开.）

（8）$(-1)^{n+1}(n-1)2^{n-2}$；（第n−1行乘以−1加到第n行，第n−2行乘以−1加到第n−1行，…，第1行乘以−1加到第2行；第1列乘以1加到第j列（$j=2,\cdots,n$），再按照最后一列展开.）

（9）$(-1)^{\frac{n(n-1)}{2}}n^{n-1}\frac{(n+1)}{2}$（先从第$n$−1列开始乘以−1加到第$n$列，第$n$−2列乘以−1加到第$n$−1列，直到第1列乘以−1加到第2列；然后把第1行乘以−1加到各行去，再将其化为三角行列式.）

24.（1）$\prod\limits_{1\leqslant j<i\leqslant4}(\sin\phi_i-\sin\phi_j)$；（2）$\prod\limits_{1\leqslant j<i\leqslant n}(x_i-x_j)$；

（3）$(-1)^{n-1}\sum\limits_{i=1}^{n}a_i\prod\limits_{1\leqslant j<i\leqslant n}(a_i-a_j)$；（4）$\prod\limits_{1\leqslant j<i\leqslant n}(y_ix_j-y_jx_i)$.

25.（1）$D_n=aD_{n-1}+xD_{n-1}=(a+x)^{n-2}\begin{vmatrix}a&-1\\ax&a\end{vmatrix}=a(a+x)^{n-1}$；

（2）$(ad-bc)^n$；

（3）$(n+1)a^n$；

（4）$D_n=\begin{cases}\dfrac{\beta^{n+1}-\alpha^{n+1}}{\beta-\alpha},\alpha\neq\beta,\\(n+1)\alpha^n,\quad\alpha=\beta.\end{cases}$ $\left(\text{由}\begin{cases}D_n-\alpha D_{n-1}=\beta(D_{n-1}-\alpha D_{n-2}),\\D_n-\beta D_{n-1}=\alpha(D_{n-1}-\beta D_{n-2})\end{cases}\text{得}\right)$

26.略.

*27.（1）22；　　（2）4.

28.（1）$x_1 = 1, x_2 = -2, x_3 = 0, x_4 = \frac{1}{2}$；

（2）$x_1 = 3, x_2 = -4, x_3 = -1, x_4 = 1$；

（3）$x = \frac{17}{23}, y = -\frac{31}{69}, z = -\frac{5}{69}$；

（4）$x_1 = 1, x_2 = 2, x_3 = 3, x_4 = -1$；

（5）$x_1 = 1, x_2 = x_3 = \cdots = x_n = 0$.

29.（1）$x = \frac{1}{a+2b}, y = \frac{1}{a+2b}, z = \frac{1}{a+2b}$；

（2）$x_1 = -b, x_2 = a, x_3 = c$.

30.（1）$D = -140 \neq 0$，仅有零解；（2）$D = -30 \neq 0$，仅有零解；

（3）$D = 0$，有非零解.

31.（1）$D = (k-1)(k+2)$，$k \neq 1$且$k \neq -2$；（2）$D = 6(2-k)$，$k \neq 2$.

32.$\lambda = 2$或$\lambda = 5$或$\lambda = 8$.

习题二

1.$\begin{pmatrix} 72 & 69 & 54 & 90 \\ 49 & 78 & 69 & 88 \\ 105 & 110 & 130 & 155 \end{pmatrix}$或$\begin{pmatrix} 72 & 49 & 105 \\ 69 & 78 & 110 \\ 54 & 69 & 130 \\ 90 & 88 & 155 \end{pmatrix}$.

2.（1）$\begin{pmatrix} 3 & 1 & 2 \\ 2 & 4 & 4 \end{pmatrix}$；（2）$\begin{pmatrix} 3 & 15 & -4 \\ 0 & 5 & -14 \\ -5 & -4 & -2 \end{pmatrix}$；（3）$\begin{pmatrix} 7 & 5 \\ -6 & 7 \end{pmatrix}$；

（4）$\begin{pmatrix} 2a-b & 2a-b & a+2b \\ a-3b & 3a-b & a+b \\ -a-b & -a & -b \end{pmatrix}$.

3.（1）$\begin{pmatrix} 5 & 0 & 7 \\ -6 & 3 & 1 \end{pmatrix}$；（2）$\begin{pmatrix} -1 & -7 & 0 \\ -3 & -9 & 4 \end{pmatrix}$；

（3）$\begin{pmatrix} -\frac{1}{2} & \frac{3}{2} & -1 \\ \frac{3}{2} & \frac{3}{2} & -1 \end{pmatrix}$；（4）$\begin{pmatrix} \frac{5}{2} & \frac{5}{2} & 3 \\ -\frac{3}{2} & \frac{9}{2} & -1 \end{pmatrix}$.

4. $x=1, y=1, u=1, v=-3$.

5. $a=1, b=2, c=3$.

6. $\begin{pmatrix} a & 2b & 2b & 2b \\ 2b & 2a & 2b & 2b \\ 2b & 2b & 3a & 2b \\ 2b & 2b & 2b & 4a \end{pmatrix}$.

7. (1) $\begin{pmatrix} 20 & 9 \\ 14 & 0 \\ -6 & 5 \end{pmatrix}$; (2) $\begin{pmatrix} 2 & 0 \\ 3 & 6 \end{pmatrix}$; (3) $\begin{pmatrix} 0 & 7 \\ 0 & 0 \end{pmatrix}$; (4) 3;

(5) $\begin{pmatrix} 2 & 14 & -4 \\ 1 & 7 & -2 \\ 3 & 21 & -6 \end{pmatrix}$; (6) $\begin{pmatrix} 9 & -2 & -1 \\ 9 & 9 & 11 \end{pmatrix}$; (7) $\begin{pmatrix} -25 & -10 & -5 \\ 1 & -2 & -1 \\ 35 & 10 & 5 \end{pmatrix}$;

(8) $\begin{pmatrix} 1 & -7 \\ 19 & -23 \end{pmatrix}$; (9) -1; (10) $\begin{pmatrix} 3 & 0 \\ -19 & -2 \end{pmatrix}$;

(11) $\begin{pmatrix} \cos 2x & \sin 2x \\ \sin 2x & -\cos 2x \end{pmatrix}$; (12) $a_{11}x^2 + 2a_{12}xy + a_{22}y^2$;

(13) $\begin{pmatrix} \lambda^2+1 & \lambda & 0 \\ \lambda & \lambda^2+1 & \lambda \\ 0 & \lambda & \lambda^2 \end{pmatrix}$; (14) $\left(\sum_{i=1}^{3} a_{i1}, \sum_{i=1}^{3} a_{i2}, \sum_{i=1}^{3} a_{i3}\right)$;

(15) $\begin{pmatrix} b_1a_{11} & b_1a_{12} & b_1a_{13} \\ b_2a_{21} & b_2a_{22} & b_2a_{23} \\ b_3a_{31} & b_3a_{32} & b_3a_{33} \end{pmatrix}$; (16) $\begin{pmatrix} b_1a_{11} & b_2a_{12} & b_3a_{13} \\ b_1a_{21} & b_2a_{22} & b_3a_{23} \\ b_1a_{31} & b_2a_{32} & b_3a_{33} \end{pmatrix}$.

8. (1) $\boldsymbol{A}$; (2) $\boldsymbol{A}$; (3) $\begin{pmatrix} a_{41} & a_{42} & a_{43} \\ a_{31} & a_{32} & a_{33} \\ a_{21} & a_{22} & a_{23} \\ a_{11} & a_{12} & a_{13} \end{pmatrix}$; (4) $\begin{pmatrix} a_{13} & a_{12} & a_{11} \\ a_{23} & a_{22} & a_{21} \\ a_{33} & a_{32} & a_{31} \\ a_{43} & a_{42} & a_{41} \end{pmatrix}$;

(5) $\begin{pmatrix} a_{11} & a_{12} & a_{13} \\ 2a_{21} & 2a_{22} & 2a_{23} \\ 3a_{31} & 3a_{32} & 3a_{33} \\ 4a_{41} & 4a_{42} & 4a_{43} \end{pmatrix}$; (6) $\begin{pmatrix} a_{11} & a_{12} & a_{13} \\ 2a_{21} & 2a_{22} & 2a_{23} \\ 3a_{11}+a_{31} & 3a_{12}+a_{32} & 3a_{13}+a_{33} \\ a_{41} & a_{42} & a_{43} \end{pmatrix}$;

(7) $\begin{pmatrix} 3a_{11} & 2a_{12} & a_{13} \\ 3a_{21} & 2a_{22} & a_{23} \\ 3a_{31} & 2a_{32} & a_{33} \\ 3a_{41} & 2a_{42} & a_{43} \end{pmatrix}$; (8) $\begin{pmatrix} a_{11}+3a_{13} & -a_{12} & a_{13} \\ a_{21}+3a_{23} & -a_{22} & a_{23} \\ a_{31}+3a_{33} & -a_{32} & a_{33} \\ a_{41}+3a_{43} & -a_{42} & a_{43} \end{pmatrix}$.

9. $\begin{pmatrix} 0 & 0 \\ 0 & 0 \end{pmatrix}$, $\begin{pmatrix} 2 & 2 \\ -2 & -2 \end{pmatrix}$.

10. $\begin{pmatrix} 6 & 4 \\ -9 & -6 \end{pmatrix}$, $\begin{pmatrix} 6 & 4 \\ -9 & -6 \end{pmatrix}$.

11. (1) $\begin{pmatrix} z_1 \\ z_2 \\ z_3 \end{pmatrix} = \begin{pmatrix} 2 & -1 & 1 \\ 1 & 1 & -3 \\ 1 & 0 & -1 \end{pmatrix}\begin{pmatrix} y_1 \\ y_2 \\ y_3 \end{pmatrix}$; $\begin{pmatrix} y_1 \\ y_2 \\ y_3 \end{pmatrix} = \begin{pmatrix} 1 & -2 & 3 \\ 3 & 1 & 0 \\ 1 & 0 & -2 \end{pmatrix}\begin{pmatrix} x_1 \\ x_2 \\ x_3 \end{pmatrix}$.

(2) $\begin{cases} z_1 = -5x_2 + 4x_3, \\ z_2 = x_1 - x_2 + 9x_3, \\ z_3 = -2x_2 + 5x_3. \end{cases}$

12. (1) $\boldsymbol{A} = (0.58, 0.76, 0.85)$, $\boldsymbol{B} = \begin{pmatrix} 65 & 60 & 50 & 75 \\ 80 & 90 & 75 & 85 \\ 65 & 80 & 70 & 95 \end{pmatrix}$.

(2) 各月产值分别为（万元）:（153.75，171.20，145.50，188.85）；4月份产值最高，为188.85万元．(3) 659.30万元．

13. $\boldsymbol{X} = \begin{pmatrix} 30 & 32 & 28 & 13 \\ 36 & 17 & 35 & 41 \\ 28 & 32 & 28 & 18 \end{pmatrix}$, $\boldsymbol{Y} = \begin{pmatrix} 0.3 \\ 0.25 \\ 0.41 \\ 0.32 \end{pmatrix}$, $\boldsymbol{Z} = \begin{pmatrix} 0.12 \\ 0.23 \\ 0.05 \\ 0.52 \end{pmatrix}$，由矩阵乘法可得:

地区	日本	韩国	新加坡
总价值（万元）	32.64	42.52	33.64
总重量（吨）	19.12	31.30	21.48

14. (1) $\begin{pmatrix} -2 & -3 \\ 7 & 7 \end{pmatrix}$;　(2) $\begin{pmatrix} 1 \\ 2 \\ 3 \end{pmatrix}$;　(3) $\begin{pmatrix} -4 & 5 & -2 \\ -5 & 4 & -2 \end{pmatrix}$.

15. (1) $\begin{pmatrix} a & b \\ b & a+b \end{pmatrix}$;　(2) $\begin{pmatrix} a & b & c \\ 0 & a & b \\ 0 & 0 & a \end{pmatrix}$;　(3) $\begin{pmatrix} a & 0 & 0 \\ 0 & b & 2c \\ 0 & c & b-3c \end{pmatrix}$，其中 a, b, c 是任意常数．

16. (1) $\begin{pmatrix} 5 & 8 \\ 8 & 13 \end{pmatrix}$; (2) $\begin{pmatrix} 1 & 0 \\ 16 & 1 \end{pmatrix}$; (3) $\begin{pmatrix} 12 & -10 & 4 \\ -4 & 10 & -2 \\ 13 & -17 & 11 \end{pmatrix}$; (4) $\begin{pmatrix} \lambda^2 & 2\lambda & 1 \\ 0 & \lambda^2 & 2\lambda \\ 0 & 0 & \lambda^2 \end{pmatrix}$;

(5) $\begin{pmatrix} a^n & 0 & 0 \\ 0 & b^n & 0 \\ 0 & 0 & c^n \end{pmatrix}$; (6) $\begin{pmatrix} \lambda^n & n\lambda^{n-1} & \frac{n(n-1)}{2}\lambda^{n-2} \\ 0 & \lambda^n & n\lambda^{n-1} \\ 0 & 0 & \lambda^n \end{pmatrix}$;

（7）设$A=\begin{pmatrix}1&-1&-1&-1\\-1&1&-1&-1\\-1&-1&1&-1\\-1&-1&-1&1\end{pmatrix}$，$A^n=\begin{cases}2^n E, & n为偶数,\\ 2^{n-1}A, & n为奇数.\end{cases}$

17.（1）$\begin{pmatrix}9&0&0\\6&-12&0\\6&0&0\end{pmatrix}$；（2）$\begin{pmatrix}9&3&0\\3&-6&0\\0&0&-6\end{pmatrix}$；（3）$\begin{pmatrix}7&26&2\\16&55&4\\2&7&0\end{pmatrix}$；

（4）$\begin{pmatrix}22&23&32\\7&7&10\\5&7&6\end{pmatrix}$.

18. 单位矩阵E.

19. 提示：利用矩阵乘法进行计算.

20. 略.

21. 提示：利用矩阵乘法的结合律和分配律可证.

22. -250.

23. $2^n a^{n+1}$.

24. $a^2(a-2^n)$.提示：$|aE-A^n|=|aE-2^{n-1}A|=\begin{vmatrix}a-2^{n-1}&0&2^{n-1}\\0&a&0\\2^{n-1}&0&a-2^{n-1}\end{vmatrix}$.

25. $\begin{pmatrix}-1&0&-6\\3&-6&0\\2&-4&7\end{pmatrix}$.

26.（1）$\begin{pmatrix}-18&-23\\46&28\end{pmatrix}$；（2）$\begin{pmatrix}6&-4&10\\9&-4&6\\4&-6&6\end{pmatrix}$.

27. 不一定成立，如：$A=\begin{pmatrix}2&3&1\\0&1&2\end{pmatrix}$，$B=\begin{pmatrix}1&1\\2&3\\1&1\end{pmatrix}$，则$|AB|=-3$，$|BA|=0$.

28.（1）（5）（6）正确，用方阵行列式的性质可证.其他不正确.

（2）$A=\begin{pmatrix}1&1\\-1&-1\end{pmatrix}$，$B=\begin{pmatrix}1&-1\\-1&1\end{pmatrix}$，$C=\begin{pmatrix}2&-2\\-2&2\end{pmatrix}$，$AB=AC=O$，但$B\neq C$.

（3）$A=\begin{pmatrix}1&1\\-1&-1\end{pmatrix}$，$B=\begin{pmatrix}-2&-2\\2&2\end{pmatrix}$，则$A^2=B^2$，但$A\neq B$且$A\neq -B$.

（4）取$k=2$，习题17即为反例.

（7）$A=\begin{pmatrix}1 & 1\\ -1 & 2\end{pmatrix}$，$|-A|=|A|=3\neq -|A|$.

29.提示：利用对称矩阵的性质可证.

30.提示：利用对称矩阵的定义，以及矩阵加法、数乘矩阵与转置的关系可证.

31.提示：利用对称矩阵的定义.

32.提示：$A=\frac{1}{2}(A+A^{\mathrm{T}})+\frac{1}{2}(A-A^{\mathrm{T}})$.唯一性：假设存在对称矩阵$A_1$和反对称矩阵$A_2$满足：$A=A_1+A_2$，则$A^{\mathrm{T}}=(A_1+A_2)^{\mathrm{T}}=A_1{}^{\mathrm{T}}+A_2{}^{\mathrm{T}}=A_1-A_2$，由$\begin{cases}A=A_1+A_2,\\ A^{\mathrm{T}}=A_1-A_2,\end{cases}$解方程组可得.

*33.提示：设$A=(a_{ij})_{n\times n}$，$A^2=(x_{ij})_{n\times n}$，则$x_{ii}=\sum_{k=1}^{n}a_{ik}a_{ki}=\sum_{k=1}^{n}a_{ik}^2$.

*34.提示：设$M(1,j)$是除了第$(1,j)$个元素为1，其他元素均为0的矩阵，由$M(1,j)A=AM(1,j),j=1,2,\cdots,n$，可得矩阵为对角矩阵；再用$E(1,j)A=AE(1,j),j=1,2,\cdots,n$，可得矩阵为数量矩阵.

35.提示：设$A=\begin{pmatrix}1 & 1 & 1\\ a_1 & a_2 & a_3\\ a_1^2 & a_2^2 & a_3^2\end{pmatrix}$，则$B=AA^{\mathrm{T}}$，由范德蒙行列式及行列式性质计算.

36.（1）不可逆；（2）可逆；（3）不可逆.

37.（1）$\begin{pmatrix}1 & -\frac{1}{2}\\ -2 & \frac{3}{2}\end{pmatrix}$；（2）$\begin{pmatrix}-4 & -5\\ -1 & -1\end{pmatrix}$；（3）$\begin{pmatrix}-13 & -6 & -3\\ -4 & -2 & -1\\ 2 & 1 & 1\end{pmatrix}$；

（4）$\begin{pmatrix}2 & 2 & 3\\ 1 & -1 & 0\\ -1 & 2 & 1\end{pmatrix}$；（5）不可逆；（6）$\begin{pmatrix}1 & 0 & 0 & 0\\ -2 & 1 & 0 & 0\\ 1 & -2 & 1 & 0\\ 0 & 0 & -2 & 1\end{pmatrix}$；

（7）不可逆；（8）$\frac{1}{4}\begin{pmatrix}1 & 1 & 1 & 1\\ 1 & 1 & -1 & -1\\ 1 & -1 & 1 & -1\\ 1 & -1 & -1 & 1\end{pmatrix}$.

38. $\begin{pmatrix}0 & -1 & 1\\-1 & -3 & 2\\-4 & -5 & 0\end{pmatrix}$或$\begin{pmatrix}0 & 1 & -1\\1 & 3 & -2\\4 & 5 & 0\end{pmatrix}$.提示：$\boldsymbol{A}=\frac{1}{|\boldsymbol{A}|}(\boldsymbol{A}^*)^{-1}$，$|\boldsymbol{A}^*|=|\boldsymbol{A}|^2=1$.

39. $a\neq-\frac{1}{2}$，$\boldsymbol{A}^{-1}=\frac{1}{3(2a+1)}\begin{pmatrix}-3 & 6 & 3\\1 & -2 & 2a\\3a+1 & 1 & -a\end{pmatrix}$.

40. 提示：$(\boldsymbol{A}^2-2\boldsymbol{A}+3\boldsymbol{E})\boldsymbol{A}=\boldsymbol{E}$，$\boldsymbol{A}^{-1}=\boldsymbol{A}^2-2\boldsymbol{A}+3\boldsymbol{E}$.

41. $(\boldsymbol{A}+\boldsymbol{E})^{-1}=\frac{\boldsymbol{A}-3\boldsymbol{E}}{2}$.

42. 提示：化简整理有$\left(-\frac{a}{c}\boldsymbol{A}-\frac{b}{c}\right)\boldsymbol{A}=\boldsymbol{E}$，$\boldsymbol{A}^{-1}=-\frac{a}{c}\boldsymbol{A}-\frac{b}{c}$.

43. 提示：$(\boldsymbol{E}-\boldsymbol{A})(\boldsymbol{E}+\boldsymbol{A}+\boldsymbol{A}^2+\cdots+\boldsymbol{A}^k)=\boldsymbol{E}-\boldsymbol{A}^{k+1}$，$(\boldsymbol{E}-\boldsymbol{A})^{-1}=\boldsymbol{E}+\boldsymbol{A}+\boldsymbol{A}^2+\cdots+\boldsymbol{A}^k$.

44. (1) $\begin{pmatrix}-17 & -28\\-4 & -6\end{pmatrix}$； (2) $\frac{1}{7}\begin{pmatrix}1 & 24\\-16 & 71\\1 & -4\end{pmatrix}$； (3) $\begin{pmatrix}0 & 1 & 0\\-1 & 2 & -1\end{pmatrix}$；

(4) $\begin{pmatrix}-10 & 28 & -17\\-5 & 13 & -7\\-3 & 9 & -4\end{pmatrix}$.

45. $\begin{pmatrix}4 & -1 & 0\\0 & 5 & 5\\1 & 3 & 5\end{pmatrix}$.

46. $\begin{pmatrix}6 & 0 & 0\\0 & 2 & 0\\0 & 0 & 1\end{pmatrix}$.

47. $\boldsymbol{C}=\boldsymbol{A}^{-1}\boldsymbol{B}^{\mathrm{T}}=\begin{pmatrix}4 & 9 & 0\\-2 & -4 & 1\\-1 & -3 & -1\end{pmatrix}$.

48. $\begin{pmatrix}2 & 0 & -3\\0 & 2 & 2\\0 & 0 & -2\end{pmatrix}$.

49. (1) $\frac{1}{8}(\boldsymbol{B}-4\boldsymbol{E})=\frac{1}{8}\begin{pmatrix}-3 & -2 & 0\\1 & -2 & 0\\0 & 0 & -2\end{pmatrix}$； (2) $\begin{pmatrix}0 & 2 & 0\\-1 & -1 & 0\\0 & 0 & -2\end{pmatrix}$.

50. $\boldsymbol{B}=6(2\boldsymbol{E}-\boldsymbol{A}^{*})^{-1}=\begin{pmatrix}6&0&0&0\\0&6&0&0\\6&0&6&0\\0&3&0&-1\end{pmatrix}$.

51. 1. 提示：$|\boldsymbol{A}|$中所有元素的代数余子式之和即$\boldsymbol{A}^{*}$所有元素之和.

52. 提示：$\left(\dfrac{\boldsymbol{AB}}{|\boldsymbol{AB}|}\right)(\boldsymbol{B}^{*}\boldsymbol{A}^{*})=\dfrac{\boldsymbol{A}}{|\boldsymbol{A}|}\dfrac{\boldsymbol{BB}^{*}}{|\boldsymbol{B}|}\boldsymbol{A}^{*}=\dfrac{\boldsymbol{AEA}^{*}}{|\boldsymbol{A}|}=\boldsymbol{E}$，再由可逆矩阵的定义可得.

53. $\left|(2\boldsymbol{A})^{-1}-3\boldsymbol{A}^{*}\right|=\left|\dfrac{1}{2}\boldsymbol{A}^{-1}-3|\boldsymbol{A}|\boldsymbol{A}^{-1}\right|=\left(-\dfrac{1}{2}\right)^{3}|\boldsymbol{A}^{-1}|=-\dfrac{3}{8}$.

54. 1.

55. −8.

56. 提示：$|\boldsymbol{A}+\boldsymbol{E}|=|\boldsymbol{A}(\boldsymbol{E}+\boldsymbol{A}^{\mathrm{T}})|$，再由矩阵行列式的性质可证.

57. 提示：$|\boldsymbol{A}-\boldsymbol{E}|=|\boldsymbol{A}(\boldsymbol{E}-\boldsymbol{A}^{\mathrm{T}})|=-|\boldsymbol{A}-\boldsymbol{E}|$，再由矩阵行列式的性质可证.

58. $-\boldsymbol{E}$. 提示：利用矩阵的运算化简.

59. (1) $\begin{pmatrix}5&-1&2\\2&4&8\\1&2&5\\0&1&2\end{pmatrix}$； (2) $\begin{pmatrix}2&0&-4\\2&7&4\\2&7&-2\end{pmatrix}$.

60. (1) $\begin{pmatrix}1&-2&1&0\\0&1&-2&1\\0&0&1&-2\\0&0&0&1\end{pmatrix}$； (2) $\dfrac{1}{3}\begin{pmatrix}0&-1&1&1\\-1&0&1&-3\\1&1&1&-4\\0&0&0&3\end{pmatrix}$；

(3) $\begin{pmatrix}\frac{1}{3}&0&0&0&0\\0&-1&2&0&0\\0&1&-1&0&0\\0&0&0&-1&3\\0&0&0&2&-5\end{pmatrix}$.

61. 提示：用逆矩阵的定义证明.

62. 16.

63.（1）$\begin{pmatrix}1&0\\0&1\end{pmatrix}$;（2）$\begin{pmatrix}1&0&0&0&0\\0&1&0&0&0\\0&0&0&0&0\end{pmatrix}$;（3）$\begin{pmatrix}1&0&0&0\\0&1&0&0\\0&0&0&0\\0&0&0&0\end{pmatrix}$;

（4）$\begin{pmatrix}1&0&0&0\\0&1&0&0\\0&0&1&0\\0&0&0&0\end{pmatrix}$.

64.（1）$\frac{1}{3}\begin{pmatrix}-1&2\\2&-1\end{pmatrix}$;（2）$\frac{1}{14}\begin{pmatrix}-7&7&-7\\11&-5&1\\-6&4&2\end{pmatrix}$;（3）$\frac{1}{5}\begin{pmatrix}5&0&-25&5\\-1&1&9&-3\\1&-1&-4&3\\-2&2&8&-1\end{pmatrix}$;

（4）不可逆.

65.（1）$\frac{1}{3}\begin{pmatrix}6&-1\\0&2\end{pmatrix}$;（2）$\frac{1}{2}\begin{pmatrix}3\\1\\1\end{pmatrix}$.

66.（1）3;（2）2;（3）4;（4）3.

67.（1）当$k=-6$时，$r(\boldsymbol{A})=1$；(2)当$k\neq-6$时，$r(\boldsymbol{A})=2$.

68. $a=-1, b=-2$.

69. $\begin{pmatrix}1&-2&-2\\0&0&-2\\0&0&-1\end{pmatrix}$; $\begin{pmatrix}1&-2&4\\0&0&2\\0&0&1\end{pmatrix}$.

70. $\begin{pmatrix}1&0&0\\0&0&1\\-1&1&0\end{pmatrix}$.

71. $\begin{pmatrix}0&-1&0\\0&0&-1\\-1&1&-1\end{pmatrix}$.用初等变换逆推，或者转化成初等矩阵的乘法运算.

72. $\begin{pmatrix}b_1&b_2-2b_1\\a_1&a_2-2a_1\end{pmatrix}$.

73. $\begin{pmatrix}0&0&1\\-2&1&0\\1&0&0\end{pmatrix}$或$\begin{pmatrix}0&0&-1\\2&-1&0\\-1&0&0\end{pmatrix}$

74. $\begin{pmatrix}1&0\\3&1\end{pmatrix}\begin{pmatrix}1&0\\0&-2\end{pmatrix}\begin{pmatrix}1&2\\0&1\end{pmatrix}$.

75. $\begin{pmatrix}1&0&0\\1&1&0\\0&0&1\end{pmatrix}\begin{pmatrix}1&0&0\\0&1&0\\0&-2&1\end{pmatrix}\begin{pmatrix}1&0&0\\0&1&0\\0&0&-4\end{pmatrix}\begin{pmatrix}1&0&0\\0&1&-2\\0&0&1\end{pmatrix}\begin{pmatrix}1&0&1\\0&1&0\\0&0&1\end{pmatrix}$.

习 题 三

本章答案无特殊说明时方程组解的表示中c_1，c_2，c_3，c均为任意常数.

1.（1）$\begin{cases}x_1=1,\\x_2=2,\\x_3=2,\\x_4=1;\end{cases}$（2）无解；（3）$\begin{cases}x_1=c_1+c_2-1,\\x_2=c_1,\\x_3=0,\\x_4=c_2;\end{cases}$（4）$\begin{cases}x_1=0,\\x_2=0,\\x_3=0;\end{cases}$

（5）$\begin{cases}x_1=c,\\x_2=2c,\\x_3=0;\end{cases}$（6）$\begin{cases}x_1=9,\\x_2=-1,\\x_3=-6;\end{cases}$（7）$\begin{cases}x_1=2c_1+\dfrac{2}{7}c_2,\\x_2=c_1,\\x_3=-\dfrac{5}{7}c_2,\\x_4=c_2;\end{cases}$（8）$\begin{cases}x_1=\dfrac{10}{7},\\x_2=-\dfrac{1}{7},\\x_3=-\dfrac{2}{7}.\end{cases}$

2.（1）①当$a=-2$时，方程组无解；

②当$a\neq-2$且$a\neq1$时，方程组有唯一的解$\begin{cases}x_1=\dfrac{-(a+1)}{a+2},\\x_2=\dfrac{1}{a+2},\\x_3=\dfrac{(a+1)^2}{a+2};\end{cases}$

③当$a=1$时，方程组有无穷多解，一般解为$\begin{cases}x_1=1-c_1-c_2,\\x_2=c_1,\\x_3=c_2.\end{cases}$

（2）①当$a=1$时，方程组无解；

②当$a\neq0$，且$a\neq1$时，方程组有唯一的解$\begin{cases}x_1=\dfrac{a-3}{a(a-1)},\\x_2=\dfrac{a+3}{a(a-1)},\\x_3=\dfrac{3-a}{a(a-1)};\end{cases}$

③当$a=0$时，方程组有无穷多解，一般解为$\begin{cases}x_1=1-c,\\x_2=-2+c,\\x_3=c.\end{cases}$

（3）①当$b=0$时，方程组无解；

②当$a\neq1$且$b\neq0$时，方程组有唯一的解$\begin{cases}x_1=\dfrac{1-2b}{b(1-a)},\\x_2=\dfrac{1}{b},\\x_3=\dfrac{4b-2ab-1}{b(1-a)}.\end{cases}$

③当$a=1$时，

a. 当$b=\dfrac{1}{2}$时，方程组有无穷多解，一般解为$\begin{cases}x_1=2-c,\\x_2=2,\\x_3=c;\end{cases}$

b. 当$b\neq\dfrac{1}{2}$时，方程组无解.

（4）①当$a=4$时，方程组无解；

②当$a\neq4$时，方程组有无穷多解，一般解为$\begin{cases}x_1=\dfrac{a-6}{a-4}-(a+4)c,\\x_2=\dfrac{1}{a-4}+2c,\\x_3=c.\end{cases}$

3.（1）$(3,-8,-10)$；　（2）$(-2,6,8)$.

4.（1）$\left(\dfrac{1}{3},\dfrac{1}{3},\dfrac{5}{3},\dfrac{11}{3}\right)$；　（2）$\left(8,1,-\dfrac{11}{2},-3\right)$.

5. $\left(-\dfrac{20}{3},\dfrac{5}{3},-3\right)$.

6.（1）$(-4,14,0,0)$；（2）$(5,-7,0,12)$.

7.（1）$\boldsymbol{\beta}=2\boldsymbol{\varepsilon}_1+3\boldsymbol{\varepsilon}_2-\boldsymbol{\varepsilon}_3$；　（2）$\boldsymbol{\beta}=-11\boldsymbol{\alpha}_1+14\boldsymbol{\alpha}_2+9\boldsymbol{\alpha}_3$；

（3）$\boldsymbol{\beta}=3\boldsymbol{\alpha}_1-2\boldsymbol{\alpha}_2-\boldsymbol{\alpha}_3+\boldsymbol{\alpha}_4$；　（4）$\boldsymbol{\beta}=\boldsymbol{\alpha}_1-\boldsymbol{\alpha}_3$；

（5）$\boldsymbol{\beta}=2\boldsymbol{\alpha}_1+3\boldsymbol{\alpha}_2+4\boldsymbol{\alpha}_3$；　（6）$\boldsymbol{\beta}$不能由向量组$\boldsymbol{\alpha}_1,\boldsymbol{\alpha}_2,\boldsymbol{\alpha}_3$线性表示；

（7）$\boldsymbol{\beta}=-5\boldsymbol{\alpha}_2-\boldsymbol{\alpha}_3$，表示法不唯一；

（8）$\boldsymbol{\beta}$不能由向量组$\boldsymbol{\alpha}_1,\boldsymbol{\alpha}_2,\boldsymbol{\alpha}_3$线性表示.

8.（1）a取任意实数，$b\neq2$；（2）a取任意实数，$b=2$.

9. $\boldsymbol{\alpha}=(a_1-a_2)\boldsymbol{\alpha}_1+(a_2-a_3)\boldsymbol{\alpha}_2+\cdots+(a_{n-1}-a_n)\boldsymbol{\alpha}_{n-1}+a_n\boldsymbol{\alpha}_n$，仿照本章第2节例5证唯一性.

10. $\boldsymbol{\alpha}_i=0\cdot\boldsymbol{\alpha}_1+\cdots+0\cdot\boldsymbol{\alpha}_{i-1}+1\cdot\boldsymbol{\alpha}_i+0\cdot\boldsymbol{\alpha}_{i+1}+\cdots+0\cdot\boldsymbol{\alpha}_n(i=1,2,\cdots,n)$.

11. $\boldsymbol{\gamma}_1=3\boldsymbol{\alpha}_1-10\boldsymbol{\alpha}_2+12\boldsymbol{\alpha}_3$，$\boldsymbol{\gamma}_2=6\boldsymbol{\alpha}_1+3\boldsymbol{\alpha}_2+8\boldsymbol{\alpha}_3$，$\boldsymbol{\gamma}_3=7\boldsymbol{\alpha}_1-5\boldsymbol{\alpha}_2+18\boldsymbol{\alpha}_3$.

12. $\boldsymbol{\alpha}_1=\boldsymbol{\beta}_1-\boldsymbol{\beta}_2+2\boldsymbol{\beta}_3,\boldsymbol{\alpha}_2=-\frac{3}{4}\boldsymbol{\beta}_1+\boldsymbol{\beta}_2-\frac{5}{4}\boldsymbol{\beta}_3,\boldsymbol{\alpha}_3=-\frac{1}{2}\boldsymbol{\beta}_1+\boldsymbol{\beta}_2-\frac{3}{2}\boldsymbol{\beta}_3$. 向量组（1）和（2）能相互线性表示，故等价.

13. 等价.$\left|\boldsymbol{\alpha}_1^{\mathrm{T}},\boldsymbol{\alpha}_2^{\mathrm{T}},\boldsymbol{\alpha}_3^{\mathrm{T}}\right|=9,\left|\boldsymbol{\beta}_1^{\mathrm{T}},\boldsymbol{\beta}_2^{\mathrm{T}},\boldsymbol{\beta}_3^{\mathrm{T}}\right|=-1$，证明思路参考本章第2节例7.

14. 当$a=-1$时等价.提示：考虑

$$r(\boldsymbol{\alpha}_1,\boldsymbol{\alpha}_2,\boldsymbol{\alpha}_3),r(\boldsymbol{\alpha}_1,\boldsymbol{\alpha}_2,\boldsymbol{\alpha}_3,\boldsymbol{\beta}_i),r(\boldsymbol{\beta}_1,\boldsymbol{\beta}_2,\boldsymbol{\beta}_3),r(\boldsymbol{\beta}_1,\boldsymbol{\beta}_2,\boldsymbol{\beta}_3,\boldsymbol{\alpha}_i)(i=1,2,3)$$

是否相等.

15.（1）$\boldsymbol{\alpha}_1=\frac{1}{18}(\boldsymbol{\beta}_1-5\boldsymbol{\beta}_2+7\boldsymbol{\beta}_3),\boldsymbol{\alpha}_2=\frac{1}{18}(5\boldsymbol{\beta}_1-7\boldsymbol{\beta}_2-\boldsymbol{\beta}_3),\boldsymbol{\alpha}_3=\frac{1}{18}(7\boldsymbol{\beta}_1+\boldsymbol{\beta}_2-5\boldsymbol{\beta}_3)$；（2）等价.

16.（1）线性无关；（2）线性无关；（3）线性相关；（4）线性无关；

（5）线性无关；　（6）线性相关；（7）线性无关；（8）线性相关；

（9）当$\prod\limits_{i=1}^{n}a_{ii}=0$时，线性相关；当$\prod\limits_{i=1}^{n}a_{ii}\neq0$时，线性无关.

17.（1）$a=5$；　（2）a取任意值.

18.（1）当$a=-4$时线性相关，当$a\neq-4$时线性无关；

（2）当$a=-4$或$a=\frac{3}{2}$时线性相关，当$a\neq-4$且$a\neq\frac{3}{2}$时线性无关；

（3）a取任意值均线性相关.

19.（1）线性无关；（2）线性相关，$\boldsymbol{\alpha}_3=2\boldsymbol{\alpha}_1+\boldsymbol{\alpha}_2-\boldsymbol{\alpha}_4$（表示法不唯一）；

（3）线性无关；　（4）线性相关，$\boldsymbol{\alpha}_4=-2\boldsymbol{\alpha}_1+\boldsymbol{\alpha}_2+\boldsymbol{\alpha}_3$.

20. 提示：参考本章第3节例4.

21. 线性相关.$(\boldsymbol{\alpha}_1+\boldsymbol{\alpha}_2)-(\boldsymbol{\alpha}_2+\boldsymbol{\alpha}_3)+(\boldsymbol{\alpha}_3+\boldsymbol{\alpha}_4)-(\boldsymbol{\alpha}_4+\boldsymbol{\alpha}_1)=\mathbf{0}$.

22. 提示：用线性无关的定义证明.

23. 提示：用线性无关的定义证明.

24. 提示：用极大无关组的定义证明.

25. 提示：参照本章第3节定理3.6的推论1的证明.

26. 提示： $\boldsymbol{\beta}=l_1\boldsymbol{\alpha}_1+l_2\boldsymbol{\alpha}_2+\cdots+l_s\boldsymbol{\alpha}_s$，且 $k_1\boldsymbol{\alpha}_1+k_2\boldsymbol{\alpha}_2+\cdots+k_s\boldsymbol{\alpha}_s=\boldsymbol{0}$ 成立，两式相加得：$\boldsymbol{\beta}=(l_1+k_1)\boldsymbol{\alpha}_1+(l_2+k_2)\boldsymbol{\alpha}_2+\cdots+(l_s+k_s)\boldsymbol{\alpha}_s$，由表示法唯一可得 $k_i=0\,(i=1,2,\cdots,s)$.

27. 提示：用线性无关的定义证明.

28. 提示：用向量组秩的定义及线性无关性证明，也可以用反证法证明.

29. 提示：用本章第4节命题4可证.

30. 提示：本章定理3.6的推论2及定理3.10可证.

31. 提示：证明向量组与单位向量组等价，再由单位向量组的性质可证.

32. $\{\lambda \mid \lambda\in\mathbf{R},\lambda\neq-1,\lambda\neq-2\}$. 提示：由 $r(\boldsymbol{\alpha}_1,\boldsymbol{\alpha}_2,\boldsymbol{\alpha}_3)=r(\boldsymbol{\alpha}_1,\boldsymbol{\alpha}_2,\boldsymbol{\alpha}_4)$ 计算.

33. 提示： $\boldsymbol{\beta}$ 分别取基本向量组 $\boldsymbol{\varepsilon}_1,\boldsymbol{\varepsilon}_2,\cdots,\boldsymbol{\varepsilon}_n$，把矩阵 $\boldsymbol{A}$ 用列向量表示为 $\boldsymbol{A}=(\boldsymbol{\alpha}_1,\boldsymbol{\alpha}_2,\cdots,\boldsymbol{\alpha}_n)$，证明 $\boldsymbol{\varepsilon}_1,\boldsymbol{\varepsilon}_2,\cdots,\boldsymbol{\varepsilon}_n$ 与 $\boldsymbol{\alpha}_1,\boldsymbol{\alpha}_2,\cdots,\boldsymbol{\alpha}_n$ 等价，再由等价必等秩可证.

34. （1） $\boldsymbol{\alpha}_1,\boldsymbol{\alpha}_2$ 的对应分量不成比例，故线性无关；

（2） $\boldsymbol{A}=\left(\boldsymbol{\alpha}_1^{\mathrm{T}},\boldsymbol{\alpha}_2^{\mathrm{T}},\boldsymbol{\alpha}_3^{\mathrm{T}},\boldsymbol{\alpha}_4^{\mathrm{T}},\boldsymbol{\alpha}_5^{\mathrm{T}}\right)\to\begin{pmatrix}1&0&3&0&1\\0&1&1&0&1\\0&0&0&1&1\\0&0&0&0&0\end{pmatrix}$； $\boldsymbol{\alpha}_1,\boldsymbol{\alpha}_2,\boldsymbol{\alpha}_4$ 是由 $\boldsymbol{\alpha}_1,\boldsymbol{\alpha}_2$ 扩充成的一个极大无关组；

（3） $\boldsymbol{\alpha}_3=3\boldsymbol{\alpha}_1+\boldsymbol{\alpha}_2,\boldsymbol{\alpha}_5=\boldsymbol{\alpha}_1+\boldsymbol{\alpha}_2+\boldsymbol{\alpha}_4$.

35. （1） $\boldsymbol{\alpha}_1,\boldsymbol{\alpha}_2,\boldsymbol{\alpha}_3$ 为一个极大无关组，$\boldsymbol{\alpha}_4=\dfrac{1}{49}(-15\boldsymbol{\alpha}_1+4\boldsymbol{\alpha}_2+18\boldsymbol{\alpha}_3)$；

（2） $\boldsymbol{\alpha}_1,\boldsymbol{\alpha}_2,\boldsymbol{\alpha}_3$ 为一个极大无关组，$\boldsymbol{\alpha}_4=2\boldsymbol{\alpha}_1+\boldsymbol{\alpha}_2-\boldsymbol{\alpha}_3$；

（3） $\boldsymbol{\alpha}_1,\boldsymbol{\alpha}_2,\boldsymbol{\alpha}_3$ 为一个极大无关组；

（4） $\boldsymbol{\alpha}_2,\boldsymbol{\alpha}_3$ 为一个极大无关组，$\boldsymbol{\alpha}_1=\dfrac{1}{2}(\boldsymbol{\alpha}_2+5\boldsymbol{\alpha}_3),\boldsymbol{\alpha}_4=\dfrac{1}{2}(-\boldsymbol{\alpha}_2+3\boldsymbol{\alpha}_3)$.

36. 提示：由 $\boldsymbol{A}(\boldsymbol{A}-\boldsymbol{E})=\boldsymbol{O}$，本章第6节例2结论和 $r(\boldsymbol{A})+r(\boldsymbol{A}-\boldsymbol{E})\geqslant r(\boldsymbol{A}+\boldsymbol{E}-\boldsymbol{A})=r(\boldsymbol{E})=n$ 可证.

37. 2.

38. 提示：由 $0\leqslant r(\boldsymbol{A})\leqslant\min\{r(\boldsymbol{\alpha}),\ r(\boldsymbol{\beta})\}=1$，可知 $r(\boldsymbol{A})\leqslant 1$.

39. 提示：(1) $r(\boldsymbol{A})=r(\boldsymbol{\alpha}\boldsymbol{\alpha}^{\mathrm{T}}+\boldsymbol{\beta}\boldsymbol{\beta}^{\mathrm{T}})\leqslant r(\boldsymbol{\alpha}\boldsymbol{\alpha}^{\mathrm{T}})+r(\boldsymbol{\beta}\boldsymbol{\beta}^{\mathrm{T}})=r(\boldsymbol{\alpha})+r(\boldsymbol{\beta})\leqslant 2$；

（2） 用性质：$r(\boldsymbol{A}+\boldsymbol{B})\leqslant r(\boldsymbol{A})+r(\boldsymbol{B})$ 及 $r(\boldsymbol{A})=r(\boldsymbol{A}\boldsymbol{A}^{\mathrm{T}})$. 设 $\boldsymbol{\beta}=k\boldsymbol{\alpha}$，

$$r(\boldsymbol{\alpha}\boldsymbol{\alpha}^{\mathrm{T}}+\boldsymbol{\beta}\boldsymbol{\beta}^{\mathrm{T}})=r((1+k^2)\boldsymbol{\alpha}\boldsymbol{\alpha}^{\mathrm{T}})=r(\boldsymbol{\alpha}\boldsymbol{\alpha}^{\mathrm{T}})\leqslant 1<2.$$

40. 提示：(1) $\boldsymbol{A}$中的任意两行成比例；(2) 矩阵乘法的结合律.

41. 提示：利用齐次线性方程组基础解系的定义证明.

42. 提示：将矩阵$\boldsymbol{B}$按列分块，再按照方程组解的定义可证.

43. 提示：本章第6节例2的结论.

44. $c_1\boldsymbol{\alpha}_1+c_2\boldsymbol{\alpha}_3+c_3\boldsymbol{\alpha}_4$. 提示：由4阶矩阵$\boldsymbol{A}$不可逆，$A_{12}\neq 0$，得$r(\boldsymbol{A})=n-1=3$，由本章第6节例4得$r(\boldsymbol{A}^*)=1$. 由$A_{12}\neq 0$，可知$\boldsymbol{\alpha}_1,\boldsymbol{\alpha}_3,\boldsymbol{\alpha}_4$的向量后三个分量组成的向量线性无关，因此$\boldsymbol{\alpha}_1,\boldsymbol{\alpha}_3,\boldsymbol{\alpha}_4$线性无关.

45. (1) $\boldsymbol{\eta}_1=\begin{pmatrix}-2\\1\\1\\0\\0\end{pmatrix},\boldsymbol{\eta}_2=\begin{pmatrix}-1\\-3\\0\\1\\0\end{pmatrix},\boldsymbol{\eta}_3=\begin{pmatrix}2\\1\\0\\0\\1\end{pmatrix},\boldsymbol{x}=c_1\boldsymbol{\eta}_1+c_2\boldsymbol{\eta}_2+c_3\boldsymbol{\eta}_3$;

(2) $\boldsymbol{\eta}_1=\begin{pmatrix}-5\\3\\14\\0\end{pmatrix},\boldsymbol{\eta}_2=\begin{pmatrix}1\\-1\\0\\2\end{pmatrix}$, $\boldsymbol{x}=c_1\boldsymbol{\eta}_1+c_2\boldsymbol{\eta}_2$;

(3) $\boldsymbol{\eta}_1=\begin{pmatrix}1\\-2\\1\\0\\0\end{pmatrix},\boldsymbol{\eta}_2=\begin{pmatrix}1\\-2\\0\\1\\0\end{pmatrix},\boldsymbol{\eta}_3=\begin{pmatrix}5\\-6\\0\\0\\1\end{pmatrix}$, $\boldsymbol{x}=c_1\boldsymbol{\eta}_1+c_2\boldsymbol{\eta}_2+c_3\boldsymbol{\eta}_3$;

(4) $\boldsymbol{\eta}_1=\begin{pmatrix}-1\\1\\1\\0\\0\end{pmatrix},\boldsymbol{\eta}_2=\begin{pmatrix}7\\5\\0\\2\\6\end{pmatrix}$, $\boldsymbol{x}=c_1\boldsymbol{\eta}_1+c_2\boldsymbol{\eta}_2$.

*46. 基础解系含有m个向量，$\boldsymbol{A}$的行向量组的一个极大无关组是一个基础解系.

47. $(2，4，6)^{\mathrm{T}}$.

48. (1) $\begin{pmatrix}1\\0\\0\\0\end{pmatrix}+c_1\begin{pmatrix}1\\1\\0\\0\end{pmatrix}+c_2\begin{pmatrix}-2\\0\\1\\0\end{pmatrix}+c_3\begin{pmatrix}5\\0\\0\\1\end{pmatrix}$; (2) $\begin{pmatrix}\frac{13}{7}\\-\frac{4}{7}\\0\\0\end{pmatrix}+c_1\begin{pmatrix}-\frac{3}{7}\\\frac{2}{7}\\1\\0\end{pmatrix}+c_2\begin{pmatrix}-\frac{13}{7}\\\frac{4}{7}\\0\\1\end{pmatrix}$;

(3) $\begin{pmatrix}2\\0\\-3\\5\end{pmatrix}+c\begin{pmatrix}-3\\1\\0\\0\end{pmatrix}$； (4) $\begin{pmatrix}\frac{1}{3}\\-\frac{2}{3}\\0\\0\\0\end{pmatrix}+c_1\begin{pmatrix}0\\-\frac{1}{2}\\0\\1\\0\end{pmatrix}+c_2\begin{pmatrix}\frac{1}{3}\\\frac{5}{6}\\0\\0\\1\end{pmatrix}$；

(5) $\begin{pmatrix}0\\0\\0\\1\end{pmatrix}+c_1\begin{pmatrix}2\\1\\0\\0\end{pmatrix}+c_2\begin{pmatrix}-1\\0\\1\\0\end{pmatrix}$； (6) $\begin{pmatrix}1\\-2\\0\\0\end{pmatrix}+c_1\begin{pmatrix}-9\\1\\7\\0\end{pmatrix}+c_2\begin{pmatrix}1\\-1\\0\\2\end{pmatrix}$.

49. (1) ①当$a=-2$时，方程组无解；②当$a\neq-2$且$a\neq1$时，方程组有唯一的解；

③当$a=1$时，方程组有无穷多解，一般解为$\begin{pmatrix}-2\\0\\0\end{pmatrix}+c_1\begin{pmatrix}-1\\1\\0\end{pmatrix}+c_2\begin{pmatrix}-1\\0\\1\end{pmatrix}$.

(2) ①当$a=2,b\neq1$时，方程组无解；②当$a\neq2$时，方程组有唯一的解；

③当$a=2,b=1$时，方程组有无穷多解，一般解为$\begin{pmatrix}-8\\3\\0\\2\end{pmatrix}+c\begin{pmatrix}0\\-2\\1\\0\end{pmatrix}$.

50. 提示：反证法，用基础解系的定义和非齐次线性方程组及导出组解的关系证明.

51. 无解.$r(\boldsymbol{A}_1)=n-1,r(\boldsymbol{A}_1,\boldsymbol{\alpha}_n)=n$.

52. 利用$\boldsymbol{b}^{\mathrm{T}}=\boldsymbol{x}^{\mathrm{T}}\boldsymbol{A}^{\mathrm{T}}$证明$\boldsymbol{b}^{\mathrm{T}}\boldsymbol{y}=0$.或者利用方程组解的定义将$\boldsymbol{Ax}=\boldsymbol{b}$的解代入化简.

53. 提示：利用非齐次线性方程组有解的充要条件证明.

54. 提示：令$\boldsymbol{B}=\begin{pmatrix}b_1\\b_2\\\vdots\\b_n\end{pmatrix}$，则$\bar{\boldsymbol{A}}=(\boldsymbol{A},\boldsymbol{B}),\boldsymbol{C}=\begin{pmatrix}\boldsymbol{A}&\boldsymbol{B}\\\boldsymbol{B}^T&0\end{pmatrix}$，由$r(\boldsymbol{A})\leqslant r(\bar{\boldsymbol{A}})\leqslant r(\boldsymbol{C})$可证.

55.提示：将$\boldsymbol{\eta}$代入方程验证是解，再由$r(\boldsymbol{A})=n-1$可知基础解系含一个向量.

56. 提示：(1) 用增广矩阵进行初等变换，根据方程组有解的充要条件可证.

（2）全部解（表示法不唯一）：$\begin{pmatrix}-1\\1\\1\end{pmatrix}+c\begin{pmatrix}2\\0\\-2\end{pmatrix}$. 也可由$\dfrac{\boldsymbol{\beta}_1+\boldsymbol{\beta}_2}{2}+c\dfrac{\boldsymbol{\beta}_1-\boldsymbol{\beta}_2}{2}$直接得通解.

57. 提示：观察通解的结构可知齐次线性方程组$\boldsymbol{Ax}=\boldsymbol{0}$的基础解系含2个解向量，方程组有4个未知数，系数矩阵$\boldsymbol{A}$的秩为2，可设系数矩阵为：

$$\boldsymbol{A}=\begin{pmatrix}a_{11} & a_{12} & a_{13} & a_{14}\\ a_{21} & a_{22} & a_{23} & a_{24}\end{pmatrix},$$

其中$\boldsymbol{\alpha}_1=(a_{11},a_{12},a_{13},a_{14})$和$\boldsymbol{\alpha}_2=(a_{21},a_{22},a_{23},a_{24})$满足方程组

$$(x_1,x_2,x_3,x_4)\begin{pmatrix}2 & -2\\ -3 & 4\\ 1 & 0\\ 0 & 1\end{pmatrix}=\boldsymbol{O},\boldsymbol{A}=\begin{pmatrix}-2 & -1 & 1 & 0\\ -\dfrac{3}{2} & -1 & 0 & 1\end{pmatrix}$$

满足条件.（结果不唯一）

58.（1）$\begin{pmatrix}-2\\-4\\-5\\0\end{pmatrix}+c\begin{pmatrix}1\\1\\2\\1\end{pmatrix}$；（2）$m=2,n=4,t=6$.

59. 当a=1时，$c\begin{pmatrix}-1\\0\\1\end{pmatrix}$；当$a$=2时，$\begin{pmatrix}0\\1\\-1\end{pmatrix}$.

60.（1）全部解为$c_1\begin{pmatrix}-1\\0\\1\\1\end{pmatrix}+c_2\begin{pmatrix}0\\1\\0\\0\end{pmatrix}$（$c_1,c_2$为任意常数）；（2）$c\begin{pmatrix}-1\\0\\1\\1\end{pmatrix}(c\neq 0)$.

61. 提示：将解代入化简即可.

62. 提示：证明$\boldsymbol{\eta}_1,\boldsymbol{\eta}_1+\boldsymbol{\eta}_2,\boldsymbol{\eta}_1+\boldsymbol{\eta}_2+\boldsymbol{\eta}_3$是线性无关的解.

63. 提示：利用定理3.16，具体做法参见本章第6节例3.

64. $c(1,1,\cdots,1)^{\mathrm{T}}$（$c$为任意常数）.

65. 提示：充分性.乘积的秩不超过因子的秩，若$\boldsymbol{A}=\boldsymbol{ab}^{\mathrm{T}}$.

必要性.若$r(\boldsymbol{A})=1$，存在可逆矩阵$\boldsymbol{P}$，$\boldsymbol{Q}$及$\boldsymbol{D}=\begin{pmatrix}\mathbf{1} & \mathbf{0}\\ \mathbf{0} & \boldsymbol{O}\end{pmatrix}$，使得$\boldsymbol{P}^{-1}\boldsymbol{AQ}=$

$\boldsymbol{D}$，$\boldsymbol{A}=\boldsymbol{PDQ}^{-1}=\boldsymbol{P}\begin{pmatrix}1\\0\\\vdots\\0\end{pmatrix}(1,0,\cdots,0)\boldsymbol{Q}^{-1}$，记$\boldsymbol{a}=\boldsymbol{P}\begin{pmatrix}1\\0\\\vdots\\0\end{pmatrix}$，$\boldsymbol{b}^{\mathrm{T}}=(1,0,\cdots,0)\boldsymbol{Q}^{-1}$，满足$\boldsymbol{A}=\boldsymbol{ab}^{\mathrm{T}}$.

*66.证明：（1）考虑$A_i=\begin{vmatrix}a_{i1}&a_{i2}&\cdots&a_{in}\\a_{11}&a_{12}&\cdots&a_{1n}\\a_{21}&a_{22}&\cdots&a_{2n}\\\vdots&\vdots&&\vdots\\a_{n-1,1}&a_{n-1,2}&\cdots&a_{n-1,n}\end{vmatrix}=0\,(i=1,2,\cdots,n-1)$.

将该行列式按第一行展开得：$a_{i1}M_1+a_{i2}(-M_2)+\cdots+a_{in}(-1)_{n-1}M_n=0$，因此$(M_1,-M_2,\cdots,(-1)_{n-1}M_n)$是该方程组的一个解.

（2）如果$r(\boldsymbol{A})=n-1$，则矩阵A至少有一个n−1阶子式不为零，即M_i不全为零，$(M_1,-M_2,\cdots,(-1)_{n-1}M_n)$是该方程组的一个非零解；再由基础解系的定理可知：$r(\boldsymbol{A})=n-1$时，$\boldsymbol{Ax}=\boldsymbol{0}$的基础解系含有一个向量，因此$(M_1,-M_2,\cdots,(-1)^{n-1}M_n)$是方程组的一个基础解系.

67. $\boldsymbol{\alpha}_1,\boldsymbol{\alpha}_2,\boldsymbol{\alpha}_4$（或$\boldsymbol{\alpha}_2,\boldsymbol{\alpha}_3,\boldsymbol{\alpha}_4$）.提示：由已知可得$r(\boldsymbol{A})=3$，$r(\boldsymbol{A}^*)=1$；$(\boldsymbol{\alpha}_1,\boldsymbol{\alpha}_2\boldsymbol{\alpha}_3,\boldsymbol{\alpha}_4)\begin{pmatrix}1\\0\\1\\0\end{pmatrix}=\boldsymbol{\alpha}_1+\boldsymbol{\alpha}_3=\boldsymbol{0}$，$\boldsymbol{\alpha}_1,\boldsymbol{\alpha}_2,\boldsymbol{\alpha}_4$线性无关，因此，$\boldsymbol{A}^*\boldsymbol{x}=\boldsymbol{0}$的基础解系含有3个向量.又因为$\boldsymbol{A}^*\boldsymbol{A}=\boldsymbol{O}$，所以$\boldsymbol{A}$的列向量是$\boldsymbol{A}^*\boldsymbol{x}=\boldsymbol{0}$的解，又因为$\boldsymbol{\alpha}_1,\boldsymbol{\alpha}_2,\boldsymbol{\alpha}_4$线性无关，所以可以作为$\boldsymbol{A}^*\boldsymbol{x}=\boldsymbol{0}$的基础解系.

68. $\begin{pmatrix}1\\0\\2\end{pmatrix}+c\begin{pmatrix}1\\2\\3\end{pmatrix}$（$c$为任意常数）.答案不唯一.

69.（1）不能.提示：用反证法，根据方程组解的结构及性质证明；（2）$\boldsymbol{\alpha}_1,\boldsymbol{\alpha}_3,\boldsymbol{\alpha}_4$.

70.提示：$(\boldsymbol{\beta}_1,\boldsymbol{\beta}_2,\cdots,\boldsymbol{\beta}_n)=(\boldsymbol{\alpha}_1,\boldsymbol{\alpha}_2,\cdots,\boldsymbol{\alpha}_n)\begin{pmatrix}0&1&1&\cdots&1\\1&0&1&\cdots&1\\1&1&0&\cdots&1\\\vdots&\vdots&\vdots&&\vdots\\1&1&1&\cdots&0\end{pmatrix}$，向量组$\boldsymbol{\alpha}_1,\boldsymbol{\alpha}_2,\cdots,\boldsymbol{\alpha}_n$与向量组$\boldsymbol{\beta}_1,\boldsymbol{\beta}_2,\cdots,\boldsymbol{\beta}_n$可相互线性表示.

习 题 四

1.提示：根据线性空间定义验证加法和数乘运算满足8条运算律.

*2.（1）否.该集合中没有零多项式，即没有零元素.

（2）构成.验证线性空间中加法和数乘运算满足8条运算律.

（3） 构成.

（4）否.两个发散数列的和有可能是收敛数列.

（5）构成.

3.$\left|\boldsymbol{\eta}_1,\boldsymbol{\eta}_2,\cdots,\boldsymbol{\eta}_n\right|=1\neq 0$，坐标为

$$\left(a_1,a_1+a_2,\cdots,a_1+a_2+\cdots+a_{n-1},a_1+a_2+\cdots+a_{n-1}+a_n\right).$$

4.（1）$\left(\frac{3}{4},-\frac{1}{4},\frac{11}{4},-\frac{5}{4}\right)^{\mathrm{T}}$；（2）$\left(-4,-\frac{1}{2},8,-\frac{11}{2}\right)^{\mathrm{T}}$.

5.（1）$(c,a,b)^{\mathrm{T}}$；（2）$\left(a,b,\frac{c}{k}\right)^{\mathrm{T}}$；（3）$(a,b-ka,c)^{\mathrm{T}}$.

6.（1）提示：$\left|\boldsymbol{\alpha}_1,\boldsymbol{\alpha}_2,\boldsymbol{\alpha}_3\right|=-1\neq 0$，$\left|\boldsymbol{\beta}_1,\boldsymbol{\beta}_2,\boldsymbol{\beta}_3\right|=-2\neq 0$；

（2）过渡矩阵为$\begin{pmatrix}0&1&1\\-1&-3&-2\\2&4&4\end{pmatrix}$；

（3）在基$\boldsymbol{\alpha}_1,\boldsymbol{\alpha}_2,\boldsymbol{\alpha}_3$下的坐标为$(2,-5,10)^{\mathrm{T}}$，在基$\boldsymbol{\beta}_1,\boldsymbol{\beta}_2,\boldsymbol{\beta}_3$下的坐标为$(1,0,2)^{\mathrm{T}}$.

7.$\left|\boldsymbol{\alpha}_1,\boldsymbol{\alpha}_2,\boldsymbol{\alpha}_3\right|=1\neq 0$，$\left|\boldsymbol{\beta}_1,\boldsymbol{\beta}_2,\boldsymbol{\beta}_3\right|=1\neq 0$；$(5,7,-4)^{\mathrm{T}}$.

8.（1）$\begin{vmatrix}1&1&1\\2&1&1\\1&1&0\end{vmatrix}=1\neq 0,\begin{vmatrix}1&2&1\\1&1&-1\\1&1&0\end{vmatrix}=-1\neq 0$；（2）$\begin{pmatrix}0&-1&-2\\1&2&2\\0&1&1\end{pmatrix}$；

（3）$\begin{pmatrix}x_1\\x_2\\x_3\end{pmatrix}=\begin{pmatrix}0&-1&-2\\1&2&2\\0&1&1\end{pmatrix}\begin{pmatrix}y_1\\y_2\\y_3\end{pmatrix}$，或$\begin{pmatrix}y_1\\y_2\\y_3\end{pmatrix}=\begin{pmatrix}0&1&-2\\1&0&2\\-1&0&-1\end{pmatrix}\begin{pmatrix}x_1\\x_2\\x_3\end{pmatrix}$.

9.（1）过渡矩阵为$\frac{1}{4}\begin{pmatrix}3&7&2&-1\\1&-1&2&3\\-1&3&0&-1\\1&-1&0&-1\end{pmatrix}$；$\boldsymbol{\alpha}$在$\boldsymbol{\beta}_1,\boldsymbol{\beta}_2,\boldsymbol{\beta}_3,\boldsymbol{\beta}_4$下的坐标为

$(-3,0,4,-1)^{\mathrm{T}}$;

(2) 过渡矩阵为$\begin{pmatrix} 0 & 1 & 1 & 0 \\ 0 & 1 & 1 & 1 \\ 1 & 0 & 0 & 0 \\ -1 & -1 & 0 & -1 \end{pmatrix}$;$\boldsymbol{\alpha}$在$\boldsymbol{\alpha}_1,\boldsymbol{\alpha}_2,\boldsymbol{\alpha}_3,\boldsymbol{\alpha}_4$下的坐标

$$\left(-\frac{9}{13},-\frac{2}{13},-\frac{17}{13},-\frac{19}{13}\right)^{\mathrm{T}}.$$

10. $(1,1,1,-1)^{\mathrm{T}}$. 提示:$(\boldsymbol{A}-\boldsymbol{E})\boldsymbol{x}=\boldsymbol{0}$的非零解，其中

$$\boldsymbol{A}=(\boldsymbol{\varepsilon}_1,\boldsymbol{\varepsilon}_2,\boldsymbol{\varepsilon}_3,\boldsymbol{\varepsilon}_4)^{-1}(\boldsymbol{\eta}_1,\boldsymbol{\eta}_2,\boldsymbol{\eta}_3,\boldsymbol{\eta}_4).$$

11. (1) -5;　(2) 29.

12. (1) $\frac{\sqrt{6}}{18}(3,2,4,5)^{\mathrm{T}}$;　(2) $\frac{\sqrt{6}}{6}(1,-1,2,0)^{\mathrm{T}}$.

13. (1) $\arccos\frac{3}{\sqrt{77}}$;　(2) $\frac{\pi}{2}$;　(3) $\arccos\frac{1}{3}$;　(4) $\frac{\pi}{4}$.

14. $\frac{1}{\sqrt{22}}(-4,1,-1,2)^{\mathrm{T}}$. 提示：参考本章第3节例4.

15. $\boldsymbol{\alpha}_2=\begin{pmatrix} -1 \\ 1 \\ 0 \end{pmatrix}$, $\boldsymbol{\alpha}_3=\frac{1}{2}\begin{pmatrix} -1 \\ -1 \\ 2 \end{pmatrix}$.

16. 提示：过渡矩阵$\frac{1}{3}\begin{pmatrix} 2 & 2 & 1 \\ 2 & -1 & -2 \\ -1 & 2 & -2 \end{pmatrix}$是正交矩阵.

17. 提示：$[k\boldsymbol{\alpha},l\boldsymbol{\beta}]=kl[\boldsymbol{\alpha},\boldsymbol{\beta}]=0$.

18. 提示：求内积为零.

19. (1) 是;　(2) 是;　(3) 不是. 提示：验证$\boldsymbol{Q}^{\mathrm{T}}\boldsymbol{Q}=\boldsymbol{E}$是否满足.

20. $\|\boldsymbol{A\alpha}\|^2=(\boldsymbol{A\alpha})^{\mathrm{T}}(\boldsymbol{A\alpha})=\boldsymbol{\alpha}^{\mathrm{T}}(\boldsymbol{A}^{\mathrm{T}}\boldsymbol{A})\boldsymbol{\alpha}=\boldsymbol{\alpha}^{\mathrm{T}}\boldsymbol{\alpha}=\|\boldsymbol{\alpha}\|^2$.

21. 提示：$[\boldsymbol{A\eta}_i,\boldsymbol{A\eta}_j]=[\boldsymbol{\eta}_i,\boldsymbol{\eta}_j]=\begin{cases} 1, & i=j, \\ 0, & i\neq j \end{cases}(i,j=1,2,\cdots,n)$.

22. (1) $\boldsymbol{\eta}_1=\frac{1}{\sqrt{2}}\begin{pmatrix} 1 \\ 0 \\ 1 \end{pmatrix},\boldsymbol{\eta}_2=\frac{1}{\sqrt{6}}\begin{pmatrix} 1 \\ 2 \\ -1 \end{pmatrix},\boldsymbol{\eta}_3=\frac{1}{\sqrt{3}}\begin{pmatrix} -1 \\ 1 \\ 1 \end{pmatrix}$;

(2) $\boldsymbol{\eta}_1=\frac{1}{\sqrt{6}}\begin{pmatrix}1\\2\\-1\end{pmatrix},\eta_2=\frac{1}{\sqrt{3}}\begin{pmatrix}-1\\1\\1\end{pmatrix},\boldsymbol{\eta}_3=\frac{1}{\sqrt{2}}\begin{pmatrix}1\\0\\1\end{pmatrix}$;

(3) $\boldsymbol{\eta}_1=\frac{1}{\sqrt{2}}\begin{pmatrix}0\\1\\1\\0\\0\end{pmatrix},\boldsymbol{\eta}_2=\frac{1}{\sqrt{10}}\begin{pmatrix}-2\\1\\-1\\2\\0\end{pmatrix},\boldsymbol{\eta}_3=\frac{1}{3\sqrt{35}}\begin{pmatrix}7\\-6\\6\\13\\5\end{pmatrix}$.

习 题 五

1. $x=2,\lambda_2=3,\lambda_3=4$.

2. $a=2,b=3$ 和 $\lambda_1=-4$.

3. 本题答案中 c_1,c_2,c_3,c 为满足表示的向量是非零向量的任意常数.

(1) $\lambda_1=-2,c_1\begin{pmatrix}4\\-5\end{pmatrix};\lambda_2=7,c_2\begin{pmatrix}1\\1\end{pmatrix}$.

(2) $\lambda_1=-2,c_1\begin{pmatrix}1\\2\\2\end{pmatrix};\lambda_2=1,c_2\begin{pmatrix}-2\\-1\\2\end{pmatrix};\lambda_3=4,c_3\begin{pmatrix}2\\-2\\1\end{pmatrix}$.

(3) $\lambda_1=3,c_1\begin{pmatrix}1\\1\\1\end{pmatrix};\lambda_2=\lambda_3=2,c_2\begin{pmatrix}1\\1\\2\end{pmatrix}$.

(4) $\lambda_1=\lambda_2=\lambda_3=2,c_1\begin{pmatrix}1\\1\\0\end{pmatrix}+c_2\begin{pmatrix}-1\\0\\1\end{pmatrix}$.

(5) $\lambda_1=-1,c_1\begin{pmatrix}1\\0\\-1\end{pmatrix};\lambda_2=\lambda_3=1,c_2\begin{pmatrix}1\\0\\1\end{pmatrix}+c_3\begin{pmatrix}0\\1\\0\end{pmatrix}$.

(6) $\lambda_1=\lambda_2=\lambda_3=\lambda_4=1,c\begin{pmatrix}1\\0\\0\\0\end{pmatrix}$.

(7) $\lambda_1=2,c_1\begin{pmatrix}2\\-1\\0\end{pmatrix};\lambda_2=1+\sqrt{3},c_2\begin{pmatrix}3\\-1\\2-\sqrt{3}\end{pmatrix};\lambda_3=1-\sqrt{3},c_3\begin{pmatrix}3\\-1\\2+\sqrt{3}\end{pmatrix}$.

(8) $\lambda_1=-2, c_1\begin{pmatrix}-1\\1\\1\\1\end{pmatrix}; \lambda_2=\lambda_3=\lambda_4=2, c_2\begin{pmatrix}1\\1\\0\\0\end{pmatrix}+c_3\begin{pmatrix}1\\0\\1\\0\end{pmatrix}+c_4\begin{pmatrix}1\\0\\0\\1\end{pmatrix}$.

(9) $\lambda_1=-1, c_1\begin{pmatrix}-3\\2\\0\\0\end{pmatrix}; \lambda_2=1, c_2\begin{pmatrix}1\\0\\0\\0\end{pmatrix}; \lambda_3=\lambda_4=2, c_3\begin{pmatrix}6\\1\\3\\0\end{pmatrix}$.

4. 3，−5，−11；$|\boldsymbol{B}|=165$.

5. 21.

6. $2\sqrt{2}$. 提示：$-\sqrt{2}$ 是 $\boldsymbol{A}$ 的一个特征值，$|\boldsymbol{A}|=-4$，$\boldsymbol{A}^*$ 的一个特征值为 $\dfrac{-4}{-\sqrt{2}}=2\sqrt{2}$.

7. 1. 提示：$\boldsymbol{A}(2\boldsymbol{\alpha}_1+\boldsymbol{\alpha}_2)\alpha_2=2\boldsymbol{A}\boldsymbol{\alpha}_1+\boldsymbol{A}\boldsymbol{\alpha}_2=2\boldsymbol{\alpha}_1+\boldsymbol{\alpha}_2$.

8. $\begin{pmatrix}1&0&0\\0&-1&0\\0&0&3\end{pmatrix}$. 提示：$\boldsymbol{A}^{-1}$ 的特征值为 $-1,1,3$，且 $2\boldsymbol{\alpha}_2,\boldsymbol{\alpha}_1,2\boldsymbol{\alpha}_3$ 是 $\boldsymbol{A}^{-1}$ 的属于特征值 $1,-1,3$ 对应的特征向量.

9. −32. 提示：$|\boldsymbol{B}^*|=\prod_{i=1}^{4}\lambda_i=-8, |\boldsymbol{B}^3|=|\boldsymbol{B}^*|=-8, |\boldsymbol{B}|=-2, \big||\boldsymbol{A}|\boldsymbol{A}^{\mathrm{T}}\big|=|\boldsymbol{A}|^5=|\boldsymbol{B}|^5=-32$.

10. 提示：用特征值的定义证明.

11. 提示：$|-\boldsymbol{E}-\boldsymbol{A}|=(-1)^n|\boldsymbol{E}+\boldsymbol{A}|=(-1)^n|\boldsymbol{A}\boldsymbol{A}^{\mathrm{T}}+\boldsymbol{A}|$

$$=(-1)^n|\boldsymbol{A}||\boldsymbol{A}^{\mathrm{T}}+\boldsymbol{E}|=(-1)^{n+1}|\boldsymbol{E}+\boldsymbol{A}|.$$

12. 提示：可逆矩阵的行列式不为零，且 $\boldsymbol{A}$ 的行列式等于 $\boldsymbol{A}$ 的特征值之积.

13. $x=0, y=1$. 提示：思路与本章第 2 节例 1 思路相同.

14. $\boldsymbol{A}^{-1}\sim\begin{pmatrix}1&&\\&\frac{1}{2}&\\&&\frac{1}{3}\end{pmatrix}$. 提示：设 $0<\lambda_1<\lambda_2<\lambda_3$ 是 $\boldsymbol{A}$ 的三个特征值，$\boldsymbol{\alpha}_1,\boldsymbol{\alpha}_2,\boldsymbol{\alpha}_3$ 是对应的特征向量，则 $|\boldsymbol{A}|=\lambda_1\lambda_2\lambda_3\neq0$，知 $\boldsymbol{A}$ 可逆，$\boldsymbol{A}^{-1}$ 的特征值是 $\dfrac{1}{\lambda_1},\dfrac{1}{\lambda_2},\dfrac{1}{\lambda_3}$，这是三个不同的特征值，故 $\boldsymbol{A}^{-1}$ 可以对角化. $\boldsymbol{B}\boldsymbol{\alpha}_1=(\boldsymbol{A}^*)^2\boldsymbol{\alpha}_1-4\boldsymbol{\alpha}_1=$

$(\lambda_2^2\lambda_3^2-4)\boldsymbol{\alpha}_1, \boldsymbol{B}\boldsymbol{\alpha}_2=(\lambda_1^2\lambda_3^2-4)\boldsymbol{\alpha}_2, \boldsymbol{B}\boldsymbol{\alpha}_3=(\lambda_1^2\lambda_2^2-4)\boldsymbol{\alpha}_3$，有 $\begin{cases}\lambda_2^2\lambda_3^2-4=32,\\ \lambda_1^2\lambda_3^2-4=5,\\ \lambda_1^2\lambda_2^2-4=0,\end{cases}$ 得 $\lambda_1=1, \lambda_2=2, \lambda_3=3$.

15. 提示：设 $\lambda_0\neq 0$ 是 $\boldsymbol{AB}$ 的一个特征值，则存在 $\boldsymbol{\alpha}\neq\boldsymbol{0}$，使得 $(\boldsymbol{AB})\boldsymbol{\alpha}=\lambda_0\boldsymbol{\alpha}$，两边左乘 $\boldsymbol{B}$，得 $(\boldsymbol{BA})(\boldsymbol{B\alpha})=\lambda_0(\boldsymbol{B\alpha})$，显然此处的 $\boldsymbol{B\alpha}\neq\boldsymbol{0}$.

16. 提示：用矩阵相似的定义进行证明.

17. 提示：用矩阵相似的定义进行证明.

18. 提示：用矩阵相似的定义进行证明.

19. 提示：$\begin{pmatrix}\boldsymbol{P} & \boldsymbol{O}\\ \boldsymbol{O} & \boldsymbol{Q}\end{pmatrix}$ 是满足条件的矩阵. 即存在可逆矩阵 $\boldsymbol{P}, \boldsymbol{Q}$，满足 $\boldsymbol{P}^{-1}\boldsymbol{A}_1\boldsymbol{P}=\boldsymbol{B}_1$，$\boldsymbol{Q}^{-1}\boldsymbol{A}_2\boldsymbol{Q}=\boldsymbol{B}_2$.

20. 提示：幂零矩阵 $\boldsymbol{A}$ 的特征值只能是0，又 $\boldsymbol{A}\neq\boldsymbol{O}$，$r(\boldsymbol{A})\geqslant 1$，矩阵 $\boldsymbol{A}$ 的线性无关的特征向量的个数不超过 $n-1$，矩阵 $\boldsymbol{A}$ 不能对角化.

21.（1）$\boldsymbol{P}=\begin{pmatrix}4 & 1\\ -5 & 1\end{pmatrix}, \boldsymbol{\Lambda}=\begin{pmatrix}-2 & \\ & 7\end{pmatrix}$;

（2）$\boldsymbol{P}=\begin{pmatrix}1 & -2 & 2\\ 2 & -1 & -2\\ 2 & 2 & 1\end{pmatrix}, \boldsymbol{\Lambda}=\begin{pmatrix}-2 & & \\ & 1 & \\ & & 4\end{pmatrix}$;

（3）$\boldsymbol{A}$ 不与对角矩阵相似;

（4）$\boldsymbol{A}$ 不与对角矩阵相似;

（5）$\boldsymbol{P}=\begin{pmatrix}1 & 1 & 0\\ 0 & 0 & 1\\ -1 & 1 & 0\end{pmatrix}, \boldsymbol{\Lambda}=\begin{pmatrix}-1 & & \\ & 1 & \\ & & 1\end{pmatrix}$;

（6）$\boldsymbol{A}$ 不与对角矩阵相似;

（7）$\boldsymbol{P}=\begin{pmatrix}2 & 3 & 3\\ -1 & -1 & -1\\ 0 & 2-\sqrt{3} & 2+\sqrt{3}\end{pmatrix}, \boldsymbol{\Lambda}=\begin{pmatrix}2 & & \\ & 1+\sqrt{3} & \\ & & 1-\sqrt{3}\end{pmatrix}$;

（8）$\boldsymbol{P}=\begin{pmatrix}-1 & 1 & 1 & 1\\ 1 & 1 & 0 & 0\\ 1 & 0 & 1 & 0\\ 1 & 0 & 0 & 1\end{pmatrix}, \boldsymbol{\Lambda}=\begin{pmatrix}-2 & & & \\ & 2 & & \\ & & 2 & \\ & & & 2\end{pmatrix}$;

（9）$\boldsymbol{A}$ 不与对角矩阵相似.

22. $a=5$，b=6，$\boldsymbol{P}=\begin{pmatrix}1&1&1\\-2&-1&0\\3&0&1\end{pmatrix}$.

23. 可以对角化. 提示：求出的全部特征值各不相同. 由定理5.6的推论2进行判断.

24. 提示：单位向量$\boldsymbol{\varepsilon}_i=(0,\cdots,0,1,0\cdots,0)^{\mathrm{T}}(i=1,\cdots,n)$及$\boldsymbol{\alpha}=(1,1,\cdots,1)^{\mathrm{T}}$都是$\boldsymbol{A}$的特征向量，利用特征向量的定义确定矩阵的元素.

25. 提示：(1) 设矩阵$\boldsymbol{B}$与幂零矩阵$\boldsymbol{A}$相似，则存在可逆矩阵$\boldsymbol{P}$，使$\boldsymbol{P}^{-1}\boldsymbol{AP}=\boldsymbol{B}$，然后利用幂零矩阵的定义证明. (2) 由于$|0\boldsymbol{E}-\boldsymbol{A}|=|-\boldsymbol{A}|=(-1)^n|\boldsymbol{A}|$，可证0是矩阵$\boldsymbol{A}$的特征值，再任取$\boldsymbol{A}$的一个特征值$\lambda_0$，由$\boldsymbol{A\alpha}=\lambda_0\boldsymbol{\alpha}(\boldsymbol{\alpha}\neq\boldsymbol{0})$去证明$\lambda_0$=0.

26. 提示：不同特征值对应的特征向量是线性无关的. 考查$k_1\boldsymbol{\beta}+k_2\boldsymbol{A\beta}+k_3\boldsymbol{A}^2\boldsymbol{\beta}=\boldsymbol{0}$，代入得$k_1(\boldsymbol{\alpha}_1+\boldsymbol{\alpha}_2+\boldsymbol{\alpha}_3)+k_2(\lambda_1\boldsymbol{\alpha}_1+\lambda_2\boldsymbol{\alpha}_2+\lambda_3\boldsymbol{\alpha}_3)+k_3(\lambda_1^2\boldsymbol{\alpha}_1+\lambda_2^2\boldsymbol{\alpha}_2+\lambda_3^2\boldsymbol{\alpha}_3)=\boldsymbol{0}$，再整理成$\boldsymbol{\alpha}_1,\boldsymbol{\alpha}_2,\boldsymbol{\alpha}_3$的线性组合可证.

27. $a=-4,\lambda_2=\lambda_3=3$. 提示：由$|12\boldsymbol{E}-\boldsymbol{A}|=0$求出$a$的值，代入求出另外两个特征值.

28. (1) $a=b=1$;

(2) $\boldsymbol{P}=\begin{pmatrix}0&-2&1\\1&1&1\\-1&1&1\end{pmatrix},\boldsymbol{\Lambda}=\begin{pmatrix}0&&\\&0&\\&&3\end{pmatrix}$. $\boldsymbol{P}=\begin{pmatrix}0&-\frac{2}{\sqrt{6}}&\frac{1}{\sqrt{3}}\\\frac{1}{\sqrt{2}}&\frac{1}{\sqrt{6}}&\frac{1}{\sqrt{3}}\\-\frac{1}{\sqrt{2}}&\frac{1}{\sqrt{6}}&\frac{1}{\sqrt{3}}\end{pmatrix}$亦可.

提示：(1) 由$r(\boldsymbol{A})=1$得到$a=b$，又$\begin{pmatrix}1&a&1\\a&1&b\\1&b&1\end{pmatrix}\begin{pmatrix}0\\1\\-1\end{pmatrix}=\lambda\begin{pmatrix}0\\1\\-1\end{pmatrix}$，$\begin{cases}a-1=0,\\1-b=\lambda,\\b-1=-\lambda,\end{cases}$得到$a=b=1,\lambda=0$.

(2) 矩阵$\boldsymbol{A}$的特征值为0,0,3. $\lambda=0$的特征向量为$(0,1,-1)^{\mathrm{T}},(-2,1,1)^{\mathrm{T}}$；$\lambda=3$的特征向量为$(1,1,1)^{\mathrm{T}}$.

29. a=2, b=−2, c=0. 提示：由$|4\boldsymbol{E}-\boldsymbol{A}|=0,|\boldsymbol{E}-\boldsymbol{A}|=0,|-2\boldsymbol{E}-\boldsymbol{A}|=0$，得到线性方程组

$$\begin{cases}-8a+8b-4c=-32,\\4a+2b-4c=4,\\-2a-4b-4c=4,\end{cases}$$

求解即可.

30. $k=1$ 或 $k=-2$；A^{-1} 的特征值为 $\frac{1}{4},1,1$.

31. $\frac{1}{2}\begin{pmatrix}1&-1&-3\\0&2&0\\-3&-3&1\end{pmatrix}$. 参考本章第2节的例8.

32. $a=4,b=-3,c=4,\lambda_0=-1$. 提示：由条件可知 $A\alpha=\frac{1}{\lambda_0}\alpha$，结合 $|A|=1$ 可求出.

33. $x=2,y=-2,P=\begin{pmatrix}1&1&1\\-1&0&-2\\0&1&3\end{pmatrix},\Lambda=\begin{pmatrix}2&&\\&2&\\&&6\end{pmatrix}$.

提示：由 $\lambda=2$ 是二重特征值可知 $r(2E-A)=1$，可以确定 x,y；再由 $\lambda=2$，$\mathrm{tr}(A)=1+4+5=2+2+\lambda_3$，得 $\lambda_3=6$.

34. $A^m=\begin{pmatrix}2^{m+1}-3^m&2(3^m-2^m)\\2^m-3^m&2(3^m-2^{m-1})\end{pmatrix}$. 提示：参考本章第2节的例4，$A$ 的特征值为 $2,3$，其对应的特征向量为 $(2,1)^{\mathrm{T}},(1,1)^{\mathrm{T}}$.

35. (1) $A^4=\begin{pmatrix}21&-10\\10&-4\end{pmatrix},A^5=\begin{pmatrix}-43&22\\-22&12\end{pmatrix},A^m=\frac{1}{3}\begin{pmatrix}-1+(-2)^{m+2}&2+(-2)^{m+1}\\-2-(-2)^{m+1}&2^2-(-2)^m\end{pmatrix}$,

$A^m\begin{pmatrix}1\\3\end{pmatrix}=\frac{1}{3}\begin{pmatrix}5+(-2)^{m+1}\\10-(-2)^m\end{pmatrix}$.

(2) $f(A)=\begin{pmatrix}1279&-640\\640&-321\end{pmatrix}$.

36. 可对角化. 提示：验证四个特征向量线性无关即可. 参考本章第2节的例4和例8可求出

$$A=\begin{pmatrix}1&0&0&0\\0&1&0&0\\-4&-4&1&4\\4&4&0&-3\end{pmatrix},A^m=\begin{pmatrix}1&0&0&0\\0&1&0&0\\-1+(-3)^m&-1+(-3)^m&1&1-(-3)^m\\1-(-3)^m&1-(-3)^m&0&(-3)^m\end{pmatrix}.$$

37. $\boldsymbol{A}^m=\begin{pmatrix}4(5)^{m-1}-5(-5)^{m-1} & 2(5)^{m-1}+2(-5)^{m-1} & 0 & 0\\ 2(5)^{m-1}+2(-5)^{m-1} & 5^{m-1}-4(-5)^{m-1} & 0 & 0\\ 0 & 0 & 2^m & 2^{m+1}m\\ 0 & 0 & 0 & 2^m\end{pmatrix}$.

提示：矩阵$\boldsymbol{A}$不能对角化，不能用前面的方法计算，用分块对角矩阵的乘法进行计算.

38.可以对角化.提示：给出的4个向量可以找出两个线性无关的特征向量，运用定理5.7说明.

39.（1）当$a=-1,b=3$时，$\boldsymbol{P}=\begin{pmatrix}1 & 0 & -1\\ 1 & 0 & 1\\ 0 & 1 & 1\end{pmatrix},\boldsymbol{\Lambda}=\begin{pmatrix}3 & & \\ & 3 & \\ & & 1\end{pmatrix}$.

（2）当$a=1,b=1$时，$\boldsymbol{P}=\begin{pmatrix}-1 & 0 & 1\\ 1 & 0 & 1\\ 0 & 1 & 1\end{pmatrix},\boldsymbol{\Lambda}=\begin{pmatrix}1 & & \\ & 1 & \\ & & 3\end{pmatrix}$.

提示：$|\lambda\boldsymbol{E}-\boldsymbol{A}|=(\lambda-b)(\lambda-1)(\lambda-3)$.

40.提示：（1）$\boldsymbol{B}^k=\underbrace{\boldsymbol{A}\boldsymbol{A}^{\mathrm{T}}\cdot\boldsymbol{A}\boldsymbol{A}^{\mathrm{T}}\cdots\boldsymbol{A}\boldsymbol{A}^{\mathrm{T}}}_{k个}=\boldsymbol{A}\underbrace{(\boldsymbol{A}^{\mathrm{T}}\boldsymbol{A})(\boldsymbol{A}^{\mathrm{T}}\boldsymbol{A})\cdots(\boldsymbol{A}^{\mathrm{T}}\boldsymbol{A})}_{(k-1)个}\boldsymbol{A}^{\mathrm{T}}$

$$=(\boldsymbol{A}^{\mathrm{T}}\boldsymbol{A})^{k-1}\boldsymbol{A}\boldsymbol{A}^{\mathrm{T}}=(\sum_{i=1}^{n}a_i^2)^{k-1}\boldsymbol{B}=l\boldsymbol{B},$$

其中$l=(\sum_{i=1}^{n}a_i^2)^{k-1}$.

（2）由于$r(\boldsymbol{B})=1$，则$\boldsymbol{B}$的特征多项式为$f(\lambda)=\lambda^n-l\lambda^{n-1},l=\sum_{i=1}^{n}a_i^2$,$\boldsymbol{B}$的特征值为$\lambda_1=l,\lambda_2=0$（$n-1$重）.

①$(\lambda_1\boldsymbol{E}-\boldsymbol{B})\boldsymbol{x}=\boldsymbol{0}$，$\lambda_1=l$的特征向量为$(a_1,a_2,\cdots,a_n)^{\mathrm{T}}$.

②$\lambda_2=0$的$n-1$个线性无关的特征向量为

$(-a_n/a_1,0,\cdots,0,1)^{\mathrm{T}},(0,-a_n/a_2,\cdots,0,1)^{\mathrm{T}},\cdots,(0,\cdots,0,-a_n/a_{n-1},1)^{\mathrm{T}}$.

$$\boldsymbol{P}=\begin{pmatrix}a_1 & -a_n/a_1 & 0 & \cdots & 0\\ a_2 & 0 & -a_n/a_2 & \cdots & 0\\ \vdots & \vdots & \vdots & & \vdots\\ a_{n-1} & 0 & 0 & \cdots & -a_n/a_{n-1}\\ a_n & 1 & 1 & \cdots & 1\end{pmatrix},使\boldsymbol{P}^{-1}\boldsymbol{B}\boldsymbol{P}=\begin{pmatrix}\sum\limits_{i=1}^{n}a_i^2 & 0 & \cdots & 0\\ 0 & 0 & \cdots & 0\\ \vdots & \vdots & & \vdots\\ 0 & 0 & \cdots & 0\end{pmatrix}.$$

41.（1）特征值$\lambda=1-b(n-1重)$，$\lambda=1+(n-1)b$.

① 若$b=0$，$\boldsymbol{\alpha}_1=(1,0,\cdots,0)^{\mathrm{T}},\cdots,\boldsymbol{\alpha}_n=(0,\cdots,0,1)^{\mathrm{T}}$是$n$个线性无关的特征

向量.

② 若$b \neq 0$，

当$\lambda = 1 - b$时，$\boldsymbol{\alpha}_1 = (-1,0,\cdots,1)^{\mathrm{T}},\cdots,\boldsymbol{\alpha}_{n-1} = (0,\cdots,-1,1)^{\mathrm{T}}$是$n-1$个线性无关的特征向量；

[也可以取$\boldsymbol{\alpha}_1 = (-1,1,0,\cdots,0)^{\mathrm{T}},\boldsymbol{\alpha}_2 = (-1,0,1,0,\cdots,0)^{\mathrm{T}},\cdots,\boldsymbol{\alpha}_{n-1} = (-1,0,\cdots,0,1)^{\mathrm{T}}$]

当$\lambda = 1 + (n-1)b$时，$\boldsymbol{\alpha}_n = (1,1,\cdots,1)^{\mathrm{T}}$是它的特征向量.

（2）当$b = 0$时，$\boldsymbol{P} = \begin{pmatrix} 1 & 0 & \cdots & 0 \\ 0 & 1 & \cdots & 0 \\ \vdots & \vdots & & \vdots \\ 0 & 0 & \cdots & 1 \end{pmatrix}$，且$\boldsymbol{P}^{-1}\boldsymbol{AP} = \mathrm{diag}(1,1,\cdots,1)$；

当 $b \neq 0$ 时， $\boldsymbol{P} = \begin{pmatrix} -1 & 0 & \cdots & 0 & 1 \\ 0 & -1 & \cdots & 0 & 1 \\ \vdots & \vdots & & \vdots & \vdots \\ 0 & 0 & \cdots & -1 & 1 \\ 1 & 1 & \cdots & 1 & 1 \end{pmatrix}$， $\boldsymbol{P}^{-1}\boldsymbol{AP} = \mathrm{diag}(1-b,\cdots,1-b,1+(n-1)b)$.

42. （1）$\boldsymbol{A}^2 = \boldsymbol{\alpha\beta}^{\mathrm{T}}\boldsymbol{\alpha\beta}^{\mathrm{T}} = \boldsymbol{O}$.

（2）$\boldsymbol{A}$的n个特征值均为0；$\boldsymbol{\alpha}$，$\boldsymbol{\beta}$都是非零列向量，不妨设$a_1 \neq 0$，$b_1 \neq 0$.

当$\lambda = 0$时：$\boldsymbol{\alpha}_1 = (-b_2/b_1,1,0,\cdots,0)^{\mathrm{T}},\cdots,\boldsymbol{\alpha}_{n-1} = (0,0,\cdots,-b_n/b_1,1)^{\mathrm{T}}$.

从而$\lambda = 0$对应的所有特征向量为$c_1\boldsymbol{\alpha}_1 + \cdots + c_{n-1}\boldsymbol{\alpha}_{n-1}$，其中$c_1$，$\cdots$，$c_{n-1}$不全为零.

43. $\left(\boldsymbol{P}^{-1}\right)^{\mathrm{T}}\boldsymbol{\alpha}$.提示：$\left(\boldsymbol{P}^{-1}\boldsymbol{AP}\right)^{\mathrm{T}}\boldsymbol{\beta} = \boldsymbol{P}^{\mathrm{T}}\boldsymbol{A}\left(\boldsymbol{P}^{-1}\right)^{\mathrm{T}}\boldsymbol{\beta} = \lambda\boldsymbol{\beta} \Rightarrow \boldsymbol{A}\left(\boldsymbol{P}^{-1}\right)^{\mathrm{T}}\boldsymbol{\beta} = \lambda\left(\boldsymbol{P}^{-1}\right)^{\mathrm{T}}\boldsymbol{\beta}$.

44. 相似矩阵有相同的迹和相同的行列式，$a = 3$，$b = 1$，正交矩阵：

$$\boldsymbol{T} = \begin{pmatrix} \frac{1}{\sqrt{2}} & \frac{1}{\sqrt{3}} & \frac{1}{\sqrt{6}} \\ 0 & -\frac{1}{\sqrt{3}} & \frac{2}{\sqrt{6}} \\ -\frac{1}{\sqrt{2}} & \frac{1}{\sqrt{3}} & \frac{1}{\sqrt{6}} \end{pmatrix}.$$

*45. （1）$\boldsymbol{J} = \begin{pmatrix} 1 & 0 & 0 \\ 0 & 3 & 1 \\ 0 & 0 & 3 \end{pmatrix}$；　　（2）$\boldsymbol{J} = \begin{pmatrix} 0 & 0 & 0 \\ 0 & 2 & 1 \\ 0 & 0 & 2 \end{pmatrix}$.

46. $k(1,2,1)^{\mathrm{T}}$，k为任意非零常数. 提示：由$\boldsymbol{\alpha}_1$与$\boldsymbol{\alpha}_2$正交，确定a, $\boldsymbol{\alpha}_3$是$\begin{pmatrix}\boldsymbol{\alpha}_1^{\mathrm{T}}\\ \boldsymbol{\alpha}_2^{\mathrm{T}}\end{pmatrix}\boldsymbol{x}=\boldsymbol{0}$的解，求基础解系.

47. $\begin{pmatrix}-1&&&\\&-1&&\\&&-1&\\&&&0\end{pmatrix}$. 提示：由$\boldsymbol{A}^2+\boldsymbol{A}=\boldsymbol{O}$可知，$\boldsymbol{A}$的特征值为0或−1，由$r(\boldsymbol{A})=3$可知−1为三重特征值. 再由实对称矩阵可以对角化可得.

48. (1) $\boldsymbol{T}=\begin{pmatrix}\frac{1}{\sqrt{5}}&\frac{4}{\sqrt{45}}&\frac{2}{3}\\-\frac{2}{\sqrt{5}}&\frac{2}{\sqrt{45}}&\frac{1}{3}\\0&-\frac{5}{\sqrt{45}}&\frac{2}{3}\end{pmatrix}$, $\boldsymbol{\Lambda}=\begin{pmatrix}-1&&\\&-1&\\&&8\end{pmatrix}$;

(2) $\boldsymbol{T}=\begin{pmatrix}\frac{1}{\sqrt{2}}&0&\frac{1}{\sqrt{2}}\\0&1&0\\-\frac{1}{\sqrt{2}}&0&\frac{1}{\sqrt{2}}\end{pmatrix}$, $\boldsymbol{\Lambda}=\begin{pmatrix}0&0&0\\0&2&0\\0&0&2\end{pmatrix}$;

(3) $\boldsymbol{T}=\begin{pmatrix}-\frac{1}{\sqrt{2}}&\frac{1}{\sqrt{6}}&\frac{1}{\sqrt{3}}\\\frac{1}{\sqrt{2}}&\frac{1}{\sqrt{6}}&\frac{1}{\sqrt{3}}\\0&-\frac{2}{\sqrt{6}}&\frac{1}{\sqrt{3}}\end{pmatrix}$, $\boldsymbol{\Lambda}=\begin{pmatrix}2&&\\&2&\\&&8\end{pmatrix}$;

(4) $\boldsymbol{T}=\begin{pmatrix}\frac{1}{\sqrt{6}}&-\frac{1}{\sqrt{2}}&\frac{1}{\sqrt{3}}\\\frac{1}{\sqrt{6}}&\frac{1}{\sqrt{2}}&\frac{1}{\sqrt{3}}\\-\frac{2}{\sqrt{6}}&0&\frac{1}{\sqrt{3}}\end{pmatrix}$, $\boldsymbol{\Lambda}=\begin{pmatrix}-3&&\\&1&\\&&3\end{pmatrix}$;

(5) $\boldsymbol{T}=\frac{1}{2}\begin{pmatrix}-1&1&-1&1\\-1&-1&1&1\\1&-1&-1&1\\1&1&1&1\end{pmatrix}$, $\boldsymbol{\Lambda}=\begin{pmatrix}-5&&&\\&-3&&\\&&3&\\&&&5\end{pmatrix}$;

（6）$\boldsymbol{T}=\begin{pmatrix}\frac{1}{\sqrt{2}} & \frac{1}{\sqrt{6}} & \frac{\sqrt{3}}{6} & -\frac{1}{2}\\ \frac{1}{\sqrt{2}} & -\frac{1}{\sqrt{6}} & -\frac{\sqrt{3}}{6} & \frac{1}{2}\\ 0 & -\frac{2}{\sqrt{6}} & \frac{\sqrt{3}}{6} & -\frac{1}{2}\\ 0 & 0 & \frac{\sqrt{3}}{2} & \frac{1}{2}\end{pmatrix},\boldsymbol{\Lambda}=\begin{pmatrix}-4 & & & \\ & -4 & & \\ & & -4 & \\ & & & 8\end{pmatrix}$.

49.（1）$\boldsymbol{T}=\begin{pmatrix}\frac{1}{\sqrt{2}} & \frac{1}{\sqrt{6}} & \frac{1}{\sqrt{3}}\\ -\frac{1}{\sqrt{2}} & \frac{1}{\sqrt{6}} & \frac{1}{\sqrt{3}}\\ 0 & \frac{2}{\sqrt{6}} & -\frac{1}{\sqrt{3}}\end{pmatrix},\boldsymbol{\Lambda}=\begin{pmatrix}a-1 & & \\ & a-1 & \\ & & a+2\end{pmatrix}$.

（2）$\boldsymbol{C}=\begin{pmatrix}\frac{5}{3} & -\frac{1}{3} & \frac{1}{3}\\ -\frac{1}{3} & \frac{5}{3} & \frac{1}{3}\\ \frac{1}{3} & \frac{1}{3} & \frac{5}{3}\end{pmatrix}$.

若取$\boldsymbol{T}=\begin{pmatrix}\frac{1}{\sqrt{3}} & -\frac{1}{\sqrt{2}} & \frac{1}{\sqrt{6}}\\ \frac{1}{\sqrt{3}} & \frac{1}{\sqrt{2}} & \frac{1}{\sqrt{6}}\\ -\frac{1}{\sqrt{3}} & 0 & \frac{2}{\sqrt{6}}\end{pmatrix}$，则$\boldsymbol{C}=\begin{pmatrix}\frac{5}{3} & -1 & -1\\ -1 & \frac{5}{3} & \frac{1}{3}\\ -1 & \frac{1}{3} & \frac{5}{3}\end{pmatrix}$.

50.$\boldsymbol{\alpha}_3=c(1,0,1)^{\mathrm{T}}$，其中$c$为任意非零常数.$\boldsymbol{A}=\frac{1}{6}\begin{pmatrix}13 & -2 & 5\\ -2 & 10 & 2\\ 5 & 2 & 13\end{pmatrix}$.

51.提示：由$\boldsymbol{A}^2=\boldsymbol{A}$，可知$\boldsymbol{A}$的特征值只能是1或0，特征值1是$r$重根，$r(\boldsymbol{A})=r$；由定理5.10可知$\boldsymbol{A}$一定可以对角化.

52.$(-1)^n2^{n-r}$.提示：1是$\boldsymbol{A}$的r重特征值，0是$\boldsymbol{A}$的$n-r$重特征值，-1是$\boldsymbol{A}-2E$的r重特征值，-2是$\boldsymbol{A}-2E$的$n-r$重特征值.

53.提示：对于n阶实对称矩阵$\boldsymbol{A}$，存在正交矩阵$\boldsymbol{T}$，使得$\boldsymbol{T}^{-1}\boldsymbol{AT}$为对角矩

阵，即 $T^{-1}AT=\mathrm{diag}(\lambda_1,\lambda_2,\cdots,\lambda_n)$，可知

$$A=T\begin{pmatrix}\sqrt{\lambda_1}&&&\\&\sqrt{\lambda_2}&&\\&&\ddots&\\&&&\sqrt{\lambda_n}\end{pmatrix}T^{-1}T\begin{pmatrix}\sqrt{\lambda_1}&&&\\&\sqrt{\lambda_2}&&\\&&\ddots&\\&&&\sqrt{\lambda_n}\end{pmatrix}T^{-1}.$$

取 $B=T\begin{pmatrix}\sqrt{\lambda_1}&&&\\&\sqrt{\lambda_2}&&\\&&\ddots&\\&&&\sqrt{\lambda_n}\end{pmatrix}T^{-1}.$

习 题 六

1.（1）$\begin{pmatrix}2&\frac{1}{4}&\frac{3}{2}&-\frac{1}{2}\\\frac{1}{4}&5&0&0\\\frac{3}{2}&0&0&2\\-\frac{1}{2}&0&2&-3\end{pmatrix},r(f)=4;$　（2）$\begin{pmatrix}1&-1&0\\-1&1&0\\0&0&-3\end{pmatrix},r(f)=2;$

（3）$\begin{pmatrix}0&\frac{1}{2}&-\frac{1}{2}&0\\\frac{1}{2}&0&1&0\\-\frac{1}{2}&1&0&0\\0&0&0&1\end{pmatrix},r(f)=4;$　（4）$\begin{pmatrix}2&1&1\\1&2&-1\\1&-1&2\end{pmatrix},r(f)=2;$

(5) $\begin{pmatrix} 0 & \frac{1}{2} & 0 & \cdots & 0 & 0 \\ \frac{1}{2} & 0 & \frac{1}{2} & \cdots & 0 & 0 \\ 0 & \frac{1}{2} & 0 & \cdots & 0 & 0 \\ \vdots & \vdots & \vdots & & \vdots & \vdots \\ 0 & 0 & 0 & \cdots & 0 & \frac{1}{2} \\ 0 & 0 & 0 & \cdots & \frac{1}{2} & 0 \end{pmatrix}$, $r(f)=\begin{cases} n, n\text{为偶数}, \\ n-1, n\text{为奇数}. \end{cases}$

2. (1) $f(x_1,x_2,x_3)=-2x_1^2+x_2^2-x_3^2+2\sqrt{3}\,x_1x_2+x_1x_3$;

(2) $f(x_1,x_2,x_3,x_4)=x_1^2+5x_2^2-3x_4^2-2x_1x_2+6x_1x_3-2x_1x_4-4x_2x_3+4x_3x_4$;

(3) $f(x_1,x_2,\cdots,x_n)=x_1^2+x_2^2+\cdots+x_n^2-2x_1x_2-2x_2x_3-\cdots-2x_{n-1}x_n$.

3. c=3.

4. (1) 不成立，取$\boldsymbol{A}=\boldsymbol{E}, \boldsymbol{B}=\begin{pmatrix} 1 & 0 \\ 0 & 2 \end{pmatrix}, \boldsymbol{C}=-\boldsymbol{E}, \boldsymbol{D}=\begin{pmatrix} -2 & 0 \\ 0 & -2 \end{pmatrix}, \boldsymbol{C}_1=\begin{pmatrix} 1 & 0 \\ 0 & \sqrt{2} \end{pmatrix}, \boldsymbol{C}_2=$ $\begin{pmatrix} \sqrt{2} & 0 \\ 0 & \sqrt{2} \end{pmatrix}$,有 $\boldsymbol{C}_1^{\mathrm{T}}\boldsymbol{E}\boldsymbol{C}_1=\boldsymbol{B}, \boldsymbol{C}_2^{\mathrm{T}}(-\boldsymbol{E})\boldsymbol{C}_2=\boldsymbol{D}$, 但 $\boldsymbol{E}+(-\boldsymbol{E})=\boldsymbol{O}, \boldsymbol{B}+\boldsymbol{D}=\begin{pmatrix} -1 & 0 \\ 0 & 0 \end{pmatrix}$, 不相似.

(2) 成立.

5. 提示：$(\boldsymbol{A}^{-1})^{\mathrm{T}}\boldsymbol{A}\boldsymbol{A}^{-1}=(\boldsymbol{A}^{-1})^{\mathrm{T}}\boldsymbol{A}^{\mathrm{T}}\boldsymbol{A}^{-1}=(\boldsymbol{A}\boldsymbol{A}^{-1})^{\mathrm{T}}\boldsymbol{A}^{-1}=\boldsymbol{A}^{-1}$.

6. (1) 取可逆矩阵 $\boldsymbol{C}=\begin{pmatrix} 0 & 0 & 1 \\ 1 & 0 & 0 \\ 0 & 1 & 0 \end{pmatrix}$；(2) 取可逆矩阵 $\boldsymbol{C}=\begin{pmatrix} 0 & 1 & 0 \\ 1 & 0 & 0 \\ 0 & 0 & 1 \end{pmatrix}$.

*7. 提示：利用n阶对称矩阵合同于对角矩阵.

8. 提示：取特征值λ对应的特征向量为$\boldsymbol{\alpha}$.

9. (1) 标准形：$y_1^2+4y_2^2-9y_3^2$；规范形：$z_1^2+z_2^2-z_3^2$；$\begin{cases} x_1=z_1-\frac{1}{2}z_2+\frac{5}{6}z_3, \\ x_2=\frac{1}{2}z_2-\frac{1}{6}z_3, \\ x_3=\frac{1}{3}z_3. \end{cases}$

（2）标准形：$y_1^2-\frac{1}{4}y_2^2+24y_3^2$；规范形：$z_1^2+z_2^2-z_3^2$；$\begin{cases}x_1=z_1-\frac{6}{\sqrt{24}}z_2-z_3,\\x_2=z_1+\frac{4}{\sqrt{24}}z_2+z_3,\\x_3=\frac{1}{\sqrt{24}}z_2.\end{cases}$

（3）标准形：$2y_1^2+3y_2^2+\frac{2}{3}y_3^2$；规范形：$z_1^2+z_2^2+z_3^2$；$\begin{cases}x_1=\frac{1}{\sqrt{2}}z_1-\frac{1}{\sqrt{3}}z_2+\frac{1}{\sqrt{6}}z_3,\\x_2=\frac{1}{\sqrt{3}}z_2+\frac{\sqrt{6}}{3}z_3,\\x_3=\frac{\sqrt{6}}{2}z_3.\end{cases}$

（4）标准形：$y_1^2-y_2^2+3y_3^2$；规范形：$z_1^2+z_2^2-z_3^2$；$\begin{cases}x_1=z_1+\sqrt{3}z_2+z_3,\\x_2=z_1-\frac{1}{\sqrt{3}}z_2-z_3,\\x_3=\frac{1}{\sqrt{3}}z_2.\end{cases}$

10.（1）$y_1^2+y_2^2+10y_3^2$；$\begin{cases}x_1=-\frac{2\sqrt{5}}{5}y_1+\frac{2\sqrt{5}}{15}y_2+\frac{1}{3}y_3,\\x_2=\frac{\sqrt{5}}{5}y_1+\frac{4\sqrt{5}}{15}y_2+\frac{2}{3}y_3,\\x_3=\frac{\sqrt{5}}{3}y_2-\frac{2}{3}y_3.\end{cases}$

（2）$y_1^2+y_2^2-y_3^2-y_4^2$；$\begin{cases}x_1=\frac{\sqrt{2}}{2}y_1-\frac{\sqrt{2}}{2}y_3,\\x_2=\frac{\sqrt{2}}{2}y_1+\frac{\sqrt{2}}{2}y_3,\\x_3=-\frac{\sqrt{2}}{2}y_2+\frac{\sqrt{2}}{2}y_4,\\x_4=\frac{\sqrt{2}}{2}y_2+\frac{\sqrt{2}}{2}y_4.\end{cases}$

(3) $3y_1^2+3y_2^2$; $\begin{cases} x_1=\dfrac{1}{\sqrt{2}}y_1+\dfrac{1}{\sqrt{6}}y_2+\dfrac{1}{\sqrt{3}}y_3, \\ x_2=\dfrac{1}{\sqrt{2}}y_1-\dfrac{1}{\sqrt{6}}y_2-\dfrac{1}{\sqrt{3}}y_3, \\ x_3=-\dfrac{2}{\sqrt{6}}y_2+\dfrac{1}{\sqrt{3}}y_3. \end{cases}$

(4) $y_1^2+2y_2^2+5y_3^2$; $\begin{cases} x_1=y_2, \\ x_2=\dfrac{1}{\sqrt{2}}y_1+\dfrac{1}{\sqrt{2}}y_3, \\ x_3=-\dfrac{1}{\sqrt{2}}y_1+\dfrac{1}{\sqrt{2}}y_3. \end{cases}$

11. $\boldsymbol{C}=\begin{pmatrix} \dfrac{2}{\sqrt{5}} & \dfrac{1}{\sqrt{5}} & 0 & 0 & 0 \\ -\dfrac{1}{\sqrt{5}} & \dfrac{2}{\sqrt{5}} & 0 & 0 & 0 \\ 0 & 0 & 1 & 0 & 0 \\ 0 & 0 & 0 & \dfrac{2}{\sqrt{13}} & \dfrac{3}{\sqrt{13}} \\ 0 & 0 & 0 & \dfrac{3}{\sqrt{13}} & -\dfrac{2}{\sqrt{13}} \end{pmatrix}$, $\boldsymbol{\Lambda}=\begin{pmatrix} 5 & & & & \\ & 0 & & & \\ & & 5 & & \\ & & & 5 & \\ & & & & -8 \end{pmatrix}$.

12. (1) $\boldsymbol{C}=\begin{pmatrix} 1 & -2 & -\dfrac{1}{2} \\ 0 & 1 & \dfrac{1}{4} \\ 0 & 0 & 1 \end{pmatrix}$, $\boldsymbol{\Lambda}=\begin{pmatrix} 1 & & \\ & -4 & \\ & & \dfrac{13}{4} \end{pmatrix}$;

(2) $\boldsymbol{C}=\begin{pmatrix} 1 & 1 & 1 \\ 1 & -1 & 2 \\ 0 & 0 & 1 \end{pmatrix}$, $\boldsymbol{\Lambda}=\begin{pmatrix} 2 & & \\ & -2 & \\ & & -4 \end{pmatrix}$.

13. $\boldsymbol{C}=\begin{pmatrix} \dfrac{1}{\sqrt{6}} & \dfrac{1}{2}-\dfrac{1}{\sqrt{6}} & \dfrac{1}{2}+\dfrac{1}{\sqrt{6}} \\ \dfrac{1}{\sqrt{6}} & -\dfrac{1}{2}-\dfrac{1}{\sqrt{6}} & -\dfrac{1}{2}+\dfrac{1}{\sqrt{6}} \\ -\dfrac{2}{\sqrt{6}} & -\dfrac{1}{\sqrt{6}} & \dfrac{1}{\sqrt{6}} \end{pmatrix}$. 提示：参考本章第2节的例5，矩阵$\boldsymbol{A},\boldsymbol{B}$特征值为$\lambda_1=-3,\lambda_2=1,\lambda_3=3,\boldsymbol{\Lambda}=\mathrm{diag}(-3,1,3)$，

$$C_1=\begin{pmatrix}\frac{1}{\sqrt6} & -\frac{1}{\sqrt2} & \frac{1}{\sqrt3}\\ \frac{1}{\sqrt6} & \frac{1}{\sqrt2} & \frac{1}{\sqrt3}\\ -\frac{2}{\sqrt6} & 0 & \frac{1}{\sqrt3}\end{pmatrix},\ C_2=\begin{pmatrix}1 & 0 & 0\\ 0 & -\frac{1}{\sqrt2} & -\frac{1}{\sqrt2}\\ 0 & -\frac{1}{\sqrt2} & \frac{1}{\sqrt2}\end{pmatrix},\ \boldsymbol{C}_1^{\mathrm T}\boldsymbol{A}\boldsymbol{C}_1=\boldsymbol{\Lambda}=\boldsymbol{C}_2^{\mathrm T}\boldsymbol{B}\boldsymbol{C}_2.$$

14.（1）$a=-\frac{1}{2}$；（2）$\boldsymbol{P}=\begin{pmatrix}2 & 1 & \frac{2}{\sqrt3}\\ 1 & 0 & \frac{4}{\sqrt3}\\ 1 & 0 & 0\end{pmatrix}$.提示：由$r(f)=r(g)=2$确定$a$.

15.（1）$a=2$；（2）5.提示：第2问$\boldsymbol{A}$的三个特征值分别为1,2,5；正交变换矩阵为$\begin{pmatrix}0 & 1 & 0\\ \frac{1}{\sqrt2} & 0 & \frac{1}{\sqrt2}\\ -\frac{1}{\sqrt2} & 0 & \frac{1}{\sqrt2}\end{pmatrix}$，$f(x_1,x_2,x_3)=y_1^2+2y_2^2+5y_3^2$，再参考本章第2节的例7.

16.（1）$\begin{pmatrix}1 & 2 & 3\\ 2 & 4 & 6\\ 3 & 6 & 9\end{pmatrix}$；

（2）$\begin{cases}x_1=-\frac{2}{\sqrt5}y_1-\frac{3}{\sqrt{70}}y_2+\frac{1}{\sqrt{14}}y_3,\\ x_2=\frac{1}{\sqrt5}y_1-\frac{6}{\sqrt{70}}y_2+\frac{2}{\sqrt{14}}y_3,\\ x_3=\frac{5}{\sqrt{70}}y_2+\frac{3}{\sqrt{14}}y_3,\end{cases}$ $f(x_1,x_2,x_3)=14y_3^2$；

（3）$c_1\begin{pmatrix}-2\\ 1\\ 0\end{pmatrix}+c_2\begin{pmatrix}-3\\ -6\\ 5\end{pmatrix}$，$c_1,c_2$为任意常数.提示：$f(x_1,x_2,x_3)=14y_3^2=0$，则

$\begin{cases} y_1 = k_1, \\ y_2 = k_2, \\ y_3 = 0, \end{cases}$ 由 $\begin{pmatrix} x_1 \\ x_2 \\ x_3 \end{pmatrix} = \begin{pmatrix} -\frac{2}{\sqrt{5}} & -\frac{3}{\sqrt{70}} & \frac{1}{\sqrt{14}} \\ \frac{1}{\sqrt{5}} & -\frac{6}{\sqrt{70}} & \frac{2}{\sqrt{14}} \\ 0 & \frac{5}{\sqrt{70}} & \frac{3}{\sqrt{14}} \end{pmatrix} \begin{pmatrix} k_1 \\ k_2 \\ 0 \end{pmatrix}$ 可求出结果.

17. 共可以分成10类.参考本章第3节的例1.

$$\begin{pmatrix} 0&0&0 \\ 0&0&0 \\ 0&0&0 \end{pmatrix}, \begin{pmatrix} 1&0&0 \\ 0&0&0 \\ 0&0&0 \end{pmatrix}, \begin{pmatrix} -1&0&0 \\ 0&0&0 \\ 0&0&0 \end{pmatrix}, \begin{pmatrix} 1&0&0 \\ 0&1&0 \\ 0&0&0 \end{pmatrix}, \begin{pmatrix} 1&0&0 \\ 0&-1&0 \\ 0&0&0 \end{pmatrix},$$

$$\begin{pmatrix} -1&0&0 \\ 0&-1&0 \\ 0&0&0 \end{pmatrix}, \begin{pmatrix} 1&0&0 \\ 0&1&0 \\ 0&0&1 \end{pmatrix}, \begin{pmatrix} 1&0&0 \\ 0&1&0 \\ 0&0&-1 \end{pmatrix}, \begin{pmatrix} 1&0&0 \\ 0&-1&0 \\ 0&0&-1 \end{pmatrix}, \begin{pmatrix} -1&0&0 \\ 0&-1&0 \\ 0&0&-1 \end{pmatrix}.$$

18. (1) 是;(2) 不是;(3) 不是;(4) 是.

19. (1) 是;(2) 不是.

20. (1) $a > 5$;(2) $a > 2$;(3) $-3 < a < -1$.

21. $(a+1)y_1^2 + (a+1)y_2^2 + (a-2)y_3^2$; $\begin{pmatrix} \frac{1}{\sqrt{2}} & \frac{1}{\sqrt{6}} & -\frac{1}{\sqrt{3}} \\ \frac{1}{\sqrt{2}} & -\frac{1}{\sqrt{6}} & \frac{1}{\sqrt{3}} \\ 0 & \frac{2}{\sqrt{6}} & \frac{1}{\sqrt{3}} \end{pmatrix}$; $a > 2$.

22. (1) 是;(2) 不是;(3) 是.

23. 提示:由正定矩阵的特征值的特点及矩阵$\boldsymbol{A}$与$\boldsymbol{A}^*$特征值之间的关系证明.

24. 提示:用定义证明.

25. 提示:利用实对称矩阵的特征值均为实数,矩阵多项式特征值之间的关系和正定矩阵的充要条件进行证明.

26. 提示:特征值大于0的实对称矩阵正定.

27. 提示:考虑$\boldsymbol{x}^{\mathrm{T}}\boldsymbol{A}\boldsymbol{x}$的规范形,由于$|\boldsymbol{A}| < 0$,可知$\boldsymbol{A}$的秩为$n$,且负惯性指数为奇数.

28. 提示:用正定二次型的定义证明.对于任意的非零列向量$\boldsymbol{x}$,证明

$x^{\mathrm{T}}Ax=(Ux)^{\mathrm{T}}Ux>0$.

29. 提示：由条件，$P^{-1}AP=\mathrm{diag}(\lambda_1,\lambda_2,\cdots,\lambda_n)$，取

$$U=\begin{pmatrix}\sqrt{\lambda_1} & & & \\ & \sqrt{\lambda_2} & & \\ & & \ddots & \\ & & & \sqrt{\lambda_n}\end{pmatrix}P^{\mathrm{T}}.$$

图书在版编目（CIP）数据

线性代数 / 郑艳霞著 . -- 北京：社会科学文献出版社，2025. 1. --（中国社会科学院大学系列教材）.

ISBN 978-7-5228-4469-5

Ⅰ . O151.2

中国国家版本馆 CIP 数据核字第 2024XM6103 号

· 中国社会科学院大学系列教材 ·

线性代数

著　　者 / 郑艳霞

出 版 人 / 冀祥德
组稿编辑 / 谢蕊芬
责任编辑 / 孟宁宁
责任印制 / 王京美

出　　版 / 社会科学文献出版社 · 群学分社（010）59367002
　　　　　地址：北京市北三环中路甲29号院华龙大厦　邮编：100029
　　　　　网址：www.ssap.com.cn
发　　行 / 社会科学文献出版社（010）59367028
印　　装 / 三河市东方印刷有限公司

规　　格 / 开　本：787mm × 1092mm　1/16
　　　　　印　张：19.25　字　数：316千字
版　　次 / 2025年1月第1版　2025年1月第1次印刷
书　　号 / ISBN 978-7-5228-4469-5
定　　价 / 98. 00元

读者服务电话：4008918866

中国社会科学院大学
University of Chinese Academy of Social Sciences

笃学 慎思 明辨 尚行